Handbuch Energetische Sanierung

Maßnahmen • Kosten • Förderung

Stiftung Warentest

Inhaltsverzeichnis

KAPITEL 1

Der Gebäude-Check

KAPITEL 2

Ein neues Energiekonzept

KAPITEL 3

Packen wir's an

KAPITEL 4

Kosten und Wirtschaftlichkeit

KAPITEL 5

Finanzierung und Förderung

KAPITEL 6

Gesetzliche Grundlagen

ANHANG

Service

1 Sie haben beschlossen, dass Sie die energetische Verbesserung Ihres Hauses und vielleicht noch weitere Modernisierungsmaßnahmen anpacken wollen. Zunächst steht nun ein gründlicher Gebäude-Check an: Es gilt herauszufinden, welche Verbesserungen am Haus Sie sich für die Zukunft wünschen.

→ **Sanierung lohnt sich.** Seit Anfang 2022 hat der Ukraine-Krieg die Krise beim Neubau in Deutschland weiter verschärft. Fehlende Baumaterialien und explodierende Kosten machen neue Bauvorhaben hochriskant. Hinzu kommen kräftig gestiegene Zinsen für Immobilienkredite.

WAS ERFAHRE ICH?

In dieser Situation fragt sich wahrscheinlich so manche Familie, ob man statt eines Neubaus nicht ein bestehendes Wohnhaus erwerben und an moderne Energiestandards sowie an die eigenen Vorstellungen anpassen kann – und das zu deutlich geringeren Kosten. Ältere Hauseigentümer indessen denken vielleicht darüber nach, ob es sich nicht doch lohnt, das eigene Haus noch einmal kräftig zu modernisieren, anstatt in einen Neubau umzuziehen. Der Hintergrund: Hierzulande leben viele Menschen unverändert seit 30, 40 Jahren oder sogar noch länger in ihren Eigenheimen, ohne dass Maßnahmen zur Energieeinsparung für notwendig oder wirtschaftlich erachtet wurden. Das rächt sich aktuell angesichts steil ansteigender Energiepreise für Öl und Gas, denn in den eher schlecht gedämmten Häusern macht sich dies nun finanziell schmerzhaft bemerkbar. Im „KfW Energiewendebarometer 2022" der KfW Bankengruppe finden sich dazu Zahlen aus einer 2021 durchgeführten Befragung von 4 000 repräsentativ ausgewählten Haushalten in Deutschland. So wohnten 2021 gerade einmal 29 Prozent der Eigenheimbewohner in gut gedämmten Gebäuden. In 6,3 Prozent der Wohngebäude der Baujahre bis 1978 besteht sogar heute noch eine Einfachverglasung der Fenster.

Um diesem Missstand zu begegnen, fördert die Bundesregierung seit Juli 2022 den Umbau bestehender Wohngebäude ganz bewusst stärker als den Neubau von Eigenheimen. Und das wird auch angenommen: Immer mehr Privathaushalte investieren der KfW-Erhebung zufolge in die Umstellung auf nicht fossile, CO_2-freie Energiequellen und Heizungsanlagen. Im Jahr 2021 nutzten nach Angaben der KfW rund 29 Prozent der Haushalte mindestens eine der neuen Technologien Photovoltaik, Solarthermie, Batteriespeicher, Wärmepumpe, Kraft-Wärme-Kopplung, Holzpelletheizung oder Elektroauto. Weitere

13 Prozent planten das für 2022. Aber ob sich das angesichts des Krieges in der Ukraine, der steigenden Preise und der gleichzeitig rasant gestiegenen Inflationsrate seit 2022 wirklich so einstellt, darf stark bezweifelt werden.

Eine Trendwende zeichnet sich gleichfalls bei den großen **PROFESSIONELLEN INVESTOREN** ab. Sie haben sich in den letzten Jahrzehnten vor allem auf den Neubau konzentriert. Moderne Raumaufteilungen, neue Haustechnik und hohe Energieeffizienz waren einfach attraktiver für die Kaufwilligen. Inzwischen sind viele Bauunternehmen stark verunsichert. Fachkräftemangel, Lieferengpässe, ein rasanter Anstieg der Baukosten und stark anziehende Finanzierungskosten bei den Immobilienkrediten haben bei Neubauten für die Bauherren sowie für die beteiligten Baufirmen und Handwerker existenzbedrohende Ausmaße erreicht.

Neubauten haben inzwischen ein Preisniveau erreicht, das viele Kauf- oder Bauinteressenten einfach nicht mehr stemmen können. Sanierte Altbauten bleiben bei den Kosten pro Quadratmeter nach wie vor deutlich unter den Neubaupreisen, nicht zuletzt, weil die staatlichen Förderprogramme für energieeffiziente Neubauten zurückgefahren wurden. Nun wenden sich auch die Profis verstärkt Sanierungsprojekten im Gebäudebestand zu.

Der Druck auf die Eigenheimbesitzer, ihre Immobilien energetisch zu verbessern, steigt sowohl durch die immer höheren **ENERGIEKOSTEN** für Heizung und Warmwasser als auch durch politische Vorgaben. Letztere könnten in den nächsten Jahren voraussichtlich noch strenger werden, als sie es heute schon sind. Das macht Sanierungen von Wohngebäuden für Bauunternehmen attraktiver. Die bei größeren Baumaßnahmen durchaus hohen Kosten werden – sobald es um Klimaschutzmaßnahmen geht – auch durch staatliche Förderprogramme (siehe Seiten 177 ff.) abgefedert.

„Prima, dann warte ich noch eine Weile ab, bis die steigende Nachfrage die Preise für mein Haus weiter in die Höhe treibt, und verkaufe es dann zum besten Zeitpunkt" – falls Sie jetzt mit diesem Gedanken spielen, könnten Sie allerdings Schiffbruch erleiden. Dass die Preise für

In Zukunft dürfte es deutlich schwieriger werden, ältere „Energieschleudern" zu hohen Preisen zu verkaufen.

Bestandsimmobilien weiter ungebremst steigen, ist für die nächsten Jahre in den meisten Fällen nicht zu erwarten – nicht zuletzt wegen der gesetzlichen Klimastandards für den Gebäudebestand in Deutschland. Die Käufer von Bestandsgebäuden werden in Zukunft sorgfältig kalkulieren, welcher Sanierungsbedarf besteht und welche verpflichtenden Energiesparmaßnahmen bei einem Kauf auf sie zukommen (siehe „Wann besteht Sanierungspflicht?", Seiten 9 ff.).

Lohnt sich eine Sanierung vor dem Hausverkauf?

Vergleicht man die Immobilienanzeigen auf den bekannten Onlineplattformen, wird schnell deutlich: Bestandsgebäude sind im Vergleich zum Neubau in vergleichbarer Lage pro Quadratmeter immer noch deutlich kostengünstiger. Das wird durch zusätzliche Sanierungskosten in der Regel nicht ausgehebelt, wenn die Eigentümerinnen nicht zu hoch gegriffene oder gar absurde Vorstellungen über den Verkaufswert ihrer Häuser haben.

Aber: Wer jetzt ein Haus besitzt, das energetisch schlecht abschneidet, kann in den kommenden Jahren mit einer gewissen Wahrscheinlichkeit „von Staats wegen" zur Sanierung verpflichtet werden. Beim Eigentümerwechsel bestehen zudem heute schon gesetzliche Pflichten zur energetischen Sanierung, die in gewisser Zeit umzusetzen sind. Dadurch ist für Kaufinteressenten eine Bestandsimmobilie zurzeit zunehmend mit finanziellen Unsicherheiten verbunden, die sich kaum kalkulieren lassen und die deshalb bei manchen potenziellen Käuferinnen für Zurückhaltung sorgen.

→ Wenn Sie jetzt eine umfassende energetische Sanierung Ihres Hauses durchführen, werden das künftige Käufer zu schätzen wissen.

Aktuell lässt sich noch nicht genau sagen, wie die Bundesregierung die Gesetze zu den Sanierungspflichten letztendlich ausgestalten wird. Es ist allerdings abzusehen, dass die Anforderungen mit Sicherheit nicht wieder großzügiger werden, gilt es doch, die politisch gesetzten Klimaziele einzuhalten. Das beinhaltet für die Bewohnerinnen alter oder energetisch schlechter Gebäude zahlreiche Risiken, wenn sie energetisch sanieren wollen. Daher sollte man verschiedene Sanierungsszenarien prüfen, mögliche Sanierungsrückstände genau unter die Lupe nehmen (lassen) und für deren Beseitigung Geld zurücklegen beziehungsweise ansparen.

Nicht alle Eigentümerinnen werden oder können so vorausschauend agieren – manche werden in den kommenden Jahren ohne ausreichende, angesparte Rücklagen mit neuen Auflagen konfrontiert werden, sodass sie sich anstehende Sanierungen nicht leisten können. In letzter Konsequenz könnte der Markt dann aus der Not heraus mit unsanierten Bestandsimmobilien geflutet werden, weil deren Eigentümer gar keine andere Wahl haben, als zu verkaufen.

Fazit: Wenn Sie jetzt eine umfassende energetische Sanierung Ihres Hauses durchführen, die auch aus wirtschaftlichen Gründen sinnvoll ist, werden das künftige Käufer zu schätzen wissen. Denn ihnen bleibt dadurch ein größerer „Renovierungsmarathon" erspart, und sie können gleich ein Haus mit modernen Energiestandards erwerben, in dem sie in den nächsten Jahren ihre Ruhe haben.

Bei voraussichtlich weiter steigenden Energiekosten werden Häuser und Wohnungen mit hohem Energiebedarf für Heizung, Warmwasser und Strom nur schwerer und/oder mit deftigen Abschlägen zu verkaufen sein. Hier ist zu überlegen, ob Sie eine energetische Sanierung mit Mitnahme der bestehenden Förderungen auch durchführen wollen, um den Verkaufswert Ihres Hauses in der Zukunft zu erhöhen. Das gilt übrigens genauso, wenn Sie in Zukunft Ihr Haus vermieten wollen: Wenn Interessentinnen nach Wohnraum suchen, werden sie aufgrund der erheblich gestiegenen Energiepreise sehr auf die Energieeffizienz eines anzumietenden Hauses achten.

Gute Gründe für die Erneuerung

„Explodierende Energiekosten. 3 000 Euro mehr für Gas? So können Sie Ihre Rechnung bezahlen", titelte Focus Online im August 2022. Wegen steigender Energiepreise und der ab Oktober 2022 geplanten Gasumlage war zu erwarten, dass Haushalte für die Wintersaison 2022/2023 je nach Größe teilweise Tausende Euro mehr bezahlen müssten. Die Gasumlage wurde noch gestoppt, bevor sie in Kraft treten konnte. Die Kosten für Gas sind dennoch unaufhaltsam gestiegen.

Im Zuge der Verknappung von Energieträgern zogen im Laufe des Jahres 2022 die Preise für elektrischen Strom, für Heizöl und sogar für Pellets mit kräftigen Erhöhungen nach. Der in erster Linie klimaschonende Effekt des Verzichts auf fossile Brennstoffe rückt da angesichts akuter finanzieller Sorgen in den Hintergrund, ist aber unverändert gültig. Jetzt machen die enorm steigenden Brennstoffkosten die Eigenproduktion von Heizenergie und elektrischer Energie sowie die Reduktion des

Verbrauchs durch effiziente Dämmmaßnahmen der Gebäudehülle rein wirtschaftlich attraktiv. Ganz abgesehen davon, dass man sich so aus der Abhängigkeit von den Preisen der Energieversorger befreien kann.

Wann besteht Sanierungspflicht?

Egal ob Sie ein Bestandsgebäude kaufen, erben oder als Schenkung erhalten: Im heute geltenden Gebäudeenergiegesetz (GEG) ist ebenso wie bereits in der zuvor geltenden Energieeinsparverordnung (EnEV) festgeschrieben, dass nach einem Eigentümerwechsel innerhalb der nächsten zwei Jahre Maßnahmen zur energetischen Sanierung umgesetzt werden müssen. Ignoriert man dies, kann es teuer werden: Bis zu 50 000 Euro können als Bußgeld fällig werden.

Bei einer **ERBSCHAFT** kommt in dieser Zeit eventuell noch eine weitere finanzielle Belastung hinzu: die Erbschaftssteuer, die gerade beim Vererben von Immobilien ab 2023 erhöht werden soll.

Das sind finanzielle Belastungen, mit denen man zunächst nicht rechnet. Im Detail stellen sich folgende Fragen: Was kommt da konkret auf die neuen Eigentümer zu? Wer kann sie fachkundig beraten, und gibt es für die vorgeschriebenen Maßnahmen finanzielle Unterstützung?

Bei Ein- und Zweifamilienhäusern waren die bisherigen Eigentümer nicht verpflichtet, bestimmte energetische Sanierungen durchzuführen, wenn sie die Häuser mindestens seit 1. Februar 2002 selbst bewohnt haben. Auch Denkmalimmobilien unterliegen nicht dem Zwang zur energetischen Sanierung. Ein hoher Sanierungsstau kann also vor allem bei älteren Eigenheimen anstehen, die seit dem 1. Februar 2002 durchgehend von denselben Eigentümern bewohnt waren und die keinen besonderen Status als Denkmalimmobilie haben.

Entspannter dürfte die Situation sein, wenn in den letzten 20 Jahren bereits energiesparende Maßnahmen durchgeführt wurden oder wenn seitdem Eigentümerwechsel stattgefunden haben. Auch wenn das Wohnhaus nach Februar 2002 errichtet worden ist, sollte es mit den gesetzlichen Mindestanforderungen kein Problem geben, weil seitdem bereits beim Bau auf eine energiesparende Konstruktion geachtet wurde. Im Zweifel sorgt ein Blick in den Energieausweis für mehr Klarheit, der bei einem Hauskauf zwingend vorzuweisen ist.

Haben Sie es mit einem unsanierten Ein- oder Zweifamilienhaus (genauer: einem Wohngebäude mit nicht mehr als zwei Wohnungen) zu tun, das die gesetzlichen Mindestanforderungen nicht erfüllt, haben Sie zwei Jahre Zeit, um die Sanierungsvorschriften aus dem **GEBÄUDEENERGIEGESETZ (GEG)** umzusetzen. Meistens werden Sie als neuer Eigentümer ohnehin eine Renovierung des alten Hauses planen. Dann können Sie die drei vorgeschriebenen Maßnahmen gleich miterledigen. Spekulieren Sie dabei lieber nicht darauf, dass sich die Umsetzung der Mindestanforderungen auf die lange Bank schieben lässt, weil Sie im Moment finanziell ohnehin bereits stark belastet sind. Gute Handwerker haben volle Auftragsbücher und planen ihre Aufträge lange im Voraus. Die Preise für Bau- und Konstruktionsmaterialien steigen in Zeiten hoher Inflationsraten kräftig, und diese Werkstoffe sind außerdem nicht immer sofort verfügbar. Sie müssen eventuell also mit längeren Lieferzeiten rechnen. Welche Arbeiten genau sind nun eigentlich im Zuge eines solchen Eigentümerwechsels zu erledigen? Das geben die folgenden Paragrafen im GEG vor:

DÄMMUNG VON OBERSTER GESCHOSSDECKE ODER DACH

In Paragraf 47 GEG heißt es dazu: „(1) Eigentümer eines Wohngebäudes sowie Eigentümer eines Nichtwohngebäudes, die nach ihrer Zweckbestimmung jährlich mindestens vier Monate auf Innentemperaturen von mindestens 19 Grad Celsius beheizt werden, müssen dafür sorgen, dass **OBERSTE GESCHOSSDECKEN**, die nicht den Anforderungen an den Mindestwärmeschutz nach DIN 4108–2: 2013–02 genügen, so gedämmt sind, dass der Wärmedurchgangskoeffizient der obersten Geschossdecke 0,24 Watt pro Quadratmeter und Kelvin nicht überschreitet. Die Pflicht nach Satz 1 gilt als erfüllt, wenn anstelle der obersten Geschossdecke das darüber liegende Dach entsprechend gedämmt ist oder den Anforderungen an den Mindestwärmeschutz nach DIN 4108–2: 2013–02 genügt."

Ergibt die Prüfung also unzureichende Dämmwerte für die oberste Geschossdecke, muss man diese oder den Dachstuhl darüber so dämmen, dass Wärmeverluste auf die gesetzlich vorgegebenen Mindestwerte beschränkt bleiben.

In Absatz 2 werden technische Mindestwerte für den Fall angegeben, dass der Wärmeschutz nach Absatz 1 Satz 1 durch eine Dämmung in Deckenzwischenräumen ausgeführt wird und die Dämmschichtdicke im Rahmen dieser Maßnahmen aus technischen Gründen begrenzt ist. Desgleichen werden an dieser Stelle einzuhaltende Mindestwerte vorgegeben, wenn die Dachdämmung als Zwischensparrendämmung ausgeführt wird und die Dämmschichtdicke wegen einer innenseitigen Bekleidung oder der Sparrenhöhe begrenzt ist. Diese Bewertung und die Berechnungen bleiben aber der Energiefachfrau vorbehalten.

Interessant ist zudem Absatz 4, in dem es heißt: „Die Absätze 1 bis 3 sind nicht anzuwenden, soweit die für eine Nachrüstung erforderlichen Aufwendungen durch die eintretenden Einsparungen nicht innerhalb angemessener Frist erwirtschaftet werden können."

Das Dämmen von Kellerdecke und Leitungen ist kein Hexenwerk.

BETRIEBSVERBOT FÜR HEIZKESSEL, ÖLHEIZUNGEN

In Paragraf 72 GEG heißt es in Absatz 1 pauschal, dass „Eigentümer von Gebäuden ihre Heizkessel, die mit einem flüssigen oder gasförmigen Brennstoff beschickt werden und vor dem 1. Januar 1991 eingebaut oder aufgestellt worden sind, nicht mehr betreiben" dürfen.

In Absatz 2 wird eine Betriebsdauer nur für maximal 30 Jahre erlaubt: „Eigentümer von Gebäuden dürfen ihre Heizkessel, die mit einem flüssigen oder gasförmigen Brennstoff beschickt werden und ab dem 1. Januar 1991 eingebaut oder aufgestellt worden sind, nach Ablauf von 30 Jahren nach Einbau oder Aufstellung nicht mehr betreiben."

In Absatz 3 kommen dann die **AUSNAHMEN** von der Regel. Alte Heizungen dürfen trotzdem weiterbetrieben werden, wenn es sich um

→ Niedertemperatur-Heizkessel und Brennwertkessel sowie

→ heizungstechnische Anlagen handelt, deren Nennleistung weniger als 4 Kilowatt oder mehr als 400 Kilowatt beträgt.

Absatz 4 regelt den Einbau von „Heizkesseln, die mit Heizöl oder mit festem fossilem Brennstoff beschickt werden", ab dem 1. Januar 2026, was an dieser Stelle nicht weiter relevant wird.

DÄMMUNG VON WÄRMEVERTEILUNGS- UND WARMWASSERLEITUNGEN

Paragraf 71 GEG legt in Absatz 1 fest, dass „bei heizungstechnischen Anlagen bisher ungedämmte, zugängliche Wärmeverteilungs- und Warmwasserleitungen, die sich nicht in beheizten Räumen befinden, die Wärmeabgabe der Rohrleitungen nach Anlage 8 begrenzt wird". In erster Linie wird das also auf der Wand montierte, ungedämmte alte Heizungs- und Warmwasserleitungen betreffen, die im Keller oder nicht geheizten Technikraum verlaufen. Was genau unter „bisher" ungedämmten Leitungen zu verstehen ist, für die im Einzelfall eine Nachrüstpflicht besteht, kontrolliert der Schornsteinfeger.

Eine Dämmung von freiliegenden Warmwasserleitungen ist auch für ungeübte Heimwerker keine große Sache. Deshalb wird hier

FÖRDERUNGEN NUTZEN

Nach dem Gebäudeenergiegesetz (§ 80 [4] GEG) sind Käufer eines Hauses mit einer oder zwei Wohnungen verpflichtet, sich nach Übernahme des Energieausweises vom Verkäufer um ein kostenloses Beratungsgespräch zum Energieausweis bei einem zugelassenen Energieberater zu bemühen. Gleiches gilt bei geplanten größeren Sanierungen von Ein- und Zweifamilienhäusern, wenn – wie es in Paragraf 48 (1) heißt – „für das gesamte Gebäude Berechnungen" durchgeführt werden. Anbieter sind zum Beispiel Verbraucherzentralen und der Bundesverband GIH Gebäudeenergieberater Ingenieure Handwerk e. V., der weiterführende Informationen auf seiner Website gih.de/pflichtberatung bereitstellt.

Der Vorteil für Sie ist, dass Sie für Ihr individuelles Wohnhaus erfahren, welche Sanierungspflichten vorgeschrieben sind und – vielleicht noch interessanter – welche staatlichen und sonstigen öffentlichen Förderungen (siehe „Förderungen für Sanierer" ab Seite 177) dafür in Anspruch genommen werden können.

Das Bundesamt für Wirtschaft und Ausfuhrkontrolle (Bafa) fördert zum Beispiel bei Bestandsgebäuden **Einzelmaßnahmen an der Gebäudehülle,** die zur Erhöhung der Energieeffizienz des Gebäudes beitragen, mit 15 Prozent Zuschuss der förderfähigen Ausgaben bei einem Mindestvolumen der Maßnahme von 2 000 Euro brutto.

Zu den Einzelmaßnahmen gehören

- → die **Dämmung** von Außenwänden, Dachflächen, Geschossdecken und Bodenflächen sowie die Erneuerung oder Aufbereitung von Vorhangfassaden;
- → die Erneuerung, der Ersatz oder erstmalige Einbau von **Fenstern, Außentüren und -toren**;
- → ein sommerlicher **Wärmeschutz** durch Ersatz oder erstmaligen Einbau von außenliegenden Sonnenschutzeinrichtungen mit optimierter Tageslichtversorgung.
- → Wenn Sie zuvor von einem dafür zugelassenen Energie-Effizienz-Experten einen **individuellen Sanierungsfahrplan (iSFP)** erstellen lassen, gibt es noch mal einen Bonus von fünf Prozent obendrauf.
- → Ein **Austausch der Heizungsanlage** kann je nach neuer Heizungstechnik Zuschüsse bis zu 25 Prozent der förderfähigen Ausgaben erreichen (ab Investitionsvolumen von mindestens 2 000 Euro brutto, was bei Heizungen aber die Regel ist). Zusätzlich kann beim Austausch einer Öl-, Gasetagen-, Gaszentral-, Kohle- oder Nachtspeicherheizungsanlage ein Bonus in Höhe von 10 Prozentpunkten gewährt werden.

Absatz 2 auch kaum Beachtung finden, der Absatz 1 außer Kraft setzt, „soweit die für eine Nachrüstung erforderlichen Aufwendungen durch die eintretenden Einsparungen nicht innerhalb angemessener Frist erwirtschaftet werden können".

ENERGETISCHE SANIERUNG BEI UMBAUTEN

Wer Sanierungsarbeiten beauftragt oder selbst anpackt und dabei mehr als zehn Prozent eines Bauteils erneuert, muss die Arbeiten so ausführen, dass dieses Bauteil anschließend den Vorgaben des GEG entspricht. Die Prozentangabe bezieht sich also nicht auf die gesamte Gebäudehülle. Unter „Bauteil" versteht man in der Branche das jeweilige „Hüllflächenelement", also Außenwand, Dach, Fenster, Kellerdecke oder Decke zum kalten Dachraum. Wird zum Beispiel in der Fassade nur ein kleiner Riss ausgebessert, löst das keine Verpflichtung zur energetischen Sanierung aus. Wenn Sie aber an mehr als zehn Prozent der Fassadenfläche Ihres Hauses den Putz erneuern lassen, müssen Sie diese unter Umständen vollständig dämmen. Zumindest sind der energetische Zustand und die Maßnahme nach den Vorgaben des GEG zu prüfen und zu bewerten, ob die geforderten Werte erfüllt werden. Wird ein neues Fenster – also ein Bauteil – eingesetzt, muss dieses ebenfalls den Vorgaben aus dem GEG entsprechen.

Hier ist man also schneller in der Pflicht, als einem vielleicht bewusst ist. Ein wichtiger Aspekt dabei: Wie können Sie das korrekte Vorgehen belegen? Erkundigen Sie sich dazu als Eigentümerin eines Ein- oder Zweifamilienhauses im Zweifelsfall vor Beginn solcher Renovierungsarbeiten in einem Beratungsge-

Die Begutachtung durch Fachleute ist beim eigenen Sanierungsvorhaben unerlässlich.

spräch bei einer unabhängigen Fachfrau, die berechtigt ist, Energieausweise zu erstellen (siehe Kapitel „Energieausweise“, Seite 204). Sie kann dann nach Durchführung der Renovierungsarbeiten den obligatorischen Bedarfsenergieausweis ausstellen, den Sie als Nachweis benötigen.

Die Umsetzung der Arbeiten können Sie je nach Aufwand an eine Bauplanerin oder direkt an qualifizierte Handwerkerunternehmen vergeben, die die energetischen Kennwerte für die neu verbauten Bauteile kennen und Ihnen die Übereinstimmung mit den Vorgaben des GEG bestätigen sollen. Nehmen Sie das nicht auf die leichte Schulter und sanieren Sie gesetzeskonform. Wenn Sie als Immobilienbesitzerin auf eine entsprechende Ausführung verzichten, kann im härtesten Fall ein Bußgeld in Höhe von bis zu 50 000 Euro erhoben werden.

Was macht der Gutachter?

Unter ökologischen Gesichtspunkten sind eine Sanierung und Modernisierung eines bestehenden Gebäudes aus mehreren Gründen sinnvoll, da das im Vergleich zu einem Neubau immer Ressourcen einspart. Die sanierte Bestandsimmobilie ist besser fürs Klima.

Wenn Sie sich jetzt aber fragen, ob Ihr Haus den ganzen finanziellen Aufwand einer energetischen Sanierung wert ist, können Sie ein professionelles Wertgutachten erstellen lassen. Wenn Sie schon überzeugt und entschlossen sind, eine energetische Sanierung durchzuführen, brauchen Sie das nicht. Dann sollten Sie besser gleich einen Termin mit einem Energieberater (siehe Seite 50) ausmachen, der mit Ihnen zusammen einen konkreten Sanierungsfahrplan entwickelt.

Bleiben wir hier zunächst beim Wertgutachten und sehen uns an, wie das funktioniert:

Ein ausgewiesener Immobiliengutachter ermittelt den sogenannten Verkehrswert Ihrer Immobilie.

Laut Erklärung in Paragraf 194 Baugesetzbuch (BauGB) definiert der Verkehrswert den Preis eines Grundstücks, der auf dem freien Markt unter normalen Geschäftsbeziehungen realistisch ist. Geht es um bebaute Grundstücke, addiert man zu dem Verkehrswert noch den Sachwert der Immobilie.

Die Wertermittlung erfolgt nach gegebenen Kriterien und nennt den Wert dieser Immobilie zum Zeitpunkt der Begutachtung. Dabei sind auch Mängel der Immobilie aufzudecken, die in die Bewertung einfließen müssen. Die Ergebnisse werden im Wertgutachten zusammengetragen.

Beachten Sie aber, dass die Bezeichnung „Immobiliengutachter“ keine geschützte Berufsbezeichnung ist, jeder darf sich so nennen. Es gibt aber in der Praxis durchaus relevante Unterschiede bei der Qualifizierung.

Für die Bezeichnung „freier Immobiliengutachter“ muss man gar keine Qualifizierung nachweisen. Ein von ihm erstelltes Wertgutachten mag durchaus sachlich in Ordnung sein, hat vor Gericht oder einer Behörde aber keinen Bestand.

Ein „öffentlich bestellter Gutachter“ muss Prüfungen der Industrie- und Handelskammer (IHK) erfolgreich ablegen. Seine Qualifikation wird von dieser unabhängigen Stelle dann bestätigt. Sein Wertgutachten hat vor Gerichten Bestand.

Ein „staatlich anerkannter Gutachter“ wird ebenfalls von der IHK geprüft und ist zusätzlich bei einer Landesbehörde angestellt. Seine Gutachten werden vom Gericht und zusätzlich von Behörden wie dem Finanzamt anerkannt.

Je nachdem, wofür Sie ein Wertgutachten zu einem Haus verwenden wollen, ist ein unterschiedlich qualifizierter Immobiliengutachter notwendig. Sie sollten aber immer auf die Vorlage eines IHK-Ausweises bestehen, um sich von einer angemessenen Qualifikation zu überzeugen. Was nützt Ihnen letztlich ein Wertgutachten, das von keinen offiziellen Stellen anerkannt wird?

Ein qualifiziertes Wertgutachten kann Ihnen ebenfalls bei der Beantragung eines Kredits helfen: Sie können damit dem Kreditgeber fundiert nachweisen, welchen Verkehrswert Ihr Haus und Grundstück haben.

Das **KURZE GUTACHTEN**. Ein kurzes Wertgutachten – es umfasst im Normalfall nur einige Seiten – ist ausreichend, wenn Sie beispielsweise nur selbst wissen möchten, was Ihr Haus wert ist. Für einen Kauf oder Verkauf der Immobilie kann das Kurzgutachten auch für Kaufinteressenten ausführlich genug sein. Sie können es von freien Gutachtern erstellen lassen. Das sind häufig Architekten, Techniker, Ingenieure oder auch Immobilienkaufleute und -makler sowie Handwerksmeister, die sich von Berufs wegen mit der Materie gut auskennen. Die Preise für solche kurzen Gutachten sind überschaubar: Die Honorare bewegen sich um 1 500 Euro netto bei einer zu bewertenden Immobilie, etwa einer Eigentumswohnung, mit 130 Quadratmetern Wohnfläche. Manche Makler erstellen solche Gutachten und stellen dem Eigentümer dies nicht in Rechnung, wenn sie den Maklerauftrag erhalten. Ansonsten wird das Honorar fällig.

Das **BEGLAUBIGTE VOLLGUTACHTEN**. Ein Vollgutachten wird vor Gericht anerkannt und wird meistens für Versicherungsfälle sowie für kreditgebende Banken erstellt. Die Gutachter, die diese erstellen dürfen, müssen öffentlich bestellt und vereidigt sein. Das bedeutet, dass sie durch die Industrie- und Handelskammer geprüft und zertifiziert worden sind. Die Vollgutachten sind deutlich detaillierter und mit 30 bis 50 Seiten erheblich umfangreicher.

Ein Vollgutachten ist damit natürlich teurer als das kurze Gutachten: Die Gutachter lassen sich ihre Arbeit dafür mit etwa 0,5 bis 1 Prozent der Kaufsumme bezahlen. Macht das Gutachten überdurchschnittlich viel Aufwand, können die Kosten schnell darüber hinausgehen.

Wenn Sie ein Gutachten für eine Immobilie in Auftrag geben möchten, sollten Sie dem Gutachter die notwendigen Dokumente zur Verfügung stellen. Es macht auf jeden Fall Sinn, wenn Sie folgende Informationen vorlie-

UNTERLAGEN FÜRS VOLLGUTACHTEN

Folgende Dokumente und Informationen sollten Sie zur Beauftragung eines Vollgutachtens bereitstellen:

- → Lage, Wohnumfeld und Infrastruktur inklusive Lärmbelastung
- → Größe des Grundstücks
- → Amtlicher Bodenrichtwert (also der Wert pro Quadratmeter Boden in der Gegend)
- → Grundwassersituation
- → Bestehen Altlasten auf dem Grundstück oder
- → Rechte Dritter an dem Grundstück?
- → Wie ist der Erschließungsgrad der Immobilie?
- → Größe der Immobilie und Zuschnitt der Räumlichkeiten
- → Baujahr des Hauses
- → Besteht Denkmalschutz (mit Auflagen)?
- → Wie ist der bauliche Zustand vom Fundament/Keller bis zum Dach?
- → Gibt es Mängel und Schäden am Gebäude?
- → Wann wurden welche Modernisierungen und Sanierungen durchgeführt?
- → Wie ist der energetische Zustand des Hauses (Dämmung, Fenster, Heizung etc.)?
- → Bei einer Immobilie innerhalb einer Eigentümergemeinschaft (WEG): Auskunft zu den Rücklagen, Protokolle der letzten WEG-Versammlungen, die Baugenehmigung, die Teilungserklärung

gen haben oder angeben können. Bedenken Sie dabei, dass es manchmal durchaus etwas Zeit braucht, bis Sie die gewünschten Auskünfte von Ämtern bekommen können.

- Auszug aus dem Grundbuch vom Grundbuchamt der Stadt oder Gemeinde
- Die Bauakte erhalten Sie beim Bauamt.
- Auszug aus dem Baulastenverzeichnis
- Auszug aus der Liegenschaftskarte
- Bauplanrechtliche Auskunft
- Auszug aus dem Altlastenkataster
- Energieausweis (siehe Seite 204)
- Kostenbelege über durchgeführte Modernisierungsmaßnahmen

Wenn Sie ein Vollgutachten beauftragen wollen, vereinbaren Sie schriftlich, was genau bewertet werden soll und welches Honorar dafür fällig wird. Wenn Sie das nicht einschätzen können, können Sie auch zwei oder drei Angebote einholen.

Die Gutachter beziehen verschiedene Punkte in ihre Berechnung ein. Für ein kurzes Gutachten werden viele der Dokumente, die Sie vorlegen können, zwar nicht eingesehen, zum Vollgutachten gehören aber immer einige Angaben, die wir für Sie auf der vorhergehenden Seite zusammengefasst haben.

Nicht monetär bewertbare Verbesserungen

Wir haben bisher die Vorteile einer energetischen Sanierung des Eigenheims fast durchweg unter dem Aspekt der Wirtschaftlichkeit betrachtet: Kann man die Investitionen – auch unter Inanspruchnahme der gesetzlichen Förderprogramme – durch Einsparungen bei den Energiekosten wieder reinholen? Lohnt sich das denn? Abgesehen davon ist aber für immer mehr Menschen eine andere Fragestellung ebenso von Bedeutung: Was bewirkt die energetische Sanierung eines alten Wohnhauses eigentlich darüber hinaus?

In direktem Zusammenhang mit den eingesparten fossilen Energieträgern Erdöl, Erdgas, Kohle und in der Summe auch mit dem geringeren Verbrauch bei Pellets und Scheitholz steht der ganz wesentlich reduzierte **CO_2-AUSSTOSS** in die Atmosphäre. Damit leisten Sie einen Beitrag zur Verlangsamung des Klimawandels durch CO_2. Außerdem können Sie dazu beitragen, dass die begrenzten globalen Vorräte an Erdöl nicht mehr bedenkenlos verheizt werden – man kann daraus schließlich erheblich wertvollere Produkte herstellen.

Ganz persönlich profitieren Sie im Alltag nicht zuletzt auch von einem gesteigerten **WOHNKOMFORT** durch gut gedämmte Außenwände, Fenster und Türen sowie moderne Heizungssysteme, die eine wesentlich intelligentere Temperatursteuerung in den beheizten Räumen ermöglichen. Im besten Fall sorgt eine kontrollierte Wohnraumlüftung (siehe „Wärmeverteilung“, Seite 76) durch die konstante Zufuhr von gefilterter Frischluft für eine angenehme Atmosphäre in den Räumen.

Das komplett energieautarke Haus – eines, das ohne externe Versorger auskommt – ist in Deutschland allerdings nur selten realisierbar, und wenn, dann nur zu sehr hohen Investitionskosten, die sich nicht jede Familie leisten kann. Zudem bietet die bauliche Situation des Grundstücks und des bestehenden Baukörpers nicht immer die optimalen Rahmenbedingungen, weil zum Beispiel das Grundstück eine ungünstige Lage hat oder das Haus nicht die optimale Ausrichtung nach Süden aufweist. Überdies ist die autarke Energieversorgung in den sonnenlichtarmen Monaten immer noch ein großes Problem. Dennoch sorgt es schon für ein gutes Gefühl, wenn man künftig nicht mehr zu 100 Prozent von den Energieversorgern und ihren Preisen für die gelieferte Energie abhängig ist.

Wenn Sie Ihr in die Jahre gekommenes Heim sanieren, anstatt es zu verkaufen, können Sie zudem in der gewohnten Umgebung bleiben und sparen sich die Umzugskosten und die Ausgaben für neue Einrichtungsgegenstände.

→ Gebäudetypen und Gebäudealter

Je nach Baujahr, Bauweise und den bereits durchgeführten Renovierungen und Sanierungen in der Vergangenheit wird sich ein ganz individueller Sanierungsfahrplan für Ihr Haus ergeben.

WAS ERFAHRE ICH?

Wenn Sie die Geschichte Ihres Hauses etwas näher kennen, ist das sehr hilfreich. Denn jede Bauepoche und Konstruktionsweise hat ihre spezifischen Vorteile, aber auch ganz typische Schwachpunkte, die für den Sanierungsaufwand und die notwendigen Maßnahmen von Bedeutung sind.

Massivhaus

Über Jahrhunderte wurden Wohnhäuser auf traditionelle Weise vor Ort Stein auf Stein gebaut. Dabei entwickelten sich viele regionale Baukulturen und Konstruktionsweisen, die sich durch tradierte Handwerkstechniken, örtlich vorhandene Baumaterialien und die spezifischen Klimabedingungen ergaben. Spätestens nach dem Zweiten Weltkrieg wurden diese tradierten Bauformen durch eine neue landesweite Architekturwelle abgelöst, im Zuge derer in der Bundesrepublik Deutschland auf Basis der modernen, industriell produzierten Baumaterialien normierte Häuser oder ganze Siedlungen errichtet wurden. In der DDR wurde damals primär der Wohnungsbau gefördert. Bei den Eigenheimen dominierte das im Laufe der Jahrzehnte von 1958 bis 1989 rund 500 000-mal gebaute standardisierte Typenhaus „EW 58“. Dabei handelte es sich um ein Einfamilienwohnhaus, das zahlreiche Varianten sowie individuelle Modifikationen erlebt hat. Daneben wurden weitere Typenhäuser wie das „83 G“, „123 G“, „Haus Lilienstein“ mit Flachdach, „EW65B“ und weitere Varianten von Bauakademien oder Bau-Kombinaten projektiert und errichtet.

Erst in den letzten Jahren findet im Zuge des zunehmenden Bewusstseins für ökologische und nachhaltige Produktionsweisen ein Umdenken statt. Man besinnt sich auf regional bewahrtes Bauwissen und handwerkliche Techniken, die in moderner Formensprache wieder aufgenommen werden.

Typisch für ältere Massivhäuser sind die folgenden Merkmale:

Die **KELLER** haben keine oder eine mangelhafte Abdichtung, gegebenenfalls sind sie anfällig für Überschwemmungen durch Starkregenereignisse („Keller läuft voll“).

Die **WÄNDE** sind außen und innen gemauert, und die Wärmedämmung ist nach modernen Standards unzureichend.

TRAGENDE HOLZTEILE in Geschossdecken sind durch holzzerstörende Organismen geschädigt.

Die **RAUMGRÖSSEN** und -aufteilungen sind unzeitgemäß und nicht passend zu heutigen Anforderungen.

Die **TÜREN** und **FENSTER** sind schlecht wärmeisolierend und oft kaum schallisolierend.

Aus heutiger Sicht ist die **ELEKTROINSTALLATION** unzureichend (zu wenig Auslässe, mangelhaft abgesichert, nicht heutigen Sicherheitsstandards entsprechend).

Die **SANITÄRINSTALLATIONEN** sind veraltet mit mehr oder weniger verkalkten Rohrleitungen. Die Rohrleitungen sind oft aus Blei.

Ebenso veraltet sind **HEIZUNGS- UND WARMWASSERANLAGEN** auf Basis von Erdöl, Erdgas, Strom (Nachtspeicherheizungen, mitunter auch Stromdirektheizungen) oder Fernwärmeanschluss. Heizungsleitungen sind häufig ungedämmt.

Der **DACHSTUHL** ist ungedämmt und die **DACHDECKUNG** (mit Schornstein) vorgeschädigt oder undicht.

Der **SCHORNSTEIN** weist Versottungsschäden auf und ist zudem oftmals stillgelegt und daher überflüssig.

Es finden sich gesundheitsgefährdende **BAUSTOFFE** bzw. -behandlungen: Asbest in Baustoffen oder Isoliermaterialien, Formaldehyd in Holzplatten, giftige Holzschutzmittel vor allem im Dachstuhl, giftige Parkettkleber, Bleileitungen und so weiter.

Wie sich die Bauweisen im Laufe der Zeit geändert haben, erfahren Sie im Kapitel „Gebäudealter" (siehe Seite 17).

Fertighäuser

Das Konzept einer vorproduzierten Fertigung von Bauteilen für Wohnhäuser geht in Deutschland auf die 1920er-Jahre zurück. Damals propagierten insbesondere Vertreter der Bauhaus-Architekturschule in Dessau die Vorfertigung von Hauselementen für den Eigenheimbau. Der Gründer des Bauhauses, Walter Gropius, arbeitete unter anderem mit vorproduzierten Bauteilen und entwickelte damit ein „Baukastensystem". Neue Bautechniken erlaubten eine standardisierte Serienfertigung von architektonisch einfachen und funktionalen Fertighäusern, die vor allem erschwinglich sein sollten. Die Vorteile für die Bauherren bestanden in der Vorfertigung der Bauelemente unter kontrollierten Bedingungen im Werk und der kurzen Bauzeit auf der Baustelle.

Nach dem Zweiten Weltkrieg galt es, schnell und preisgünstig Wohnraum zu schaffen. Als Baustoff setzte sich dafür Holz durch, die Fertighausindustrie entstand vor allem aus zahlreichen Zimmereibetrieben, die das Bauprinzip neu umsetzten. In den Jahrzehnten ab den 1950er-Jahren konnten sich mit dem Wirtschaftsboom in der BRD immer mehr Menschen den Traum vom eigenen Häuschen erfüllen. Der Bauboom steigerte sich bis in die **1970ER-JAHRE**, nicht zuletzt wegen der industriellen Fertigbauweise, die anfangs nicht die Bauqualität der individuellen Häuser erreichte. Das „Haus von der Stange" bot weniger Gestaltungsmöglichkeiten, konnte dafür aber preisgünstiger gebaut werden. Diese Generation der Fertighäuser war tatsächlich minderwertig hinsichtlich ihrer Wärmedämm- und Schalldämmqualitäten. Auch wurden hier gesundheitsgefährdende Baustoffe (Kleber, Dämmmaterial, Asbest) verbaut.

In der **DDR** wurden Eigenheime zunehmend mit industriell vorgefertigten Wandbauelementen geplant und vor Ort montiert. Bei der HW-Serie in Ständerbauweise wurden Außenwände und tragende Längswände als Holzrahmenelemente oberflächenfertig angeliefert. Durch das Baukastenprinzip konnten Grundrissänderungen durch die Austauschbarkeit einzelner Elemente berücksichtigt werden. Ein giftiges Erbe aus jener Zeit stellen die Holzteile dar, die vom Hersteller mit damals zugelassenen Holzschutzmitteln behandelt werden mussten.

Seit den **1980ER-JAHREN** arbeiten die Anbieter deshalb beständig daran, die Bauqualität der Fertighäuser in allen Belangen zu verbessern. Es wurden zudem Standards entwickelt, zu deren Einhaltung sich viele der großen Fertighaushersteller verpflichtet haben. Das hat zum Zusammenschluss in Organisationen wie der „Qualitätsgemeinschaft Deutscher Fertigbau" (QDF) geführt, die die Anforderungen an

Die Bauqualität von Fertighäusern hat in den Jahrzehnten seit den 1970er-Jahren erheblich zugenommen.

die Bauqualität in ihren Satzungen verankert haben. Dass die gesetzten Qualitätsnormen in der Praxis umgesetzt werden, sollen unabhängige Prüferinnen gewährleisten, die bei jedem Hersteller mehrmals jährlich Kontrollen in den Fertigungsstätten und vor Ort auf den Baustellen durchführen.

Wer eine Sanierung in einem älteren Fertighaus aus den 1970er- oder 80er-Jahren plant, sollte damit rechnen, dass Luft und Hausstaub mit gesundheitsschädlichen Schadstoffen belastet sein können. In Einzelfällen setzen alte Holzwerkstoffe immer noch Formaldehyd und Holzschutzmittel wie PCP (Pentachlorphenol) und Lindan frei. Problematisch wird das insbesondere dann, wenn bisher verborgene oder gebundene Materialien im Zuge der Sanierung geöffnet oder entfernt werden sollen. Bei alten Parkettböden kann man auf zerbröselnde Parkettkleber stoßen, die mit PCB oder PAK (Polyzyklischen aromatischen Kohlenwasserstoffen) belastet sind. Alte Dach- und Fassadenverkleidungen enthalten mitunter Asbestfasern, die fest gebunden sind.

MODERNERE FERTIGHÄUSER haben erheblich verbesserte Baustandards erreicht. Die anerkannte Lebensdauer heutiger Fertighäuser liegt bei rund 60 bis zu 100 Jahren. Sie erreichen also Bauqualitäten, die denen von individuell gebauten Familienheimen häufig gleichwertig sind. Das Image des „Hauses von der Stange“ hat sich ebenfalls überholt. Die Fertighausproduktion ist gestalterisch flexibler und individueller geworden, wozu die zunehmende Automatisierung und Digitalisierung in den Fabrikanlagen beigetragen haben.

Gebäudealter

Das Baualter ist ein wichtiges Datum, weil sich in jeder Bauepoche allgemein übliche Konstruktionsweisen, aber auch typische Bauelemente (zum Beispiel Fenstergrößen und Fensterbau) finden lassen, die den Heizwärmebedarf deutlich beeinflussen.

Kaum bekannt ist zum Beispiel, dass beim Bauen der Brand-, Schall- und Wärmeschutz sowie im Keller der Feuchteschutz überhaupt erst seit den 1960er-Jahren verstärkt berücksichtigt wurden. Außerdem bei Sanierungen relevant: Ab den 1950er- bis in die 1970er-Jahre wurden viele heute als gesundheitsgefährdend bewertete Stoffe als Materialien am Bau eingesetzt, zum Beispiel Pressspanplatten mit ausgasendem Formaldehyd, Asbestzementplatten im Trockenbau und giftige Imprägnierungen als Holzschutzmittel.

Das Institut Wohnen und Umwelt, Darmstadt (IWU) hat deshalb zur Einschätzung von Wohngebäuden 2015 ein System veröffentlicht, das sogenannte Baualtersklassen definiert. Diese orientieren sich an bedeutsamen historischen Ereignissen, den Zeitpunkten statistischer Erhebungen und ab etwa 1960 an den Veränderungen der wärmetechnisch relevanten Bauvorschriften. Hierbei sind zum Teil beträchtliche regionale Unterschiede zu beachten, da die natürlichen Vorkommen an Baumaterial in Nord- und Süddeutschland sehr ungleich verteilt waren.

Natürlich wurden viele der älteren Häuser in den Jahrzehnten ihrer Nutzung immer wieder erneuert und modernisiert. Mit dem folgenden kurzen Abriss der Entstehungsgeschichte von Gebäuden unterschiedlicher Epochen möchten wir Ihnen ein Gefühl für deren typische und relevante Schwachstellen vermitteln. Wenn diese in Ihrem Fall bereits beseitigt wurden – umso besser.

Ohne an dieser Stelle eine vollständige Bau- und Stilgeschichte darstellen zu können, seien zur Orientierung einige Beispiele genannt.

Fachwerkhäuser besitzen oft gerade wegen ihres hohen Alters einen besonderen Charme.

BAUALTERSKLASSE A BIS 1859

Die vorindustrielle Phase ist geprägt durch handwerkliche Bautechniken, aufbauend auf Erfahrungswissen. Gesetzliche Regelungen gab es kaum. Verwendet wurden lokal verfügbare Materialien der Region. Die dominanten Bauweisen waren **FACHWERKHÄUSER** mit Strohlehm-Ausfachung, massive Wände aus unbehauenen oder behauenen Natursteinen oder Vollziegeln und Holzbalkendecken. Geheizt wurde wenig, und wenn, dann über offene Feuerstellen oder Öfen in einzelnen Wohnräumen und offene Herdstellen oder geschlossene Herde in der Küche. Fließend Kalt- oder gar Warmwasserleitungen gab es nicht. Toiletten befanden sich in der Regel außerhalb des Gebäudes.

Im Mittelalter von etwa 500 bis 1525 n. Chr. war Mauerwerk (Ziegel oder Werkstein) vorherrschend, teils in Verbindung mit Fachwerk. Nur wenige Gebäude sind heute noch im originalen Bauzustand erhalten. Wo vorhanden, sind sie in der Regel mehrfach renoviert und saniert worden. Die Zeiten waren nicht immer leicht, deshalb sind Restaurierungen, abhängig von der Ausführungszeit, mehr oder weniger gelungen.

Die Renaissance von etwa 1500 bis 1600 orientierte sich bevorzugt an klassischen Idealen: Bauwerke aus dieser Zeit kennzeichnen klar gegliederte Fassaden, antike oder antikisierende Formelemente wie Säulen, Pilaster, Kapitelle und Dreiecksgiebel, klare geometrische Grundrisse. Es handelt sich überwiegend um Mauerwerksbau mit teilweise reichen Zierelementen. In den Innenräumen finden sich teils schlichte, teils aufwendig gestaltete Holzarbeiten wie Wandtäfelungen und Kassettendecken. Diese Gebäude stehen heute regelmäßig auf der Denkmalliste. Restaurierungen dieser Denkmäler haben die Gebäude deshalb meistens von später erfolgten Um-, Ein- und Anbauten befreit.

Im Barock zwischen etwa 1600 und 1770 gab es überwiegend Mauerwerksbauten, je nach Wohlstand der Bauherren in Verbindung mit mehr oder weniger aufwendigen Stuckarbeiten.

Im anschließenden Klassizismus und Historismus von etwa 1770 bis 1900 wurden klassische Architekturformen wieder aufgenommen, zum Beispiel durch Säulenordnungen und Dreiecksgiebel. Die palaisartige Villenarchitektur am Übergang zum Historismus zeichnete sich durch eine oft beliebige Mischung unterschiedlicher historischer Stilelemente wie romanischer Rundbögen, spätgotischer Vorhangbogenfenster, pseudomittelalterlicher Türmchen und klassizistischer Giebel an ein und demselben Gebäude aus.

Hinter prachtvollen historischen Fassaden verbirgt sich häufig ein großer Sanierungsaufwand.

BAUALTERSKLASSE B 1860–1918

In der sogenannten Gründerzeit dehnten sich die Städte mit der einsetzenden Industrialisierung zum Teil schnell aus, wodurch die Standardisierung und Normung der Bauweisen vorangetrieben wurden. Das war aber noch regional geprägt. Es dominieren Mauerwerksbauten, im ländlichen Bereich auch Fachwerkgebäude mit Mauerwerksausfachung. Die Straßenfassaden mit Stuck, Sandstein und Klinker sind häufig repräsentativ gestaltet. Innen finden sich oftmals massive Kellerdecken und darüber Holzbalkendecken. Die Beheizung erfolgte durch Einzelöfen in den Wohnräumen und Holz- oder Kohleherde in der Küche. Fließend Warmwasser und Badezimmer gab es noch nicht, Toiletten befanden sich innerhalb des Gebäudes, oft im Treppenhaus.

Am Übergang zum Jugendstil entstanden aufwendig gestaltete, reich geschmückte Fassaden und Treppenhäuser sowie dekorative Glasfenster. Häuser der Baujahre bis 1920 (Jugendstil etwa 1895–1914) weisen oft viele kunsthandwerkliche Details auf. Neben aufwendig gestalteten Villen und Stadtpalais trifft man aber auch viele einfache Handwerker- und Bauernhäuser mit äußerst sparsamer Aus-

BAULICHE SCHWACHSTELLEN BEI ALLEN GEBÄUDEN VOR ETWA 1920

- Kellerböden sehr einfach, aufsteigende Feuchtigkeit
- Kellerwände ohne ausreichende Abdichtung und Dämmung
- (Keller-)Wände teilweise aus Bruchstein; ungenügender Verbund
- Eisen- bzw. Stahlträger oft verrostet
- Geschossdecken aus Holz und Naturmaterialien stellenweise verrottet, gegebenenfalls durch holzzerstörende Organismen (Pilze und tierischer Befall) geschädigt
- Trittschallschutz (Zwischendecken, Treppen etc.) oft nicht vorhanden
- alte (raumweise) Heizungen mit zu weiten Schornsteinen („Kälteschächte")
- Sanitärleitungen korrodiert oder stark verkalkt
- Gasleitungen zum Teil undicht
- Elektroinstallation unzureichend und mangelhaft gesichert, Blitzschutz fehlt meist
- Brandschutz fehlt oder mangelhaft
- kein Wärmeschutz der Außenhülle (Mauerwerk, Fenster, Türen)
- Dachstühle mit Holztragwerk gar nicht oder mangelhaft gedämmt
- Dachdeckung stellenweise undicht oder mürbe

Mangelhaftes Baumaterial macht sich früher oder später negativ bemerkbar.

stattung an. Als problematisch stellen sich bei Häusern aus dieser Zeit oft Mängel bei Wärmeisolierung, Schallschutz und Kellerdichtung dar. Einfach verglaste Holzfenster waren Standard und sind zum Teil bis heute anzutreffen. Die Haustechnik – im ursprünglichen Zustand kaum vorhanden und gegebenenfalls später nachgerüstet – genügt heutigen Anforderungen in der Regel nicht.

BAUALTERSKLASSE C 1919–1948

Nach dem Ersten Weltkrieg wurde die Baustoffherstellung zunehmend industrieller und damit landesweit genormter. In der Nachkriegszeit wurden vor allem kostengünstige und einfache Materialien verwendet, es wurde insgesamt materialsparend konstruiert. Es überwogen massive Kellerdecken, darauf ein- und zweischaliges Mauerwerk. Der Einsatz von Bauelementen mit Luftkammern (zweischalige Bauweise, Hohlkörperdecken) sorgte für einen etwas besseren Wärmeschutz. Die Beheizung erfolgte über Einzelöfen in den Räumen, bisweilen gab es schon Kohle-Zentralheizungen. In der Küche wurde auf Kohle- oder Gasherden gekocht; Toiletten und Badezimmer lagen jetzt innerhalb der Wohnungen.

In den 1920er- und 1930er-Jahren wurden Ziegelmauerwerk und Holzkonstruktionen kombiniert, es gab fast keine Schmuckelemente mehr. In Deutschland war dies die Ära des Bauhauses. 1926 wurde die Frankfurter Küche entwickelt. Sie sollte die Arbeitsabläufe auf kleinem Raum optimieren, war aber kein Raum mehr für Gesellschaft. Die weite Verbreitung von Flachdächern hat später vielfach Probleme bereitet.

BAULICHE SCHWACHSTELLEN (ETWA 1920- BIS 1940ER-JAHRE)

- Kellerböden noch sehr einfach ohne ausreichende Abdichtung
- Kellerwände ohne ausreichende Abdichtung und Dämmung
- (Keller-)Wände teilweise noch aus Bruchstein; ungenügender Verbund
- Eisen- bzw. Stahlträger oft verrostet
- Geschossdecken aus Holz stellenweise verrottet, gegebenenfalls mit Holzpilzen befallen, aus Ziegelbetonstein, veraltet
- Schallschutz (Zwischendecken, Treppen etc.) oft ungenügend
- alte (raumweise) Heizungen mit zu weiten Schornsteinen („Kälteschächte")
- Sanitärleitungen korrodiert oder stark verkalkt, zum Teil bleihaltige Rohrleitungen
- Gasleitungen zum Teil undicht
- Elektroinstallation unzureichend und mangelhaft gesichert
- Brandschutz fehlt oder mangelhaft
- kein Wärmeschutz der Außenhülle (Mauerwerk, Fenster, Türen)
- Dachstühle mit Holztragwerk gar nicht oder mangelhaft gedämmt
- Dachdeckung stellenweise undicht oder mürbe
- Flachdächer oft fehlerhaft konstruiert, dadurch undicht

BAULICHE SCHWACHSTELLEN DER 1950ER-BAUJAHRE

- → Kellerböden einfach ohne ausreichende Abdichtung
- → Kellerwände ohne ausreichende Abdichtung und Dämmung
- → Schallschutz (Zwischendecken, Treppen etc.) oft ungenügend
- → zum Teil gesundheitsschädliche Materialien wie teerhaltige Parkettkleber, asbesthaltige Platten, formaldehydhaltige Holzplatten und kleinfaserige Mineralwolle verbaut
- → alte (raumweise) Heizungen
- → Sanitärleitungen korrodiert oder stark verkalkt
- → in Bädern und Küchen statt Fliesen nur Anstriche aus Ölfarben
- → Gasleitungen zum Teil undicht
- → Elektroinstallation unzureichend und mangelhaft gesichert
- → Brandschutz fehlt oder mangelhaft
- → kaum Wärmeschutz der Außenhülle (Mauerwerk, Fenster, Türen)
- → Dachstühle mit Holztragwerk gar nicht oder mangelhaft gedämmt, zum Teil gesundheitsgefährdend imprägniert
- → Dachdeckung stellenweise undicht oder mürbe
- → Flachdächer oft fehlerhaft konstruiert, dadurch undicht

BAUALTERSKLASSE D 1949–1957

In der Nachkriegszeit herrschte Mangel, es wurde einfach gebaut, häufig unter Verwendung von Trümmermaterialien. In der Wiederaufbauzeit wurden zudem oft minderwertige Materialien verbaut. Bauphysikalische Aspekte spielten erst ansatzweise eine Rolle.

Baunormen wurden festgeschrieben und weiterentwickelt. 1952 erfolgte immerhin die Einführung der DIN 4108 „Wärmeschutz im Hochbau". In den 1950er-Jahren herrschte eine schlichte Bauweise mit typischen Stilelementen der Zeit vor. Es gab Konstruktionen aus Mauerwerk, Beton und Holz; das Mauerwerk bestand bisweilen aus Bims und Ziegelsplitt. Überwiegend trifft man auf die Mauerwerksbauweise; Holzbalkendecken gab es nur noch bei Einfamilienhäusern. Zentralheizungen für alle Wohnräume – betrieben mit Kohle, Koks, Öl oder Gas – fanden zunehmende Verbreitung. Gasetagenheizungen oder Gasöfen ersetzten mehr und mehr die Feststofföfen. Neubauten hatten damit im Winter ein kontinuierlich höheres Temperaturniveau. Gegen Ende der 50er-Jahre wurde Beton immer häufiger verwendet. Auch beim Schallschutz und bei Heizungsanlagen wurde man aufmerksamer.

Im Zuge des sozialen Wohnungsbaus entstanden Wohneinheiten mit kleineren und niedrigeren Räumen. Sie stellten einen deutlichen Fortschritt dar. Werkbund und Bauhaus sorgten auf ihre Weise für handwerkliche Solidität bei gleichzeitiger Bezahlbarkeit für die Mittelschicht. Betonfundamente und Betonkellerdecken sind nun anzutreffen.

Siedlungen aus der Nachkriegszeit weisen oft nicht nur in optischer Hinsicht Schwachpunkte auf.

Eine massive Bauweise verleiht dem Eigenheim hohe Stabilität.

BAUALTERSKLASSE E 1958–1968

In den 1960ern gab man immer noch einfachen Bauweisen den Vorzug, meist mit wenigen oder keinerlei Zierelementen. Statisch wurde Stahlbeton beliebter und in vielen Variationen bestimmend, wodurch es zur Zunahme konstruktiver Wärmebrücken kam (insbesondere auskragende Betonbauteile mit Eisenverstärkungen). Gebaut wurde mit Mauerwerk in Verbindung mit Betonkonstruktionen; im Mauerverband setzten sich Hohlblocksteine und Hochlochziegel durch. Flachdach und Bungalowstil eroberten im Westen den Einfamilienhausbau. In der DDR wurde das Einfamilienhaus Typ „EW 58" in zahlreichen Varianten gebaut, das man noch heute häufig antreffen kann.

Wärmedämmung und Schallschutz erfuhren jetzt mehr Aufmerksamkeit. Kohle-, Öl- und Gaszentralheizungen oder Fernwärme wurden Standard ebenso wie fließend Warmwasser in Badezimmern und Küchen. Moderne Heizungsanlagen verdrängten die Kohlefeuerung. Bemerkenswert: Es wurden die ersten Kellerdrainagen gelegt.

BAUALTERSKLASSE F 1969–1978

Neue industrielle Bauweisen (Sandwich-Konstruktionen) wurden entwickelt. Im Einfamilienhaus-Bereich etablierten sich das Fertighaus-Konzept (mit anfangs vielfach problematischer Bauqualität) und der Bungalow als Bauformen. In den 70er-Jahren wurden Konstruktionen überwiegend in Stahlbetonbauweise ausgeführt – dies galt bei Einfamilienhäusern gleichfalls für die Kellerwände, Decken und Balkone. Bei monolithischen, also massiven Wänden ohne Hohlraum setzte man auf immer kleinere Luftkammern beziehungsweise porosierte Materialien; aber auch von außen gedämmte

BAULICHE SCHWACHSTELLEN DER 1960ER- BIS 1970ER-BAUJAHRE

- → Kellerböden in seltenen Fällen noch ohne ausreichende Abdichtung
- → Kellerwände in seltenen Fällen mit unzureichender Abdichtung und Dämmung
- → Schallschutz (Zwischendecken, Innenwände etc.) oft noch ungenügend
- → zum Teil gesundheitsschädliche Materialien wie teerhaltige Parkettkleber, asbesthaltige Platten, formaldehydhaltige Holzplatten und kleinfaserige Mineralwolle
- → Sanitärleitungen manchmal korrodiert oder stark verkalkt
- → Heizungsanlagen (Brenner) veraltet und ineffizient
- → Elektroinstallation nicht heutigem Standard entsprechend, nicht abgesichert
- → selten ausreichender Wärmeschutz der Außenhülle (Mauerwerk, Fenster, Türen)
- → erste Wärmedämmverbundsysteme (WDVS) erweisen sich als problematisch durch falsche Konstruktion, nicht nachhaltige Materialien (Polystyrol), Algenbildung auf den Oberflächen
- → Dachstühle mangelhaft gedämmt, zum Teil gesundheitsgefährdend imprägniert
- → Dachdeckung stellenweise undicht oder mürbe
- → Flachdächer oft fehlerhaft konstruiert, dadurch undicht

Auch nach dem Bungalow-Boom in den 1950er- und 60er-Jahren blieb diese Bauweise beliebt.

Mauerwerksbauten (Wärmedämmverbundsystem) waren nun stärker im Markt vertreten. Der zunehmende Wohlstand erlaubte größere und qualitativ hochwertigere Bauten. Kohle wurde abgelöst, zunehmend setzten sich Ölheizungen durch, im Einfamilienhaus gab es seit Mitte der 70er-Jahre verstärkt Gasheizungen.

Ausgelöst durch die erste Ölkrise im Jahr 1973 erhielt der Wärmeschutz im Hausbau größere Bedeutung, auch der Schallschutz wurde zunehmend wichtiger. Die Fernwärmeversorgung weitete sich aus. 1977 wurde als Folge der Ölkrise die Erste Wärmeschutzverordnung erlassen. Die **WÄRMESCHUTZVERORDNUNG 1977** war die erste öffentlich-rechtliche Vorschrift Deutschlands, die einen energiesparenden Wärmeschutz von Gebäuden vorschrieb. Sie baute in Teilen auf dem technischen Regelwerk (DIN 4108) auf.

Auch in der **DDR** gab es in dieser Zeit verbesserte wärmetechnische Anforderungen – zusammengefasst etwa im Regelwerk „Rationalisierungsstufe II".

Die DDR wandte sich neben dem Massenwohnungsbau in Plattenbauweise verstärkt dem Eigenheimbau zu, um die Eigeninitiative und die finanziellen Möglichkeiten der Bauherren für die Lösung des staatlichen Wohnungsbauprogramms zu mobilisieren. Neben traditioneller Bauweise sind in großem Umfang Fertighäuser und Haustypen aus Betonfertigteilen aus dieser Zeit anzutreffen.

Als problematisch können sich bei Bauten der 1960er- und 70er-Jahre der Einbau von asbesthaltigen Werkstoffen und von Dämmmaterialien aus Mineralwolle mit lungengängigen Faserstrukturen sowie die Verwendung von gesundheitsschädlichen Holzschutzmitteln erweisen.

BAUALTERSKLASSEN G 1979–1983, H 1984–1994, I 1995–2001, J 2002–2009

Die Baualtersklassen in dieser Gruppe unterscheiden sich hauptsächlich durch die Energiestandards, die in den jeweils gültigen Wärmeschutzverordnungen vorgegeben waren.

Architektonisch war die Zeit der 1980er-Baujahre geprägt von der Postmoderne. Die Architekten und Bauherren wandten sich von den kubischen Bungalowbauten ab und bevorzugten wieder traditionelle Haustypen und Dachformen, gelegentlich mit historisierenden Zitaten. In den 1980er- und 1990er-Jahren herrschten Mischbauweisen aus Stahlbeton, Stahl und Glas vor; neue Baustoffe setzten sich durch; häufig findet sich Mauerwerk aus Leichtziegeln und Porenbeton.

Ab Ende der 80er-Jahre setzten sich Niedrigenergiebauweisen durch, in den 90er-Jahren war das sogenannte Passivhaus immer mehr im Kommen.

In der DDR entstanden zwischen 1980 und 1989 etwa 130 000 Eigenheime, die in einer überschaubaren Anzahl von Bautypen errichtet wurden. Sie befanden sich nicht unbedingt nur im privaten Besitz der Bewohner, sondern unter Umständen auch im genossenschaftlichen oder staatlichen Eigentum.

Ab März 1982 und Januar 1984 galt in der Bundesrepublik die Zweite Wärmeschutzverordnung; in der DDR wurde der Wärmeschutz ebenfalls weiter verbessert – im Zuge der Rationalisierungsstufe III. In dieser Zeit wurden in Westdeutschland erste Niedrigenergiehäuser in der Praxis realisiert, teilweise gefördert durch regionale und/oder Landesprogramme,

BAULICHE SCHWACHSTELLEN DER 1980ER-JAHRE BIS HEUTE

- → Dachterrassen können problematisch sein (undicht)
- → zum Teil noch gesundheitsschädliche Materialien wie teerhaltige Parkettkleber, asbesthaltige Platten, formaldehydhaltige Holzplatten und kleinfaserige Mineralwolle
- → Sanitärleitungen manchmal korrodiert oder verkalkt
- → Heizungsanlagen einschließlich Heizkessel manchmal technisch veraltet und ineffizient
- → Elektroinstallation nicht mehr heutigem Standard entsprechend
- → Fensterkonstruktionen genügen nicht heutigen Wärmedämmstandards

Das weltweit erste Passivhaus in Darmstadt wurde 1991 erbaut. 2015 installierten die Hausherren eine 26 Quadratmeter große Photovoltaikanlage auf dem Dach sowie an der Terrassenseite.

sogar erste Passivhäuser konnten bereits gebaut werden.

In den 1980er-Jahren zeichnete sich ein weiterer Bautrend ab, der auf der gleichen Grundfläche zusätzlichen Wohnraum ermöglichte: Statt des bis dahin gängigen Kaltdachs wurde ein wärmegedämmtes Wohngeschoss unter dem Dach gebaut. Der Bungalow auf einer Ebene mit einer Dachluke zum kalten Dachboden wurde durch eine Treppe und den Dachausbau zum Familienheim mit zwei Geschossen.

Allerdings erweist sich die damals beliebte Dachterrasse bei starkem Regen sowie starker Sonneneinstrahlung oft als Schwachstelle. Weitere Schwachstellen sind bei Gebäuden aus dieser Zeit häufig Erdgeschossaußenwände und Wohnungstrennwände, Fensterlaibungen und Rollladenkästen.

Zum 1. Januar 1995 folgte die Dritte Wärmeschutzverordnung (WärmeschutzV 95). Diese wurde zum 1. Februar 2002 von der Energieeinsparverordnung (EnEV 2002) abgelöst, die die Wärmeschutzverordnung und die Heizungsanlagenverordnung (HeizAnlV) zu einem Vorschriftenwerk vereinte.

BAUALTERSKLASSE K 2010–2021

Hier werden kaum energetische Sanierungen nötig oder fällig werden. Gebaut wird seit 2000 bis heute mit Glas, Stahl und Stahlbeton in Verbindung mit Mauerwerk, kombiniert mit zunehmend hochwertigen Dämmsystemen und Solarenergieelementen. Neue Anforderungen der EnEV kamen ab Herbst 2009 hinzu: Niedrigenergiehäuser sind seitdem Regelstandard.

Diese Aufstellung der Gebäudearten und Bauepochen gibt nur einen sehr groben – und auch nur grob schematisierten – Überblick über die tatsächlichen Gebäude, auf die Sie stoßen können. In der gebauten Realität wird es oft Mischkonstruktionen geben. Die verschiedenen Bauepochen können einander ebenfalls überlagern, wurde doch in der Regel bei ununterbrochener Nutzung der Gebäude immer wieder an- und umgebaut. Manches wurde vom „Zahn der Zeit" angefressen und musste erneuert werden, anderes fiel Kriegszerstörungen zum Opfer und wurde ganz oder teilweise neu aufgebaut.

Fazit: Je älter ein Gebäude ist und je unübersichtlicher die verschiedenen Bauweisen und Baualter einander überlagern, desto schwieriger wird es für den Laien, die Beschaffenheit der Substanz ein- und den möglichen Sanierungs- oder Modernisierungsbedarf abzuschätzen.

Moderne Materialien und Technologien machen sich durch ihre positive Energiebilanz bezahlt.

→ Gebäude-Check auf energetische Schwachstellen

Bevor Sie an die Entwicklung eines neuen Energiekonzepts für Ihr Haus gehen, müssen Sie sich erst einmal einen Überblick verschaffen, woran es momentan hapert und worin die größten Schwachpunkte des Gebäudes bestehen.

WAS ERFAHRE ICH?

Schauen Sie einmal, was Sie an alten Bauunterlagen auftreiben können. Oft finden sich darin Angaben zum Baujahr, Konstruktionspläne, Unterlagen zu nachträglichen Anbauten oder Umbauten, zu bereits erfolgten Modernisierungsmaßnahmen usw. Für Baugutachter und Energieexperten können die alten Unterlagen ebenfalls wertvolle Informationen zur Bewertung und Analyse des Gebäudes enthalten. Oder gibt es bereits einen aktuellen Energieausweis (siehe Seite 204) für das Haus? Dann sind Sie schon ein ganzes Stück weiter. Wenn für diesen Ausweis der theoretische Energiebedarf aus der Baukonstruktion errechnet wurde, hat bereits ein Experte diese digital aufgenommen und bestenfalls schon Modernisierungsempfehlungen gegeben.

An dieser Stelle unternehmen wir einen gemeinsamen Rundgang durch Ihr Haus von unten nach oben und verschaffen uns dabei einen möglichst ungeschönten Eindruck vom Zustand aller Räume und Bauteile. Das beginnt von draußen kommend an der Kellereingangstür und führt bis ins Dachgeschoss bzw. auf den Dachboden. Der Rundgang soll alle Räume erfassen und den Zustand jeweils dokumentieren, wobei in erster Linie die für die energetische Bilanz des Hauses wichtigen Punkte abgefragt werden. Zum Schluss machen wir noch einen Gang ums Haus herum und notieren, was von außen auffällt.

In den folgenden Checklisten können Sie nach Ihrer eigenen Beurteilung des Zustands eintragen, wo im Rahmen einer energetischen Sanierung voraussichtlich Handlungsbedarf besteht – und zwar dringend oder eher entspannt im Lauf der nächsten Jahre. Zugleich können Sie Fragen an die Expertinnen festhalten, mit denen Sie später die Sanierungsmaßnahmen umsetzen wollen.

Kellerräume

Die Decke der Kellerräume sollte gedämmt werden, wenn der Keller nicht beheizt wird. Eine wesentliche Frage hierbei lautet: Ist die Deckenhöhe geeignet für eine Wärmedämmung? Die Antwort hängt auch davon ab, wie die Räume künftig genutzt werden sollen. Wir gehen hier aber davon aus, dass Kellerräume nicht in dauerhaft genutzte Wohnräume umgewandelt werden sollen, dass sie also nicht Wohnraumhöhe (mindestens 2,30 m) haben müssen. Oft ist es dann aus finanziellen Gründen sinnvoll, nicht den Kellerboden samt allen

ALBTRAUM ASBEST

Bis zum Verbot von asbesthaltigen Materialien für den Wohnungsbau im Jahr 1993 wurde Asbest in vielen Produktgruppen verwendet. Im Folgenden werden nur die wichtigsten Materialien aufgelistet, bei denen man in alten Häusern auf die gesundheitsgefährdenden Asbestfasern stoßen kann. Diese müssen unter Einhaltung von besonderen Vorsichtsmaßnahmen entfernt und fachgerecht entsorgt werden:

Cushion-Vinyl-Belag findet sich als PVC-Bahnenware zum Teil großflächig in vielen Wohnungen. Meist sind es Fußböden, manchmal wurde das Material auch als Wandbelag verklebt. Die dünne „Pappschicht" auf der Rückseite besteht zu nahezu 100 Prozent aus Asbest. Die Fasern sind nur schwach in der Pappstruktur gebunden und können relativ leicht als feiner Staub in die Luft gelangen.

Flexplatten: PVC-Fliesen im quadratischen Format enthielten früher oft etwa 15 Prozent Asbest. Dieser Bodenbelag zerbricht beim Biegen leicht mit einem deutlich hörbaren „Knack". Die Fasern waren anfangs fest in den Kunststoff eingebettet. Mit zunehmendem Alter werden die Platten aber immer spröder und brüchiger. Auch die Kleber können Asbest enthalten, ebenso wie „Asbesthartfliesen" auf Bitumen- oder Asphaltbasis.

Heizkörperverkleidungen und Hitzeschutz: Unter Fensterbrettern und hinter Verkleidungen von Heizkörpern gibt es manchmal noch asbesthaltige Pappen, die aufgeklebt oder nur lose befestigt sind. Auch hinter Öfen und Heizungen oder in Kochnischen sind früher hitzebeständige Pappen mit hohem Asbestgehalt befestigt worden. Mitunter kommen sie erst beim Abreißen alter Tapeten zum Vorschein.

Wandplatten: Asbesthaltige Leichtbauplatten kamen in der DDR unter den Bezeichnungen Sokalit, Neptunit und Baufatherm zum Einsatz. In der Bundesrepublik dienten Leichtbauplatten (Promabest) als Brandschutz in Wänden oder als Lüftungskanäle.

Putze, Spachtelmassen, Fliesenkleber: Diese Arbeitsmaterialien enthielten lange Jahre ebenfalls faserige Asbestzusätze. Die Gehalte liegen zwar bei weit weniger als ein Prozent, aber beim Abschlagen oder bei Schleif- und Bohrarbeiten kann die Raumluft mit hohen Faserkonzentrationen belastet werden.

Elektro-Speicherheizgeräte können asbesthaltige Bauteile enthalten. Eine eigenhändige Analyse kommt hier nicht infrage, da Sie als Laie solche Geräte zur Probenahme nicht öffnen dürfen. Hier hilft nur eine Nachfrage beim Hersteller oder beim Energieversorgungsunternehmen.

Asbestzement: Aus diesem Material haben Eternit und andere Faserzementhersteller besonders vielfältige Produkte hergestellt. Wegen ihrer Langlebigkeit sind sie immer noch oft zu finden. Die Palette reicht von Blumenkästen über Abwasserrohre bis zu Fensterbrettern. Am meisten verbreitet sind die gewellten Dachabdeckungen und große und kleine Platten an den Fassaden. Im Gegensatz zu den Leichtbauplatten sind die Fasern beim Asbestzement relativ sicher gebunden – zumindest, solange das Material nicht beschädigt wird oder zu stark verwittert.

Es gibt zwei Formen der Untersuchung auf Asbest: den **Raumlufttest** und den **Materialtest**. Der Raumlufttest ist etwas ungenauer, und man weiß bei einem positiven Ergebnis noch nicht, wo genau die Quelle der Asbestbelastung ist. Für beide Tests fordern Sie von einem spezialisierten Anbieter (akkreditiertes Testlabor) ein entsprechendes Kit an. Die Kosten belaufen sich auf etwa 35 bis 150 Euro, je nachdem, wie umfassend die Asbestanalyse sein soll. Da die Preisunterschiede erheblich sein können, nehmen Sie ruhig Kontakt mit drei Testinstituten auf und vergleichen Sie, welche Leistungen Sie zu welchem Preis bekommen.

CHECKLISTE KELLER

von innen

Raum		Prüfpunkt	Befund (Zustand)	Sanierung erforderlich			Fragen an Experten
				Ja	Nein	Dringlichkeit	
Gang / Flur	Boden	Feuchtigkeit*, Risse, Material					
	Wände	Feuchtigkeit*, Bauart, Putz, Risse					
	Lichtschächte	Bauart, Anschluss an das Gebäude, Wasserablauf					
	Fenster	Verglasung / Rahmen					
	(Eingangs-)Türen	Dämmung / Dichtigkeit					
	Decke	Bauart, Dämmung / Feuchtigkeit*					
	Elektrik	Funktion / Dimensionierung					
Kellerraum 1	Boden	Feuchtigkeit*, Risse, Material					
	Wände	Feuchtigkeit*, Bauart, Putz, Risse					
	Lichtschächte	Bauart, Anschluss an das Gebäude, Wasserablauf					
	Fenster	Verglasung / Rahmen					
	Türen	Dämmung / Dichtigkeit					
	Decke	Bauart, Dämmung / Feuchtigkeit*					
	Elektrik	Funktion / Dimensionierung					
Kellerraum 2	Boden	Feuchtigkeit*, Risse, Material					
	Wände	Feuchtigkeit*, Bauart, Putz, Risse					
	Lichtschächte	Bauart, Anschluss an das Gebäude, Wasserablauf					
	Fenster	Verglasung / Rahmen					
	Türen	Dämmung / Dichtigkeit					
	Decke	Bauart, Dämmung / Feuchtigkeit*					
	Elektrik	Funktion / Dimensionierung					
Kellerraum 3	Boden	Feuchtigkeit*, Risse, Material					
	Wände	Feuchtigkeit*, Bauart, Putz, Risse					
	Lichtschächte	Bauart, Anschluss an das Gebäude, Wasserablauf					
	Fenster	Verglasung / Rahmen					
	Türen	Dämmung / Dichtigkeit					
	Decke	Bauart, Dämmung / Feuchtigkeit*					
	Elektrik	Funktion / Dimensionierung					

Raum		Prüfpunkt	Befund (Zustand)	Sanierung erforderlich			Fragen an Experten
				Ja	Nein	Dringlichkeit	
Waschkeller / Nassraum	Boden mit Entwässerung	Überlaufventil					
		Abflussrohre / Kanalisation					
	Wände	Feuchtigkeit*, Bauart, Putz, Risse					
	Lichtschächte	Bauart, Anschluss an das Gebäude, Wasserablauf					
	Fenster	Verglasung / Rahmen					
	Türen	Dämmung / Dichtigkeit					
	Decke	Bauart, Dämmung / Feuchtigkeit*					
	Elektrik	Funktion / Dimensionierung					
Sonstiges	Ölheizung (Brenner)	Ölheizung (Brenner)					
		Öltanks (im Kellerraum)					
		Gastherme, Warmwasserspeicher					
		Pelletbrenner					
		Vorratsraum Pellets					
		Kohleheizung zentral					
		Lagerraum Kohle					
		Rohrleitungen (Heizung) gedämmt / ungedämmt					
	Schornstein / Schacht	Auskleidung, Weite …					
	Warmwasserbereitung	Elektrischer Boiler?					
		Rohrleitungen gedämmt / ungedämmt					
	Elektroschaltschrank	Sicherungen, Platz					
	Hausanschlüsse	Gasleitung					
		Elektro					
		Frischwasser					
		Schmutzwasser					
	Badezimmer / Toilette						
	Weitere Einrichtungen (Sauna etc.)						

* Schimmelsanierung erforderlich? Bei umfassenden Nässeschäden ist ggf. eine Gedäudeabdichtung eforderlich.

Außenwänden zu dämmen, sondern lediglich die Kellerdecke, sodass die Wohnräume im Erdgeschoss gut isoliert sind.

Nässe ist immer Gift für die thermische Isolierung. Keller sind, was die Gefährdung durch Feuchtigkeit und Nässe angeht, am stärksten betroffen. Feuchtigkeit kann von unten, von außen durch die Mauern, durch Kondensation an kühlen Wänden und durch Wasserschäden von oben eindringen. In selteneren Fällen wurde in der Vergangenheit der Keller auch durch Überschwemmungen geflutet und anschließend nicht sorgfältig getrocknet.

Das Problem ist, dass man den Untergrund unter dem Kellerboden und die Außenseiten der Kellerwände nicht einfach so in Augenschein nehmen kann. Dadurch wird es im Keller sehr schwierig herauszufinden, was die wahre Ursache für eine Durchfeuchtung ist. Hier müssen bei Bedarf Bauexperten hinzugezogen werden. Das kann zum Beispiel der Energieberater sein, den Sie bei energetischen Sanierungen ohnehin brauchen (siehe Seite 50). Weniger zu empfehlen ist es, diese Begutachtung durch Baufirmen machen zu lassen, die selbst Geld mit Kellersanierungen verdienen. Denn diese haben unter Umständen ein starkes Interesse, bei der Gelegenheit gleich einen lohnenden Auftrag zu bekommen.

Es gibt aber einige Indizien, die erste Hinweise auf die Ursachen eines feuchten Kellers geben können:

Riecht es beim Eintreten bereits „muffig" und sind gelagerte Gegenstände feucht, besteht ein Problem, da diese vermutlich bereits schimmeln. Ist auf dem Boden ein Teppichboden, Laminat oder Klickparkett verlegt, kann es darunter auch bereits kräftig modern oder schimmeln.

Sind die Kellerwände von unten aufsteigend durchfeuchtet, blättern dort sichtbar Putz und Farbe ab, dann drückt meist Feuchtigkeit von außen und unten durch die Wand. Trocknungsränder umlaufend an allen vier Wänden weisen eher auf zurückliegende Überflutungen hin.

Ist eine Kellerwand insgesamt mehr oder weniger gleichmäßig feucht, drückt am ehesten Nässe aus dem seitlich angrenzenden Erdreich durch die Wand, die gegebenenfalls keine Vertikalabdichtung aufweist.

Ist die Wand rund um Fensteröffnungen oder in den oberen Raumecken feucht, wo der Sockel schon oberhalb des Erdreichs liegt, kommt am ehesten Innenfeuchte (Kondensation) in Betracht. Zieht sich die Nässe hingegen von den Fensteröffnungen nach unten, sind eher die Fenster selbst undicht. Verstärkt werden kann das durch stehendes Wasser im Kellerlichtschacht nach Regenfällen, wenn der Abfluss verstopft ist (oder gar nicht existiert).

Es ist nicht sinnvoll, im Keller eine Wärmedämmung einzubringen, solange die Wände noch feucht sind. Wenn Wände, die seit vielen Jahren durchnässt sind, saniert werden sollen, muss zuerst die Quelle der Feuchtigkeit beseitigt werden. Dann müssen die Wände gründlich getrocknet werden.

Denken Sie bei Dämmmaßnahmen immer auch an die Fenster und die Türen nach draußen. Werden die Kellerwände thermisch isoliert, sollten diese nicht als „Wärmelöcher" bestehen bleiben, sondern in das Dämmkonzept einbezogen werden.

Genauso sind **WARMWASSERLEITUNGEN** mit Isoliermaterial zu ummanteln, damit hier keine Wärme ungenutzt verloren geht (siehe „Nachrüstpflichten", Seite 202). Dabei kann man auch gleich alle wasserführenden Leitungen – hier besonders die Verbindungsstellen – auf Dichtigkeit prüfen.

Wände und Decken

Jetzt gehen wir hinauf ins Erdgeschoss mit Küche, Badezimmer(n), Wohnzimmer und Räumen wie Schlafzimmer, Kinderzimmer, Gästezimmer, Büro und so weiter. Diese Räume können, wie im Bungalow, alle im Erdgeschoss liegen oder auf Erdgeschoss und erste Etage verteilt sein.

Entscheidend für die Dämmeigenschaften sind natürlich die Außenwände, im Innenbereich geht es eher um Raumaufteilung, die Schalldämmung und die Gebäudestruktur, also tragende Wände. Man kann überlegen, ob die Raumaufteilung bestehen bleiben soll oder ob man Veränderungen einplant. Vor dem Einbau einer Fußbodenheizung zum Beispiel kann das eine Rolle spielen. Und kleine Räume lassen sich leichter heizen und warm halten als die angesagten großen Räumlichkeiten, die mehrere Funktionen in sich vereinigen. Typisch dafür ist der zusammengelegte Küchen- und Esszimmerbereich, der häufig auch das Wohnzimmer einbezieht.

Feuchtebelastungen treten vor allem an den Außenwänden auf und müssen behoben werden, bevor es an Dämmmaßnahmen geht. Schauen Sie zudem einmal kritisch in Raumecken und hinter große Möbel wie Schränke oder Regalflächen, ob Sie dort Feuchteflecken oder sogar schon Schimmelflächen entdecken.

Nässe kann von außen durch Außenwände dringen. Hier sind besonders alle Öffnungen wie Fenster und Türen nach draußen zu berücksichtigen. Kritisch ist zum Beispiel auch ein Balkon, wenn dort die Entwässerung nicht (mehr) gut funktioniert, das Regenwasser dann auf der Bodenfläche steht und sich seinen Weg in die Außenwand sucht.

Ebenfalls typisch sind feuchte Stellen um Fenster und Fenstertüren herum. Sie können sich durch Kondensationswasser bilden, das von den kalten Glasflächen herabläuft.

Gibt es keinen Keller, ist es möglich, dass die Bodenplatte ohne unterseitige kapillarbrechende Schutzschicht angelegt worden ist und die Feuchtigkeit im Lauf der Zeit von unten nach oben in die Wände gedrungen ist. Es ist unmöglich, eine unterseitige nachträgliche Abdichtung anzubringen. Wenn die Raumhöhe im Erdgeschoss es zulässt, macht es eher Sinn, auf die alte Fußbodenkonstruktion eine neue aufzubauen – dann mit durchgehender Horizontalabdichtung gegen den Untergrund und mit einer funktionierenden Thermoisolierung.

Rollladen(-kästen)

Selten beachtet, aber wichtig: Rollladenkästen können ein erheblicher Schwachpunkt in der Wärmedämmung eines Hauses sein, weil sie eine Wärmebrücke nach draußen bilden. Wer nicht die Fassade erneuert, sollte mindestens die Rollladenkästen nachträglich dämmen.

Besonders Möbelstücke vor Außenwänden verbergen häufig Schimmelbefall.

Alte Rollladenkästen haben oft keine Wärmedämmung. So entstehen Wärmebrücken. Hier lässt es sich wirkungsvoll nachbessern.

Mitunter ist im Rollladenkasten aber gar kein Platz für eine ausreichende Wärmedämmung. Besser ist der Austausch gegen einen neuen Rollladenkasten mit integrierter Dämmung.

Wurde der Rollladenkasten nicht erst im Nachhinein ergänzt, ist er als Aufsatzrollladenkasten meist oberhalb des Fensters in die Mauer eingebaut. Ein Ausbau und ein Ersatz gegen einen neuen gedämmten Rollladenkasten sind kompliziert, teuer und ziehen Folgearbeiten an Innenwand und Fassade nach sich. In der Regel wird man alte Rollladenkästen nur zusammen mit dem Fenster austauschen.

Der falsche Rahmen macht das Fenster schnell zur Kältebrücke.

Fenster und Türen

Nicht nur die Scheiben selbst sind ein Wärmeleck, auch die alten Wandanschlüsse entsprechen nicht modernen Standards. Ein weiteres Problem sind die Rahmen, die mit geringen Rahmenstärken beziehungsweise nicht ausreichender Dämmungsinnenkonstruktion sowie bei der Rahmendämmung nicht mehr den heutigen Anforderungen an den Wärmeschutz genügen.

Das **VERBUNDFENSTER** war bis in die 1960er-Jahre gebräuchlich und ist in manchen Altbauten sogar heute noch anzutreffen. Der doppelte Flügelrahmen weist zwischen den beiden Scheiben einen Zwischenraum von drei bis fünf Zentimetern auf. Dies bot – noch auf Basis der Einfachverglasung – eine erste energetische Optimierung. Für den Fensterputz musste man allerdings die Rahmenteile mit einem speziellen Schlüssel öffnen – und hatte dann vier Seiten pro Fenster streifenfrei zu reinigen, was nicht zur Beliebtheit der Verbundfenster beigetragen hat. Ihr Uw-Wert liegt bei 2,4 bis 2,6 W/(m^{2}K), der g-Wert bei 0,8.

Der **U-WERT** – oder fachtechnisch richtig: Wärmedurchgangskoeffizient – definiert den Wärmedurchgang durch ein Material bzw. Bauteil. Da Fenster aus mehreren Bestandteilen bestehen, hat jedes Teil für sich einen eigenen U-Wert. „Uf" (f = frame) gilt zum Beispiel für den Rahmen, „Ug" (g = glass oder glazing) für die Verglasung. Erst aus der Verrechnung aller Einzel-U-Werte ergibt sich der U-Wert für das gesamte Bauteil, hier also „Uw" (w = window). Je kleiner der Wert, desto besser dämmt das Bauteil gegen Wärmeverlust, oder kurz: Je kleiner der U-Wert, desto besser.

Der **G-WERT** (Energiedurchlassgrad) beschreibt die Durchlässigkeit von transparenten Bauteilen für Strahlungsenergie. Für Fenster gibt der g-Wert an, welcher prozentuale Anteil zum Beispiel der Sonneneinstrahlung durch das Fensterglas nach innen gelangen kann, wo die Lichtenergie bei der Absorption durch Materialien (Boden, Wände, Möbel etc.) zum Teil in Wärme umgewandelt wird. Zur optimalen Durchsichtigkeit und passiven Sonnenenergienutzung sollte der g-Wert möglichst hoch sein. Moderne Wärmeschutzverglasung soll aber auch Strahlungsverluste von innen nach außen minimieren. Während eine Einfachverglasung g-Werte von 0,75 bis 0,87 aufweist, haben moderne **DOPPELSCHEIBEN-WÄRMESCHUTZVERGLASUNGEN** Werte von 0,52 bis 0,65 und **DREIFACH-WÄRMESCHUTZVERGLASUNGEN** g-Werte von 0,38 bis 0,55. So kann man zum Beispiel für unterschiedliche Himmelsrichtungen gezielt Fenster mit unterschiedlichen g-Werten auswählen, je nachdem, wie stark die solaren Wärmegewinne durch die Sonne sind.

Die technische Entwicklung von Fenstern und Fensterrahmen für Wohngebäude schritt ab Ende der 1960er-Jahre voran. Dass man mit

PROBLEMFALL GLASBAUSTEINE

Der Glasbaustein findet sich im Wohnungsbau der Nachkriegszeit sehr häufig als architektonisches Gestaltungselement. Seine Wärmedämmwerte sind allerdings schlecht (Uf- und Ug-Wert beide bei 3,5 W/(m^{2}K), g-Wert erreicht 0,6). Die zum Teil großen aus Glasbausteinen errichteten Flächen durch wärmetechnisch gute Lösungen zu ersetzen ist und bleibt schwierig und aufwendig.

einer Modernisierung der Fenster gut Heizenergie sparen kann, diese Einsicht wurde mit der ersten großen Energiekrise im Jahr 1974 populär. Die Einfachverglasung hatte sich da schon als unzureichend erwiesen, was Zugluft und Behaglichkeit betrifft – Ältere können sich vielleicht noch an Eisblumen auf den Scheiben im Winter erinnern. Von da ab entwickelte sich die Fenstertechnik innerhalb weniger Jahrzehnte von der Einscheibenverglasung über die ab 1960 aufkommende Isolierverglasung aus zwei Scheiben mit einer dicht eingeschlossenen Füllung aus Luft oder Edelgas (Thermopenfenster) bis zum modernen Wärmeschutzfenster mit drei oder sogar vier Glasscheiben im festen Verbund weiter. Wie wirksam das ist, zeigen Messungen, die für heutige Fensterkonstruktionen im Vergleich zu den Einfachfenstern bis zu 85 Prozent weniger Wärmeverluste belegen.

FENSTERTYPEN

Die in Deutschland nur selten verbauten **ZARGENFENSTER** sind eine Weiterentwicklung der Einfachfenster, die mit einem „Winterflügel" ergänzt werden konnten. Dabei gehen die äußeren Flügel nach außen auf, die inneren Flügel nach innen. Der Uw-Wert liegt bei 2,3 bis 2,5 W/(m²K), der g-Wert bei 0,8. Beim ganz ähnlichen **KASTENFENSTER** gehen alle Fensterflügel nach innen auf. Dazu müssen die inneren Flügel etwas größer sein, damit sich die äußeren Flügel durch den offenen Rahmen nach innen öffnen lassen.

Der Pflege- und Erhaltungsaufwand für diese Fenstertypen ist hoch: Jeweils vier Scheibenseiten pro Fenster sind zu reinigen, die komplexen Rahmenbauten – meist aus Holz – brauchen regelmäßig Pflege. Solche alten Doppelfenster waren vor allem in anspruchsvollen Gebäuden wie Villen und Gründerzeithäusern anzutreffen.

Diese im Grunde „doppelten Einfachfenster" zur Verbesserung der Wärmeeigenschaften wurden in den 1960er-Jahren durch die zunehmend aufkommenden **RAHMEN MIT DOPPELVERGLASUNGEN** ersetzt. Die alten Weichholzrahmen wichen dann Rahmen aus Hartholz, Kunststoff (PVC) oder Aluminium. Der U-Wert von einfachen Holz- und PVC-Rahmen mit Isolierverglasung lag bei 2,6 W/(m²K). Nach neuer Normung liegt der Uw-Wert von 2,7 bis 2,8 W/(m²K); der g-Wert beträgt 0,76.

Über das sogenannte GADO-Glas mit verschmolzenem Randverbund und U-Werten um 3,8 W/(m²K) entwickelte sich die **ZWEISCHEIBEN-ISOLIERVERGLASUNG** mit Dicken von Scheibe-Luftspalt-Scheibe = 4/12/4 mm, Luftverdünnung im Spaltraum und Alu-Randverbund.

FENSTERTYPEN IM SCHNELL-CHECK

Fenstertyp	Eigenschaften
Einfach verglaste Fenster	Einfachverglasung ohne Scheibenzwischenraum, eingebaut bis etwa 1978. Glasoberflächen sind immer spürbar kühl bis kalt. Im Winter bei Frost können sich „Eisblumen" bilden. Häufig Kondenswasserbildung innen am Glas. Rahmen haben keine oder maximal eine Dichtung. Vor allem Aluminiumfenster ohne thermisch getrennte Profile. Sehr geringer Wärmeschutz.
Kastenfenster aus Holz	Bis etwa 1960 als Fenstervariante beliebt, meist in Stadthäusern oder Villen aus dieser Zeit zu finden. Zwei Fenster, die sich separat öffnen lassen. Wärmeschutz ist trotzdem mangelhaft, da die Fenster keine Dichtungen besitzen. Gut sanierbar durch Verbesserung der Dichtungsfalze. Optional möglich: Einbau eines dichten und wärmegedämmten Innenfensters. Die Optik bleibt so erhalten.
Verbundfenster	Bis ins Jahr 1980 verbaut. Verbundfenster bestehen aus zwei über den (Holz-)Rahmen miteinander verbundenen Flügeln. Sie lassen sich zusammen öffnen und werden nur zum Putzen getrennt. Wärmedämmung durch fehlende Dichtungsebenen mäßig. Nur wenig besser: die bis 1995 eingesetzten Verbundfenster mit wärmereflektierender Zwischenbeschichtung. Immer noch mangelnde Dichtung zwischen Rahmen und Fenster sowie am Wandanschluss. Beschlagen die Gläser zwischen den Flügeln, ist die Konstruktion undicht und noch schlechter wärmedämmend.
Fenster mit Zweifach-Wärmedämmglas	Erste Fenster mit guter Wärmedämmung ab etwa 1980 mit Zweifach-Wärmedämmverglasung. Verbundfenster mit wärmereflektierender Zwischenbeschichtung und einer Erdgasfüllung zwischen den Glasscheiben. Problemstellen hier sind die Dichtheit am Wandanschluss sowie des Fensters selbst.
Fenster mit Dreifachverglasung	Seit 2003 werden diese immer mehr zum Standard. Sehr gute Wärmedämmwerte durch Dreifachglasscheiben, beschichtete Oberflächen und gasgefüllte Scheibenzwischenräume. Wärmegedichteter Wandanschluss, Rahmen mindestens mit einer oder mehreren umlaufenden Dichtungsebenen.

Eine optimale Verglasung verringert die Bildung von Feuchtigkeit.

Diese Neuerung wurde als „Thermopen"-Fenster bekannt. Dessen seitlicher Randverbund aus Aluminiumstreifen verschlechterte den U-Wert um 0,2 bis 0,3 Punkte, aber die feste Zweischeibenkombination mit dichtem Luftspalt war dennoch eine klare Verbesserung um 1,0 Punkte gegenüber der Einfachverglasung.

Bis in die 1970er-Jahre waren Fensterrahmen und -flügel aus Holz der Standard. Die Dicken der Holzelemente hatten sich seit den 1920er-Jahren allerdings mehr als verdoppelt, eine Folge der zunehmend komplexeren und massiveren Fensterkonstruktionen.

In den frühen 1970er-Jahren begann mit der Ölkrise 1973 schließlich die bewusste Entwicklung von energiesparenden Konstruktionen im Bauwesen. Einfacher zu fertigende Kunststoffrahmen verbreiteten sich zunehmend, Rahmen aus Stahl und Aluminium fristeten im Eigenheimbau ein Nischendasein.

Mit der zweiten Wärmeschutzverordnung (WärmeschutzV) 1984 wurden für Neubauten isolierverglaste Fenster mit UF = 3,1 W/(m^{2}K) vorgeschrieben. Mit thermisch nicht getrennten Metallrahmen ließ sich das nicht mehr realisieren, sie verschwanden vom Markt.

Seit der dritten Wärmeschutzverordnung von 1995 werden die Fenster nicht mehr isoliert betrachtet, es erfolgt eine Bewertung im Rahmen einer Wärmebilanz, die sich auf den maximal zulässigen Jahresheizwärmebedarf für das Gebäude bezieht.

Dennoch ging die Entwicklung natürlich weiter. Die Zweischeiben-Wärmeschutzverglasung wurde technisch immer weiter verbessert: Lag ihr U-Wert durch den Einsatz von Low-E-Beschichtungen 1990 noch bei 1,9 W/(m^{2}K), verbesserte er sich bis 2000 durch Edelgasfüllung zwischen den Scheiben auf ein Ug von 1,2 bis 1,1 W/(m^{2}K). Im Vergleich mit den Thermopen-Gläsern der ersten Generation wurde eine Verbesserung der Wärmedämmwerte um rund 60 Prozent erreicht.

CLEVER: DER KERZENTEST

Die Zahl der Scheiben in einem Fensterrahmen erkennt man oft mit dem bloßen Auge. Mithilfe einer brennenden Kerze oder eines brennenden Gasfeuerzeugs können Sie aber darüber hinaus mögliche Beschichtungen sehen. Halten Sie dazu die Flamme an die äußere Glasscheibe. Die Anzahl der sich spiegelnden Flammen zeigt die vorhandenen Glasscheiben an. Interessanter aber ist: Haben die gespiegelten Flammenbilder unterschiedliche Farben, ist das ein deutlicher Hinweis auf eine wärmereflektierende Beschichtung des Scheibenzwischenraums.

Mit der offenen Flamme an der Innenseite der Fensterrahmen können Sie – am besten an einem windigen Tag – auch gleich die Luftdichtheit überprüfen: Flackert die Flamme oder wird sie in eine Richtung „gezogen", gibt es wohl einen deutlichen Luftzug unter der Fensterbank, am Rahmen entlang zum Mauerwerk oder am Fensterflügel (anliegend am Fensterrahmen).

TÜREN

Wie die Fenster, so sind auch die Hauseingangstüren älterer Wohngebäude in der Regel nicht wegen ihrer wärmedämmenden Eigenschaften ausgewählt worden, sondern primär, weil sie optisch gefallen haben. Eingangstüren mit Glasscheiben und/oder mit Glasbausteinen in der angrenzenden Wand sollten das Tageslicht in den Flur oder die Diele lassen. Alte Haustüren, möglicherweise noch mit Einfachverglasung, ohne Dämmung und Türdichtung, sind aber aus thermischer Sicht meist echte „Wärmelöcher". Und wenn dann noch der Briefkastenschlitz in der Tür eingebaut ist, zieht es dadurch oft wie Hechtsuppe.

Nicht ganz so kritisch in Bezug auf Wärmeverluste sind Eingangstüren zum Keller, solange der nicht aktiv beheizt wird. Und meist handelt es sich auch um massive Türen, weil das Tageslicht für die Kellerbeleuchtung nicht bewusst genutzt wurde.

Nicht zu vergessen sind Terrassen- oder Balkontüren, die aber eher wie Fenster aufgebaut sind. Es gilt das zu diesem Thema Beschriebene (siehe Seite 32).

Eine hochwertige Eingangstür sollte nicht nur ästhetischen Ansprüchen genügen.

Heizung und Warmwasserbereitung

Im Folgenden werden die technischen Installationen behandelt, die jeweils aus den Wärmeerzeugern – im klassischen Fall also aus einem Heizkessel oder einer elektrischen Heizung im Boiler oder Durchlauferhitzer – und dem Wärmeabgabesystem bestehen. Zur Verteilung gehören die Rohrkreisläufe zu den Heizflächen und zurück, die Heizkörper selbst oder in die Fußböden beziehungsweise in die Wände eingelassene Heizflächen. Im Rahmen unseres Rundgangs durchs Haus haben wir in den Checklisten einige dieser Gegebenheiten unter dem Punkt „Keller" aufgeführt – denn dort steht normalerweise eine konventionelle Heizzentrale inklusive Vorratsbehälter für den Brennstoff. Nur bei Flüssiggas befindet sich der Tank in der Regel draußen auf dem Grundstück. Andere Gegebenheiten fallen unter das Thema „Wohnräume", denn in ihnen befinden sich die Heizkörper beziehungsweise Heizflächen.

Wir befassen uns nun mit der Bestandsaufnahme der Heizungsanlage, um einen Überblick über den technischen Ist-Zustand zu bekommen. Folgende Aspekte sind relevant:

HEIZUNGSANLAGE und **HEIZFLÄCHEN**. Mit welchem System wird im Moment das Heizungswasser erwärmt? Von wann sind der Kessel, die Steuerung und der Rest der Heizungsanlage? Werden alle Wohnräume zentral über diese Heizungsanlage versorgt? Sind die Heizkörper in Ordnung? Sind die Ventile für die Heizkörper regelbar? Ist ein Austausch gegen Thermostatventile – eventuell auch smarte Heizungsventile – sinnvoll? Gibt es eine Fußbodenheizung in allen oder einigen Räumen? Ist diese individuell ansteuerbar?

WARMWASSER: Wie wird in den jeweiligen Räumen das Brauchwasser erwärmt? Durch den gleichen Wärmeerzeuger wie die Heizungsanlage? Oder separat, aber zentral, zum Beispiel über einen elektrischen Heißwasserboiler mit großem Warmwasserspeicher? Oder etwa über kleine elektrische Untertischgeräte oder einzelne elektrische Durchlauferhitzer? Wie ist die diesbezügliche Situation im Badezimmer beziehungsweise in den Badezimmern, im Gäste-WC und in der Küche? Gibt es weitere Entnahmestellen?

ROHRLEITUNGEN: Sind die warmwasserführenden Leitungen für Heizungskreislauf und Brauchwasser in den Wohnbereichen wärmeisoliert? Trifft das auch für den Keller zu?

Wie alt sind die Leitungen? Sind sie bereits deutlich verkalkt, oder kommt noch genug Wasser durch? Man kann den Zustand der Abwasserleitungen bei Bedarf von Sanitär-Installationsfirmen durch Kamerabefahrungen untersuchen lassen.

CHECKLISTE WOHNRÄUME

Raum		Prüfpunkt	Befund (Zustand)	Sanierung erforderlich			Fragen an Experten
				Ja	Nein	Dringlichkeit	
Gang / Flur (Treppenhaus)	Boden	Feuchtigkeit*, Risse, Material					
	Wände	Feuchtigkeit*, Bauart, Putz, Risse					
	Fenster	Verglasung / Rahmen					
	(Eingangs-)Türen	Dämmung / Dichtigkeit					
	Decke	Bauart, Dämmung / Feuchtigkeit*					
	Elektrik	Funktion / Dimensionierung					
	Heizung	Heizkörper, Ventil					
Küche	Boden	Feuchtigkeit*, Risse, Material					
	Wände	Feuchtigkeit*, Bauart, Putz, Risse					
	Fenster	Verglasung / Rahmen					
	(Eingangs-)Türen	Dämmung / Dichtigkeit					
	Decke	Bauart, Dämmung / Feuchtigkeit*					
	Elektrik	Funktion / Dimensionierung					
	Heizung	Heizkörper, Ventil					
	Warmwasser	Elektrischer Kleinspeicher, Durchlauferhitzer					
Wohnzimmer	Boden	Feuchtigkeit*, Risse, Material					
	Wände	Feuchtigkeit*, Bauart, Putz, Risse					
	Fenster	Verglasung / Rahmen					
	(Eingangs-)Türen	Dämmung / Dichtigkeit					
	Decke	Bauart, Dämmung / Feuchtigkeit*					
	Elektrik	Funktion / Dimensionierung					
	Heizung	Heizkörper, Ventil					
Raum 1	Boden	Feuchtigkeit*, Risse, Material					
	Wände	Feuchtigkeit*, Bauart, Putz, Risse					
	Fenster	Verglasung / Rahmen					
	(Eingangs-)Türen	Dämmung / Dichtigkeit					
	Decke	Bauart, Dämmung / Feuchtigkeit*					
	Elektrik	Funktion / Dimensionierung					
	Heizung	Heizkörper, Ventil					

Raum		Prüfpunkt	Befund (Zustand)	Sanierung erforderlich			Fragen an Experten
				Ja	Nein	Dringlichkeit	
Raum 2	Boden	Feuchtigkeit*, Risse, Material					
	Wände	Feuchtigkeit*, Bauart, Putz, Risse					
	Fenster	Verglasung / Rahmen					
	(Eingangs-)Türen	Dämmung / Dichtigkeit					
	Decke	Bauart, Dämmung / Feuchtigkeit*					
	Elektrik	Funktion / Dimensionierung					
	Heizung	Heizkörper, Ventil					
Badezimmer / Nassraum	Boden mit Entwässerung	Feuchtigkeit*, Risse, Material					
	Wände	Feuchtigkeit*, Bauart, Putz, Risse					
	Fenster	Verglasung / Rahmen					
	Türen	Dämmung / Dichtigkeit					
	Decke	Bauart, Dämmung / Feuchtigkeit*					
	Elektrik	Funktion / Dimensionierung					
	Heizung	Heizkörper, Ventil					
	Warmwasser	Elektrischer Kleinspeicher, Durchlauferhitzer					
Toilette / Nassraum	Boden mit Entwässerung	Feuchtigkeit*, Risse, Material					
	Wände	Feuchtigkeit*, Bauart, Putz, Risse					
	Fenster	Verglasung / Rahmen					
	Türen	Dämmung / Dichtigkeit					
	Decke	Bauart, Dämmung / Feuchtigkeit*					
	Elektrik	Funktion / Dimensionierung					
	Heizung	Heizkörper, Ventil					
	Warmwasser	Elektrischer Kleinspeicher, Durchlauferhitzer					
Sonstiges	Raumaufteilung bleibt?						
	Fußböden neu?						

*** Schimmelsanierung erforderlich?**

Hauselektrik

Auch wenn die elektrischen Anlagen im Haus nicht unmittelbar mit den energetischen Eigenschaften des Gebäudes zu tun haben, kann der Zustand der Installationen und elektrischen Leitungen für die Planung einer energetischen Modernisierung doch eine Rolle spielen. Folgendes ist von Interesse:

Gibt es eventuell noch Schalt- oder Verlegungspläne? Kann man nachvollziehen, wie die Leitungen in den Wänden verlegt sind? Heutzutage gibt es festgelegte und normierte Installationszonen, früher wurde das zum Teil sehr willkürlich gehandhabt, manchmal auch ganz einfach „auf dem kürzesten Weg".

Insbesondere, wenn Sie eine Ihnen völlig unbekannte Immobilie neu erworben haben

CHECKLISTE DACH

Bauteil		Prüfpunkt	Befund (Zustand)	Sanierung erforderlich			Fragen an Experten
				Nein	Ja	Dringlichkeit	
Aufgang	Dachluke mit Leiter	Dämmung					
	Treppe	Tür gedämmt, Dichtungen?					
Steildach (Dachstuhl und Dachhaut)	Dachdeckung	Material, Zustand					
	Dach(ausstiegs)-Fenster	Dichtigkeit					
		Bauart, Dämmung	Einfachverglasung, Thermoverglasung, Rahmen einfach oder gedämmt …				
	Dachstuhl	Nässespuren*					
		Dachverband (Sparren, Stiele): Zustand*					
		Dampfsperre (Folienbahn) vorhanden?					
		Dämmung vorhanden?	Dicke, Material				
	Boden	Dämmung?					
	Durchstoßungspunkte (im Boden)	Kaminschacht (Nässe oder Zugluft)*					
		Versorgungsleitungen					
Flachdach	Dachabdeckung	Nässespuren?*					
		Wärmedämmung?					
	Durchstoßungspunkte und Dachanschlüsse (Zinkbleche)	Nässe oder Zugluft*					

* Schimmelsanierung erforderlich?

und ohnehin eine neue Raumaufteilung planen, sollten Sie die folgenden Punkte durch einen Elektrofachbetrieb klären lassen, denn das ist sicherheitsrelevant und nichts für Laien:

- Wie viele getrennte Stromkreisläufe gibt es im Haus? Reichen die Leitungen und Anschlussstellen für die künftigen Ansprüche und die Haustechnik?
- Ist die Hauselektrik auch bei künftig deutlich mehr Verbrauchern ausreichend belastbar? Wie sieht es zum Beispiel mit einer Ladestation für das E-Auto in der Garage aus?
- Ist im Schalt- und Sicherungskasten Platz für eine Erweiterung der Anlage?
- Ist der Schutz gegen Blitzeinschläge vorhanden und ausreichend beziehungsweise noch funktionsfähig?

Dach

Für eine Bestandsaufnahme sollte das Dachgeschoss beziehungsweise der Dachboden durch die vorhandene Beleuchtung gut ausgeleuchtet sein. Nehmen Sie ansonsten bei Ihrem Rundgang eine starke Taschenlampe mit, um auch in die dunkleren Ecken leuchten zu können.

Wenn Sie ins Dachgeschoss steigen, schauen Sie sich die Dachluke mit der ausziehbaren Treppe einmal genauer an: Ist sie abgedichtet und wärmeisoliert?

Alle, die auf einer regulären Treppe ins Dachgeschoss gelangen, sollten überprüfen: Wie steht es um die Wärmedämmung der Türe zum Dachboden hin? Zieht es kalt durch Ritzen zum Türrahmen?

Achten Sie unter dem Dach zudem immer besonders auf alle „Durchstoßungen" wie den Kaminzug (Schornstein), vorbereitete Leitungen für Wasser und Strom zum späteren Dachausbau usw. Hier können sich Undichtigkeiten ergeben, sowohl was Wasser als auch was Zugluft betrifft.

Und nur nebenbei zum Vormerken, aber nicht ganz unwichtig: Wenn in diesem Teil des Hauses in absehbarer Zeit zusätzliche Dämmungsmaßnahmen erfolgen sollen, müssen Sie vorher noch eine Aufräumaktion mit Sperrmüllentsorgung organisieren?

SCHRÄGDACH MIT DACHSTUHL KALT

Hier handelt es sich um den Raum unter einem Dachstuhl mit schrägen Dachflächen, die mit Dachziegeln oder ähnlichen Belägen gedeckt sind. Er kann schon zu Wohnzwecken ausgebaut, für einen späteren Ausbau vorbereitet sein oder – wie ursprünglich bei Bungalows verbreitet – nur als kalter Dachboden bestehen, der bestenfalls als Lager dient.

Ist das oder sind die Dach(ausstiegs-)fenster dicht? Haben sie nur eine Einfachverglasung oder sind sie bereits thermoisolierend?

Sind irgendwo Nässespuren zu erkennen, die darauf hinweisen, dass die Dachhaut nicht mehr dicht ist? Wie ist der Zustand der Dachsparren? Gibt es unter der Dachdeckung eine Abdichtung oder eine Dämmung? Können Sie Beschädigungen erkennen?

Gibt es eine Dämmung des Bodens zur obersten Geschossdecke der Wohnräume? Ist die Dämmschicht trocken und unversehrt? Wie dick und aus welchem Material ist sie?

SCHRÄGDACH MIT AUSGEBAUTEM DACHSTUHL

Hier sind folgende Fragen von Interesse: Ist ein oder sind die Dach(ausstiegs-)fenster dicht und wärmeisolierend?

Wenn eine Dachterrasse existiert: Ist der Bodenbelag mit den Anschlüssen an die Wand augenscheinlich dicht? Funktioniert der Wasserablauf? Ist der Boden (nach unten) wärmegedämmt?

Sind alle Dämmschichten trocken und unversehrt? Wie dick und aus welchem Material sind sie?

Wenn Sie die Fragen zum konstruktiven Aufbau nicht ohne Weiteres beantworten können und Ihnen keine alten Baupläne Genaueres verraten, sind dies zumindest wichtige Fragen an die Experten, die eine energetische Sanierung planen und durchführen sollen.

FLACHDACH

An dieser Stelle von Bedeutung: Gibt es bereits eine Wärmedämmung? Ist diese nach heutigen Standards noch ausreichend wirksam? Eine durchfeuchtete Isolierschicht hat fast keinen schützenden Effekt mehr. Deshalb gilt es zu überprüfen: Sind die Schutzschichten und die Dachdichtung noch durchgehend wasserundurchlässig? Dämmmaßnahmen für die verschiedenen Aufbauten von Flachdächern stellen wir ab Seite 111 vor.

Wenn Sie vorhaben, auf dem Flachdach zusätzliche Nutzungen zu installieren, zum Beispiel Photovoltaik- und/oder Solarthermiepaneele aufzustellen oder das Dach zu begrünen, muss zusätzlich noch fachmännisch überprüft werden, ob die Statik das aushält, also ob das Dach dafür tragfähig ist.

Gebäude von außen inklusive Außenanlagen

Zum Abschluss unseres Gebäude-Checks gehen wir einmal mit Notizblock und Kamera um das Haus herum und notieren, was uns von außen auffällt. Ein Fernglas oder Feldstecher kann helfen, einige Details näher heranzuholen und sichtbar zu machen.

Wie ist der Zustand der Wände, Fenster und Türen von außen? Wurde zusätzlich zum ursprünglichen Bau schon einmal eine Dämmung angebracht, und wenn ja: welche Art? Ist sie von außen unversehrt oder gibt es sichtbare Schäden wie Löcher und/oder Risse, durch die seit längerer Zeit Nässe eindringen konnte? Sind die Schäden und Risse nur oberflächlich in der Putzschicht, oder gehen sie tiefer?

Gibt es Balkone, deren Anschlüsse eine Wärmebrücke darstellen? Kritisch sind da insbesondere Betonplatten, die als Balkonboden vor den Außenwänden auskragen.

Gibt es Dachterrassen, über deren Boden verstärkt Wärme aus den darunterliegenden Wohnräumen entweichen kann?

Werfen wir einen Blick nach oben, wenn das von unten aus möglich ist – gegebenenfalls unterstützt durch das Fernglas. Ist die Dachdeckung überall noch intakt, soweit Sie das aus der Entfernung sehen können? Ist beim Schornstein die Anbindung an die Dachhaut in Ordnung?

Funktioniert die Entwässerung bei Regen noch? Möglicherweise sind die Regenrinnen und Fallrohre für die in Zukunft häufiger zu erwartenden Starkregenereignisse nicht mehr ausreichend dimensioniert. Auch die Entwässerung einer eventuell vorhandenen Dachter-

GEBÄUDETHERMOGRAFIE

Fachleute können für die energetische Bestandsaufnahme der Gebäudehülle eine professionelle Thermografie des Hauses anfertigen, also eine Aufnahme und Messung der Wärmestrahlung durch die Gebäudehülle. Dieses bildgebende Verfahren ist zu empfehlen für kritische Details, wie Anschlüsse und Übergänge beispielsweise zu einem Anbau oder bei unbekannten Konstruktionen. Um Fehlinterpretationen der Ergebnisse zu vermeiden, sollte eine Thermografie bei einem kompetenten Ingenieurbüro beauftragt werden. Voraussetzung dafür ist, dass der Unterschied zwischen Innen- und Außentemperatur möglichst groß ist, in der Praxis sollten es mehr als zehn Grad Celsius sein. Nur dann werden die Temperaturunterschiede zwischen Innen- und Außenbereich und damit die auftretenden Wärmedifferenzen detailliert sichtbar. Das Gebäude sollte dabei gut beheizt und die Fenster sollten geschlossen sein, um die Messung nicht zu verfälschen.

Thermografische Wärmebilder werden normalerweise während der Heizperiode von November bis März aufgenommen. Die beste Zeit ist in den frühen Morgenstunden oder später in den Abendstunden bei trockener und kalter Witterung. Das vermeidet, dass direkte Sonneneinstrahlung die Gebäudeoberfläche aufheizen und die Untersuchung beeinflussen kann.

Die Aufnahmen – die Thermogramme – zeigen die Wärmeabstrahlung der Oberflächen abgestuft in unterschiedlichen Farben. Eine hohe Wärmeabstrahlung wird in der Regel weiß dargestellt, mittlere bis erhöhte Wärmewerte meist in Rot- und Gelbtönen sowie in Grün. Niedrigere Oberflächentemperaturen zeigt die Kamera in den Farben Blau, Lila bis Schwarz an. Energetische Schwachstellen können so exakt bestimmt werden. Aber nur mit einer zuverlässigen Referenz-Temperaturskala können die Farbunterschiede auf den Thermogrammen bewertet werden.

Gute Planung ist der erste Schritt auf dem Weg zum energetisch sanierten Eigenheim.

rasse sollte hierzu überprüft werden. Fließt ein Eimer Wasser, den man auf dem Boden ausgießt, schnell und ohne Pfützenbildung ab?

Zum Schluss noch ein letzter Punkt: Ist bekannt, ob es außen am Haus entlang in der Erde eine Ringdrainage gibt? Jahrzehnte nach dem Hausbau dürfte diese in den meisten Fällen nur noch schlecht oder gar nicht mehr funktionieren. Eine Rolle kann das spielen, wenn der Außenbereich um das Haus ohnehin geöffnet werden soll, um ein Kellergeschoss von außen zu dämmen und/oder gegen Feuchtigkeit abzudichten.

So haben Sie Ihren **GARTEN** und die **AUSSENANLAGEN** wahrscheinlich noch nie betrachtet, aber im Zuge einer energetischen Sanierung des Hauses können sich mehrere Fragen ergeben, bei denen die Außenanlagen eine Rolle spielen, zum Beispiel: Gibt es im Garten Platz für die Verlegung von Erdkollektoren zur Erdwärmenutzung (siehe „Wärmepumpen", Seite 124)?

Wenn Sie daran denken, in Zukunft vielleicht mit einer Luftwärmepumpe Ihr Haus zu beheizen, müssen Sie sich zudem überlegen, wo der Kasten mit der Ventilatoreinheit künftig stehen könnte, der im Betrieb hörbar ist. Es gibt regional unterschiedliche Anforderungen in den Bauordnungen der Länder. Ansonsten gilt die Einhaltung der Technischen Anleitung zum Schutz gegen Lärm (TA Lärm). Häufig wird empfohlen, dass der Ventilator in einem Mindestabstand von drei Metern zum Nachbargrundstück positioniert werden soll. Die Außeneinheit sollte zumindest schallgeschützt aufgestellt werden. Außerdem sollte sie nicht zu nah am eigenen Haus stehen, um eine Schallweiterleitung zu vermeiden. Im besten Fall sollte der Kasten zur Straße hin ausgerichtet werden.

Eine weitere Überlegung: Gibt es eine Pergola, eine Garage oder einen Schuppen, deren Dachflächen sich für die Belegung mit Photovoltaik- oder Solarthermiekollektoren eignen würden?

2 Nach der gründlichen Bestandsaufnahme dessen, „was da ist", blicken wir in die Zukunft und planen, „was werden soll". Wir fragen also: Welche energetischen Sanierungsmaßnahmen sind für Ihr Zuhause sinnvoll? So entsteht Schritt für Schritt das neue Energiekonzept für Ihr Haus.

→ **Der Rahmen und Ihr Ziel** In welchem Umfeld erstellen Sie das neue Energiekonzept für Ihr Eigenheim? Wie entwickeln sich die Bestimmungen in Deutschland weiter? Wir zeigen, was Sie bei Ihrem individuellen Energiekonzept beachten sollten.

WAS ERFAHRE ICH?

Der Bundesverband der Energie- und Wasserwirtschaft (BDEW) hat im April 2022 in Deutschland eine Umfrage bei 1 000 Hauseigentümern durchgeführt. Danach wird jede zweite Heizung in Deutschland mit dem fossilen Energieträger Gas betrieben – und ist dadurch direkt von steigenden Gaspreisen betroffen. Hintergrundinformation dazu: Seit 1995 ist der Anteil der Gasheizungen sogar noch um rund zehn Prozent angestiegen. Der Anteil der ölbetriebenen Heizungen ist im selben Zeitraum zwar deutlich gefallen, allerdings ist heute immer noch jede vierte Heizung vom Erdöl abhängig.

Zudem wurden diese Öl- und Gasheizungen in deutschen Wohngebäuden mehrheitlich vor der **JAHRTAUSENDWENDE** installiert. Sie entsprechen oft nicht mehr dem aktuellen Stand der Technik, was Energieverbrauch und Schadstoffemissionen betrifft. In vielen Fällen dürfte sich der Umstieg auf eine Heizung mit erneuerbaren Energien lohnen.

Die Rahmenbedingungen

Das Gebäudeenergiegesetz (GEG) schreibt eigentlich eine Austauschpflicht für viele alte Öl- und Gasheizungen vor, wenn sie über 30 Jahre alt sind. Im Jahr 2022 müssten also alte Gas- und Ölheizungen ausgetauscht werden, die bis zum Jahr 1992 eingebaut wurden und seitdem betrieben werden. Warum „eigentlich"? Es gibt Ausnahmen. Die Austauschpflicht gilt nur für Heizungen mit einem **KONSTANTTEMPERATURKESSEL** und einer Nennleistung von 4 bis 400 kW. Brennwertkessel oder Niedertemperaturkessel sind von der Austauschpflicht nicht betroffen. Ausgenommen sind davon unabhängig zudem Eigentümer von Ein- oder Zweifamilienhäusern, die ihr Haus seit 1. Februar 2002 selbst bewohnen. Dennoch besteht meist auch bei einer 20 Jahre alten Anlage Handlungsbedarf.

Angesichts der aktuellen Bezugskosten von Strom, Gas und Heizöl wird sich so manche Hauseigentümerin überlegen, noch mal in ihre alte Ölheizung zu investieren und so halbwegs kostengünstig durch den nächsten Winter zu kommen. Bei einer Heizung mit einem alten Konstanttemperaturkessel liegen die Energieverluste bei 30 Prozent und höher, für heutige Verhältnisse nicht sehr attraktiv. Aber: Eine relativ einfache Maßnahme ist die Modernisierung der älteren Ölheizung durch eine neue Brennwertheizung. Das steigert den Wirkungs-

DBU-UMWELTMONITOR „ENERGIEWENDE UND WOHNEN“

Genutzte Energieträger beim Heizen

Es heizen ihr Haus bzw. ihre Wohnung mit:

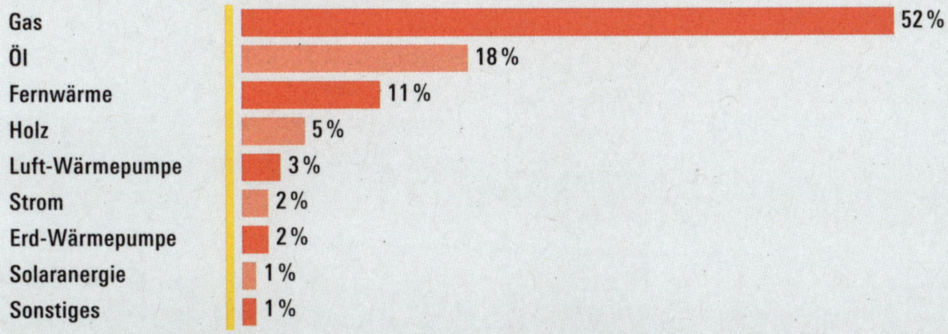

An 100 Prozent fehlende Angaben „weiß nicht“. Mehrfachnennungen möglich. Basis: Umfrage unter 1 000 Bürgern ab 18 Jahren im Zeitraum vom 14. bis 30. April 2022. Quelle: Forsa/Deutsche Bundesstiftung Umwelt

Noch wird ein Großteil der Wärme durch fossile Energieträger gewonnen. Die Energiewende lässt damit auf sich warten.

grad rein rechnerisch auf bis zu 100 Prozent. Gratis ist aber auch das nicht zu haben. Inklusive Handwerkerkosten muss man mit 8 000 bis 10 000 Euro für diese Umrüstung rechnen. Dafür sinkt der Verbrauch anschließend um bis zu 30 Prozent, wenn man das gleiche Nutzungsverhalten voraussetzt.

Und trotz aller Diskussionen um den Klimawandel: Hauseigentümer dürfen – so der Stand im März 2023 – bis Ende 2025 ohne Einschränkung eine neue Ölheizung einbauen. Das gilt darüber hinaus sogar noch nach diesem Termin, falls für das Gebäude keine alternative Wärmeerzeugung zu Öl angeboten wird, zum Beispiel in Gebieten ohne flächendeckende Gasversorgung. In diesem Fall dürfen Ölheizungen ausnahmsweise auch über das Jahr 2026 hinaus eingebaut werden, wenn sie Teil einer **HYBRIDHEIZUNG** werden, also in Kombination mit einer Anlage zur Nutzung erneuerbarer Energie arbeiten. Das wird in vielen Fällen Sonnenenergie mit einer Solarthermieanlage oder Umweltwärme mit einer Wärmepumpe sein. Möglich ist ferner eine Photovoltaikanlage, die für den Haushalt genutzt wird.

Dennoch: Bei einer Umfrage der Deutschen Bundesstiftung Umwelt vom April 2022 stimmten 87 Prozent der Befragten zu, dass die Energieeffizienz an und in Gebäuden gesteigert werden muss. Etwa 85 Prozent hielten Solaranlagen in diesem Zusammenhang für besonders wichtig (DBU, dbu.de/123artikel39489_2442.html).

Der Austausch veralteter Heizungsanlagen war für rund 81 Prozent der Umfrageteilnehmer unerlässlich. Weitere 80 Prozent empfanden solarthermische Anlagen als wichtige Komponenten für energieeffiziente Immobilien. Ganze 77 Prozent der Hauseigentümer erklärten sich sogar bereit, weniger zu heizen und die Gerätenutzung zu verringern.

Zwischen Einsicht in einen Änderungsbedarf, guten Absichten und deren Umsetzung im realen Leben tauchen dann immer zahlreiche Hindernisse auf, die nicht so leicht zu überwinden sind. Eine wichtige Rolle spielen dabei die Faktoren Geld und Zeit.

Hausbesitzer, die darüber nachdenken, wie sie künftig wohnen und leben wollen, sollten den aktuellen Stand der Energieversorgung bezüglich der privaten Haushalte in Deutschland kennen. In allen Medien wird darüber viel und tagesaktuell geschrieben, deshalb beschränken wir uns auf ein paar grundlegende Fakten.

Bei einer Haussanierung sollte zuerst gedämmt werden, bevor man über die Auswahl der Heizung entscheidet.

Eine Umstellung des gesamten Gebäudebestands auf **KLIMANEUTRALE HEIZSYSTEME** wird noch Jahrzehnte dauern. Das sollte aber niemanden daran hindern, sein Eigenheim möglichst schnell energiesparend auszurüsten und auf den Einsatz von CO_2-produzierenden Heizungssystemen zu verzichten. Wer nun allerdings glaubt, dass man sein schlecht isoliertes Eigenheim nur schnell mit einer der viel beworbenen Luftwärmepumpen ausstatten muss, macht es sich zu einfach. Wegen der technischen Bedingungen für den Betrieb von Wärmepumpen könnte das im Winter teuer werden und je nach Region möglicherweise die öffentlichen Stromnetze überlasten. Und ökologisch wäre das ebenfalls nicht: Beim Strom waren wir im Jahr 2022 deutschlandweit bei einem Anteil der erneuerbaren Energiequellen von 50 Prozent, bei Wärme waren es 15 Prozent. Das Gebäude sollte also mindestens auch thermisch gedämmt werden, damit der Energiebedarf für das Haus gesenkt wird und die Wärmepumpe effizient betrieben werden kann.

Wer das jetzt konkret angehen will, wird sich bald mit einem neuen Problem konfrontiert sehen: dem oft beklagten **FACHKRÄFTEMANGEL**. Ohne die notwendigen Handwerker gibt es keine Bestandssanierungen und keine Zunahme der Anlagen für erneuerbare Energien. Im Jahr 2022 war man auf den Boom bei der Wärmetechnik genauso wenig vorbereitet. So musste man auf die Lieferung einer Wärmepumpe acht Monate oder länger warten, und das war erst der Anfang des energetischen Umbaus.

Mitunter werden umfangreiche Sanierungen außerdem nicht unbedingt billiger als ein Neubau. Viele **BAURECHTLICHE STANDARDS** sind heute so hoch, dass sich Sanierungen rein wirtschaftlich einfach nicht mehr rechnen und man lieber abreißt und neu baut. Wie das sein kann? Zahlreiche Vorschriften zu Wiederverwertung und Recycling stehen dem entgegen: Einen Holzbalken etwa, der aus einem Gebäude ausgebaut wird, darf man bisher nicht mehr für den Bau wiederverwenden. Er muss als Altholz entsorgt werden.

Darüber hinaus gibt es Bebauungspläne, die bestimmte Dachneigungen vorschreiben – die aber oft für die Nachrüstung von Photovoltaik nicht optimal sind. Wer Erdwärme nutzen möchte, muss jeweils individuell Gutachten erstellen und Probebohrungen durchführen lassen. Das ist so teuer, dass sich der Aufwand für den Eigentümer oft nicht lohnt. Abhilfe könnte ein bundesweiter Geothermie-Atlas schaffen, der dokumentiert, wie tief man in welcher Region bohren darf. Denn eines steht fest: Es ist meistens ökologischer, den Bestand zu erhalten und energetisch zu ertüchtigen, als an derselben Stelle einen Neubau zu errichten.

An der Technik hingegen scheitert es schon länger nicht mehr, dass ein Wohnhaus unabhängig von den großen Energieversorgern werden kann. Das beweist zum Beispiel das Zweifamilienhaus der Familie Delzer in Lörrach-Haagen, das bereits seit 35 Jahren unabhängig vom allgemeinen Stromnetz ist.

Das energetisch dauerhaft autonome Selbstversorgerhaus ist also technisch machbar. In diesem Fall jedoch wurde das von den Bauherren aber von Anfang an so geplant und dann gebaut. Wir hingegen wollen ja überlegen, was mit welchem finanziellen Aufwand beim eigenen bereits vorhandenen Gebäude möglich und realisierbar ist.

Das individuelle Sanierungsziel

Legen Sie nun fest, was genau Sie in energetischer Hinsicht künftig in Ihrem Zuhause erreichen wollen. Da es sich um erhebliche Investitionen handeln kann, sollten die Maßnahmen für die nächsten Jahrzehnte Bestand haben. Es lohnt sich, die verschiedenen Konzepte auf dem Markt kennenzulernen und ohne Druck von einzelnen Anbietern die für Sie passende Kombination zu finden.

Ausgehend von Ihren aktuellen Verbrauchswerten für Energie im Haushalt und den dafür fälligen Kosten können Sie sich Ziele dafür setzen, mit welchen Mitteln beziehungsweise Investitionen Sie welche Einsparungen erreichen können und wollen. Es ist durchaus wesentlich, dass Sie den Überblick über Ihre eigenen Zahlen haben. Denn die Anbieter unterschiedlicher Systeme werden Ihnen mit (sehr) attraktiven Modellrechnungen vorführen, wie viel Sie doch durch eine Investition in ihre Technik sparen können.

Hier also zunächst ein paar Zahlen, damit Sie ein Gefühl dafür bekommen, mit welchen Einheiten gerechnet, in welchen Größenordnungen gedacht wird und was die Energieversorgung Ihres Haushalts jährlich eigentlich kostet. Außerdem interessiert uns: Wo liegen Sie im bundesdeutschen Durchschnitt? Oder wo weichen Ihre Verbrauchszahlen erheblich von den typischen Werten ab?

Für die Erzeugung von **RAUMWÄRME** und **WARMWASSER** wenden private Haushalte laut Daten des Statistischen Bundesamts von 2018 in Kilowattstunden gerechnet rund 80 Prozent des gesamten Energieverbrauchs auf. Der zweitgrößte Posten geht mit einem Anteil von rund 20 Prozent am privaten Energiebedarf an den **STROMVERBRAUCH**.

Das größte Einsparpotenzial ergibt sich also, wenn man als Hausbesitzer beim Heizen und bei der Warmwassererzeugung durch fossile Brennstoffe wie Öl, Gas und Kohle ansetzt. Bei der Nutzung von Strom und Wärme haben sowohl das individuelle Verhalten als auch die jeweiligen Ansprüche große Auswirkungen auf den eigenen Energiebedarf.

Wenn Sie also zum Beispiel den Energieverbrauch Ihrer vierköpfigen Familie im Eigenheim anhand der veröffentlichten Durchschnittswerte kalkulieren, erhalten Sie immer nur einen Anhaltswert für den eigenen Verbrauch. Dieser Wert kann durchaus bei der Bewertung Ihres eigenen Verbrauchs helfen.

Wenn Sie Ihren eigenen Energiebedarf aber realistisch ermitteln wollen, ist es hilfreich, wenn Sie Ihre bisherigen Verbrauchsdaten über mehrere Jahre zurück heraussuchen und den Durchschnitt berechnen. Auf diese Weise gleicht sich der Effekt klimatisch unterschiedlicher Jahre aus.

WAS BEZAHLT MAN FÜR STROM IM DURCHSCHNITT PRO JAHR?

Der Stromverbrauch in einem Haushalt steigt natürlich mit der Familiengröße. Die folgenden Zahlen geben jeweils repräsentative Von-bis-Werte in Kilowattstunden pro Jahr an:

- → Einpersonenhaushalt: 1 500 bis 1 800 kWh/Jahr
- → Zweipersonenhaushalt: 2 600 bis 3 300 kWh/Jahr
- → Dreipersonenhaushalt: 3 700 bis 4 500 kWh/Jahr
- → Vierpersonenhaushalt: 4 600 bis 5 500 kWh/Jahr.

Der Stromverbrauch einer vierköpfigen Familie im Einfamilienhaus beträgt durchschnittlich 5 000 kWh/Jahr. Der durchschnittliche Strompreis betrug im ersten Halbjahr 2022 in Deutschland 37,14 Cent pro kWh. Damit ergeben sich jährliche Stromkosten von rund 1 857 Euro beziehungsweise durchschnittlich 154,75 Euro pro Monat.

KOSTEN FÜR HEIZUNG UND WARMWASSER IM VIERPERSONENHAUSHALT

Der Stromverbrauch hängt überwiegend von den Bewohnern eines Gebäudes sowie der Energieeffizienz der Geräte ab. Beim Wärmeenergiebedarf kommt es besonders auf den energetischen Status des Gebäudes sowie die beheizte Raumfläche an. Je älter das Wohnhaus ist und je schlechter die Wärmedämmung, desto höher ist bei gleichen Raumtemperaturen der Heizwärmebedarf und entsprechend höher der Gas- oder Ölverbrauch.

DURCHSCHNITTLICHE HEIZKOSTEN IM EINFAMILIENHAUS (4 PERSONEN)

Baujahr des Hauses	Durchschnittlicher Wärmebedarf in kWh pro Quadratmeter und Jahr	Jährlicher Wärmebedarf in kWh für ein EFH mit 140 qm Wohnfläche	Kosten für Heizöl pro Jahr (mit 0,152 Euro/kWh)	Kosten für Gas pro Jahr (mit 0,153 Euro/kWh)
1970–1980	200 bis 300 kWh/(a·m²)	35 000 kWh/a	5 320,00 Euro	5 355,00 Euro
1980–1990	125 bis 200 kWh/(a·m²)	22 750 kWh/a	3 458,00 Euro	3 480,75 Euro
1990–2000	90 bis 125 kWh/(a·m²)	15 050 kWh/a	2 287,60 Euro	2 302,65 Euro
2000 bis heute	25 bis 90 kWh/(a·m²)	8 050 kWh/a	1 223,60 Euro	1 231,65 Euro
KfW-Effizienzhaus 70	ca. 60 kWh/(a·m²)	8 400 kWh/a	1 276,80 Euro	1 285,20 Euro
Passivhaus	ca. 15 kWh/(a·m²)	2 100 kWh/a	319,20 Euro	321,30 Euro

Stand der Kosten für Erdgas und Erdöl: September 2022

Wir kalkulieren für die Ermittlung des Wärmeenergieverbrauchs hier mit den Durchschnittswerten für die verschiedenen Jahrgänge (Errichtung des Gebäudes). Für ein typisches Einfamilienhaus mit einer beheizten Wohnfläche von 140 Quadratmetern ergeben sich daraus durchschnittliche Verbrauchswerte bei der Wärmeerzeugung (dritte Spalte).

Daraus errechnen sich folgende durchschnittliche Kosten für das Heizen mit Öl oder mit Erdgas, wenn man als Richtwerte 15,20 Cent/kWh für Öl (Tabelle Spalte 4) und 15,30 Cent/kWh für Gas (Tabelle Spalte 5) ansetzt.

WIE SIE DEN JÄHRLICHEN ENERGIEVERBRAUCH IHRES HAUSES BERECHNEN

Beim Strom ist die Berechnung des jährlichen Energieverbrauchs sehr einfach: Sie schauen auf die jährlichen Abrechnungen. Dort ist in der Regel der ermittelte Verbrauch für den Abrechnungszeitraum ein Jahr angegeben.

Wer es noch aktueller haben will: Für das laufende Jahr können Sie den Stand des Stromzählers notieren und aus der letzten Abrechnung ersehen, wie viele Kilowattstunden Sie in den Monaten seitdem verbraucht haben. Dort wird Ihnen die genaue Anzahl an verbrauchten Kilowattstunden angezeigt, die Sie mit dem abgerechneten Preis in Cent pro kWh (= Arbeitspreis) multiplizieren. Wenn Sie es genau nehmen wollen, müssen Sie den monatlichen Grundpreis einbeziehen.

Wenn es um Vergleichbarkeit geht, gilt es zu beachten, wofür Sie den Strom im Haushalt nutzen: nur für Beleuchtung und elektrische Geräte oder auch zur Brauchwassererwärmung (Durchlauferhitzer, Wasserboiler) und/oder Beheizung (IR-Heizkörper etc.).

Stromlieferanten und Preisvergleichsplattformen bieten auf ihren Internetseiten Online-Stromrechner an. Auch unter stromspiegel.de ist ein solcher Rechner zu finden.

So berechnen Sie Ihren Verbrauch an **WÄRMEENERGIE**: Die Kosten pro Kubikmeter Gas beziehungsweise pro Liter Heizöl entnehmen Sie Ihrem Vertrag oder der jeweils letzten Rechnung. Eventuell müssen Sie den Verbrauch der Brennstoffe in Kilowattstunden umrechnen. Folgende Überschlagswerte helfen dabei weiter:

GAS: Multiplizieren Sie Ihren Gasverbrauch in Kubikmetern mal 10. Dann erhalten Sie die verbrauchten Kilowattstunden. Nutzen Sie das Gas auch zum Kochen, können Sie überschlägig 10 Prozent abziehen. Heizen Sie mit Flüssiggas, multiplizieren Sie die verbrauchte Gasmenge mit 28, um Kilowattstunden zu erhalten.

ÖL: Multiplizieren Sie Ihren Ölverbrauch in Litern mal 10. So kommen Sie auf die verbrauchten Kilowattstunden.

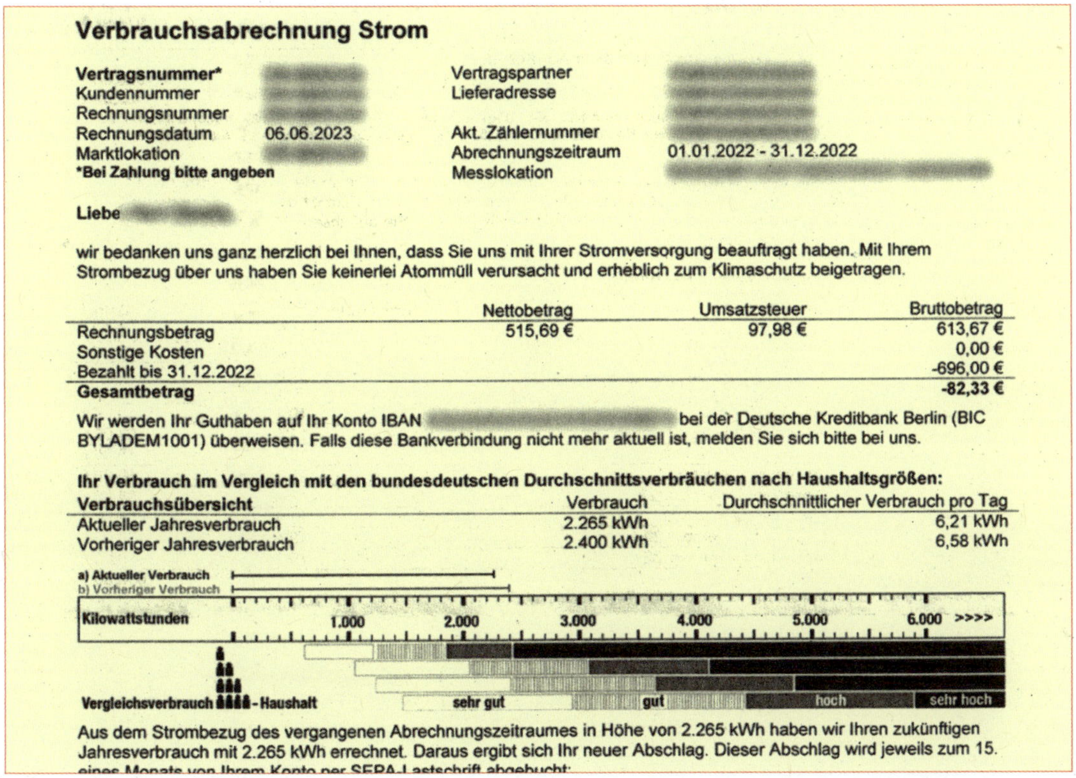

Verbrauchsabrechnung Strom

Vertragsnummer*
Kundennummer
Rechnungsnummer
Rechnungsdatum 06.06.2023
Marktlokation
***Bei Zahlung bitte angeben**

Vertragspartner
Lieferadresse
Akt. Zählernummer
Abrechnungszeitraum 01.01.2022 - 31.12.2022
Messlokation

Liebe

wir bedanken uns ganz herzlich bei Ihnen, dass Sie uns mit Ihrer Stromversorgung beauftragt haben. Mit Ihrem Strombezug über uns haben Sie keinerlei Atommüll verursacht und erheblich zum Klimaschutz beigetragen.

	Nettobetrag	Umsatzsteuer	Bruttobetrag
Rechnungsbetrag	515,69 €	97,98 €	613,67 €
Sonstige Kosten			0,00 €
Bezahlt bis 31.12.2022			-696,00 €
Gesamtbetrag			**-82,33 €**

Wir werden Ihr Guthaben auf Ihr Konto IBAN bei der Deutsche Kreditbank Berlin (BIC BYLADEM1001) überweisen. Falls diese Bankverbindung nicht mehr aktuell ist, melden Sie sich bitte bei uns.

Ihr Verbrauch im Vergleich mit den bundesdeutschen Durchschnittsverbräuchen nach Haushaltsgrößen:

Verbrauchsübersicht	Verbrauch	Durchschnittlicher Verbrauch pro Tag
Aktueller Jahresverbrauch	2.265 kWh	6,21 kWh
Vorheriger Jahresverbrauch	2.400 kWh	6,58 kWh

Aus dem Strombezug des vergangenen Abrechnungszeitraumes in Höhe von 2.265 kWh haben wir Ihren zukünftigen Jahresverbrauch mit 2.265 kWh errechnet. Daraus ergibt sich Ihr neuer Abschlag. Dieser Abschlag wird jeweils zum 15. eines Monats von Ihrem Konto per SEPA-Lastschrift abgebucht:

Dieser 3-Personen-Haushalt hatte im Eigenheim im Jahr 2022 einen Stromverbrauch von 2 265 kWh. Damit liegt er im Vergleich zum Durchschnitt noch im sehr guten Bereich. Der Strom vom Anbieter wird nur für den Haushalt verwendet.

Dabei ist gleichfalls zu beachten, ob die Brennstoffe ausschließlich zum Heizen eingesetzt werden oder auch zur Erzeugung von Warmwasser. Wer in einem Haus mit Gasanschluss oder Ölheizung wohnt, kann vom Gesamtverbrauch etwa 20 Prozent fürs warme Wasser abziehen. Teilen Sie diesen Wert durch die Wohnfläche, und schon haben Sie den ungefähren Jahresverbrauch für die Heizung in Kilowattstunden pro Quadratmeter.

Alle anderen können ihren Verbrauch zum Beispiel von den Energieberaterinnen der Verbraucherzentralen berechnen lassen (siehe „Die Energieberatung", Seite 50).

Eine andere Möglichkeit bietet das Onlineportal heizspiegel.de, auf dessen Seiten Sie einen Heizkostenrechner nutzen können.

Richtet man den Blick nach vorne und fragt sich, was in Zukunft auf der eigenen Rechnung stehen soll, so stellt man fest: Fast alle professionellen Planer und sonstigen Beteiligten im Prozess der energetischen Sanierung orientieren sich an den verschiedenen **FÖRDERSTUFEN** der KfW-Förderbank und des Bafa (Bundesamt für Wirtschaft und Ausfuhrkontrolle). Denn die Anforderungen an Wohnhäuser sind für diese Förderstufen definiert. Wir stellen sie in den Kapiteln „Förderungen für Sanierer" (Seite 177) und „Die Energieeffizienzklassen" (Seite 206) vor.

Bedenken Sie dabei, dass sich Ihr Stromverbrauch künftig insbesondere erhöhen kann, wenn die Heizung zum größten Teil oder vollständig elektrisch erfolgen soll. Darüber hinaus kann auch der Bedarf an aktiver Kühlung im Haus im Zuge des Klimawandels steigen.

Die Frage der **E-MOBILITÄT** sollte bei den jetzigen Planungen ebenfalls eine Rolle spielen: Werden Sie sich voraussichtlich in nächster Zeit oder in den nächsten Jahren ein E-Auto zulegen? Oder wollen Sie mehrere E-Bikes in der Familie fahren? Diese Anschaffungen werden Strom verbrauchen, den Sie jetzt vielleicht noch gar nicht als Bedarf auf der Rechnung haben.

→ **Die Energieberatung** Wenn Sie am Haus substanziell etwas modernisieren wollen – zum Beispiel Fenster, Heizung oder Fassade –, ist es immer sinnvoll, einen Energieberater einzuschalten.

WAS ERFAHRE ICH?

Schon kleine Fehler in der Planung können teure Bauschäden verursachen – und diese haben häufig langfristige Folgen. Deshalb ist eine qualifizierte Beratung vor der Aufnahme jeglicher Sanierungsmaßnahmen durchaus sinnvoll. Wie intensiv diese Vorbereitung sein muss, hängt letztlich vom gesteckten Ziel ab.

Aus dieser Erkenntnis heraus hat der Gesetzgeber am 1. November 2020 mit dem sogenannten Gebäudeenergiegesetz (GEG) die Pflicht für ein **„INFORMATIVES BERATUNGSGESPRÄCH"** eingeführt, wenn dieses kostenfrei angeboten wird. Sie gilt, wenn ein Ein- oder Zweifamilienhaus umfassend saniert wird. Käufer von Immobilien müssen ein solches Beratungsgespräch nach Erhalt des Energieausweises führen. Es soll dafür sorgen, dass die neuen Eigentümer die dort vermerkten Angaben und Kennzahlen besser einordnen können und bestenfalls die Modernisierungsempfehlungen umsetzen. Deshalb ist das Gespräch mit einem Sachverständigen zu führen, der auch selbst berechtigt ist, einen Energieausweis auszustellen.

Diese gesetzlich vorgeschriebene kostenfreie Beratung bieten zum Beispiel die Energieberater der Verbraucherzentralen, des „Bundesverbands GIH Gebäudeenergieberater Ingenieure Handwerk e. V." (gih.de) und meist die Energieagenturen des jeweiligen Landes an. Umfang, Länge und Ort dieser Pflichtberatungen sind allerdings gesetzlich nicht geregelt. Dieses Gespräch sollten Sie jedoch nicht verwechseln mit Ingenieurleistungen zur „Energetischen Bewertung von Gebäuden" oder der Erstellung eines Energieausweises.

Eine gute Energieberaterin betrachtet ein Haus als Ganzes und bringt selbstverständlich Erfahrung sowie das fachliche Wissen über aktuelle Technologien und Materialien mit.

Aber Achtung: Der Begriff Energieberater ist rechtlich nicht geschützt. Prüfen Sie bei der Auswahl und Kontaktaufnahme, dass der Berater für Ihr Anliegen qualifiziert ist, keine Interessenkonflikte entstehen könnten und Sie nicht etwa bei einem Energieanbieter gelandet sind. Vor allem kostenlose Angebote sollten Sie kritisch hinterfragen.

Wie finde ich den richtigen Energieberater?

Es gibt verschiedene Formen der Energieberatung. Welche für Sie infrage kommt, ist abhängig von Ihrem Vorhaben (siehe Tabelle Seite 54). Als Einstieg eignet sich die günstige Beratung durch die Verbraucherzentralen. Sie stellen hohe Anforderungen an die Qualität ihrer Berater. Sie müssen wirtschaftlich unabhängig sein und hauptberuflich einer Tätigkeit als Energieberater nachgehen. Sie müssen sich darüber hinaus verpflichten, ihre Kunden neutral zu beraten.

Vor allem aber: Kümmern Sie sich frühzeitig um einen Termin. Gefragte Berater haben oft eine monatelange Wartezeit. Das gilt besonders, wenn Sie einen Energieberater benötigen, um Fördermittel zu beantragen.

Professionelle Beraterinnen, die sich ebenfalls zur Neutralität verpflichtet haben, finden Sie beispielsweise im Internet auf den Seiten des Deutschen Energieberater-Netzwerks e. V. (den-ev.de). Auf der Online-Liste der Deutschen Energieagentur dena (energie-effizienz-experten.de) finden sich Fachleute, deren Beratung vom Bundesamt für Wirtschaft und Ausfuhrkontrolle (Bafa) zu 80 Prozent gefördert wird. Die Auftraggeber müssen einen Eigenanteil von etwa 400 Euro bezahlen.

Dafür gibt es dort nicht nur einen guten Rat. Die vom Bafa geförderten Energieberater erstellen einen umfassenden **SANIERUNGSPLAN** für das Haus. Sollten die Auftraggeber für geplante Sanierungsmaßnahmen später Fördermittel bei der staatlichen KfW-Bank oder dem Bafa beantragen wollen, erfüllen die Berechnungen der Beratenden die Voraussetzungen für den Förderantrag.

Wie geht der Energieberater vor?

In einem **VORABGESPRÄCH** wird er oder sie mit Ihnen seine Aufgaben klären und dabei eine Datenaufnahme für das zu bewertende Haus anlegen. Für die Berechnungen sind auf jeden Fall die Maße aller Außenflächen nötig. Wenn Sie aktuelle Zeichnungen von Ihrem Haus haben, erspart Ihnen das ein teureres Aufmaß. Des Weiteren wird man Sie nach Unterlagen und Dokumentationen zum Haus und zum aktuellen Energieverbrauch fragen: Haben Sie Bauunterlagen wie ursprüngliche Grundrisse, Schnitte, Baubeschreibungen etc.? Eventuell gibt es Fotos aus der Bauzeit?

Wie groß sind die Außenwandflächen, die Wandflächen zu unbeheizten Räumen, zu Treppenhäusern, die Decken- und Fußbodenflächen zu unbeheizten Dachräumen und Kellern? Wie erfolgt die Beheizung zum jetzigen Zeitpunkt? Wie erfolgt die Warmwasserbereitung zum jetzigen Zeitpunkt? Denken Sie dabei an eine zentrale Warmwasserheizung, aber auch an dezentrale Warmwasserbereiter wie Durchlauferhitzer im Bad oder Unter-Tisch-Geräte in der Küche oder im Gäste-WC.

Gibt es Nachweise oder Belege, zum Beispiel Abrechnungen über bereits erfolgte Sanierungsmaßnahmen, die auch dem Wärmeschutz dienen sollten? Welche waren das – und wann sind sie erfolgt?

Sind Ihnen am Gebäude konkrete Mängel bekannt, auf die besonders eingegangen werden sollte – zum Beispiel Schimmelbildung, Feuchtigkeit im Keller oder in Wohnräumen?

Gibt es Schornsteinfegerprotokolle oder Wartungsprotokolle der letzten Jahre?

Gibt es einen Wärmeschutznachweis oder einen (ggf. veralteten) Energieausweis? Ist das ein Verbrauchs- oder ein Bedarfsausweis?

Was Ihre realen aktuellen Energieverbrauchswerte für Wärme und Strom angeht, so konnten Sie diese bereits mithilfe von Kapitel „Das individuelle Sanierungsziel“ (siehe Seite 47) ermitteln.

Für die **ANGEBOTSKALKULATION** des Experten sollten Sie außerdem besprechen, welche Leistungen genau erbracht werden sollen: Soll die Datenerhebung durch den Aussteller

KONTROLLEN DURCH DIE KFW

Seien Sie sich bewusst, dass die KfW als Fördermittelgeber im Rahmen ihrer Qualitätssicherung jederzeit einzelne Projekte für **Stichprobenkontrollen** auswählen kann. Ist das bei Ihnen der Fall, sind Sie als Auftraggeber der Vertrags- und Ansprechpartner der KfW. Sie und Ihr beauftragter Energieexperte sind dann verpflichtet, an Stichprobenkontrollen mitzuwirken. Eine Vergütung für diese zusätzliche Leistung des von Ihnen beauftragten Energieexperten sollten Sie vertraglich geregelt haben, damit es nachher keine unerfreulichen Überraschungen bei der Abrechnung gibt.

des Energieausweises selbst vor Ort erfolgen? Kann er die Datenerhebung vor Ort mit der Hilfe vorhandener Daten und Dokumente erledigen? Oder ist die Beleglage so umfassend, dass er alles ohne Ortsbegehung erledigen kann? Bei Durchführung einer durch das Bafa geförderten Energieberatung (nach Förderprogramm „Energieberatung für Wohngebäude") sind die Vor-Ort-Beratung und ein individueller Sanierungsfahrplan (siehe Seite 57) verpflichtend. Sollen weitere Leistungen erfolgen, zum Beispiel eine Thermografie (siehe Seite 40), ein Luftdichtheitstest, eine Kalkulation von mehreren Sanierungsvarianten etc.? Dies kann zusätzliche Kosten verursachen. Welche Dokumentation in welcher Ausführlichkeit bekommen Sie zum Abschluss? Erfolgt eine persönliche Übergabe mit Erläuterungen zur Dokumentation, ein Fazit? Ist eine anschließende Fördermittelbegleitung angedacht?

CHECKLISTE VERTRAGSGESTALTUNG

Dies sind die wichtigsten Punkte, die im „Vertrag über die energetische Fachplanung und Baubegleitung für die geförderten energetischen Maßnahmen" geregelt werden sollten:

- Namen und Anschriften der Vertragspartner (Sie sind Auftraggeber, der Planer ist Auftragnehmer)
- Bezeichnung des Hauses und vollständige Adresse

Ziele der energetischen Sanierung:

- KfW-Effizienzhaus (Stufe) und/oder KfW-Effizienzhaus Denkmal
- sowie alle Einzelmaßnahmen von Wärmedämmung von Wänden, Dachflächen und obersten Geschossdecken, Erneuerung der Fenster und Außentüren, Erneuerung der Heizungsanlage oder Optimierung bestehender Heizungsanlagen, Erneuerung/Einbau einer Lüftungsanlage sowie
- Maßnahmenpakete wie ein Heizungspaket oder Lüftungspaket

Förderungen:

- Nennung aller in Anspruch zu nehmenden Förderprogramme inklusive der KfW-Anlagen zu den Merkblättern der ausgewählten Förderprogramme (als Vertragsanlage).
- Die KfW-Anlagen müssen bei Antragstellung der Fördermittel gemäß KfW-Zusage in der jeweils gültigen Fassung vorliegen.

Leistungen im ersten Paket – Planungsphase:

- alle Leistungen des Auftragnehmers im Einzelnen, die für die Bestandsaufnahme vor der KfW-Effizienzhaus-Sanierung zu erbringen sind, mit den dafür vereinbarten Honoraren
- alle Leistungen des Auftragnehmers zur energetischen Fachplanung mit den dafür vereinbarten Honoraren

Leistungen im zweiten Paket – Ausführungsphase:

- alle Leistungen des Auftragnehmers zur Baubegleitung für energetische Maßnahmen im Einzelnen mit den dafür vereinbarten Honoraren

Weitere Leistungen:

- Änderungs- oder Zusatzleistungen bzw. Nachträge müssen ebenfalls vertraglich vereinbart werden. In der Regel wird dafür ein Stundenhonorar festgeschrieben.
- Nebenkosten: Der Auftragnehmer hat Anspruch auf Erstattung seiner Nebenkosten (netto zuzüglich Mehrwertsteuer).
- Regelung zu Abschlagszahlungen für erbrachte (Teil-)Leistungen, falls vereinbart
- Subunternehmereinsatz: Falls vereinbart, gestatten Sie als Auftraggeber den Einsatz von Subunternehmern bzw. Subfachplanern. Wichtig: Die Gesamtverantwortung des Auftragnehmers bleibt hiervon unberührt.
- Kündigungsrechte des Auftragnehmers und des Auftraggebers
- Regelungen jeweils zu Gründen für außerordentliche Kündigungen
- Durchführung der Abnahme(n)
- rechtliche Regelungen zur Abnahme bzw. zu den Abnahmen
- Haftungserklärung
- Erklärungen zur Haftung des Auftragnehmers und Verpflichtung zu einer Berufs- und Vermögensschaden-Haftpflichtversicherung
- Erklärung zu Vertraulichkeit und Datenschutz
- Schlussbestimmungen und Unterschriften beider Vertragsparteien mit Ort und Datum

Der Vertrag mit dem Energieberater

Für die Sanierung von privaten Häusern zu modernen Effizienzgebäuden mit Inanspruchnahme von Förderungen durch die KfW sind die energetische Fachplanung und Baubegleitung durch einen sachverständigen Experten erforderlich. Der Energieeffizienzexperte für Förderprogramme des Bundes muss dazu auf der Expertenliste unter www.energie-effizienz-experten.de gelistet sein.

Beachten Sie, dass es dabei zwei unterschiedliche Leistungspakete gibt, die entweder jeweils separat oder gleich zusammen beauftragt werden können.

Das **ERSTE PAKET** umfasst die Bausteine, die für die Antragstellung der KfW-Förderung, für einen Zuschuss über das Bafa oder für Steuererleichterungen notwendig sind. Dies sind bei der Sanierung zum KfW-Effizienzhaus die Bestandsaufnahme, die Erstellung eines energetischen Gesamtkonzepts und die Effizienzhaus-Berechnung mit den erforderlichen Nachweisen sowie die Antragstellung und Begleitung bis zur Förderzusage (Phase 1 „Leistungen der Bestandsaufnahme vor KfW-Effizienzhaus-Sanierung" und Phase 2 „Leistungen der energetischen Fachplanung").

Das **ZWEITE PAKET** umfasst die konkrete Umsetzung des Bauvorhabens. Hierin werden die Leistungen der Baubegleitung festgelegt. Das sind die in Phase 3 aufgeführten „Leistungen der Baubegleitung" und die Leistungen der energetischen Fachplanung aus Phase 2. Letztere ergeben sich nach KfW-Antragstellung für die konkrete Umsetzung des Vorhabens – das sind etwa eine durch Umplanung bedingte zusätzliche Effizienzhaus-Berechnung oder zusätzliche Nachweise wie eine Wärmebrückenberechnung.

Die Verträge für die Sanierung mit **EINZELMASSNAHMEN** und für die Sanierung mit **MASSNAHMENPAKETEN** gemäß den amtlichen Förderprogrammen werden in der Regel ebenfalls in zwei Leistungspaketen mit der genannten Aufteilung vereinbart. Dabei ist zu klären, welche Einzelaufgaben der Gesamtsanierung im Rahmen der Sanierung von Einzelmaßnahmen relevant sind und welche entfallen können. Das Bundesamt für Wirtschaft und Ausfuhrkontrolle (bafa.bund.de) hat im Jahr 2019 dazu eine „Checkliste Vertragsgestaltung" veröffentlicht, die wir auf der Seite 52 stark verkürzt zusammenfassen.

Was kostet die Energieberatung?

Wie wir bereits gesehen haben, werden für eine Energieberatung je nach Ausmaß, Umfang und Angebot unterschiedliche Honorare aufgerufen. Sie kann kostenfrei erfolgen oder gegen einen kleinen Eigenanteil von etwa 30 Euro über die geförderte Beratung der Verbraucherzentralen, sie kann aber auch bis zu mehrere Tausend Euro kosten. Die preiswerten Angebote der Verbraucherzentralen sind hier aber nicht vergleichbar. Sie bekommen zwar fachlich fundierte, individuelle Auskunft zur ersten Orientierung, aber keine Ingenieurleistungen, für die es einen freien Markt gibt.

Wichtig ist der detaillierte **KOSTENVORANSCHLAG** mit allen Leistungen und Kostenpositionen. Achten Sie auf den veranschlagten Stundensatz, der je nach Anbieter zwischen 45 und über 100 Euro pro Arbeitsstunde schwanken kann. Hinzu kommen Kosten für Material oder die Anfahrt. Auch **ZUSATZLEISTUNGEN** wie eine Thermografie oder Blower-Door-Tests (Prüfung der Gebäudehülle auf Luftdichtheit) werden extra in Rechnung gestellt. Ihren Eigenanteil an den Kosten können Sie jedoch senken, indem Sie einen Energieberater mit Bafa- oder KfW-Förderung beauftragen.

Das **BUNDESAMT FÜR AUSFUHRKONTROLLE** (Bafa) bietet für die Energieberatung Fördergelder von bis zu 1 300 Euro für Ein- und Zweifamilienhäuser (Stand Januar 2023). Die Energieberaterin muss aus der Expertenliste des Bundes gewählt werden, und Ihr Haus muss vor dem 1.2.2002 gebaut beziehungsweise beim Bauamt angemeldet worden sein. Darüber hinaus muss das Gebäude überwiegend privat zum Wohnen genutzt oder geplant sein. Diese vom Bafa geförderte Beratungsleistung heißt „Energieberatung für Wohngebäude". Leistungsumfang und Berichtsform sind klar definiert. Der Zuschuss von 80 Prozent des Honorars, maximal aber 1 300 Euro, geht direkt an Sie als Beratungsempfänger. Sie stellen den Förerantrag selbst und erhaltenden Zuwendungsbescheid direkt vom Bafa. Sie können sich im Förderverfahren durch einen Energieberater vertreten lassen.

Eine etwas aufwendigere Leistung zu gleichen Förderkriterien ist der individuelle Sanierungsfahrplan – kurz iSFP, der im nächsten Kapitel betrachtet wird.

FINANZIELL GEFÖRDERTE UND ANBIETERUNABHÄNGIGE ENERGIEBERATUNGEN

	Bei Verbraucherzentrale (verbraucherzentrale-energieberatung.de)	**Mit Bafa-Förderung** (energie-effizienz-experten.de)	**Mit KfW-Förderung** (energie-effizienz-experten.de)
Wann sinnvoll?	als Orientierung und Einstieg zu allen Fragen des privaten Energieverbrauchs.	wenn das Haus umfassend saniert werden soll, auch wenn zunächst nur ein Bauteil geändert wird.	nötig für KfW-Kredit „Energieeffizient Bauen und Sanieren"
marktübliche Kosten Einfamilienhaus	bis 423 Euro	je nach Aufwand 1 625 bis über 2 000 Euro	je nach Aufwand inkl. Baubegleitung ca. 8 000 Euro oder mehr
Förderweg	„Bundesförderung Energieberatung der Verbraucherzentrale" Der Bund finanziert das Projekt.	„Bundesförderung Energieberatung für Wohngebäude" Der Förderzuschuss wird direkt an die Energieberaterin ausgezahlt. In Rechnung gestellt wird nur die Differenz.	Es gibt von der KfW kein separates Programm für Energieberatung. Das Honorar für die Baubegleitung ist bei Nutzung des Kreditprogramms KfW 261 „Sanierung zum Effizienzhaus" förderfähig.
Fördermittelanteil des Bundes	Beratungsgespräche, Onlineantworten und Vorträge sind kostenfrei. Für aufsuchende Beratungen mit Kurzbericht zahlen Ratsuchende einen Eigenanteil von 30 Euro.	80 Prozent Zuschuss, bei Ein- und Zweifamilienhäusern höchstens 1 300 Euro, bei Mehrfamilienhäusern 1 700 Euro.	50 Prozent Zuschuss, höchstens 4 000 Euro. Der Eigenanteil kann zu den förderfähigen Kosten zählen.
Anforderungen an den Berater	Honorarvertrag mit der Verbraucherzentrale Bundesverband e. V. Strenge Einstellungskriterien, laufende Schulungen und Qualtitätskontrolle; parallel brachenübliche Tätigkeit in Architektur, Bauwesen, Gebäudetechnik	Zulassung als Energieeffizienzexperte für Förderprogramme des Bundes (energie-effizienz-experten.de) Tätigkeit in Energieberatung, Architektur, Ingenieurwesen sowie Handwerk, spezielle Grund- und Zusatzqualifikationen, regelmäßig nachzuweisende Weiterbildungen, kostenpflichtiger Eintrag in der Expertenliste	Zulassung als Energieeffizienzexperte für Förderprogramme des Bundes (energie-effizienz-experten.de) Tätigkeit in Energieberatung, Architektur, Ingenieurwesen sowie Handwerk, spezielle Grund- und Zusatzqualifikationen, regelmäßig nachzuweisende Weiterbildungen, kostenpflichtiger Eintrag in der Expertenliste
Art der Beratung	verschiedene Beratungsformate und Kontaktwege; keine Ingenieurleistungen, für die es einen freien Markt gibt	umfassendes Konzept entweder für eine Schritt-für-Schritt-Sanierung oder für eine Sanierung zu einem KfW-Effizienzhaus	energetische Fachplanung und Baubegleitung gemäß Förderanforderungen
Ergebnis	fachlich fundierte Aussagen, ggf. schriftliche Antworten; bei aufsuchender Beratung Kurzbericht mit Handlungsempfehlungen	ausführliches Gutachten oder „individueller Sanierungsfahrplan" (iSFP)	Baubegleitung und Nachweise für KfW-Fördermittel: Bestätigungen zum Antrag und nach Durchführung

Stand: März 2023
Quelle: Eigene Recherchen

→ Was leistet eine gute Energieberatung? Ein bestehendes Eigenheim energetisch so nachhaltig zu modernisieren, dass sich die eingesparten Energiekosten in der Zukunft amortisieren, wirft viele Fragen auf.

Prof. Dr.-Ing. Architekt Felix Wellnitz ist seit 15 Jahren freischaffender Architekt, freier Sachverständiger für Wärme- und Feuchteschutz sowie Energieberater. Seit 2018 hat er eine Professur für Bauphysik und Baustoffkunde an der Berliner Hochschule für Technik inne.

Wenn es um den geplanten Neubau eines Eigenheims oder um die energetische Sanierung eines Bestandsgebäudes geht: Wie unterscheiden sich die Fragen und Erwartungen der Bauherren beziehungsweise Eigentümer an die Energieberatung? Und wie gehen Sie in beiden Fällen vor?

Meine Bauherren fragen Energieberatungen meistens an, um im Rahmen von bereits angedachten oder geplanten Bau- und Sanierungsmaßnahmen staatliche Fördermittel zu erhalten. Diese sind nur beantragbar, wenn die technischen Mindestanforderungen des Gebäudeenergiegesetzes (GEG) an Wärmeschutz und Energieeffizienz übertroffen werden. Sonderregelungen bestehen für Baudenkmäler oder Erhaltungsgebiete. Im Neubau, bei Ausbauten oder Erweiterungen muss für den Bauantrag ohnehin ein GEG-Nachweis geführt werden, in dessen Zuge die Beratung dann geleistet wird. Der Großteil meiner Beratungen aber sind Sanierungen, Umbauten und/oder Erweiterungen im Bestand. Hier müssen mit der Energieberatung auch bauphysikalische Fragestellungen bearbeitet werden, um mögliche Bauschäden auszuschließen und die thermische Behaglichkeit zu optimieren. Nicht zu vergessen sind baukulturelle Aspekte und die Kommunikation mit den entsprechenden Behörden, insbesondere im historischen Bestand.

Bleiben wir bei der Beratung zu einer geplanten energetischen Sanierung. Was interessiert Hauseigentümer am meisten? Was sind Ihre beratungsintensivsten Themen?

Das Kosten-Nutzen-Verhältnis und die größtmögliche staatliche Förderung stehen immer im Vordergrund. Zur klassischen Energieberatung kommen aktuell weitere Themen hinzu: Im Zuge der Klimaschutzdiskussionen werden zunehmend auch natürliche, nachwachsende und recyclebare Baustoffe für Dämmmaßnahmen nachgefragt. Das beratungsintensivste Thema ist derzeit die Umrüstung von bestehenden Öl- oder Gasheizungen auf eine Wärmepumpe. Hier stößt die bisher praktizierte Energieberatung an eine Grenze, da hierbei in der Regel nur die mögliche Einsparung der Energiemen-

→ Die Energieberatung stellt keine Planungsleistung dar. Diese muss gesondert beauftragt werden.

ge in der Jahresbilanz ermittelt wird. Ob eine Wärmepumpe überhaupt effizient eingesetzt werden kann oder nicht, hängt jedoch von den Heizlasten, bestehenden Heizflächen und den benötigten Vorlauftemperaturen ab. Daher biete ich in der Regel auch Heizlastberechnungen an, um diese Frage grundsätzlich klären zu können. Um die Wärmepumpe möglich zu machen, sind gegebenenfalls Dämmmaßnahmen, der Einbau von Flächenheizungen oder die Kombination mit einem Gas-Spitzenlastgerät notwendig.

Wie informiert beziehungsweise vorbereitet sind die Hauseigentümer bei Ihrem ersten Beratungsgespräch? Bringen sie schon die wichtigsten Unterlagen und notwendigen Angaben zum Gebäude mit?

Das ist sehr unterschiedlich. Die Inaugenscheinnahme des Bestandes ist aus meiner Sicht auch bei guter Aktenlage immer Voraussetzung einer guten Beratung. Umfangreiche Aufmaße oder bauphysikalische Messungen sind aber nur selten notwendig, sodass der Beratungs- und Honoraraufwand für die privaten Bauherren meistens im Rahmen bleibt.

Erleben Sie es häufig, dass Hausbewohner – trotz der möglichen Förderungen – über die hohen Kosten erschrecken? Was empfehlen Sie in diesem Fall zum weiteren Vorgehen?

Das kommt durchaus vor, wobei ich erlebe, dass die meisten Eigentümer ihre finanziellen Möglichkeiten im Vorfeld geklärt haben. Der sogenannte individuelle Sanierungsfahrplan (iSFP), eine standardisierte Beratung, klärt darüber auf, welche Maßnahmen dringlicher sind als andere und welche in einem Zuge oder eben nach und nach ergriffen werden sollten. Damit wird der Bauherrschaft ein konkreter Fahrplan an die Hand gegeben, mit dem die Investitionen für energetische Ertüchtigungsmaßnahmen über mehrere Jahre verteilt werden können. Für die Vorlage eines iFSP gibt es für die meisten Maßnahmen aktuell auch einen zusätzlichen Förderbonus von fünf Prozent.

Was sollte ich tun, wenn ich den Eindruck habe, dass das Gutachten einer Energieberaterin oder eines Energieberaters qualitativ unbefriedigend ist oder deutliche Lücken zum Beispiel zu konkreten Maßnahmen aufweist?

Zu einer vollständigen Beratung gehört auch die – am besten persönliche – Erläuterung des schriftlichen Berichts. Hierbei entstehende Fragen können dann mit dem Berater besprochen und gegebenenfalls eine vertiefte Bearbeitung konkreter Punkte vereinbart werden. Die Energieberatung stellt anderseits keine Planungsleistung dar. Diese muss gesondert beauftragt werden. Bei Konflikten ist die Verbraucherzentrale sicherlich eine gute Anlaufstelle.

Auf den Seiten der „Energieeffizienzexperten" der deutschen Energieagentur (energie-effizienz-experten.de) oder bei den Architekten- und Ingenieurkammern der Länder sind qualifizierte Beratungsbüros gelistet. Von reinen Onlineberatungen ohne persönlichen Kontakt würde ich abraten.

→ Ihr individueller Sanierungsfahrplan

Der individuelle Sanierungsfahrplan soll Sie dabei unterstützen, die Sanierung Ihres Eigenheims in sinnvollen Schritten zu planen. Er gibt Ihnen zusätzlich einen langfristigen und detaillierten Überblick über Sanierungsmaßnahmen und deren Einsparpotenzial bei den Energiekosten.

WAS ERFAHRE ICH?

Im Gespräch mit einer Energieeffizienzexpertin arbeiten Sie Ihre individuellen Wünsche und Bedürfnisse im Hinblick auf die Sanierung Ihres Eigenheims heraus. Die Voraussetzung für den zu erstellenden individuellen Sanierungsfahrplan ist ein Vor-Ort-Termin in Ihren eigenen vier Wänden. Die Erstellung eines iSFP basiert immer auf der Begutachtung vor Ort.

Wenn Sie sich auf das Gespräch zur Erstellung des iSFP gut vorbereiten wollen, können Sie ein Muster für einen Fragebogen zur Erhebung Ihrer Gebäudedaten unter folgender Internetadresse abrufen: gebaeudeforum.de/realisieren/isfp/#c1113.

Was ist ein iSFP, und warum ist er sinnvoll?

Im individuellen Sanierungsfahrplan (iSFP) wird der energetische Ist-Zustand Ihrer Immobilie zur besseren Veranschaulichung in sieben verschiedenen Farbklassen dargestellt. Dunkelgrün ist prima, es entspricht dem höchsten Effizienzniveau. Dunkelrot ist schlecht, es signalisiert das niedrigste Energieniveau. Die Berichtsform ist standardisiert, aber die Ergebnisse und Maßnahmen sind individuell auf Ihr Haus abgestimmt. Hierauf sollten Sie großen Wert legen. In diesem Punkt gab es in der Vergangenheit schon Enttäuschungen und Streit.

Nach intensiver Bestandsaufnahme Ihrer Wohnimmobilie fasst Ihre Energieeffizienzexpertin einzelne Maßnahmen zu sinnvollen **PAKETEN** mit konkreten Sanierungsmaßnahmen zusammen. Planen Sie eine größere Sanierung, können Sie dadurch schrittweise vorgehen. In einem individuellen Sanierungsfahrplan können je nach Umfang und Etat zwei bis maximal fünf aufeinander aufbauende Maßnahmenpakete zusammengestellt werden, die jeweils bis zu fünf Maßnahmen enthalten. Zusätzlich bekommen Sie Informationen über die sinnvolle zeitliche Reihenfolge der Pakete sowie die voraussichtlichen Kosten.

Das ist eine wichtige Grundlage für Ihre Überlegungen zur **FINANZIERUNG**: Was können und wollen Sie sich in welcher Zeit an Ausgaben oder Kreditaufnahme leisten? Am Anfang steht ja immer die Investition. Die Effekte machen sich erst nach Abschluss der Maßnahmen Monat für Monat in Ihrem Geldbeutel bemerkbar.

Vielleicht kann Ihnen der Energieberater mehrere Optionen für einen sinnvollen Sanierungsfahrplan anbieten. Dann können Sie die Optionen gemeinsam durchgehen und sich auf ein konkretes Vorgehen festlegen. Sobald Sie Ihre Wahl getroffen haben, erstellt der Energieeffizienzexperte Ihren individuellen Sanierungsfahrplan. Gemeinsam besprechen Sie dann die finalen Ergebnisse.

Seien Sie sich aber bewusst, dass ein individueller Sanierungsfahrplan eine **MOMENTAUFNAHME** ist. Er gibt konkrete Empfehlungen, die zum Zeitpunkt der Erstellung mit gegebenen Rahmenbedingungen entstehen und die nur so lange unverändert gelten, wie sich diese Rahmenbedingungen nicht deutlich ändern. Diesbezüglich tut sich gerade viel bei der technischen Entwicklung im Bereich Energieeffizienz. Die Material- und Arbeitskosten unterliegen ebenfalls seit geraumer Zeit ständigen Schwankungen. Und auch die zur Verfügung stehenden Fördermittel werden durch die Politik von Jahr zu Jahr immer wieder neu angepasst. Pauschal gesagt: Die Aussagekraft eines iSFP wird umso geringer, je älter er ist.

GESCHICKT KOMBINIEREN

Auch wenn das zentrale Thema unseres Buches die Energie ist: Denken Sie bei dieser Gelegenheit gleich an zusätzliche Maßnahmen zur Verbesserung Ihrer Wohnqualität, die in das Beratungsgespräch einfließen können. Wie sieht es zum Beispiel mit altersgerechtem Umbauen, einer Erweiterung der Wohnfläche oder anderen Maßnahmen zur Steigerung des Wohnkomforts aus? Wenn man schon eine Baustelle im eigenen Haus hat, ist es oft sinnvoll, andere Umbauten oder Modernisierungen gleich mitzuerledigen.

Welche Informationen enthält der iSFP?

Am Ende der Beratung sollten Sie folgende Dokumente erhalten: eine Übersicht „Mein Sanierungsfahrplan“ – mit gut gegliederten Informationen zum Ist-Zustand des Gebäudes und zu den geplanten Sanierungsschritten. Außerdem die „Umsetzungshilfe für meine Maßnahmen“ mit detaillierten Informationen zu den einzelnen Sanierungsschritten inklusive der jeweiligen Effizienzmaßnahmen.

Haben Sie nun alle Unterlagen und Informationen? Die Deutsche Energie-Agentur (dena) und das Institut für Energie- und Umweltforschung haben für die gezielte Energieberatung einen standardisierten iSFP entwickelt, an dem Sie sich orientieren können. Darin sollten Sie finden:

- eine Bestandsaufnahme mit Daten zum Haus und Fotos zum Ist-Zustand des Gebäudes
- Überblick zum Ist-Zustand und Sanierungsbedarf des Hauses (Konstruktion und Haustechnik)
- Bewertung Ihres individuellen Nutzerverhaltens im Umgang mit Energie, dazu konkrete Nutzungsempfehlungen
- nächste Schritte mit Anleitungen zum Start einer Sanierung, ggf. mit Einbeziehung weiterer Fachexperten
- abgestufter Sanierungsplan mit sinnvollen Maßnahmepaketen und Kostenschätzungen
- Erläuterungen und Definitionen zu den verwendeten Fachbegriffen

Haben Sie das Abschlussgespräch geführt und die beiden Dokumente erhalten? Bevor Sie jetzt daran gehen, eine Maßnahme aus Ihrem iSFP umzusetzen, stellen Sie einen **ZUSCHUSSANTRAG** beim Bafa beziehungsweise über Ihre Hausbank einen Kreditantrag bei der KfW. Die Energieeffizienzexpertin bestätigt im Rahmen der „Bestätigung zum Antrag“ (BzA), dass Sie die jeweilige Maßnahme entsprechend Ihrem individuellen Sanierungsfahrplan umsetzen. Kleiner Extrabonus: Sie erhalten nach korrekter Umsetzung automatisch einen zusätzlichen (Tilgungs-)Zuschuss in Höhe von fünf Prozentpunkten.

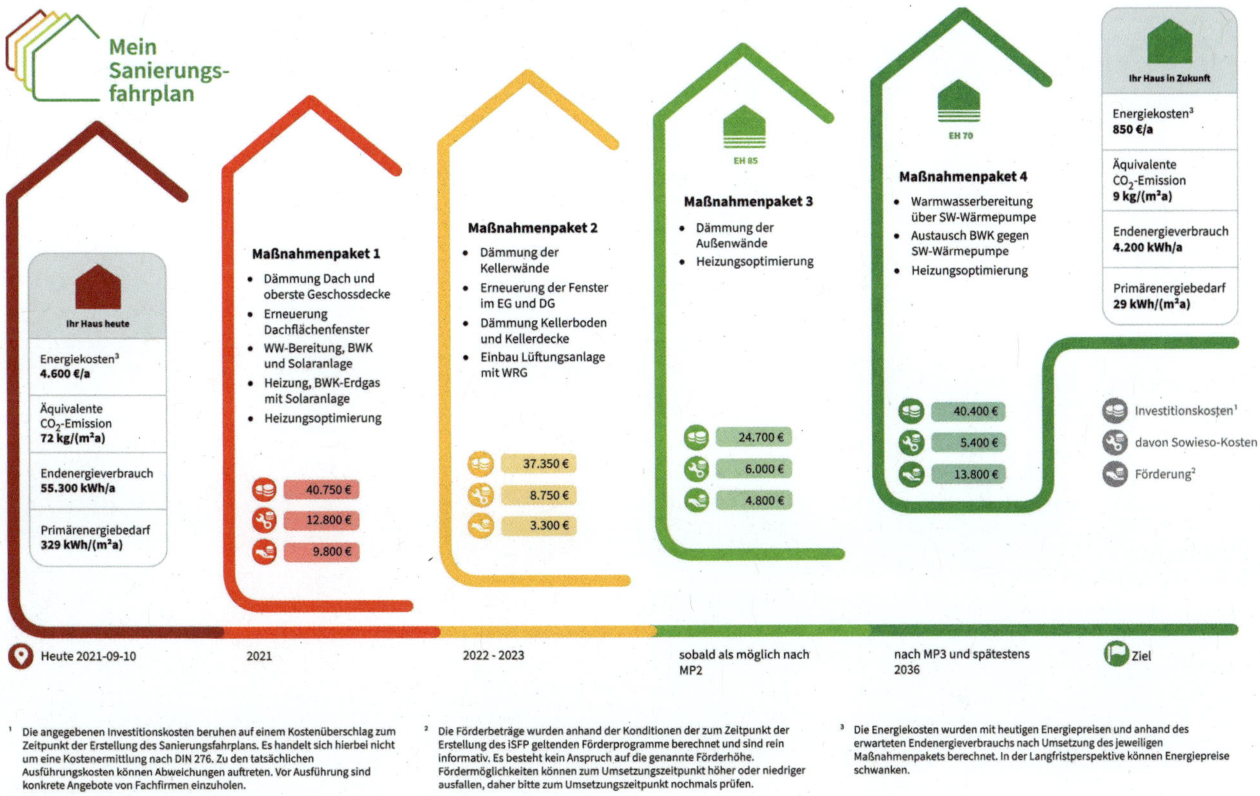

Mit einer individuellen Strategie erreichen Sie Ihre Sanierungsziele.

Kosten und Förderprogramme für einen iSFP

Individuelle Sanierungsfahrpläne können Energieberater, Architekten oder Ingenieure ausstellen. Wer aber die staatliche Förderung erhalten will, um die Kosten für den iSFP ganz erheblich zu verringern, muss einen Energieberater beauftragen, der im Rahmen des Bafa-Förderprogramms „Energieberatung für Wohngebäude" zugelassen und auf der Energie-Effizienz-Expertenliste eingetragen ist.

Die Gesamtkosten für die Energieberatung eines Wohngebäudes variieren je nach Aufwand und Anbieter zwischen 1 400 und 2 800 Euro. Die KfW fördert den iSFP seit Ende Juli 2022 nicht mehr. Diese Förderung läuft seitdem über das Bafa (Bundesamt für Wirtschaft und Ausfuhrkontrolle). Der Energieeffizienzexperte beantragt den dafür bestimmten Zuschuss von sich aus beim Bafa. Das BMWK (Bundesministerium für Wirtschaft und Klimaschutz) erstattet bei einem Ein- oder Zweifamilienhaus bis zu 1 300 Euro, bei einem Mehrfamilienhaus ab drei Wohneinheiten maximal 1 700 Euro. Diese Ersparnis wird direkt bei der Rechnungstellung berücksichtigt. Sie brauchen nicht mehr als den Restbetrag zu bezahlen.

Wenn Sie darüber hinaus belegen können, dass Sie Empfehlungen aus einem anerkannten Sanierungsfahrplan umsetzen, haben Sie die Möglichkeit, in bestimmten Fällen einen weiteren iSFP-Bonus in Höhe von fünf Prozentpunkten zu erhalten. Dieser wird zusätzlich auf die Basisförderung angerechnet. Das gilt aber nur noch für bestimmte bauliche Maßnahmen beispielsweise für die Fassadendämmung, den Austausch von Fenstern oder den Einbau einer Lüftungsanlage – nicht mehr für den Heizungstausch.

→ **Dämmung** Wenn wir von „Dämmung" sprechen, meinen wir die thermische Dämmung des Gebäudes als isolierende Hülle zwischen innen und außen beziehungsweise zwischen beheizten und unbeheizten Räumen im Haus. Nicht gemeint ist die akustische Dämmung gegen Luft- und Trittschall.

WAS ERFAHRE ICH?

Bei welchen Häusern kann sich das Dämmen wirtschaftlich lohnen? Sinnvoll ist die Überlegung bei unsanierten Häusern, die bis Ende der 1970er-Jahre gebaut wurden. Bei Gebäuden ab Mitte der 1990er-Jahre rentiert sich eine zusätzliche Wärmedämmung finanziell oft nicht.

FAUSTREGEL: Übersteigt der Energieverbrauch des Hauses für die Beheizung 150 Kilowattstunden pro Quadratmeter und Jahr, lohnt sich die energetische Sanierung auf jeden Fall.

Dazu gibt es Geld vom Staat. Eigentümer, die ihr Haus selbst bewohnen und es dämmen möchten, können zwischen einem **STEUERBONUS** vom Finanzamt und Fördermitteln in Form von zinsvergünstigten Krediten oder Zuschüssen wählen. Die Förderung für Haus und Heizung muss beantragt werden, bevor die Bauarbeiten beauftragt werden. In der Regel muss ein Fachbetrieb die Sanierung ausführen. Der Steuerbonus ist vor allem für einzelne Maßnahmen wie den Austausch der Fenster oder eine Dachdämmung eine gute Variante mit geringem bürokratischem Aufwand, den Fiskus zu beteiligen (siehe „Förderungen für Sanierer", Seite 177). Grundsätzlich gilt: Je besser die Energiebilanz des Hauses nach der Sanierung, desto üppiger ist die Förderung.

Bringen auch kleinere Maßnahmen in **EIGENLEISTUNG** etwas? Ja, das tun sie. Ist das Dach nicht ausgebaut, können geübte Heimwerker die oberste Geschossdecke zum Beispiel mit mineralischen Dämmplatten ausstatten. Das Material kostet je nach Dicke um die 25 bis 30 Euro pro Quadratmeter und amortisiert sich bei einem durchschnittlichen Einfamilienhaus innerhalb von rund zehn Jahren, je nach Zustand des Gebäudes und der künftigen Entwicklung der Heizkosten. Auch Rollladenkästen, Heizkörpernischen und die Kellerdecke lassen sich recht günstig und mit spürbarem Effekt in Eigenleistung dämmen.

Doch wie geht man jetzt am besten vor, wie bekommt man das beste nachhaltige Kosten-Nutzen-Verhältnis? Die Optimierung des Preis-Leistungs-Verhältnisses besteht aus zwei Komponenten, wobei man anfangs immer gerne auf den Faktor „Preis" schaut und weniger auf die Leistung.

Bei so großen Maßnahmen wie der Dämmung sollten Sie immer mehrere Angebote einholen. Die Kostenaufstellung ergibt sich hier jeweils aus den Angeboten der verschiedenen Handwerksunternehmen. Sie setzt sich zusammen aus den Materialpreisen und den Kosten für die zu leistende Arbeit. Der „beste Preis" ist dabei nicht gleichbedeutend mit dem billigsten Anbieter. Zu hinterfragen ist: Woher kommt die Ersparnis gegenüber den anderen Anbietern? Sind alle geforderten Leistungen enthalten? Wie eigentlich überall gilt: Nur schnell und billig führt nachträglich oft zu unangenehmen und teuren Bauschäden.

Wie können Sie also schon bei der Planung darauf achten, dass die Kosten für Dämmmaßnahmen im Ergebnis gering bleiben? Im Folgenden die wichtigsten Grundregeln:

ZU DÄMMENDE FLÄCHEN: Es ist sinnvoll, die zu dämmende Hüllfläche grundsätzlich so klein wie möglich zu halten. Das spart einmalig Kosten für die Dämmung selbst und darüber hinaus in der Zukunft dauerhaft Heizkosten, weil nur bewohnte Räume beheizt werden müssen. Kellerräume, Dachböden und alle Räume, die keine Beheizung erfordern, sollten außerhalb der thermisch gedämmten Hülle liegen.

Die größten **PROBLEMSTELLEN** zuerst: Diesem Grundsatz entsprechend, beseitigen Sie als Erstes die größten aufgedeckten Energielecks. Das bringt den größten Spareffekt und macht sich in Ihren nächsten Energiekostenabrechnungen bemerkbar.

Das am besten **GEEIGNETE MATERIAL**: Es gibt heute viele Produkte mit gleicher Dämmwirkung auf dem Markt, die sich preislich trotzdem erheblich unterscheiden können. Hier kommt es darauf an, das für den geplanten Einsatzzweck geeignetste und dabei preisgünstigste Produkt zu finden. Orientieren können Sie sich an der Wärmeleitgruppe (WLG) des Dämmstoffs. Sie bestimmt, ob eine Dämmschicht mit definierter Wirkung dick oder dünn ausgeführt werden kann. Das kann für die Wahl des Dämmstoffs entscheidend sein.

Die **ARBEITSKOSTEN** sind abhängig vom Verfahren. Auch wenn das verwendete Material günstig ist, können die Gesamtkosten teuer werden, wenn die Verarbeitung hohe Installationskosten oder etliche Zusatzkosten wie beispielsweise eine aufwendige Fugenbehandlung nach sich zieht.

Dämmmaßnahmen am Eigenheim lohnen sich wirtschaftlich fast immer – vorausgesetzt, sie werden richtig umgesetzt.

LANGFRISTIGE WIRTSCHAFTLICHKEIT: Als Hauseigentümer wollen Sie sich sicher nicht alle Jahre wieder mit dem Thema energetische Sanierung beschäftigen. Die Entscheidung für die Art und die Qualität der Wärmedämmung ist meistens eine Entscheidung für viele Jahre. Wenn die Preise für Energie durch die Energieversorger in Zukunft weiter ansteigen und der nach der energetischen Aufrüstung vorhandene Wärmeverlust sich als sehr kostspielig erweist, wird man nicht so einfach mit geringen Kosten nachbessern können – und sich den Aufwand auch nicht noch mal antun wollen.

Wenn es um **PRIORITÄTENSETZUNG** geht, stellt sich die Frage: Rechnet sich das Dämmen mehr oder eine neue Heizung? Pauschal kann man sagen, dass sich Dämmen mehr lohnt. Das zeigten umfassende Modellrechnungen der Stiftung Warentest im Juli 2021 für ein Ende der 1970er-Jahre gebautes Beispielhaus (test.de/daemmen). Zwar sind seitdem die Preise für klassische Energieträger kräftig gestiegen, aber das trifft genauso auf die Kosten der Wärmedämmung und die Installation neuer Heizungstechniken zu.

In Einzelfällen kann die Entscheidung anders ausfallen, wenn sich Neuinvestitionen ohnehin nicht vermeiden lassen – etwa wenn die Heizung alt und bereits fehleranfällig ist und bald den Geist aufzugeben droht. In dem Fall stellt sich die Frage der Wirtschaftlichkeit unter anderen Bedingungen.

Wenn zum Beispiel die Elektronik einer Heizungsanlage nach über 20 Jahren Betrieb anfängt, Ausfallerscheinungen zu zeigen, kann es nur zu leicht passieren, dass es dafür vom Hersteller keine Ersatzteile mehr gibt. Und es ist zudem nicht sehr sinnvoll, nur die Elektronik gegen ein aktuelles Produkt zu tauschen und an den alten Kessel anzupassen, obwohl das halb so teuer ist wie eine ganz neue Heizung. Wenn man mit der neuen Heizung in Zukunft Heizkosten sparen und umweltfreundlicher heizen kann, lohnt sich ein kompletter Wechsel des gesamten Heizungssystems.

Grundlagen der Wärmedämmung

Eine durchdachte und fachgerecht ausgeführte Wärmedämmung bringt folgende entscheidende Vorteile: die Verringerung des Wärmebedarfs und damit der Heizkosten, die Erhöhung des Wohnkomforts sowie die Verbesserung der CO_2-Bilanz (die wiederum Voraussetzung für staatliche Förderungen sein kann). An heißen Sommertagen zeigt sich wohltuend der umgekehrte Effekt: Im Haus bleibt es kühler, weil die Hitze wirkungsvoll geblockt wird.

DÄMMUNG SPART HEIZENERGIE

Besonders bei alten Gebäuden geht, wenn es draußen kalt ist, viel Wärme über die Gebäudehülle und die Lüftung an die Umgebung verloren. Je schlechter der Dämmstandard der Hülle ist, desto größer sind die Verluste. Wird die Gebäudehülle gedämmt, lässt sich der Wärmebedarf des Gebäudes dauerhaft reduzieren. Wärme, die nicht gebraucht wird, muss auch nicht erzeugt werden. Diese Einsparung kann im Extremfall, nämlich beim Passivhaus, sogar so weit gehen, dass überhaupt keine Heizungsanlage mehr benötigt wird. Weiterführende Informationen zum Passivhaus finden Sie unter der Web-Adresse passiv.de.

Aber auch ohne dass der Passivhausstandard erreicht wird, lässt sich mit den richtigen Maßnahmen im Neubau und in der Altbausanierung der Wärmebedarf deutlich reduzieren. Und wer Heizenergie spart, spart bares Geld – umso wichtiger im Angesicht der zu erwartenden Kostensteigerungen. Weitere Faktoren kommen hinzu und lassen vermuten, dass die Preise für fossile Energieträger mittelfristig ansteigen werden: Der Öl- und Gaspreis ist beispielsweise stark abhängig von politischen Ereignissen in den Förderländern. So führte etwa der Ukraine-Krieg seit Februar 2022 dazu, dass sich der Heizölpreis innerhalb eines Monats um 20 Prozent verteuerte.

DÄMMUNG SCHONT DAS KLIMA

Im Pariser Klimaschutzabkommen hat sich Deutschland völkerrechtlich verbindlich verpflichtet, unser Land bis zum Jahr 2045 CO_2-neutral zu gestalten. Deutschland emittiert pro Jahr ungefähr 860 Millionen Tonnen CO_2. Auf den Gebäudebereich entfallen dabei ungefähr 220 Millionen Tonnen CO_2, mithin also ziemlich genau ein Viertel der Emissionen. Deutlich wird auf jeden Fall eines: Der Gebäudebereich ist ein zentraler Faktor, wenn es um eine wirksame Reduktion des CO_2-Ausstoßes geht. Zusätzlich zu dem, was man kurz- und langfristig mehr im Geldbeutel hat, betreibt man mit der Senkung des Heizenergiebedarfs durch Dämmung vor allem aktiv Klima- und Umweltschutz. Durch den reduzierten Energieverbrauch eines Gebäudes wird dessen CO_2-Ausstoß deutlich gesenkt. Würden alle vor 1979 errichteten Gebäude (75 Prozent des Bestandes) mit kostenoptimierten, wirtschaftlichen Sanierungskonzepten modernisiert, ließe sich der Energieverbrauch des Gebäudesektors um mindestens die Hälfte reduzieren.

DÄMMUNG ERHÖHT DEN WOHNKOMFORT

In einem Raum, in dem die Temperatur wahrnehmbar schwankt, hält sich kaum jemand gerne auf. Kalte Oberflächen an Wänden, Fußböden und Fenstern werden gemeinhin ebenfalls als unangenehm empfunden und beeinträchtigen die Aufenthaltsqualität. Die Temperatur der Gebäudehülle beeinflusst tatsächlich unser Wohlbefinden: Eine kalte Außenwand fühlt sich an, als wenn es „kalt strahlen" würde. Das ist zwar physikalisch nicht möglich, wird jedoch subjektiv so wahrgenommen. Je wärmer die Umhüllungsfläche ist, desto behaglicher fühlt man sich. In der Fachwelt wird diese Wirkung **„THERMISCHE BEHAGLICHKEIT"** genannt. Das beste Mittel, um ganzjährig konstante Raumtemperaturen und thermische Behaglichkeit zu erreichen, ist – neben guten Fenstern – eine Außendämmung, die im Winter für warme Wandoberflächentemperaturen im Inneren des Gebäudes sorgt.

Hinzu kommt ein **PSYCHOLOGISCHER EFFEKT**: In einem gut gedämmten Haus mit Umhüllungsflächen, die eine höhere Oberflächentemperatur haben als diejenigen in einem ungedämmten Haus, fühlt man sich auch schon bei etwas niedrigeren Raumtemperaturen wohl. Das spart zusätzlich Energie ein.

Neben dem gesteigerten Wohlbefinden ergeben sich darüber hinaus **GESUNDHEITLICHE VORTEILE** für die Bewohner. Denn durch höhere Oberflächentemperaturen werden die „Luftwalze" im Gebäude – also warme Luft, die an heißen Heizkörpern nach oben steigt und an kalten Wänden nach unten sinkt – und die damit verbundene Aufwirbelung von Staub reduziert. Die höheren Wandtemperaturen, die mit einer fachgerechten Dämmung erzielt werden, wirken außerdem dem Wachstum von **SCHIMMEL** entgegen.

Eine fachgerecht ausgeführte Außendämmung vermeidet Schimmel sogar: Die Temperatur der Innenwände erhöht sich, und feuchte Raumluft kondensiert nicht so schnell – anders als bei kalten Wänden. Bei einer falsch ausgeführten Innendämmung können Schimmelprobleme allerdings schnell auftauchen. Sie gehört deshalb in die Hände von Fachleuten.

Kennwerte von Dämmstoffen

DER LAMBDA-WERT λR

Die Wirksamkeit eines Dämmstoffs wird mit dem Lambda-Wert λ_R in W/(m·K) angegeben. Der Lambda-Wert bezeichnet den Wärmestrom in Watt, der bei 1 Meter Dicke des Materials bei 1 Kelvin Temperaturdifferenz fließt. Je niedriger dieser Wert, desto besser dämmt das Material. Der Einfachheit halber gibt man diese Kenndaten als Wärmeleitgruppe WLG an. Ein Material mit der WLG 039 hat ein λ_R von 0,039 W/(m·K).

Achtung Werbetricks: Daneben existiert noch ein Nennwert λ_D. Dieser ist immer besser (also kleiner) als der Rechenwert. Energieberater und Architekten dürfen nur mit dem Bemessungswert rechnen. Leider werben etliche Hersteller mit falschen Werten, nämlich dem besseren Nennwert λ_D. Dies ist unzulässig.

DER R-WERT

Mithilfe des Lambda-Wertes kann man die Wirksamkeit einer Dämmschicht berechnen. Sie ist der Quotient aus der Dicke des Bauteils (in m) und dem spezifischen Kennwert Lambda und wird als R-Wert bezeichnet (Wärmedurchgangswiderstand in m²·K/W).

Beispiel: Eine 0,1 m dicke Dämmplatte mit dem Lambda-Wert 0,04 W/m·K hat also den R-Wert 0,1/0,04 W/m·K = 2,5 m²·K/W. Je höher der R-Wert, desto besser die Dämmschicht. Je niedriger der R-Wert, desto schlechter dämmt die Dämmschicht.

DER U-WERT

Der U-Wert (früher k-Wert genannt) ist ein Maß für die Wärmedämmung des Dämmstoffs bei der jeweiligen Schichtdicke. Er wird gebildet als Kehrwert aus der Summe der verschiedenen R-Werte der verschiedenen Baustoffe in der Wand plus dem inneren und äußeren Wärmeübergangswiderstand. Einheit des U-Werts ist W/(m²·K) (Watt pro Quadratmeter und pro Kelvin).

Beispiel: Bei einem U-Wert von 0,2 W/(m²·K) fließt also ein Wärmestrom von 0,2 Watt pro m² Fläche und Kelvin Temperaturunterschied zwischen innen und außen. Je kleiner der U-Wert, umso besser die Dämmwirkung des Bauteils. Es sollten bei allen Bauteilen möglichst gute (das heißt niedrige) U-Werte erzielt werden.

SPEZIFISCHE WÄRMESPEICHERKAPAZITÄT

Die spezifische Wärmespeicherkapazität c ist eine Materialeigenschaft. Beispielsweise beträgt die spezifische Wärmekapazität von flüssigem Wasser etwa 4,2 kJ/(kg·K). Das bedeutet, dass man einem Kilogramm Wasser eine Wärmemenge von 4,2 Kilojoule zuführen muss, um es um 1 Grad Kelvin zu erwärmen.

Die mathematische Einheit wird in Joule pro Kilogramm und Kelvin = J/(kg·K) angegeben. Generell gilt die spezifische Wärmekapazität jeweils nur in definierten Temperaturbereichen. Angegeben werden die Werte deshalb häufig für eine bestimmte Temperatur, zum Beispiel für 25 Grad Celsius.

Zum Vergleich: Die spezifische Wärmekapazität von Eis hängt wieder etwas von der Temperatur ab. Im Bereich von –40 Grad Celsius bis 0 Grad Celsius liegt sie um 2 kJ/(kg·K), also etwa nur bei der Hälfte im Vergleich zum flüssigen Waser.

DIE DAMPFDIFFUSION

Der Wasserdampfdiffusionswiderstand μ (My) ist ein Wert, der von Baustoff zu Baustoff unterschiedlich ist. Er ist dimensionslos. Je höher der Wert, desto dampfdichter ist der Baustoff. Der Gesamt-Wasserdampfwiderstand eines Baustoffs (sD-Wert) wird ermittelt, indem der μ-Wert mit der Dicke der Baustoffschicht [m] multipliziert wird.

Fast alle Dämmstoffe – mit Ausnahme von Vakuumdämmung, alukaschierten PUR-Platten und Schaumglas – sind diffusionsoffen. Bei fachgerechtem Einbau entsteht kein Tauwasser und mithin auch kein Schimmel. Nur Innendämmungen sollten diffusionsoffen aufgebaut und berechnet werden und gehören grundsätzlich in die Hand von Fachleuten!

Wechselwirkungen

Eine verbesserte thermische Dämmung der Gebäudehülle bedeutet nicht nur geringere Wärmeverluste beim Heizen. Woran muss man also noch denken, wenn man die künftige Wärmedämmung für das Haus plant?

SCHALL-, WÄRME- UND BRANDSCHUTZ

Die Dichte von Dämmstoffen wirkt sich auch auf den Schallschutz und auf den sommerlichen Wärmeschutz aus. Je höher die Dichte, desto besser ist der Schallschutz. Der Dämmschutz alleine erfüllt aber nicht die Ansprüche an eine aktuelle Schalldämmung, dazu sind weitere Baumaßnahmen nötig. Der sommerliche Wärmeschutz hängt zusätzlich noch von der spezifischen Wärmespeicherkapazität c ab: Natürliche organische Dämmstoffe können pro Kilogramm Masse zum Beispiel mehr Wärmeenergie aufnehmen als mineralische.

Und wie war das mit den brennenden Fassaden bei mit Polystyrol „eingepackten“ Häusern? In Verruf sind insbesondere außen angebrachte Wärmedämm-Verbundsysteme (WDVS) geraten. Statistisch spielen Brände von WDVS aber keine größere Rolle. Und wer in seinem Eigenheim auf Nummer sicher gehen will, entscheidet sich für nichtbrennbare Dämmmaterialien. Für mehrgeschossige Wohnhäuser sind ohnehin nichtbrennbare Dämmungen vorgeschrieben. Dämmstoffe werden in unterschiedliche **BAUSTOFFKLASSEN** eingeteilt: A1- und A2-Produkte sind unbrennbar und dürfen überall eingebaut werden. B1- und B2-Produkte dürfen im Privatgebäude ebenfalls überall eingebaut werden, mit Ausnahme von Wänden zum Nachbarn hin (Reihen- oder Doppelhausbebauung). Bei der Dämmung von Dachböden und Dächern muss um den Kamin herum auf jeden Fall ein unbrennbarer Dämmstoff eingesetzt werden.

FEUCHTIGKEIT UND DÄMMUNG

Dämmstoffe funktionieren in der Regel am besten bei Trockenheit. **FEUCHTIGKEIT** und **NÄSSE** schaden den meisten Dämmmaterialien, reduzieren ihre Dämmwirkung und zerstören mit der Zeit alle organischen Dämmstoffe durch Verrottung. Ein gut gedämmtes Haus muss deshalb zugleich ein trockenes Haus sein, will man keine Feuchteschäden und abnehmende Dämmwirkung riskieren. Vor einer energetischen Sanierung oder während der Sanierungsmaßnahmen gilt es also, den Eintrag von Feuchtigkeit und Nässe von außen zu unterbinden. Bei der Planung einer energetischen Haussanierung müssen deshalb auch immer die Effekte von Kondensationsnässe berücksichtigt werden.

→ Wärme zum Heizen und Waschen

Viele existierende Heizungen belasten Umwelt und Klima. Der Staat fördert den Austausch alter Heizungen. Wir stellen im Folgenden die verschiedenen Optionen unter dem Aspekt der Nachhaltigkeit vor.

WAS ERFAHRE ICH?

Bei der Wärmeerzeugung für Heizung und Warmwasser gibt es heute eine ganze Palette an technischen Systemen – von den CO_2 produzierenden klassischen Brenner-Heizungen mit Öl und Gas über „natürliche" oder „biologische" Holz- beziehungsweise Holzpelletheizungen bis zu den im Neubau beliebten Wärmepumpen und der Nutzung von Solarthermie. Auf „exotischere" Lösungen wie strombetriebene Infrarot-Heizkörper und elektrische Durchlauferhitzer gehen wir nur am Rande ein. Was soll nun für Sie und Ihr Zuhause künftig zum Einsatz kommen? Wir diskutieren und vergleichen hier einmal die verschiedenen Optionen.

Wärmeerzeuger

Wenn es um die Beheizung von Wohnhäusern geht, muss man nicht nur an die einzelnen Komponenten – Wärmeerzeugung, Wärmespeicherung, Wärmeverteilung, Heizungsflächen zur Wärmeabgabe – denken, sondern von der Wärmequelle beziehungsweise -erzeugung ausgehen und die anderen Komponenten danach auswählen beziehungsweise anpassen. Wir beginnen hier deshalb mit der Wärmeerzeugung.

ÖLHEIZUNGEN

Erdöl ist als fossiler und damit endlicher Rohstoff eigentlich zu wertvoll zum Verheizen und kann sinnvoller in der organisch-chemischen Industrie zur Herstellung zahlreicher hochwertiger Produkte verwendet werden. Gleichzeitig tragen Ölheizungen maßgeblich zum Treibhauseffekt und damit zur weiteren Erwärmung des Weltklimas bei. Heizöl verbrennt pro kWh Heizleistung rund 266 Gramm CO_2. Für Heizöl ist deshalb auch die CO_2-Steuer zu zahlen, die in den nächsten Jahren noch steigen wird. Von – insbesondere veralteten – Ölheizungen inklusive Öltank zur Bevorratung wollen wir aber wegkommen. Wenn Sie also eine Ölheizung weiter behalten wollen, dann nur als schnell zuschaltbare Zusatzheizung, wenn eine Heizungsanlage auf Basis erneuerbarer Energie an besonders kalten Tagen nicht ausreichen sollte.

HEIZEN MIT GAS

In zahlreichen Wohnhäusern findet man heute noch Gaszentralheizungen, Gasetagenheizun-

DIE HEIZUNG MIETEN STATT KAUFEN?

Selbst wenn die staatliche Förderung von bis zu 40 Prozent für den Austausch einer alten Ölheizung genutzt werden kann, bleibt auf jeden Fall noch ein fünfstelliger Betrag, den Hausbesitzerinnen selbst aufbringen müssen. Häufig sind die bis zu 60 000 Euro, die ein Umbau der Heizungsanlage je nach Energieart kosten kann, nicht vorhanden oder in anderen Investments gebunden. Da springt ein verlockendes Angebot ins Auge: Mieten statt kaufen. Beim Wärme-Contracting werden Pakete angeboten, mit denen neue Heizungsanlagen für eine monatliche Zahlung bis zu 15 Jahre lang genutzt werden können. Häufig schließen diese Verträge die Wartung, Reparatur und den Austausch im Schadensfall mit ein. Mit zunehmendem politischem Druck, alte Heizungsanlagen austauschen zu müssen, wird das Interesse dafür wohl zunehmen.

Der Haken: Den Service gibt es ja nicht umsonst. Also müssen Sie sich fragen, ob Sie alle Leistungen aus dem Paket eigentlich nutzen werden. Achten Sie ferner darauf, ob es im Vertrag weitere kostenpflichtige Leistungen gibt, die zusätzlich in Rechnung gestellt werden. Außerdem zu prüfen: Wird vertraglich bereits eine Preissteigerung für die Zukunft festgelegt, können sich die Preise also Jahr für Jahr erhöhen? Meist beinhaltet der Deal auch, dass die Hausbesitzer die Energie vom jeweiligen Anbieter beziehen müssen, also an einen Anbieter gebunden sind. Sind Sie sicher, dass Sie da immer einen konkurrenzfähigen Preis bekommen? Darüber hinaus binden Sie sich hier in der Regel für lange Zeit an den Contracting-Anbieter. Wegen der hohen Investitionskosten zu Beginn sind diese Verträge oft zehn Jahre und länger nicht kündbar.

KLIMAFREUNDLICHE HEIZUNGEN GEHEN INS GELD

Vergleich der Anschaffungskosten verschiedener Heizsysteme in Deutschland im Jahr 2022 (in 1 000 Euro)

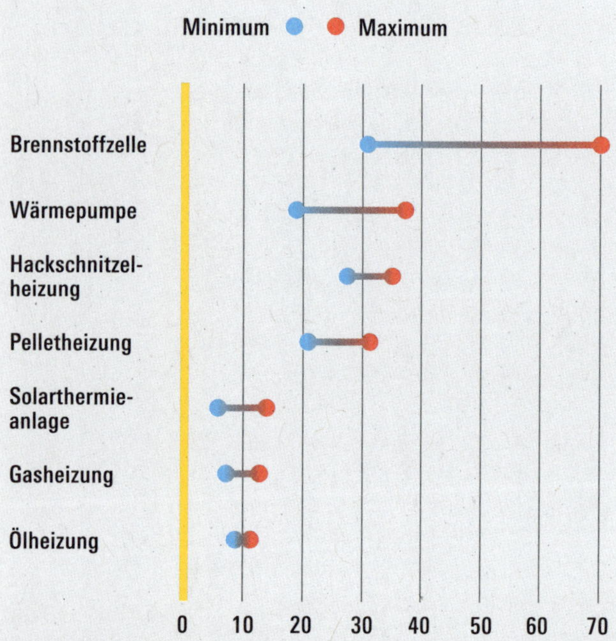

Quelle: energieheld.de

Der Preis für eine neue Heizung kann stark variieren. Besonders für eine Brennstoffzelle müssen Hausbesitzer tief in die Tasche greifen.

gen oder auch Flüssiggasheizungen mit eigenen Tanks. Die aktuelle Gasbrennwerttechnik galt – auch politisch gewollt – lange als effiziente Heizungstechnologie für den Übergang zu Heizungssystemen ohne fossile Brennstoffe. Diese Einschätzung hat sich geändert. Seit August 2022 gibt es keine Förderung mehr für Gasheizungen, auch nicht für Gashybridheizungen (zum Beispiel in Kombination mit Solarthermie). Dafür wird der Umstieg auf erneuerbare Energien unter bestimmten Voraussetzungen gefördert (siehe „Förderungen für Sanierer“, Seite 177). Wir betrachten Gasheizungen hier deshalb nicht als Heizungssystem, das im Zuge einer energetischen Sanierung Verwendung finden sollte.

Ein bereits installiertes **BRENNWERTGERÄT** nutzt die im Erdgas enthaltene Energie immerhin sehr effizient. Als Altanlage kann es zum Beispiel noch im Bedarfsfall eine Solarthermieanlage ergänzen. Gasheizsysteme plus Solarthermie sind zudem finanziell interessant. Ist eine aktuelle Brennwerttherme bereits vorhanden, sind die Investitionskosten für die Nachrüstung einer Solarthermieanlage etwas moderater als der komplette Austausch. Allerdings kann die Einbindung der Regelung problematisch sein. Wenn Sie eine moderne Gasheizung

Der gemütliche Kamin ist für viele nicht mehr wegzudenken. Dabei ist er nicht so umweltfreundlich, wie es scheint.

beibehalten wollen, dann möglichst in Kombination mit einer neuen Solarthermieanlage. Sinnvoll ist dabei in der Regel nur eine Anlage, die neben der Warmwassererwärmung auch in Frühjahr und Herbst zur Beheizung beiträgt.

HEIZEN MIT HOLZ

Wegen hoher Energiepreise heizen nun viele Menschen wieder mit Holzscheiten, wo ein einzelner Kamin genutzt werden kann.

Für eine Zentralheizung dagegen gibt es den automatischen Holzpelletskessel, den handbeschickten Scheitholzvergaser oder Kombikessel, die für beide Brennstoffe geeignet sind. Mit einer Holzpelletheizung kann man fast so umgehen, wie man es von der Öl- oder Gasheizung gewohnt ist, nur dass man je nach Heizbetrieb alle ein bis zwei Wochen die Asche entsorgen muss. Beim Verbrennen einer Tonne Holzpellets bleiben ungefähr zwei Kilogramm Asche zurück.

Nach Zahlen des Bundesministeriums für Ernährung und Landwirtschaft (BMEL) vom März 2022 nutzen mehr als eine Million Haushalte in Deutschland Scheitholz, Holzpellets oder Holzhackschnitzel als primäre Energiequelle zum Heizen des kompletten Wohnraums. Zusätzlich soll es über elf Millionen Einzelraumfeuerstätten geben, also zum Beispiel die beliebten Kaminöfen.

Ein anderes Bild ergibt sich bei den Neubauten, wo im Jahr 2021 nach Angaben des Statistischen Bundesamts nur in 3,6 Prozent der Fälle Holz als primäre Heizenergiequelle zum Einsatz kommt. Wie erklärt sich das? Holz ist doch ein nachwachsender Rohstoff und setzt nur so viel CO_2 frei, wie beim Wachstum aus der Atmosphäre entfernt wurde, so die landläufige Argumentation. Auf den ersten Blick scheint das Heizen mit Holz also unproblematisch zu sein. Es gilt sogar als gemütlich, ist günstiger als Gas und scheinbar nachhaltig. Holz wird in Deutschland als klimafreundlicher Brennstoff und erneuerbare Energie behandelt.

Aber: Der gute Ruf hat seit einiger Zeit gelitten. Manche Wissenschaftlerinnen betrachten die Verbrennung von Holz sogar als Gefahr für die Gesundheit der Bewohner, aber auch

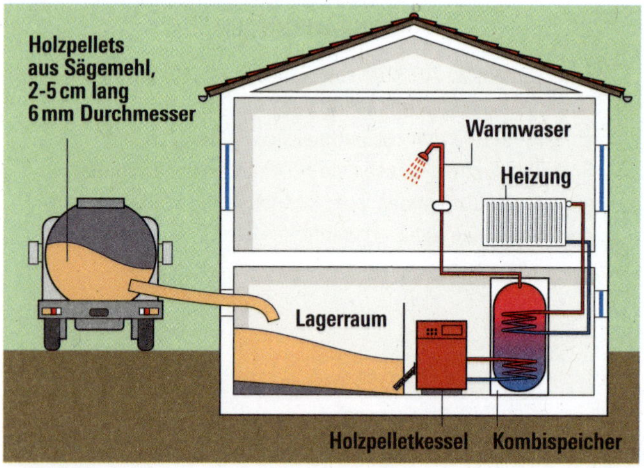

Ausreichend Platz ist die Voraussetzung für den Betrieb einer Pelletheizung.

der Menschen im Umfeld. Bei der Holzverbrennung würden sogar mehr Schadstoffe freigesetzt als bei der Verbrennung von Öl oder Gas, darunter Kohlenmonoxid, Stickoxide und Methan, heißt es. Und die hochkonzentrierten Gase und gesundheitsschädlichen Feststoffemissionen wie etwa Ruß hätten gravierende Folgen für die Luftqualität. Wenn dann noch der Holzfeuerrauch von benachbarten Häusern zu Ihnen geblasen und über aktive Lüftungssysteme selbst noch bei geschlossenen Fenstern ins Innere gesogen wird, dann können Sie das unter Umständen direkt erleben.

→ Nichts verbrennt dreckiger und klimaschädlicher als Holz.

Auch das Bundesministerium für Wirtschaft und Klimaschutz hat wohl erkannt, dass die Emission von Luftschadstoffen bei der Holzfeuerung nicht ignoriert werden kann. Deswegen sind die Regeln zur Luftreinhaltung beim Einbau und Betrieb von Holzheizungen im Jahr 2022 noch einmal verschärft worden.

Die Emissionen von Holzöfen sind durchaus relevant und haben Auswirkungen: Das Umweltbundesamt rechnet das am Beispiel Feinstaub vor: Ein neuer Kaminofen üblicher Größe produziere, wenn er voll befeuert wird, in einer Stunde etwa 500 mg Staub. Das entspricht etwa 100 Kilometern Autofahren mit einem Pkw der Abgasnorm Euro 6. Und schon jetzt sei die Verbrennung von Holz für rund 20 Prozent der deutschen Feinstaubemissionen verantwortlich.

Und wie ist das mit dem „nachwachsenden, CO_2-neutralen" Brennstoff Holz? Umweltschützer warnen schon vor zerstörerischen Auswirkungen auf die Wälder. Das erste Problem sind die Mengen, die einerseits zu Heizzwecken „verbraucht" werden und die andererseits in der gleichen Zeit nachwachsen können. Selbst wenn als Ersatz für die gefällten Bäume genügend neue erfolgreich nachwachsen, tragen Plantagen mit neu gepflanzten Bäumen erst mit erheblicher zeitlicher Verzögerung zur wirksamen Kohlenstoffbindung aus der Atmosphäre bei. Die jetzt verursachte „Kohlenstoffschuld" wieder auszugleichen dauert Jahrzehnte. Forstwissenschaftler entgegnen, dass aus den bewirtschafteten Wäldern in Deutschland nicht mehr Holz entnommen wird, als in der gleichen Zeit wieder nachwächst, sodass der Waldbestand verjüngt, aber deswegen nicht weniger wird.

Und woher die Pellets oder die Holzscheite im Einzelnen wirklich stammen, kann oder will man gar nicht immer nachvollziehen. Wer kontrolliert, dass anstelle der gerodeten Wälder immer auch wieder aufgeforstet wird?

Sogar Brennholzdiebstahl und illegale Entnahmen aus den Wäldern nehmen stark zu. Denn die Preise für Brennholz und Holzpellets für Öfen und Heizungen steigen stark an, auch wenn das Heizen mit Holz noch günstiger ist als mit Öl oder Gas.

Für moderne **HOLZPELLETHEIZUNGEN** kann man zusammenfassen: Wenn schon Pelletheizung, dann auf jeden Fall ein Modell mit Partikelabscheider, der den Feinstaub aus dem Abgas herausfiltert. Das in Pelletform gepresste

Holz verbrennt effizient. Der Betrieb läuft automatisch. Die Anlage benötigt recht viel Platz für das Pelletvorratslager, etwa in einem Kellerraum oder einem Erdtank. Das bedeutet, dass für Heizkessel, Tank und ein spezielles Abgasrohr relativ hohe Investitionskosten anfallen. Der Einbau einer Pelletheizung ist für 25000 bis 28000 Euro zu haben. Die Förderung wurde seit August 2020 stark zurückgenommen. Seit 2023 gibt es nur noch Zuschuss für Anlagen mit genanntem Partikelabscheider und wenn für die Warmwasserbereitung eine Solarthermieanlage genutzt wird. Auf die laufenden Betriebskosten wirkt sich aus, dass für Wartung und Reparaturen an Kessel samt der Vorrichtung für die Pelletförderung sowie für den Schornsteinfeger mit höheren Kosten zu rechnen ist als bei den anderen Heizsystemen.

EUROPAPARLAMENT BESCHLIESST EINSCHRÄNKUNGEN

Mitte September 2022 hat das Europaparlament zwar Holz weiterhin als erneuerbare Energiequelle eingestuft, es schränkt aber für die Zukunft gleichzeitig die Menge an „Primärholz" ein, die nach dem Fällen direkt zur Energieerzeugung genutzt werden darf. Auch finanzielle Subventionen vom Staat sollen reduziert werden.

WÄRMEPUMPE: WÄRME AUS DER UMGEBUNG ZIEHEN – MIT STROM

Ende 2020 waren rund 1,4 Millionen Wärmepumpen in Betrieb, sechs Millionen sollen es nach den Plänen der Bundesregierung bis 2030 in Deutschland werden. Die außergewöhnlichen Preissteigerungen für Gas und Öl haben seit Anfang 2022 dazu geführt, dass Heizungsbauer und Industrie mit den Anfragen für den Einbau von Wärmepumpen förmlich überrannt werden. Energieberater und Installationsbetriebe gaben Ende 2022 Wartezeiten von 12 bis 18 Monaten bis zur Lieferung an.

Aber auch hier ist nicht immer alles Gold, was glänzt.

Worum geht es? Wenn CO_2-frei produzierter elektrischer Strom der wichtigste Energieträger der Zukunft ist, wie kann man das ökologisch und wirtschaftlich zur Heizung des eigenen Zuhauses und zur Bereitung von warmem Brauchwasser nutzen?

Das technische Prinzip einer Wärmepumpe ist in der Industrie seit Generationen bekannt und wird in nahezu jedem Haushalt bereits genutzt: Eine elektrische Wärmepumpe kühlt in der Küche oder im Vorratsraum unsere verderblichen Speisen und sorgt dafür, dass Tiefgefrorenes sehr lange genießbar bleibt. Dieses Prinzip „Kühlschrank" kann man auch so umdrehen, dass ein Innenraum erwärmt wird, indem man der Umgebung Wärmeenergie entzieht. Wir können mit einer Wärmepumpe aus dem Erdboden, dem Grundwasser oder der Umgebungsluft mit einem physikalischen Prozess aus Verdunstung, Kondensation und Verdichtung die Energie für uns nutzbar machen. Wie das genau funktioniert, erklären wir im Kapitel „Wärmepumpen" ab Seite 124.

Wie bei der Photovoltaik und der Solarthermie besteht ein Vorteil der Wärmepumpe darin, dass nahezu jedes Haus mit einer entsprechend angepassten Wärmepumpe ausgestattet und somit unabhängig von fossilen Energieträgern gemacht werden kann. Es sind aber nicht nur die gute Umweltbilanz und die Nutzung von CO_2-neutraler Energie, die Wärmepumpen so attraktiv machen, sondern auch die relativ geringen Heizkosten, insbesondere bei Kopplung an eine Photovoltaikanlage. Und man kann auf große Vorratsbehälter beziehungsweise -räume für ein Holzpelletlager, einen Öltank oder einen Flüssiggastank verzichten.

Die Bundesregierung hat seit Mitte 2022 insbesondere die energetische Sanierung und Umrüstung des vorhandenen Gebäudebestands in den Fokus der Aufmerksamkeit gestellt. Es ist der beschlossene Wille der bundesdeutschen Politik, die Umrüstung von fossilen Energieträgern auf Wärmepumpenheizungen möglichst umfassend voranzutreiben. Dass dies nicht bloße Lippenbekenntnisse sind, zeigen zahlreiche finanzielle Förderprogramme (siehe dazu „Förderungen für Sanierer", Seite 177). Sie wurden entsprechend angepasst und federn einen Teil der bei einem Umstieg nötigen Einstiegsinvestition ab.

Ob vor Neubauten oder Bestandsgebäuden, die Kästen mit den Ventilatoren und Kompressoren für eine Wärmepumpe sind inzwischen häufig zu sehen. Keine optischen Highlights, aber umweltfreundlich.

Den Boom der Wärmepumpenheizungen haben zahlreiche Hersteller genutzt, um eine große Vielfalt an Produkten und Systemen für den Markt zu entwickeln. Sie werden unterschieden nach der Art der genutzten Wärmequelle. Was ist denn aber nun das Beste, eine Luft-Luft-Wärmepumpe, eine Luft-Wasser-, Grundwasser- oder Erdwärmepumpe? Was leisten diese Anlagen, wie energieeffizient sind sie, und was kostet das alles?

Und was ist an behördlichen Vorgaben und bei der Beantragung von Fördermitteln zu beachten? Hier kommt es ganz wesentlich auf den richtigen **ZEITPUNKT DER ANTRAGSTELLUNG** an.

Sie müssen zum Beispiel den Betrieb einer Wärmepumpe beim Betreiber Ihres örtlichen Stromnetzes anmelden. Es gibt dafür je nach Region günstigere Heizstromtarife. Um die Verbrauchsmengen in Zukunft separat erfassen und abrechnen zu können, ist ein eigener Stromzähler im Haus nötig.

Haben Sie oder installieren Sie eine Photovoltaikanlage und wollen die Wärmepumpe mit dem Strom aus Ihrer Anlage betreiben, brauchen Sie dafür ebenfalls eine Genehmigung des Netzbetreibers und ein komplexeres Messkonzept, um die jeweiligen Stromanteile zu erfassen.

Bei der Frage, ob ein älteres Eigenheim für eine Wärmepumpe geeignet ist, ohne dass größere Umbaumaßnahmen an der Gebäudedämmung und/oder an den existierenden Heizkörpern vorgenommen werden müssen, hat ein Umdenken stattgefunden. Der kritische Punkt hieß bislang „Vorlauftemperaturen".

EIN KLEINER SELBSTTEST

Folgendes Vorgehen kann Hinweise liefern, ob die Umrüstung auf eine Wärmepumpe in Ihrem Haus unkompliziert möglich ist. Stellen Sie an einem kalten Wintertag die Vorlauftemperatur des Heizkessels Ihrer bestehenden Heizungsanlage auf 50 Grad Celsius ein und drehen Sie die Thermostate an allen Heizkörpern voll auf. Wenn es in den beheizten Räumen auch abends noch so warm bleibt, wie Sie es gerne hätten, müssen für den Wechsel des Heizkessels gegen eine Wärmepumpe voraussichtlich keine aufwendigen Änderungen vorgenommen werden. Damit wäre eine erste Schwelle schon mal erfolgreich übersprungen.

Es gibt eine neue Generation von **HOCHTEMPERATUR-WÄRMEPUMPEN**, die auf höhere Betriebstemperaturen ausgelegt sind. Sie heizen das Wasser für den Heizungskreislauf auf bis zu 70 Grad Celsius auf und erreichen selbst im deutschen Winter 55 Grad Celsius Vorlauftemperatur mit Jahresarbeitszahlen über 4. Häuser mit klassischen Heizkörpern lassen sich auf diese Weise beheizen, sofern diese durch eine Vergrößerung der Heizflächen mit Vorlauftemperaturen von 55 Grad Celsius betrieben werden können.

Aber **ACHTUNG**: Förderungen für Wärmepumpen sind grundsätzlich an die Durchführung eines hydraulischen Heizungsabgleichs gebunden. Dafür ermittelt ein Heizungsinstallateur die benötigte Wärme für jeden Raum und stellt das Heizsystem optimal darauf ein. Das sorgt dafür, dass die Wärme künftig gleichmäßig und energieeffizient durch alle Heizkörper fließt. Bei älteren Heizkörpern können die erforderlichen Möglichkeiten (Thermostatventile mit Voreinstellung oder regulierbare Rückverschraubung) fehlen. Die Nachrüstung ist in dem Fall ohnehin nötig. Alternativ können Sie gleich in neue Heizkörper mit höherer Heizleistung bei niedrigeren Vorlauftemperaturen und einstellbaren Thermostatventilen investieren. Diese Maßnahmen gehören ebenfalls zu den förderfähigen Umrüstungen, was Ihre Investition etwas reduziert.

Ein Thema, das in diesem Zusammenhang immer wieder auftaucht, ist die Frage nach der **LÄRMBELÄSTIGUNG** vor der eigenen Haustür oder bei den Nachbarn. Dabei geht es in der Regel um Luftwärmepumpen, die die Wärmeenergie über einen Gehäusekasten mit Ventilatoren zum Ansaugen und Kompressoren zum Verdichten der Außenluft beziehen. Die durchschnittliche Lautstärke moderner Luftwärmepumpen bewegt sich im Bereich von 40 bis mehr als 60 Dezibel.

Das ist etwa so laut wie eine in normalem Ton geführte Unterhaltung. Tagsüber ist das in der Regel unkritisch und sorgt kaum für Störungen. Problematisch kann das eher nachts werden, wenn Menschen sich durch die Geräusche um den Schlaf gebracht fühlen. Darum lautet eine allgemeine Empfehlung, einen Mindestabstand des Ventilatorkastens von drei Metern zum Nachbargrundstück einzuhalten. Genauer regeln das die Lärmordnungen der Bundesländer sowie die „TA Lärm". Um die Störungen im eigenen Haus zu minimieren, werden die Gehäuse deshalb oft im Vorgarten zur Straße hin aufgestellt. Fragen Sie auf jeden Fall gezielt nach den neueren „Flüsterventilatoren", die im Betrieb schon deutlich leiser sein sollen.

Was sind mögliche Alternativen? Erdwärme- und Grundwasserwärmepumpen brauchen keinen Ventilator, dafür ist es wesentlich aufwendiger und teurer, sie in einem bestehenden Gebäude zu installieren.

Für **ERDWÄRMEPUMPEN** muss man den Wärmeabsorber, in diesem Fall ein Rohrsystem, entweder auf einer großen Fläche, die rund doppelt so groß sein muss wie die zu beheizende Wohnfläche, in 1,5 Metern Tiefe in die Erde verlegen. Eine andere Möglichkeit besteht darin, mit einer Bohrung senkrecht nach unten zu gehen.

Bei **GRUNDWASSER-WÄRMEPUMPEN** erfolgen die aufwendigen Bohrungen im Garten bis zu 100 Meter in die Tiefe. Für die Tiefenbohrung und Sonde ebenso wie für die Saug- und Schluckbrunnen der Grundwasser-Wärmepumpen ist eine behördliche Genehmigung erforderlich. Beide Bohrungen müssen von einem Fachbetrieb durchgeführt werden, was mit hohen Kosten verbunden ist.

Ein weiterer Punkt, den Sie kennen sollten: Selbst wenn die Wärmepumpenanlage geliefert werden kann, brauchen Sie zusätzlich einen Fachbetrieb, einen Heizungsbauer, der die Anlage kompetent plant und installiert. Durch den großen Boom haben viele Betriebe noch nicht genügend gut ausgebildete Installateure, die sich mit dieser Technik auskennen. 60 000 Fachkräfte würden von den Betrieben bundesweit gesucht, hieß es unlängst vom Zentralverband Sanitär, Heizung, Klima (ZVSHK). Also auch hier: Rechnen Sie mit entsprechend langen Vorlaufzeiten, bevor ein Auftrag ausgeführt werden kann.

Gebäudeplanerinnen und Heizungsbauer, die nicht genügend Erfahrung mit der Technologie haben, neigen dazu, eine zu groß dimensionierte Anlage einzubauen – aus Sorge, dass sich die Hausbewohner sonst spätestens im ersten kalten Winter über eine zu schwache Anlage beschweren.

Das kostet schon in der Anschaffung deutlich mehr als notwendig. Eine Wärmepumpe schaltet sich nach Wärmebedarf an und aus. Ist sie überdimensioniert, also zu leistungsfähig, tut sie das in kurzen Abständen, was einen erhöhten Verschleiß bedeutet. Das bedeutet letztlich zudem mehr Reparaturen und/oder insgesamt eine kürzere Lebensdauer als die durchschnittlichen 15 bis 20 Jahre, mit denen man im Allgemeinen kalkuliert.

Andere Besitzer großer Einfamilienhäuser wollen nicht Gefahr laufen, dass sie bei einem besonders strengen Winter oder einer längeren Kältephase im Kalten sitzen müssen, weil die Wärmepumpe nicht genug Heizleistung bringt. Sie versprechen sich erhöhte Sicherheit, indem sie die bestehende Gasheizung mit der Wärmepumpe kombinieren, oder sie lassen sich eine Hybridanlage mit integriertem Gasbrenner einbauen. Sie nehmen dann allerdings erhöhte Installationskosten und in der Zukunft Wartungskosten für den Gasbrenner inklusive Abgasführung in Kauf.

Außerdem ist die Sorge einer zu geringen Heizleistung unbegründet, da moderne Heizungsanlagen mit Wärmepumpen einen elektrischen **HEIZSTAB** (ähnlich einem Tauchsieder) haben, der bei Bedarf nachheizt. Das ist natürlich deutlich teurer oder – bei selbst produziertem Strom – verschwenderischer als der Betrieb der Wärmepumpe, insofern wird man immer versuchen, die Zeiten zu minimieren, in denen der Heizstab zusätzlich einspringen muss.

WÄRMEPUMPEN IN BESTANDSBAUTEN? EINE FELDSTUDIE

Eine der zentralen und immer wiederkehrenden Fragen lautet, ob eine Wärmepumpe im Altbau ein bisheriges Heizungssystem mit Brennerbetrieb ersetzen kann. In der Praxis hat das Fraunhofer-Institut für Solare Energiesysteme ISE in Freiburg diese Fragen seit dem Jahr 2000 in mehreren Feldtests aufgegriffen und in dieser Zeit rund 300 Wärmepumpenanlagen unter Echtbedingungen messtechnisch untersucht und analysiert. Es handelte sich dabei um Altbauten mit dem unterschiedlichsten Sanierungsgrad, aber auch um Anlagen in Neubauten.

Bei seinen Auswertungen kommt das Institut – kurz zusammengefasst – zu folgenden Ergebnissen:

Eine moderne Wärmepumpe ist grundsätzlich auch für die Beheizung eines Altbaus geeignet und in vielen Fällen wirtschaftlich, sogar in vielen unsanierten Wohnhäusern. Wichtig ist es, eine gute Bedarfsrechnung aufzustellen und die Anlage von den Leistungsdaten her gut zu dimensionieren.

Worauf kommt es also an bei der Wahl einer Wärmepumpe für den Altbau?

Generell lässt sich sagen, dass Erdwärmepumpen effizienter arbeiten. Sie erreichen Jahresarbeitszahlen von 4,1. Bei den bekannteren Außenluft-Wärmepumpen liegt der Mittelwert etwas niedriger bei 3,1. Das liegt generell daran, dass die Außenluft häufig kälter ist als das Erdreich und somit der Aufwand größer ist, um identische Wärmemengen ins Haus zu bringen.

Häufig ist der schwerwiegendste Kritikpunkt, dass Wärmepumpen große Heizflächen wie zum Beispiel Fußbodenheizungen und niedrige Betriebstemperaturen benötigen, um effizient zu arbeiten. Es stellt sich also die Frage: Können Wärmepumpen auch Wohnräume über klassische Heizkörper erwärmen? Ja, lautet hier die Antwort, das geht grundsätzlich mit der vorhandenen Technologie. Fast alle aktuellen Wärmepumpen schaffen Vorlauftemperaturen von 55 bis 60 Grad Celsius für den Heizungskreislauf.

Viele der existierenden Gas- oder Ölheizungen sind ohnehin überdimensioniert, wie die Praxis zeigt. Das Heizungssystem kommt also mit niedrigeren Vorlauftemperaturen aus als bisher. Alternativ kann man ein paar alte Heizkörper durch neuere mit einer größeren Oberfläche ersetzen, ohne weitere Umbauten durchführen zu müssen. Zudem gibt es inzwischen Hochleistungs-Wärmepumpen, die bei Bedarf 65 bis 70 Grad Celsius erreichen.

Möglicherweise sinkt die Effizienz der Wärmepumpen während extremer Kälteperioden auf 2 oder 2,5 (normal sind Leistungszahlen von 4 bis 5,5), dennoch sind sie im Betrieb übers Jahr günstiger als eine konventionelle Gasheizung.

Oft sind Heizungssysteme mit Wärmepumpe als Unterstützung für extrem kalte Witterungsabschnitte zusätzlich mit einem Heizstab ausgestattet. Klar ist: Dieser „elektrische Heizstab" kann eine Einheit Strom nur in eine Einheit Wärme umwandeln. Der Vorteil der Wärmepumpe ist aber ja gerade, dass man mit einer Einheit Strom durchschnittlich drei oder vier Einheiten Wärme nutzen kann. Bei häufigerem Einsatz des Heizstabs würde das ordentlich ins Geld gehen. In der Praxis hat sich jedoch herausgestellt, dass die Heizstäbe viel seltener zum Einsatz kommen, als man annehmen könnte. Nach den Messungen des Fraunhofer ISE lag der Anteil des eingesetzten Stroms für die Heizstäbe bei Luft-Wasser-Wärmepumpen im Mittel nur bei 2,8 Prozent, bei Erdwärmepumpen sogar nur bei 1,2 Prozent. Die Heizstäbe konnten in einigen Anlagen sogar ganzjährig passiv bleiben, selbst bei großer Kälte.

Aus ökologischer Sicht lohnt sich der Einsatz einer Wärmepumpe insbesondere in Kombination mit selbst erzeugtem Strom oder bei Bezug von 100 Prozent Ökostrom.

WÄRMEPUMPE: DIE KOSTEN SIND HOCH

Wie sieht nun die Sachlage unter rein finanzieller Betrachtung aus? Wenn die Nachfrage groß ist, steigen oft die Preise. So auch hier. Die Preise für Wärmepumpen und die dazugehörige Anlagentechnik sind seit 2022 stark gestiegen. In der Anschaffung sind Wärmepumpen jedenfalls noch deutlich teurer als vergleichbare Gas- oder Ölheizungen. Und es bleibt die Tatsache, dass Wärmepumpen am effizientesten arbeiten, wenn sie niedrigere Vorlauftemperaturen bis zu rund 50 Grad Celsius liefern. In der Bestandsimmobilie funktioniert das am einfachsten, wenn bestimmte Voraussetzungen gegeben sind – das heißt möglichst großflächige Heizkörper oder idealerweise eine Fußbodenheizung. Und wenn dann noch in neue Fenster und eine Gebäudedämmung investiert wird, können sich die Kosten leicht auf Summen von 50 000 bis 80 000 Euro aufaddieren. Da bleibt dann auch bei Inanspruchnahme der staatlichen Förderungen immer noch ein hoher Betrag übrig.

Eine ökonomische Bilanz ist nicht so einfach zu erstellen, denn es kann nur spekuliert werden, wie sich die Heizenergie- und Strompreise künftig entwickeln. Was die Betriebskosten über die nächsten Jahre und Jahrzehnte angeht, so kann man im Moment nur annehmen, dass Heizen mit Gas und anderen fossilen Brennstoffen in Zukunft zunehmend teurer wird als das Heizen mit Wärmepumpe. Dies dürfte nicht zuletzt der Fall sein aufgrund des erklärten Willens der Bundesregierung, „saubere" Technologien zu fördern und CO_2-Emissionen noch stärker zu besteuern.

In der Praxis spielen langfristige Bilanzierungen manchmal auch gar keine große Rolle, weil die Hauseigentümerinnen ganz andere Perspektiven haben. Gerade für ältere Hausbewohnerinnen sind die anfänglichen Investitionen eine hohe Hürde. Zudem kommt bisweilen die Überlegung auf, wie lange sie selbst dann eigentlich noch von den Vorteilen der Wärmepumpenheizung profitieren können.

SOLARTHERMIE FÜR DUSCHE UND HEIZUNG

Die Solartechnik bietet zwei Möglichkeiten, Heizsysteme sinnvoll zu ergänzen: zur reinen Warmwasserbereitung oder mit gleichzeitiger Heizungsunterstützung für die Übergangszeit. Das lohnt sich für Umwelt und Geldbeutel. Die Kraft der Sonne lässt sich leise und abgasfrei nutzen. Platz für Kollektoren bieten Hausdächer, Garagen und Fassaden. Von Nachteil ist, dass der deutliche Überschuss durch die Sonnenwärme im Sommer nicht für die kältere Saison gespeichert werden kann.

Dennoch: Mit Solarthermie zur reinen Trinkwassererwärmung über einen bivalenten Solarspeicher können übers Jahr 60 bis 70 Prozent des Energieanteils zur Trinkwassererwärmung eingespart werden. Für die **ERWÄRMUNG** des Trinkwassers sind fast alle Heizsysteme mit rund fünf Quadratmeter Solarthermie-Kollektorfläche und einem 300-Liter-Speicher ausgestattet. Die Kosten für eine Nachrüstung beginnen bei etwa 8 000 Euro.

Für einen Vierpersonenhaushalt reicht gewöhnlich ein Warmwasserspeicher mit 200 Litern Volumen aus.

Große Solaranlagen können Gasbrennwertkessel sinnvoll ergänzen. Bei einer **HEIZUNGSUNTERSTÜTZENDEN SOLARTHERMIEANLAGE** mit Pufferspeicher können übers Jahr gerechnet je nach energetischem Zustand des Hauses 15 bis 35 Prozent Energie eingespart werden. Die Kosten für die Nachrüstung für ein Einfamilienhaus liegen bei 13 000 Euro aufwärts, mit einer neuen Gastherme zusammen bei rund 25 000 Euro.

Je größer die Anlage, desto höher ist der Anteil an regenerativer Energie beim Heizen. Das spart Gas und senkt den direkten CO_2-Ausstoß des Hauses. Für diese Kombination gibt es allerdings keine Förderung mehr. Nur die Kosten für den Anteil der Solarthermieanlage werden mit 25 Prozent gefördert.

Wärmespeicher

In der Vergangenheit wurde aufgeheiztes **TRINKWASSER** klassischerweise in größeren, thermisch isolierten Tanks (Boilern) gespeichert, bis es zum Beispiel zum Duschen gebraucht wurde. Die Warmwasserspeicher wurden früher üblicherweise direkt mit fossilen Brennstoffen wie Öl oder Gas beheizt, was nicht sehr energieeffizient war und regelmäßige Kosten für die Wartung bedeutet hat.

STROMBETRIEBENE dezentrale Warmwasserspeicher (Elektroboiler), die in Räumen wie Küche oder Gäste-WC installiert sind, wo man schnell kleinere Mengen Heißwasser braucht, sind heute noch durchaus klimagerecht, wenn der Strom regenerativ erzeugt wird.

Größere **ZENTRALE WARMWASSERSPEICHER** können rein elektrisch oder in Kombination mit anderen Heizsystemen betrieben werden. Sie sind dann meist über Pufferspeicher an die Heizungsanlage des Hauses gekoppelt, die die nötige Wärmeleistung liefert. Das Warmwasser wird dabei indirekt über einen Wärmetauscher erwärmt, der als durchlaufendes Spiralrohr aus Stahl oder Kupfer im Isoliertank eingebaut ist. Das Wasser aus dem Heizungskreislauf durchströmt dann diese Spiralrohre und erwärmt das Trinkwasser im Tank indirekt.

Beim **NACHRÜSTEN** einer Solarthermieanlage kommen getrennte Solarspeicher und (vorhandene) Heizungspufferspeicher zum Einsatz. In kleinen Solarthermieanlagen wird das Trinkwasser entweder direkt im Solarspeicher (Schichtenspeicher/Pufferspeicher) des Heizkreislaufs erwärmt oder über einen Edelstahlwärmetauscher im Solarspeicher (Kombispeicher). Immer mehr Anlagen nutzen Frischwasserstationen. Diese separaten Einheiten sind außen am Pufferspeicher montiert.

In der **FRISCHWASSERSTATION** wird das Brauchwasser zum Duschen oder Händewaschen nicht in einem Tank vorgehalten, sondern bei Bedarf durch einen Wärmetauscher fließend auf die gewünschte Temperatur erwärmt. Die benötigte Energie für den Wärmetauscher kommt aus dem Pufferspeicher der Solarthermieanlage. Eine Entladepumpe entnimmt bei Bedarf das heiße Wasser im Speicher oben aus dem Tank und drückt es durch den flächigen Wärmetauscher in der Frischwasserstation. Dort erwärmt es im Gegenstromprinzip das Brauchwasser und führt das jetzt kühle Wasser unten zurück in den kühlen Bereich des Pufferspeichers. Hier muss also für den Brauchwassereinsatz kein eigener Tank mit großem Volumen an Warmwasser beständig auf Temperatur gehalten werden.

Ein hygienischer Vorteil dieser Technik ist, dass es keinen Warmwasserspeicher gibt, in dem sich Legionellen so stark vermehren können, dass sie zum Gesundheitsrisiko werden.

Und durch den Zufluss von Kaltwasser aus der Frischwasserstation kann der Pufferspeicher wieder mehr Wärme aus der Solarthermieanlage aufnehmen und speichern.

Wenn eine Wärmequelle – zum Beispiel aus der Solarthermieanlage – nicht ausreicht, um den Haushalt zu jeder Zeit mit warmem Wasser zu versorgen, kann man einen Pufferspeicher auch mit zwei verschiedenen Energiequellen aufheizen. Dies wird als **BIVALENTER SPEICHER** oder **KOMBISPEICHER** bezeichnet. So kann der Kombispeicher zwei Wärmetauscher enthalten. Im unteren Bereich des Pufferspeichers heizt der Kreislauf aus der thermischen Solaranlage das Wasser auf. Zusätzlich gibt es im oberen (wärmeren) Bereich des Pufferspeichers einen weiteren Wärmetauscher, der die Wärmeenergie zum Beispiel aus einer Wärmepumpe oder von einem Heizkessel bezieht, die bei mangelnder Sonneneinstrahlung einspringen und das Brauchwasser auf die eingestellte Temperatur erhitzen. Gewöhnlich wird das Speichervolumen für Heizungskreislauf und Brauchwassererwärmung auf das 1,5-Fache bis Doppelte des berechneten Tagesbedarfs der Bewohner ausgelegt. Damit die Temperaturschichtung im bivalenten Pufferspeicher stabil bleibt, muss die Größe der Kollektorfläche der Solarthermieanlage darauf abgestimmt werden.

Kombispeicher mit Thermosiphon: Dieser besitzt ebenfalls zwei interne Wärmetauscher, wovon der untere sich in einem breiten Wärmeleitrohr (Thermosiphonrohr) befindet. Vom unteren Solarwärmetauscher (durch die Solarthermie) erwärmtes Wasser steigt durch das sich nach oben verjüngende Thermosiphonrohr auf, ohne sich mit dem umgebenden kühleren Wasser zu mischen. Dieses im Pufferspeicher integrierte Ladesystem mit thermischen Klappen sorgt für eine effiziente Beladung des Speichers mit vorgewärmtem Wasser im oberen Bereich, wo der zweite Wärmetauscher sitzt. So kann die Solarenergie besser genutzt werden, und der Heizkessel beziehungsweise die Wärmepumpe benötigt weniger Energie für das Nachheizen auf die gewünschte Temperatur.

Solarthermieanlage mit zentralem Pufferspeicher im Keller, von dem aus alle Bereiche des Hauses mit Wärme versorgt werden.

Jedes dieser Systeme hat spezifische Vorteile und Nachteile. Sie müssen das nicht alles im technischen Detail nachvollziehen, um Ihre Anforderungen an einen Wärmespeicher im Verbund mit Ihren Quellen für Heizenergie zu definieren. Sie müssen aber entscheiden, ob der Wärmespeicher nur für die Heizungsunterstützung oder auch für die Brauchwassererwärmung dienen soll.

Die Heiztechnikhersteller bieten nach den Vorgaben aufeinander abgestimmte Komplettlösungen an, die alle notwendigen Bestandteile wie die Flächenkollektoren, den Typ und die Größe des Pufferspeichers, die Wärmetauscher, Regler und Pumpen enthalten.

Beachten Sie dabei: Der Warmwasserbedarf für die Beheizung der Wohnräume reduziert sich nach einer gründlichen Wärmedämmung des Gebäudes ganz erheblich. Hier ist zu prüfen, ob man künftig durch das Warmhalten überdimensionierter Warmwasserspeicher nicht schon wieder Energie verschwendet.

Elektrische Heißwasserbereiter mit kleinem Speicher können umweltfreundlich sein, wenn der benötigte Strom aus regenerativen Energiequellen stammt.

Wärmeverteilung

Zur Wärmeverteilung gehören das Leitungssystem und die sogenannten Heizflächen in Form von Heizkörpern, Fußbodenheizung oder Wandflächenheizung. Lassen Sie eine komplett neue Heizungsanlage installieren, beispielsweise beim Ersatz von Nachtspeicherheizungen, haben Sie die freie Wahl. Anderenfalls sollten Sie genau überprüfen, welche Leitungsstrecken getauscht und vielleicht günstiger verlegt werden können. Wie die Wärme künftig von der Wärmequelle zu den Räumen geleitet und dort verteilt werden soll, hängt zum guten Teil vom Wärmeerzeuger ab. In der Regel wird das ein Leitungssystem für Wasser sein, das das erwärmte Wasser zu den Heizflächen (Heizkörpern, Fußboden- oder Wandheizungen) und das abgekühlte wieder zurück transportiert.

Hier gilt der alte Grundsatz, dass die Versorgungsleitungen stets so kurz wie möglich sein sollen, um Wärmeverluste zu minimieren. Bei der energetischen Sanierung eines Hauses hat man da in der Regel aber weniger Spielräume als beim Neubau, weil das Leitungssystem ja bereits existiert.

Eine **WÄRMEDÄMMUNG** der Leitungsrohre an den Stellen, wo sie zugänglich verlaufen, ist jedoch grundsätzlich immer möglich.

Selbstverständlicher Standard ist es bereits heute, dass die Betriebstemperatur durch eine zentrale Steuereinheit reguliert werden kann und dass die Heizflächen in jedem Raum individuell eingestellt werden können. Andere Optionen sind zum Beispiel, dass künftig eine aktive Belüftungsanlage vorgewärmte Raumluft über ein System von Lüftungskanälen direkt in die Wohnräume transportiert.

WÄRMERÜCKGEWINNUNG

Interessant wäre es, die einmal erzeugte Wärme für eine weitere Nutzung zurückzugewinnen – aus der Raumluft oder aus dem warmen Abwasser. Während Lüftungsanlagen oder -geräte mit Wärmetauscher schon lange marktübliche Technik sind, steckt die Wärmenutzung aus Abwasser im Einfamilienhaus noch in der Entwicklung. **LÜFTUNGSANLAGEN** mit **WÄRMERÜCKGEWINNUNG** verteilen über Kanäle warme Luft im Haus. Verbrauchte Luft wird abgesaugt und nach außen abgeführt. Die Wärme wird aus der abgesaugten Luft über Wärmetauscher der einströmenden Luft wieder zugeführt. Nur ein sehr geringer Energieanteil wird für das elektrische Nachheizen der Raumluft benötigt. Gemessen an der ersetzten Heizenergie verbrauchen solche Wohnraumlüftungen nur sehr wenig Strom.

Sie können entscheiden, ob Sie eine zentrale Lüftungsanlage oder dezentrale Lüftungsanlagen mit Wärmerückgewinnung nutzen wollen. Die **ZENTRALE ANLAGE** versorgt das gesamte Haus mit frischer Luft. Das setzt voraus, dass sämtliche Räume über ein Rohrsystem miteinander verbunden sind.

Das Wohnhaus verfügt aber normalerweise über keine Lüftungskanäle. Ein nachträglicher Einbau ist kostenintensiv, und oft existiert für das komplette Lüftungssystem gar nicht genügend Platz.

DEZENTRALE LÜFTUNGSGERÄTE sind weit weniger aufwendig zu installieren. Sie sorgen jeweils in ausgewählten Räumen für einen Luftaustausch. In erster Linie kommen dafür Badezimmer und Küche infrage, die besonders durch warme, sehr feuchte Luft belastet sind.

Nicht ignorieren darf man, dass eine aktive Belüftung einen erhöhten Wartungsaufwand nach sich zieht. Denn eine Reinigung der aktiven Systemelemente und ein Filterwechsel werden regelmäßig fällig.

Blockheizkraftwerke

Blockheizkraftwerke (kurz: BHKW) stehen etwas zwischen den Systemen, weil sie gleichzeitig Wärme und elektrischen Strom liefern. Die Technologie funktioniert nach dem Prinzip der **KRAFT-WÄRME-KOPPLUNG** (kurz: KWK). Die verbreitetsten Blockheizkraftwerke arbeiten mit Verbrennungsmotoren, wie man sie von Fahrzeugen und Schiffen kennt. Geräte mit Stirlingmotor, der nicht von einer bestimmten Wärmequelle abhängig ist, sind bei Einfamilienhäusern seltener anzutreffen. Ein Motor überträgt das erzeugte Drehmoment (Rotationsenergie) auf einen Generator, der wiederum elektrischen Strom produziert. Der Strom kann für den eigenen Haushalt verwendet und/oder ins öffentliche Netz eingespeist werden.

Der Motor produziert im Betrieb gleichzeitig Wärme, die hier mit einem Wärmeübertrager in einen Pufferspeicher (Wassertank) übertragen wird. Von da aus kann die thermische Energie je nach Bedarf an den Heizungskreislauf abgegeben oder zur Erwärmung von Frischwasser verwendet werden.

Der Schwerpunkt der erzeugten Energie liegt beim klassischen Verbrennermotor ganz klar bei der Wärme: Auf jede Kilowattstunde Strom vom Generator kommen etwa drei Kilowattstunden Heizenergie.

Der **HAKEN** dabei: Die BHKW sind primär Wärmeerzeuger, die Motoren werden in der Praxis nur dann angeworfen, wenn im Haus die Heizung aktiv ist oder wenn ein Wärmespeicher aufgeheizt werden muss. Wird keine Wärme benötigt, produzieren die Generatoren also auch keinen Strom.

Was bedeutet das konkret für den Eigenheimbesitzer? Ein BHKW lohnt sich im Vergleich mit einer konventionellen Brennerheizung nur, wenn die Einsparungen beim Strombezug aus dem allgemeinen Stromnetz oder die Vergütung für die Einspeisung von Strom ins allgemeine Netz (nach dem Kraft-Wärme-Kopplungs-Gesetz) die höheren Anlagekosten eines BHKW in absehbarer Zeit wieder einspielen oder sogar übersteigen.

DIE STROMKENNZAHL BEI BHKW

Das Verhältnis von erzeugtem Strom zur erzeugten Wärmemenge bildet die sogenannte Stromkennzahl. Eine große Stromkennzahl bedeutet, dass im Verhältnis zur entstehenden Abwärme für Heizzwecke relativ viel elektrischer Strom produziert wird. Das Verhältnis Strom- zu Wärmeproduktion ist nicht konstant, sondern hängt auch von der Betriebsart ab. Dabei gilt es abzuwägen: Will man möglichst viel elektrische Energie gewinnen und lässt dafür einen Teil der Abwärme ungenutzt verpuffen? Oder nutzt man vor allem die Wärmeleistung und betrachtet den elektrischen Strom als „Nebenprodukt“? Die Stromkennzahl eines modernen Blockheizkraftwerks mit Stirlingmotor liegt etwa bei 0,15 bis 0,3, mit konventionellem Verbrennungsmotor werden Werte von 0,5 bis 1,2 erreicht. Heizungsanlagen mit Brennstoffzellen schaffen im Betrieb dabei regelmäßig deutlich höhere Werte um 1,0. Das heißt, sie erzeugen in der Regel in kWh genauso viel elektrische Energie wie Wärmeenergie.

Ein Blockheizkraftwerk mit niedriger Stromkennzahl produziert im Heizungsbetrieb recht wenig Strom. Damit sich das unterm Strich finanziell lohnt, muss es möglichst lange und durchgehend in Betrieb sein. Seit langer Zeit werden leistungsstarke BHKW eingesetzt, um Wohnsiedlungen oder Gewerbebetriebe mit Wärme und Strom zu versorgen. Für das durchschnittliche Ein- oder Zweifamilienhaus waren sie fast immer deutlich überdimensioniert. Und ist ein Haus heute gut wärmegedämmt, sinkt der Bedarf an Warmwasser für Heizzwecke noch weiter ab.

Seit einigen Jahren gibt es aber sogenannte **NANO-BHKW** mit Leistungen von bis zu 2,5 kW, die explizit für Ein- oder Zweifamilienhäuser ausgelegt sind.

Die im Betrieb nutzbare Wärmemenge reicht zum Beheizen eines Einfamilienhauses. Die Illustration auf Seite 78 zeigt die Komponenten schematisch. Der Motor verbrennt je nach Bautyp Erdgas, Biogas, Heizöl, Biomasse, Holz oder Biodiesel. Auch Brennstoffzellen

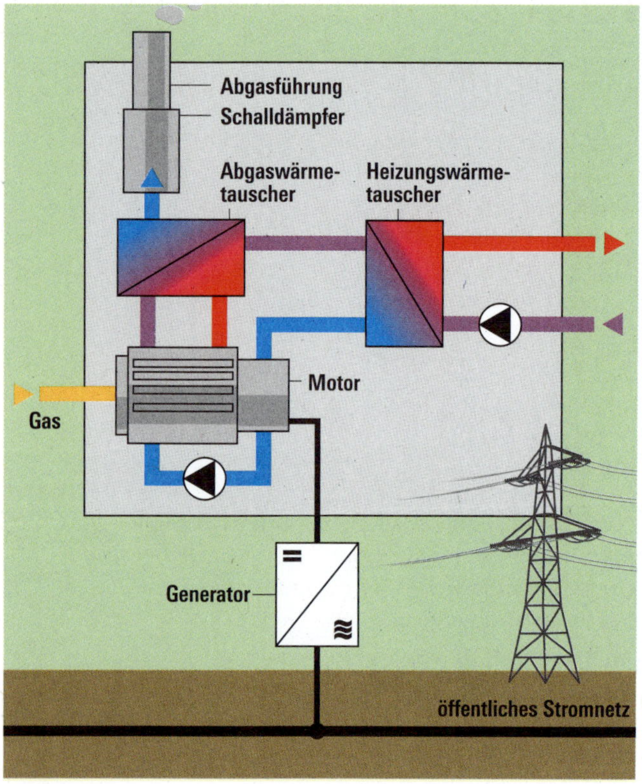

So funktioniert ein Blockheizkraftwerk im Eigenheim.

können zum Betrieb eingesetzt werden, diese erfordern aber einen Hausgasanschluss. Und mit der Brennstoffquelle steht und fällt auch die ökologische Bewertung eines BHKW.

Unabhängig davon sind die KWK-Anlagen direkt am Ort des Wärme- und Stromverbrauchs installiert und entlasten die öffentlichen elektrischen Netze durch die lokale Stromproduktion.

Die Anlagen sind umso wirtschaftlicher, je kontinuierlicher sie durchlaufen und je mehr Strom sie produzieren. Als ideal für die Stromproduktion gelten Betriebszeiten von 5 000 bis 6 000 Stunden pro Jahr. Das sind durchschnittlich immerhin knapp 14 bis über 16 Stunden pro Tag, wobei der Tagesbedarf auch hier mit den Jahreszeiten schwankt. Eine typische Heizungsanlage einschließlich Warmwasserbereitung läuft dagegen nur 1 800 Stunden im Jahr, bei guter Dämmung sogar noch weniger.

Und was kostet das? Die Anschaffungskosten für ein Nano-BHKW beginnen bei rund 20 000 Euro, für ein Mikro-BHKW bei etwa 35 000 Euro.

Nach Statistiken des Bafa mit Stand 31.12.2021 wurden in den 13 Jahren von 2009 bis 2021 nach dem KWK-Gesetz 16 793 Anlagen mit einer elektrischen Leistung von 0 bis 2 kW zugelassen, im gleichen Zeitraum zusätzlich 24 266 Anlagen mit einer elektrischen Leistung über 2 bis 10 kW. Man sieht hier, dass sich nicht viele Eigenheimbesitzerinnen für eine KWK-Anlage im eigenen Haus entschieden haben.

Die direkte finanzielle Förderung „Mini-KWK-Zuschuss bis 20 kWel" durch das Bundesamt für Wirtschaft und Ausfuhrkontrolle (Bafa) wurde außerdem zum 1.1.2021 eingestellt. Aktuelle Infos zum KWK-Zuschlag gibt es unter bafa.de.

Einnahmen kann man mit der Einspeisung des selbst erzeugten Stromes ins öffentliche Netz erzielen. Da die Vergütung von der Größe des BHKW und der Art des genutzten Brennstoffs abhängt, lassen sich hierzu aber keine pauschalen Zahlen angeben.

→ **Elektrischer Strom** Ziel ist es, den Stromverbrauch zu minimieren, den Strom aus eigener Kraft zu erzeugen und in geeigneten Stromspeichern zu bevorraten.

WAS ERFAHRE ICH?

Eine Analyse Ihres heutigen Stromverbrauchs und des zu erwartenden künftigen Stromverbrauchs haben wir ja bereits zu Beginn dieses Kapitels vorgenommen (siehe „Das individuelle Sanierungsziel", Seite 47). Je nachdem, für welche Sanierungsmaßnahmen Sie sich für die Zukunft entscheiden, können sich die Zahlen aber kräftig verändern. Neue Energiequellen wie die Photovoltaik auf Ihrem Grundstück können helfen, dass Sie weniger aus dem öffentlichen Netz beziehen müssen. Wenn Sie künftig aber eine Wärmepumpe betreiben wollen, brauchen Sie auch bei hochwertiger Wärmedämmung des Gebäudes natürlich mehr Strom als nur für den Haushalt.

Das Ziel ist also, möglichst viel des in Zukunft benötigten Stroms aus regenerativen Energiequellen selber zu decken. Dazu müssen die Anlagen dem Bedarf entsprechend leistungsstark geplant und ausgeführt werden. Das Problem von Photovoltaik bzw. Solarstromanlagen besteht darin, dass die Stromerzeugung vom Tagesverlauf und den Jahreszeiten abhängt. Kurz gefasst: Wenn die Stromproduktion am höchsten ist, ist der Verbrauch im Haushalt in der Regel am niedrigsten. Und wenn der Bedarf im Haushalt am höchsten ist, liefern die alternativen Energiequellen die geringsten Energieerträge. Deshalb geht der Trend heute immer stärker zu Photovoltaikanlagen mit Stromspeichern.

Auf der anderen Seite will man keine überdimensionierten Anlagen installieren, weil das die Investitionskosten und gegebenenfalls auch die künftigen Betriebskosten unnötig in die Höhe treiben würde. Das bedeutet, dass man je nach beabsichtigter Nutzung – Eigenverbrauch oder Netzeinspeisung – und je nach der geplanten Energiequelle für die Gebäudeheizung und die Erwärmung von Brauchwasser genaue Bedarfs- und Leistungsberechnungen anstellen muss.

Photovoltaik: Strom aus Sonnenlicht

Photovoltaikanlagen für den Hausgebrauch sind inzwischen eine etablierte Technologie und den meisten Hauseigentümern wohl schon länger bekannt und vertraut: Das Prinzip besteht darin, Sonnenlicht zu absorbieren und die Strahlungsenergie durch den photoelektrischen Effekt in Strom umzuwandeln. Der entstehende Gleichstrom muss dann mithilfe eines Wechselrichters auf die netzübliche Wechselspannung von 220 bis 240 Volt transformiert werden.

Wer eine Photovoltaikanlage auf dem eigenen Dach oder auf Nebenflächen installieren will, steht immer vor den Fragen,

- → ob man Strom nur für den Eigengebrauch produzieren will,

Gut gemeint, aber ungünstig gemacht. Selbst durch geringe Verschattung auf den Photovoltaikmodulen sinkt deren Leistung.

- ob man Überschüsse, die man selbst nicht verbraucht, ins öffentliche Stromnetz einspeisen will,
- oder ob man den gesamten selbst produzierten Strom ins öffentliche Netz einspeisen will, um damit Einnahmen zu erzielen.

Von den Antworten werden in erster Linie die Leistungsanforderungen an die Solarpaneele und die technische Einbindung in die Hauselektrik sowie der Anschluss ans öffentliche Stromnetz bestimmt.

Für die abgegebenen Kilowattstunden gibt es zudem eine Einspeisevergütung. Wer eine Photovoltaikanlage installiert und Solarstrom ins öffentliche Netz einspeist, erhält dafür vom Netzbetreiber über 20 Jahre lang eine staatlich garantierte Vergütung und damit dauerhaft

KANN SMARTE TECHNIK DEN STROM-/ENERGIEVERBRAUCH SPÜRBAR SENKEN?

Mit digitalen Messsystemen an den Stromverbrauchern und einem Kommunikationsnetzwerk im Eigenheim kann man den Stromverbrauch laufend und nahezu in Echtzeit erfassen und verarbeiten. Intelligent genutzt, bieten diese Daten einen präzisen Überblick über den jeweiligen Verbrauch. Das ermöglicht, dass man zum Beispiel starke Verbraucher, die man nicht sofort benötigt, auf die Nutzung von zeitvariablen Stromtarifen hin optimieren kann. Die Stiftung Warentest hat dazu seit März 2022 den umfassenden Ratgeber „Smart Home" im Programm.

Um die bisher eher schleppende Einführung von smarter Regelungstechnik im Haushalt zu fördern, hat Bundeswirtschaftsminister Robert Habeck im Oktober 2022 auf einer Veranstaltung der Deutschen Energie-Agentur (dena) angekündigt, dass der Einbau und die Nutzung von Smart Metern gemeinsam mit den Anbietern dieser Technologie beschleunigt und vereinfacht werden sollen. Bestehende gesetzliche Hürden für den Einbau von Smart Metern sollen hierfür beseitigt werden. Mehr dazu siehe „Anpassung der Hauselektrik", Seite 146.

verlässliche Einnahmen. Die Vergütung für Solarstrom betrug im Jahr 2000 um die 50 Cent pro Kilowattstunde. Ende 2022 bekamen die Betreiber von PV-Anlagen nur noch weniger als 9 Cent pro kWh. Und jeden Monat sinkt die Einspeisevergütung für Photovoltaik weiter.

Für neue Photovoltaikanlagen mit Netzeinspeisung wurden die Vergütungen 2022 wieder verbessert, um den politisch gewollten Ausbau der Photovoltaik zu erleichtern. Seit dem 30. Juli 2022 gelten neue Vergütungssätze für Anlagen, die seitdem in Betrieb genommen werden. Sie können jetzt entscheiden, ob Sie Ihren gesamten produzierten Strom ins öffentliche Netz abgeben (Volleinspeiseanlagen) oder nur Überschüsse, die Sie nicht selbst verbrauchen (Eigenversorgungsanlagen).

Modell **EIGENVERBRAUCH**: Eigentümerinnen, die ihren erzeugten Strom teilweise selbst verbrauchen, bekommen aktuell (Stand: Juni 2023) bis zu 8,2 Cent pro Kilowattstunde (kWh), die sie ins öffentliche Netz einspeisen. Das gilt wie bisher im Jahr der Inbetriebnahme und in den 20 Folgejahren.

Modell **VOLLEINSPEISER**: Verkaufen Anlagenbetreiberinnen den erzeugten Strom komplett an den Netzbetreiber, erhalten sie bis zu 13 Cent pro Kilowattstunde. Davon profitieren vor allem Hauseigentümerinnen, die ausreichend Dachfläche für eine relativ große Anlage haben.

Besitzer neuer Solaranlagen müssen sich also entscheiden: Entweder sie verbrauchen einen Teil des erzeugten Solarstroms selbst und sparen damit Stromkosten. Oder sie speisen den Strom komplett ins öffentliche Netz ein. Dann bekommen sie eine deutlich höhere Einspeisevergütung, sparen aber keinen Cent bei der Stromrechnung. Damit Sie von der höheren Einspeisevergütung profitieren können, müssen Sie das bei Ihrem Stromversorger vorher anmelden und die Angaben jährlich vor dem 1. Dezember für das Folgejahr erneuern.

Je nach Tarif kostete die Kilowattstunde Strom aus dem öffentlichen Netz im November 2022 durchschnittlich zwischen 38 und 56 Cent. Die beste Wirtschaftlichkeit erreicht man also immer noch mit einer Versorgungsanlage für den Eigenverbrauch.

IMMER BESSERE SOLARZELLEN

Monokristalline Siliziumzellen erreichen derzeit einen Wirkungsgrad bis zu 22 Prozent, polykristalline zwischen 15 und 20 Prozent. An der Eindhoven University of Technology in Holland wurden jüngst Solarzellen mit einem Wirkungsgrad von 30,1 Prozent entwickelt. Das war ein neuer Rekord für sogenannte Tandem-Solarzellen aus Silizium und Perowskit. Der Trick dabei: In solchen Tandem-Solarzellen werden zwei unterschiedliche dünne Schichten übereinandergelegt. Perowskit-Zellen, die die obere Schicht bilden, wandeln ultraviolettes und sichtbares Licht in Energie um, lassen Licht im Infrarotbereich aber nahezu ungehindert durch. Das wird von den darunterliegenden Silizium-Zellen absorbiert und in elektrischen Strom umgewandelt. Die Kombination der beiden unterschiedlich absorbierenden Materialien führte zum Rekordwert von 30,1 Prozent.

Mit anderen Bauweisen für Solarzellen sind sogar noch höhere Wirkungsgrade möglich. So konnten US-Forscher im Labor mit Halbleiter-Solarzellen eine Umwandlung des eingestrahlten Lichtes von 40 Prozent erreichen. Das technologische Ende der Fahnenstange ist bei der Photovoltaik also noch nicht erreicht.

TIPP: Einnahmen, Ausgaben, Steuern, Rendite und Überschüsse können Sie mit unserem kostenlosen Solarrechner durchspielen: test.de/solarrechner.

Seit 1. Januar 2023 ist für die Lieferung und Montage von Solarstromanlagen und Speichern, die auf oder in der Nähe eines Wohngebäudes installiert werden, als zusätzliche Fördermaßnahme die Umsatzsteuer weggefallen.

Der Anteil von Photovoltaikanlagen, die mit einem Stromspeicher (siehe auch „Stromspeicher", Seite 85) geplant und installiert werden, steigt deshalb seit einigen Jahren deutlich. Während er 2019 bei nur etwa 37 Prozent lag, stieg er bis zum Jahr 2021 bereits auf 56 Prozent. Das entsprach in Deutschland einer Anzahl von über 130 000 neu oder zusätzlich installierten Stromspeichern – 2019 waren es erst 41 000.

Ein zweites wachsendes Argument für Stromspeicher im Haus ist der stark anziehende Trend bei der Zulassung von E-Autos. Diese werden zu Hause meistens über Nacht geladen, wenn die PV-Anlage keinen Strom produziert. Ein Speicher, der tagsüber befüllt und nachts entladen werden kann, ist da unumgänglich, wenn das Auto vorwiegend bei Dunkelheit (Pendlerfahrzeug) mit Solarstrom beladen werden soll. Laut den offiziellen Zahlen von Statista waren 2022 über 600 000 E-Fahrzeuge zugelassen. Die politischen Entwicklungen in Europa und der Welt seit 2021 mit steigenden Energiepreisen verstärken noch die Überlegungen, wie man im eigenen Haus unabhängig von äußeren Energieversorgern werden kann, zumindest zeitweise.

AUTARK AUCH OHNE NETZ?

Neben der aus Kostensicht vorteilhaften höheren Eigenverbrauchsquote wünschen sich die meisten Eigentümer derzeit einen Stromspeicher, der einen Stromausfall im öffentlichen Netz für den eigenen Bedarf überbrücken kann, der also eine Notstromfunktion bietet. Bisher gab es dafür Benzin- oder Dieselgeneratoren, die bei einem Stromausfall eingesetzt werden konnten.

Für Besitzer von Photovoltaikanlagen liegt der Gedanke ja nahe, den selbst produzierten elektrischen Strom bei einem Stromausfall im öffentlichen Netz auch selbst zu nutzen. Das ist aber gar nicht so einfach. Für eine Notstromversorgung sind die meisten Photovoltaikanlagen technisch gar nicht ausgelegt, was viele Interessenten zunächst überrascht. Denn wenn das öffentliche Stromnetz, an das die PV-Anlage gekoppelt ist, zusammenbricht, wird diese automatisch vom Netz getrennt. Das geschieht aus Sicherheitsgründen, damit die Mitarbeiter der Energieversorger, die die Stromversorgung im öffentlichen Netz wiederherstellen sollen, nicht plötzlich im wahrsten Sinne des Wortes unter Strom stehen.

Was müssen Sie also bei der Planung einer neuen Photovoltaikanlage oder einer nachträglichen Erweiterung beachten?

Die Photovoltaikanlage muss mit geeigneten Wechselrichtern in Kombination mit einem

Aktuelle Photovoltaikanlage mit Stromspeicher und Anschluss ans öffentliche Netz.

Stromspeicher und entsprechender Notstromfunktion ausgestattet sein. Die technischen Details beschreiben wir in „Photovoltaik und Elektrik", Seite 139.

Womit müssen Sie kalkulieren? Seit Januar 2023 muss für die Lieferung und Installation neuer Anlagen keine Umsatzsteuer bezahlt werden. In Angebot und Rechnung steht in der Zeile „Mehrwertsteuer" eine Null. Der ausgewiesene Nettopreis entspricht also dem Preis, den Sie letztlich bezahlen. Früher hat man sich diesen Mehrwertsteuerbetrag vom Finanzamt erstatten lassen können. Durchschnittliche Photovoltaik-Dachanlagen für Einfamilienhäuser haben eine Spitzenleistung von 5 bis 10 Kilowatt (kWp). Pro kWp Leistung kostet die Anschaffung einer solchen Anlage ohne Mehrwertsteuer etwa 1800 bis 2000 Euro – manchmal auch mehr.

Je nach geeigneter Dachfläche und gewünschter Anlagengröße müssen Hauseigentümer grob gerechnet mit Anschaffungskosten von 8000 bis 18000 Euro ohne Batteriespeicher rechnen. Dabei gilt die Regel: Je kleiner die Anlage, desto höher der Preis pro Kilowatt.

Die Solarmodule machen nur noch etwa 40 Prozent des Preises einer Anlage aus. Dazu kommen Kosten für die Dachunterkonstruktion, die Montage und den Wechselrichter, der den produzierten Gleichstrom in netzfähigen Wechselstrom umwandelt.

Soll auch ein Stromspeicher installiert werden, kommen noch einmal – je nach Speicherkapazität und technischer Einbindung – etwa 9000 Euro bis zu 20000 Euro dazu.

Photovoltaikanlagen gelten als robust und wartungsarm. Dennoch sollte man Betriebskosten von etwa 150 bis 200 Euro im Jahr einkalkulieren. Darunter fallen die Beiträge für eine Photovoltaikversicherung, die Zählermiete und die Kosten für Wartung und Reparaturen.

MIETEN STATT KAUFEN?

Eine Testerin hat im Herbst 2021 in unserem Auftrag Angebote für eine Anlage mit Speicher eingeholt – mehr Vorgaben machte sie nicht. Unsere Testerin besaß zu der Zeit ein Haus im sonnenverwöhnten Augsburg. Dieses Haus hat ein großes Dach, das zu großen Teilen nach Süden ausgerichtet ist. Die Dachfläche war bis dahin ungenutzt und nicht durch Bäume, Häuser oder anderes verschattet. Optimale Bedingungen für eine Solarstromanlage also! Die Testerin erhielt folgende Angebote:

Option eins: Ein Betrieb in der Nähe schickte ein Angebot nach einer persönlichen Analyse vor Ort.

Für den von unserer Testerin angegebenen Jahresstromverbrauch von 3500 Kilowattstunden (kWh) empfahl er eine Anlage mit einer Spitzenleistung von 7,77 Kilowatt (kW) und einen Speicher mit einer Nutzkapazität von 5 kWh. Kostenpunkt: 19230 Euro netto inklusive Montage. Knapp 2500 Euro pro kW Maximalleistung.

Option zwei: Beim überregionalen Anbieter kam kein Berater ins Haus. Stattdessen musste die Interessentin Informationen und Fotos vom Objekt schicken. Dabei ging es teilweise um sehr spezifische Angaben: Wie ist die Neigung des Daches, welche Traufhöhe hat das Haus, wie sind die Dachziegel verankert? Zum Glück hatte unsere Testerin alle Bauunterlagen zur Hand.

Noch am selben Tag gab es ein Beratungsgespräch am Telefon. Das Dach sei ideal für eine Solarstromanlage, bestätigte auch dieser Berater. Nach wenigen Stunden schickte er ein Angebot. Dieser Anbieter empfahl eine Anlage mit 9,9 kW Leistung und einen Speicher mit 7,6 kWh Kapazität.

Obwohl diese Anlage deutlich größer wäre, kostete sie kaum mehr als beim Anbieter aus der Region: 19650 Euro lautete das Angebot. Pro kW Maximalleistung war dieser Anbieter also deutlich günstiger.

Option drei: Mieten statt kaufen. Bei ihrer Suche stieß unsere Testerin auch auf Anbieter, die Solarstromanlagen vermieten. Ganz ohne Anschaffungskosten könne man so seinen eigenen Solarstrom produzieren, hieß es in der Werbung. In dem Rundum-Sorglos-Paket sei alles enthalten: die Solaranlage samt Verkabelung und Steuerungstechnik, die Installation der Anlage, die regelmäßige Wartung, eventuelle Reparaturen und sogar die Versicherung.

Die Interessentin musste ebenfalls erst einmal online einen Fragebogen ausfüllen und Fotos hochladen. Kurz darauf meldete sich telefonisch ein Berater. Er rechnete vor: In Zukunft würden die Strompreise zwischen 3 und 4 Prozent jährlich steigen. Schätzungsweise müsse sie deshalb in 25 Jahren 2683 Euro im Jahr für Strom bezahlen statt wie derzeit 1200 Euro im Jahr. Mit der eigenen Solaranlage auf dem Dach könne sie die Kosten für den Reststrom auf 24 Euro im Jahr senken. Das Dach unserer Testerin eigne sich für eine 9,12-kW-Anlage, so der Berater. Für 174 Euro im Monat bekäme sie eine schlüsselfertige Solaranlage inklusive 5,1-kWh-Speicher mit Rundum-Schutzpaket für 20 Jahre. Es würden keine Folgekosten zum Beispiel für Wartung oder Reparatur entstehen. Nach Ablauf der 20 Jahre könne sie die Anlage für einen Euro kaufen. Endsumme dieses Angebots: Nach 20 Jahren hätte die Hausbesitzerin insgesamt 41760 Euro bezahlt, mehr als doppelt so viel, wie die Anlage beim Kauf kosten würde.

Das Angebot eines anderen Vermietungsanbieters war unter dem Strich sogar noch teurer. Denn die empfohlene Anlage hatte nur eine Leistung von 6,6 kW. Zusammen mit einem 5,12-kWh-Speicher sollte sie dennoch 172 Euro Miete im Monat kosten.

Was bleibt unterm Strich? Rein wirtschaftlich ist es also offenbar nicht lukrativ, eine Solarstromanlage zu mieten. Eine Anlage fix und fertig aufs Dach geschraubt zu bekommen und während des Betriebs keine Kostenrisiken zu haben, ist verlockend. Aber die Sicherheit hat einen hohen Preis. Das erstaunt nicht wirklich, denn die Risiken von Ausfällen und der Wertverlust der Anlage mit Speicher bleiben ja beim Betreiber der PV-Anlage. Und obwohl die Profis durch Mengenrabatte und eine routinierte Abwicklung Kosten sparen können, wollen sie selbst ja auch etwas verdienen an diesem Service. Das bezahlt man als Mieterin alles mit.

NEUE ENTWICKLUNGEN: AEROMINE

Ein Vorteil von Windrädern und Windturbinen ist, dass sie im Unterschied zur Photovoltaik nicht von der Sonneneinstrahlung abhängig sind, also rund um die Uhr Strom generieren können. Ein spannender Ansatz sind die neu entwickelten Turbinen von Aeromine. Sie sehen ganz anders als die bekannten Flügelrotoren aus und können auf Flachdächern von Gebäuden installiert werden (www.aerominetechnologies.com). Das amerikanische Unternehmen hat eine neuartige Mini-Windturbine in einem kastenartigen Gehäuse entwickelt. Im Inneren der senkrechten Röhre sind Propeller installiert, die durch den anströmenden Luftstrom in Rotation versetzt werden und Strom erzeugen.

Diese Konstruktion soll gegenüber den herkömmlichen Rotoren effizienter und leiser laufen.

Das System soll überdies keine Zulassungsprobleme haben, da es keine Lichtreflexe oder rotierende Schatten auf die Nachbarschaft wirft. Es gibt keine störenden Geräuschemissionen. Vögel werden durch diese Technologie ebenfalls nicht gefährdet.

Allerdings ist das Aeromine-System derzeit noch etwa drei mal drei Meter groß. Auf einem privaten Hausdach (Flachdach) wäre das ein deutlich sichtbarer Aufbau. Die aktuellen Anlagen sind deshalb eher für Hallendächer und Industriegebäude konzipiert. Die Entwicklung ist hier sicher aber noch nicht abgeschlossen.

Strom aus Windkraft

Unser Vorhaben lautet: Wir wollen künftig den Strom für das Haus und den Haushalt aus regenerativen Energiequellen erzeugen. Die Photovoltaik ist hierbei grundsätzlich abhängig von den Strahlungssituationen der Sonne, schwankt also stark in Abhängigkeit von Tageszeit und Jahreszeit. Macht es da nicht Sinn, eine eigene private Windkraftanlage zu installieren?

Wir ignorieren bei der Beantwortung dieser Frage die einfachen „Hobbyanlagen" zu Preisen von etwa 400 bis zu 1000 Euro, die eher Demonstrationsobjekte für Kinder sind. Sie sind fehleranfällig, kaum sturmsicher und liefern nur wenige Hundert Watt Strom pro Jahr. Die Qualität der Anlagen ist nicht immer gewährleistet, weil diese nur in kleinen Stückzahlen produziert werden. Ein nennenswerter Beitrag zur Stromversorgung ist mit solchen Klein-Windkraftanlagen in der Regel nicht möglich.

Es gibt aber durchaus robuste Minikraftwerke, die dann nicht auf dem Dach, sondern

Wer selbst erzeugten Strom effizient speichern will, muss im Vorfeld gut planen.

auf einem Mast in der Nähe eines Hauses montiert werden. Dieses Vorgehen wird gewählt, weil Erfahrungen zeigen, dass bei der Dachmontage zahlreiche Probleme am Gebäude durch Vibrationen und Betriebsgeräusche auftreten können. Diese Anlagen können – günstige Windverhältnisse vorausgesetzt – bis zu 5000 Kilowattstunden Strom pro Jahr produzieren. Doch diese Leistung gibt es nicht umsonst. Wer solche Anlagen installieren will, muss mit Investitionskosten von 25000 Euro aufwärts rechnen, und im Betrieb mit vergleichsweise hohen Wartungskosten.

Je nach Art der Anlage kann zudem eine Baugenehmigung notwendig werden, die von Bundesland zu Bundesland unterschiedlich gehandhabt wird. Zunehmend werden allerdings Windturbinen bis zehn Meter Höhe ohne Genehmigung zugelassen.

Zu bedenken ist, dass man die Windkraftanlage über seine Gebäude- und Haftpflichtversicherung gegen mögliche Schäden mitversichern lassen sollte. Und auch für kleine Windkraftanlagen müssen Sie beim Stromnetzbetreiber und der Bundesnetzagentur die Anmeldung vornehmen.

Diverse Modellrechnungen – unter anderem auch der Verbraucherzentralen – kommen in der Mehrheit zu dem Schluss, dass die Erträge der Windkraftanlagen im Vergleich zu den Kosten oft zu gering sind. Das hängt allerdings sehr stark vom Standort der Anlage ab. Außerdem droht beim Betrieb der Rotoren durch Vibrationen und störende Geräusche oft Ärger mit den Nachbarn. Ein wirtschaftlicher Betrieb ist eher die Ausnahme.

Stromspeicher

Wer seinen Strom aus Sonne oder Wind selbst produziert, hat das Problem, dass die Zeiten der maximalen Stromproduktion nicht mit den Zeiten des maximalen Verbrauchs im eigenen Haushalt übereinstimmen. Überschüsse aus der eigenen Produktion können ins öffentliche Netz eingespeist werden, aber dann muss man den teureren Strom aus dem Netz wieder zukaufen.

Nicht umsonst steigt der Anteil der Photovoltaikanlagen mit Stromspeicher Jahr um Jahr an.

Ein weiterer Vorteil aus ökologischer Sicht: Jede selbst produzierte Kilowattstunde Strom ist ohne CO_2-Ausstoß entstanden. Im laufenden Betrieb spart das also im Vergleich mit der Stromproduktion der großen Energieunternehmen CO_2 ein. Natürlich vernachlässigen wir hier die Tatsache, dass ein Batteriespeicher erst einmal hergestellt und installiert werden muss, was nicht ohne CO_2-Emissionen funktioniert. Viele Modellrechnungen – man muss ja immer von bestimmten Annahmen ausgehen, mit denen dann gerechnet wird – kommen aber zu dem Fazit, dass die CO_2-Bilanz für die Stromspeicher nach einigen Jahren Betrieb dennoch deutlich positiv ist, dass sich also eine spürbare CO_2-Einsparung ergibt.

Je nach Speicherkapazität können die Stromspeicher im Haus (Garage, Technikraum, Keller) an der Wand hängend oder als Batterieblock auf dem Boden stehend eingebaut werden. Einige Systeme sind sogar ausbaufähig aus einzelnen Modulen zusammengestellt, die sich stapeln lassen. Auf jeden Fall müssen Sie überlegen, wo der beste Aufstellungsort für den geplanten Batteriespeicher sein soll.

GRÖSSER IST NICHT IMMER BESSER

Viele Speicher sind überdimensioniert. Damit die Rechnung aufgeht, müssen Eigentümer nicht nur auf den Preis, sondern auch auf die passende Speichergröße achten. Die Faustregel der Verbraucherzentrale Nordrhein-Westfalen lautet: Nicht mehr als 1 Kilowattstunde Speicherkapazität pro 1 000 Kilowattstunden, die im Haushalt pro Jahr verbraucht werden. In der Praxis werden oft doppelt so große Speicher verkauft. Das kostet viel, bringt wenig und verkürzt die Lebensdauer des Speichers, weil er sich nicht richtig entladen kann.

Dazu gehört immer auch eine elektronische Schaltung für das Batteriemanagement. Diese überwacht den Ladezustand der Akkumulatorzellen, regelt die Lade- und Entladevorgänge und schützt die Batterie vor Überlastungen. In der Schaltung können zusätzliche Funktionen wie Schnittstellen für Störungsmeldungen oder Wartungshinweise integriert sein.

Ein Batteriespeicher für Photovoltaikanlagen sollte für ein klassisches Einfamilienhaus mit Wärmepumpe eine Kapazität von 8 bis 12 kWh haben. Die Kosten belaufen sich im Schnitt auf etwa 1 200 Euro pro Kilowattstunde Speicherkapazität (Stand: Januar 2023).

Interessant ist, dass kleinere Speicher proportional teurer sind als große. Kleine Speicher mit nur 5 bis 7 kWh Speicherkapazität kosten etwa 6 000 bis 8 000 Euro. Einen großen Akkuspeicher mit einer Kapazität von 10 kWh kann man hingegen für 9 000 bis 10 000 Euro bekommen.

E-AUTO ALS SPEICHER

Die Idee liegt nahe: Wenn Sie einen Pkw mit Elektroantrieb und entsprechend leistungsstarkem Akku besitzen, könnten Sie diesen ja als erweiterten Stromspeicher nutzen. Das Ganze hat technisch aber noch ein paar Haken:

Aus einer konventionellen Steckdose im Haushalt kommt bekanntlich Wechselstrom. Der muss zunächst in Gleichstrom umgewandelt werden. Ist das zum Beispiel durch einen Wechselrichter in der Ladestation bzw. Wallbox geschehen, wird der Strom in der Autobatterie gespeichert.

Um die elektrische Ladung in der Autobatterie für den Haushalt nutzen zu können, muss das Elektroauto mit einem Akku ausgestattet sein, der in beide Richtungen ge- und entladen werden kann. Das nennt sich bidirektionales Laden und ist noch nicht selbstverständlich.

Viele japanische E-Autos und auch Tesla verwenden den sogenannten CHAdeMO-Anschluss, mit dem hohe Ladeleistungen bis über 50 kW möglich sind. Dazu wird unter anderem ein Ladekabel benötigt, das rasch große Strommengen transportieren kann, ohne zu überhitzen.

Besitzer von E-Autos können nicht nur im Bereich der Mobilität von neuen Technologien profitieren.

Die Ladestation muss dazu mit einem Gleichstromlader ausgestattet sein. Das heißt: Außer dem Elektroauto selbst müssen die Wallbox, das Ladekabel und die Stecker ebenfalls die sogenannte Smart-Grid-Technologie unterstützen, wenn Sie in Zukunft Strom aus der Autobatterie im Haushalt nutzen wollen.

Sie haben jetzt einen guten Überblick darüber bekommen, was Sie im Rahmen einer energetischen Sanierung alles tun können und welche Maßnahmen für Sie infrage kommen. Im Austausch mit einer Energieberaterin haben Sie sich zudem überlegt oder schon geplant, wie man eine umfassende energetische Sanierung nach Bedarf auf sinnvolle Pakete aufteilt, die Sie nacheinander umsetzen können. Wenn die Finanzierung dafür bereits gesichert ist (siehe „Finanzierung und Förderung", Seite 160), geht es nun an die Umsetzung.

3 Die Umsetzung von Maßnahmen zur energetischen Ertüchtigung Ihres Hauses sollte erst nach eingehender Vorbereitung erfolgen, dann aber konsequent vorangetrieben werden. Planvolles Handeln in der richtigen Reihenfolge spart Zeit und Geld.

→ Reihenfolge und Vertragspartner

Sobald umfassend saniert wird, können erhebliche Kosten entstehen. Alle Arbeiten sollten deshalb unter wirtschaftlichen und zeitlichen Aspekten sinnvoll gebündelt werden.

WAS ERFAHRE ICH?

Bei größeren Maßnahmen werden Sie wahrscheinlich mit einem **PLANER**, zum Beispiel mit einem **INGENIEURBÜRO** oder mit **ARCHITEKTEN**, zusammenarbeiten. Diese Experten übernehmen die Projekt- beziehungsweise Bauleitung, und sie sind für die Koordination und Abstimmung mit den benötigten Unternehmen verantwortlich.

Am Anfang vieler energetischer Sanierungen steht die Suche nach geeigneten Bau- und Handwerksunternehmen, die das notwendige technische Know-how mitbringen und noch Aufträge annehmen, also in absehbarer Zeit Kapazitäten frei haben. Voraussetzung für Förderungen ist es zudem, dass die Arbeiten von einem anerkannten Fachbetrieb ausgeführt werden müssen. In der Regel werden Sie dazu jeweils mehrere Angebote einholen. Wenn man sich dann in Bezug auf die genaue Auftragsbeschreibung und die Kosten einig geworden ist, müssen den Unternehmen **VERBINDLICHE AUFTRÄGE** erteilt werden.

Warum ist die Reihenfolge wichtig?

Grundsätzlich wird man immer bemüht sein, die einzelnen Arbeitsschritte oder Gewerke so zu organisieren, dass die Abläufe sinnvoll aufeinanderfolgen und mit dem geringsten Zeit- und Kostenaufwand erfolgen können. Kurz gefasst kann man sagen, dass eine gute Organisation und Planung dafür sorgen, dass alle Arbeiten möglichst kostengünstig durchgeführt und abgeschlossen werden.

Manche Baumaßnahmen müssen dabei immer gemeinsam oder aufeinanderfolgend erledigt werden. Das trifft zum Beispiel auf die Umstellung einer älteren Gas- oder Ölheizung auf eine Hybridheizung zu, also die Kombination „alter" Heizungstechnik und neuer Systeme mit regenerativen, nicht fossilen Energiequellen. Das Gleiche gilt, wenn man eine Außendämmung aufbringen will. Dann müssen die Wände vorher von außen repariert oder saniert werden. Nach Aufbringen der Dämmung wird eine neue Fassadenoberfläche fällig, die Außenwände müssen also zum Beispiel neu verputzt und gemalert oder verklinkert werden. Manchmal muss man die Witterung besonders beachten. Eine neue Dacheindeckung wird man zum Beispiel möglichst nicht im Winter durchführen. Man kann sonst durch Ineffizienz der Arbeiten ziemlich viel Geld „verbrennen", was sich wohl niemand wünscht.

Und falls Sie planen, sich selbst mit Eigenleistungen einzubringen, müssen Sie zu den vorgegebenen Ausführungszeiten fit sein und die entsprechenden Termine in Ihrem Kalender frei von anderen Verpflichtungen halten.

Welche Reihenfolge ist empfehlenswert?

Wenn Sie zuvor zusammen mit dem Energieberater einen **INDIVIDUELLEN SANIERUNGSFAHRPLAN** (iSFP, siehe Seite 57) erstellt haben, werden Sie sich bei der Umsetzung daran orientieren und die dort beschriebenen Maßnahmenpakete umsetzen. Es kommt selbstverständlich immer auf die Ziele an, die man mit der Sanierung erreichen möchte: Wünschen Sie sich einen förderfähigen Effizienzhausstandard, oder bieten die Rahmenbedingungen nur die Chance auf die gesetzlich notwendige energetische Qualität? Haben Sie eventuell den Plan, ein Nullenergie-Haus oder gar ein Plusenergie-Haus zu realisieren? Ihr jeweiliges Ziel lässt sich nur mit unterschiedlichen Maßnahmenpaketen realisieren.

Was sollten Sie beachten? Folgende Überlegungen sollen Ihnen bei der Beantwortung dieser Frage Starthilfe geben:

Bei älteren Eigenheimen, die vor 1980 gebaut wurden und nach Meinung der Besitzer „doch immer gut funktioniert haben", steht als Erstes eine **WÄRMEDÄMMUNG** an. Denn damit können die größten Einsparungen an Heizenergie erreicht werden. Über den Daumen gepeilt, kann man sagen: Übersteigt der Energieverbrauch des Hauses 150 Kilowattstunden pro Quadratmeter und Jahr, lohnt sich die energetische Sanierung auf jeden Fall. Das zeigten unsere Modellberechnungen für ein Ende der 1970er-Jahre gebautes Beispielhaus. Wir haben verglichen, was günstiger ist: eine alte Gasheizung gegen eine moderne Gas-, Pellet- oder Luftwärmepumpenheizung auszutauschen oder in eine gute Wärmedämmung zu investieren. Es zeigte sich: Das Dämmen war die wirtschaftlichste Maßnahme.

Bei neueren Gebäuden, die seit Mitte der 1990er-Jahre erbaut wurden, war der Standard bei der Dämmung allerdings schon so gut, dass sich eine größere Aktion zur Wärmedämmung finanziell oft kaum mehr rentiert.

Wenn das Haus schön eingepackt ist und die Wärme gut halten kann, gilt der zweite Sanierungsschritt häufig der **WÄRMEERZEUGUNG** mit möglichst hohem Anteil an regenerativen oder/und CO_2-neutralen Energiequellen. Der Einbau einer neuen Heizung kann den persönlichen ökologischen Fußabdruck deutlich verringern. Unser Vergleich zeigt für ein Ende der 1970er-Jahre gebautes Musterhaus beispielhaft wichtige Heizsysteme, die als Alternative zur vorhandenen Öl- oder Gasheizung infrage kommen.

Welche Variante wärmt kostengünstig und umweltschonend? Können Gasbrennwertkessel, Luft-Wasser-Wärmepumpen und Holzpellet-Brennwertkessel in Sachen Klimaschutz punkten? Im Juli 2020 führten wir einen Vergleich der Heizungssysteme durch, in dem sich moderne Gasbrennwertheizungen als relativ günstig erwiesen. Die Umweltbilanz wurde aber nur verbessert, wenn die Heizung durch umfangreiche Solartechnik auf dem Dach unterstützt wurde, um den Gasverbrauch zu senken. Passend dimensionierte **SOLARTHERMIEANLAGEN** können Gasbrennwertkessel sinnvoll ergänzen. In unserem Vergleich der Systeme lagen die Verbrauchs- und Betriebskosten bei der Solarthermieanlage, die neben der Warmwasserbereitung auch das Heizen unterstützt, niedriger als bei allen anderen Systemen im Vergleich.

→ Eine gute Organisation und Planung sorgen dafür, dass alle Arbeiten möglichst kostengünstig durchgeführt und abgeschlossen werden.

Die aus Klimaschutzsicht besseren Systeme **HOLZPELLETKESSEL** und **WÄRMEPUMPE** waren den Ergebnissen dieses Vergleichs zufolge deutlich teurer. Wärmepumpen, gegebenenfalls angetrieben von der eigenen Photovoltaikanlage auf dem Dach, arbeiten am besten in wärmegedämmten Gebäuden, die im Idealfall große Heizflächen wie Fußboden- oder Wandflächenheizungen aufweisen. Dadurch können die Vorlauftemperaturen niedrig gehalten werden. In diesen Temperaturbereichen von bis zu 50 Grad Celsius für das Heizungswasser arbeiten Wärmepumpen am effizientesten.

Die Frage nach der eigenen **STROMERZEUGUNG** lässt sich dagegen fast unabhängig von anderen Fragen beantworten. Der Strom für den Haushalt und eine Wärmepumpe kann ja selbst produziert – zum Beispiel durch die eigene Photovoltaikanlage – oder als Ökostrom aus dem öffentlichen Stromnetz bezogen werden.

Schließlich kann man noch die Effizienz der **STROMNUTZUNG** im Haus verbessern. Soll eine Wallbox zum Aufladen eines E-Autos installiert werden? Will man künftig Technologien eines „Smart Homes" nutzen, um den Stromverbrauch im Haushalt durch eine intelligente Steuerung zu reduzieren? Wie muss dazu die Hauselektrik angepasst werden, und wann sollen die Maßnahmen während der energetischen Sanierung realisiert werden?

Letztlich kommt es also immer auf das angepeilte Ziel an, mit welchen Maßnahmen man es erreichen kann. Anschließend muss man sich für ein Paket mit den benötigten Komponenten entscheiden.

Die rechtssichere Beauftragung von Handwerkern

Wenn Sie mit der Ausschreibung und Koordination der Sanierungsarbeiten einen Architekten oder eine Fachplanerin betraut haben, werden diese die Beauftragung der Fachunternehmen für den Bauherrn vorbereiten, damit er eine korrekte Auftragserteilung vornehmen kann.

Eine Vorlage für Verträge zwischen einem privaten Bauherrn und Handwerkern, ergänzt um Erläuterungen zur inhaltlichen Bedeutung der Absätze, hat der Eigentümerverband Haus & Grund gemeinsam mit dem Zentralverband Deutsches Baugewerbe (ZDB) erstellt. Diese wird kostenfrei zum Download angeboten unter hausundgrund.de sowie zdb.de. Die Vertragsvorlage wird nach Angaben der Anbieter regelmäßig aktualisiert, da sich Vorschriften, juristische Formulierungen und Kosten immer wieder ändern.

Über die rechtlichen Grundlagen und Hintergründe informiert Sie auch das Kapitel „Die Beauftragung von Handwerkern", Seite 224.

→ **Dämmung** Eine gute Wärmedämmung reduziert den Energieverlust durch die Außenflächen der Gebäudehülle ganz erheblich. Sie trägt so dazu bei, den CO_2-Ausstoß in die Umwelt zu minimieren.

WAS ERFAHRE ICH?

Wenn man sich näher mit dem Thema beschäftigt und konkrete Maßnahmen für das eigene Haus festlegen will, stößt man auf unterschiedliche Dämmtechniken sowie eine schier unüberschaubare Anzahl von Dämmstoffen.

Beim Bestandsgebäude sind die detaillierte Analyse und die Erhebung des bestehenden Baukörpers, der Materialien und der Haustechnik Voraussetzung für die Auswahl passender Dämmmaterialien und -maßnahmen. Der jeweilige Einsatzbereich wird in erster Linie bestimmen, welche Materialien und Produktformen überhaupt infrage kommen. Dazu kommen Überlegungen etwa zur ökologischen Bilanz der Dämmstoffe und zu deren Verarbeitung, zur Formstabilität, möglichen Dicke der Dämmschicht, zu Verarbeitungsaufwand und natürlich zu den sich daraus ergebenden Gesamtkosten.

Die energetische Amortisationszeit für eine Auswahl häufig eingesetzter Dämmmaterialien finden Sie in der Tabelle „15 Dämmstoffe im Überblick" auf den folgenden Seiten.

Häufig kommt bei diesem Thema die Frage auf: Sind natürliche Dämmmaterialien grundsätzlich besser als synthetische? Wir haben die wichtigsten Antworten für die verschiedenen Anwendungsbereiche von Dach bis Keller und von außen bis innen zusammengestellt, damit Sie gute Entscheidungen treffen können. Bei diesem Thema darf nicht vergessen werden: Zur Gebäudehülle gehören auch alle Durchlassöffnungen, also Türen und Fenster, auf die wir noch separat eingehen (siehe Seiten 116 ff.).

Die Ökobilanz gängiger Dämmstofftypen

Die Ergebnisse der 2019 erschienenen Studie „Ganzheitliche Bewertung von verschiedenen Dämmstoffalternativen" des Instituts für Energie- und Umweltforschung Heidelberg (ifeu) und des Vereins Natureplus – der das Natureplus-Umweltzeichen vergibt – können leicht zu Missverständnissen führen. Denn die gängigsten Dämmstoffe wurden in dieser Studie nur anhand ihrer Ökobilanz verglichen. Die thermische Qualität des Dämmstoffs wurde dabei bewusst ausgeblendet, sie ging nicht in die Bewertung ein. Immerhin wurde bei dem Ver-

15 DÄMMSTOFFE IM ÜBERBLICK: VOM EINSATZBEREICH BIS ZU DEN AUSWIRKUNGEN FÜR DIE UMWELT

		Typische Einsatzbereiche	Materialkosten pro Quadratmeter ca. (Euro)[1)]	Dämmwirkung
Pflanzlich	**Hanffaserplatte**	Dach, Außenwand, Innenwand, Decke	55	Mittel
	Hanf-Stopfdämmstoff	Hohlräume etwa im Dach, in der obersten Geschossdecke, im Fußboden, in der Wand	34	Mittel
	Holzfaser-Einblasdämmung	Hohlräume etwa im Dach, in der obersten Geschossdecke, im Fußboden, in der Wand	10	Mittel
	Holzweichfaserplatte	Dach, Außenwand, Innenwand, Decke, Boden	43	Mittel
	Stroh-Einblasdämmung	Hohlräume etwa im Dach, in der obersten Geschossdecke, im Fußboden, in der Wand	20	Gering
	Zellulose	Hohlräume etwa im Dach, in der obersten Geschossdecke, im Fußboden, in der Wand	7	Hoch
Mineralisch	**Glaswollmatte**	Dach, Wand bei Holzrahmenbau, Leichtbauwand	9	Hoch
	Mineralschaumplatte	Außenwand, Innenwand, oberste Geschossdecke	72	Hoch
	Perlite-Schüttdämmung	Hohlräume etwa in der Decke, im Fußboden, in der Wand	38	Mittel
	Schaumglasplatte	Dach, Bodenplatte, Kelleraußenwand, oberste Geschossdecke	115	Hoch
	Steinwollmatte	Dach, Wand beim Holzrahmenbau, oberste Geschossdecke	12	Hoch
Synthetisch	**EPS-Platte (Polystyrol)**	Außenwand, Flachdach, oberste Geschossdecke, Kellerdecke	12	Hoch
	Phenolharzplatte	Dach, Außenwand, Kellerdecke, Rollladenkasten	42	Sehr hoch
	Polyurethanhartschaumplatte (PUR)	Dach, Außenwand, oberste Geschossdecke, Kellerdecke, Rollladenkasten	24	Sehr hoch
	XPS-Platte (extrudiertes Polystyrol)	Dach, Bodenplatte, Kelleraußenwand, oberste Geschossdecke	27	Hoch

1) Bezogen auf den laut Gebäudeenergiegesetz maximal zulässigen U-Wert von 0,24 W/(m^2·K) für Außenwände. Der U-Wert gibt an, wie viel Wärme in Watt (W) pro Quadratmeter gedämmter Wand (m^2) bei einer Temperaturdifferenz (K) von 1 Grad Celsius entweicht. Je kleiner der Wert, desto besser die Dämmwirkung. Die KfW ist strenger. Sie fördert nur Maßnahmen mit U-Werten von 0,2 W/(m^2·K) und niedriger.

Schall-schutz	Dicke ca. (cm)[1]	Umweltaspekte	Energetische Amortisations-zeit ca. (Monate)[2]	Besondere Eigenschaften
Hoch	19	Vorteil: nachwachsender Rohstoff, geringer Energieverbrauch bei der Herstellung	6	Besonders wasserdampfdurchlässig
Mittel	19	Vorteil: nachwachsender Rohstoff, sehr geringer Energieverbrauch bei der Herstellung	1	Besonders wasserdampfdurchlässig
Hoch	17	Vorteil: nachwachsender Rohstoff, sehr geringer Energieverbrauch bei der Herstellung	1	Besonders wasserdampfdurchlässig
Hoch	17	Vorteil: nachwachsender Rohstoff; Nachteil: recht energieintensive Herstellung	11	Besonders wasserdampfdurchlässig, leicht zu verarbeiten
Hoch	24	Vorteil: nachwachsender Rohstoff, sehr geringer Energieverbrauch bei der Herstellung, kompostier- und wiederverwendbar	0,4	Besonders wasserdampfdurchlässig, Einblasen nur durch Fachbetriebe
Hoch	16	Vorteil: aus Altpapier, geringer Energieverbrauch bei der Herstellung	0,4	Besonders wasserdampfdurchlässig, Einblasen nur durch Fachbetriebe
Mittel	13	Vorteil: aus Altglas, geringer Energieaufwand bei der Herstellung	3	Nicht brennbar, wasserfest
Hoch	18	Vorteil: recycelbar	8	Nicht brennbar, wasserfest
Produktabhängig	19	Vorteil: wiederverwendbar; Nachteil: teils chemische Zusätze	2	Nicht brennbar, wasserfest
Mittel	15	Vorteil: teils aus Altglas	7	Nicht brennbar, wasserfest
Mittel	15	Vorteil: geringer Energieaufwand bei der Herstellung	2	Nicht brennbar, wasserfest
Mittel	13	Vorteil: kritische Flammschutzmittel wurden ersetzt; Nachteil: erdölbasiert, giftige Gase im Brandfall möglich	9	Wasserabweisend
Gering	9	Vorteil: sehr effizient; Nachteil: aus fossilen Rohstoffen, giftige Gase im Brandfall möglich	7	Wetterbeständig, platzsparend
Gering	10	Vorteil: sehr effizient; Nachteil: erdölbasiert, enthält teilweise umweltschädliche Stoffe	7	Wasserabweisend, schimmelresistent
Gering	15	Vorteil: recycelbar, kritische Flammschutzmittel wurden ersetzt; Nachteil: erdölbasiert, energieintensive Herstellung	13	Wasserabweisend, schimmelresistent

2) Gibt an, wie viele Monate es dauert, bis die zur Herstellung aufgewendete Primärenergie durch die Energieeinsparung beim Heizen ausgeglichen ist.

Quelle: Stiftung Warentest, Institut für preisoptimierte energetische Gebäudemodernisierung (IpeG)

VIEL HEISSE WERBUNGSLUFT

Sie werden bei Ihren Recherchen oder in Gesprächen hin und wieder auf fragwürdige Hersteller stoßen, die für eher exotische Produkte mit Energiespareffekten werben. In der Praxis erweisen sich diese schnell als nahezu wirkungslos.

Mehrlagige **Noppenfolien** etwa, die durch dünne Aluminiumfolien voneinander getrennt sind, weisen laut Zulassung einen niedrigen Wärmedurchgangswiderstand auf und sind daher zur Dämmung in Wohngebäuden nicht geeignet. Etwas anderes sind dicke Folien mit Noppen, die manchmal zur Abdichtung von Kellerwänden von außen an den Fundamentmauern angebracht werden. Diese sind ein rein mechanischer Feuchtigkeitsschutz für die Mauern und werden nicht zur thermischen Isolierung eingesetzt.

Angeboten werden überdies sogenannte **Dämmtapeten**, die anstelle normaler Papiertapeten auf die Wand gebracht werden. Sie bewirken als Wärmedämmung aber kaum etwas. Immerhin können sie dafür sorgen, dass sich die Oberflächen innen bei einer sonst als kalt empfundenen Außenwand etwas angenehmer anfühlen. Interessant ist der eher psychologische Effekt, dass durch das Vorhandensein einer „Dämmtapete" selbst kühlere Raumlufttemperaturen noch als angenehmer empfunden werden. Das hat aber primär mit der subjektiven Wahrnehmung zu tun. Der messbare Einspareffekt beim Heizen ist gering und lohnt den Aufpreis eher nicht.

Verführerisch ist auch das Versprechen, eine Wärmedämmung sei einfach mit dem Pinsel aufzutragen. Die isolierende Wirkung der sogenannten **Energiesparfarben** wird von den meisten Herstellerinnen und Händlern zwar oft blumig und wortreich beworben, allerdings mit wenig belastbaren Argumenten. Die angepriesenen Produkte für drinnen und draußen tragen nicht dazu bei, die Energiekosten beim Heizen messbar zu senken.

Auf die hier genannten Produkte können Sie, wenn es um Energieeinsparung geht, getrost verzichten. Das Geld investieren Sie besser in echte, das heißt anerkannt wirksame thermische Dämmstoffe.

gleich berücksichtigt, dass sich die spezifischen Dämmwirkungen der Materialien unterscheiden. Basis für die Bewertung war deshalb immer die Masse beziehungsweise Menge, die benötigt wurde, um den gesetzlich geforderten Wärmeschutz in unterschiedlichen Bauteilen zu erfüllen.

Bei der reinen Ökobilanz von Baustoffen geht es „von der Wiege bis zur Bahre" nur um die Auswirkungen der betrachteten Produkte auf die Umwelt – von den ersten Schritten der Herstellung über den Transport, die Verarbeitung bis zur Phase der Nutzung und des Abbaus bzw. der Entsorgung oder Wiederverwendung.

In die Studie einbezogen waren einige der gängigsten Dämmstofftypen. Als mineralische Produkte wurden Stein- und Glaswolle, Schaumglas und Mineralschaum (Mineraldämmplatten) ausgewählt. Zu den chemisch hergestellten organisch-synthetischen Dämmstoffen zählten in der Untersuchung Hartschaumplatten aus EPS, XPS und PU.

Aus der Gruppe der natürlichen, pflanzlichen Dämmstoffe waren Einblasdämmungen aus Zellulose und Holzfaser sowie Platten und Matten aus Hanf, Jute und Holzfaser dabei.

Bewertet wurden die Rohstoffgewinnung, die Energieverbräuche und die Freisetzung von umweltgefährdenden Schadstoffen während des gesamten Lebenszyklus der Dämmstoffe. Die ökologische Bilanz fiel dabei umso besser aus, je geringer der Ressourcenverbrauch und die Belastung der Umwelt waren.

Für die Leser erst einmal erstaunlich: Die so erstellten Ökobilanzen in dieser Studie gingen von der Annahme aus, dass für alle Dämmstoffe nach ihrer ersten Nutzung eine Wiederaufbereitung oder Weiterverwendung erfolgt. Das mag vielleicht in der Zukunft einmal möglich sein, entspricht aber nicht der heutigen Situation, weil die Recyclingfähigkeit oft schlicht und einfach (noch) nicht existiert.

Beim Abbruch eines Hauses oder bei Sanierungen anfallende alte Dämmstoffe werden immer noch zum größten Teil durch das beschönigend so genannte „thermische Recycling" entsorgt, also durch Verfeuern in Müllverbrennungsanlagen und in den Öfen der Zementproduktion.

Welches **ERGEBNIS** kann man nun trotz der Vorbehalte aus dieser Studie ziehen?

Nachwachsende biologische Rohstoffe wie die Holzfaser-Einblasdämmung sowie Hanf- und Jutematten konnten bei der Ökobilanz glänzen und schnitten am besten ab. Ihre Herstellung ist sehr umweltfreundlich, und sie lassen sich unproblematisch entsorgen. Bei den Hanf- und Jutematten gab es die Spitzenbewertung, aber nur, wenn diese als Nebenprodukt aus der Herstellung von Bioprodukten oder aus dem Recycling stammten, zum Beispiel aus gebrauchten Kakaosäcken.

An zweiter Stelle folgten Zellulose-Einblasdämmstoffe und Holzfasermatten.

Das Problem bei allen nachwachsenden biologischen Rohstoffen: Sie sind nicht für Anwendungsbereiche einsetzbar, wo Kontakt mit Wasser besteht. Da sind mineralische und chemisch-synthetische Dämmstoffe in der Praxis haltbarer und spielen ihre Vorteile aus.

Unerwartet kommen laut Studie auch moderne EPS-Platten aus Styropor auf den zweiten Platz, solange sie nicht das giftige und schwer abbaubare Flammschutzmittel HBCD (Hexabromcyclododecan) enthalten. Und für Bauteile wie Wärmedämmverbundsysteme (WDVS) an Außenwänden, bei denen nur plattenförmige Dämmstoffe verwendet werden, schnitt EPS in der Ökobilanz sogar am besten ab!

An dritter Stelle der Bewertung landeten trocken produzierte Holzfaserdämmplatten sowie die meisten nicht biologischen Dämmstoffe in Platten- und Mattenform aus den Rohstoffen Polyurethan (PU), extrudiertes Polystyrol (XPS), Steinwolle, Glaswolle und Mineralschaum.

Nass produzierte Holzfaserdämmplatten landeten neben den anorganischen Schaumglasplatten auf den hintersten Plätzen. Wie kann das bei einem Naturprodukt sein? Hier schlagen sich die großen Energiemengen für die Produktion negativ in der ökologischen Bewertung nieder.

Welcher Dämmstoff für welchen Zweck?

Die Frage nach dem richtigen Dämmstoff beantwortet sich in erster Linie aus dem **ANWENDUNGSFALL**. Bestimmend sind dabei die Faktoren Dämmwirkung und mechanische Belastbarkeit. Im häufig feuchten Keller sind etwa für Wände oder Boden gut dämmende und unempfindliche Materialien wie XPS-Platten oder Schaumglasplatten erste Wahl.

Für die Innendämmung im Dach und die oberste Geschossdecke eignet sich auch natürliche Zellulose, solange sie gut gegen Nässe geschützt ist. Das lose Schüttmaterial aus geschreddertem Altpapier hat eine hohe Dämmwirkung, ist preisgünstig und dabei umweltfreundlich. Wollen Sie die oberste Geschossdecke betreten und zum Beispiel als Stauraum für alten Hausrat oder zum Wäschetrocknen benutzen, müssen Sie die lose Schüttung allerdings mit stabilen Platten abdecken.

Zweites Auswahlkriterium ist also die Art der **VERWENDUNG**. Dämmstoffe gibt es in Form von starren Platten, flexiblen Matten und losen Einblasdämmstoffen, die mit Gebläsemaschinen effizient in Hohlräume unterschiedlichster Größe eingefüllt werden.

DÄMMPLATTEN werden auf größeren ebenen Flächen aufgeklebt oder/und mit Dübeln

Für Außenwände sind bestimmte Dämmstoffe zu wählen. Nicht alle Materialien eignen sich in gleichem Maße.

befestigt. Sie lassen sich einfach und schnell verarbeiten, sind auf der Fläche druckbelastbar und können gut verputzt werden. Durch diese Vorteile wurden sie zu Klassikern beim Wärmedämmverbundsystem auf der Außenfassade. Plattenware in unterschiedlichen Stärken wird auch bei der Aufdachdämmung, beim Isolieren von Rollladenkästen, bei Ausziehtreppen zum Dachboden, unter Kellerdecken und bei Fußböden unter dem Estrich verlegt.

Da sich die Platten beim Einbringen nicht zusammendrücken lassen, sind sie bei der Zwischensparrendämmung im Dachraum oder zwischen Holzständern nicht die erste Wahl. Das vollflächige, lückenlose Ausfüllen ist durch das recht starre Material nicht gewährleistet. Man müsste die Platten sehr gut zuschneiden und einpassen. Eine zusätzliche Abdichtung muss aufgebracht werden, sonst bleiben in der Dämmschicht Fugen bestehen, die die Wärme durchlassen (siehe „Spezialdämmstoffe für enge Räume", Seite 107).

DÄMMMATTEN als Rollenware oder große Kissen hat wohl jeder schon einmal gesehen. Sie lassen sich beim Einbringen zwischen zwei Begrenzungen leicht zusammendrücken (stauchen) und schmiegen sich an unebene Untergründe an. Sie dehnen sich nach dem Loslassen von selbst wieder etwas aus und füllen den Hohlraum lückenlos aus. Das macht sie zu Klassikern für Sparrenlagen im Dachstuhl und für den Holzrahmenbau. Ähnlich im Trockenbau, wo die Dämmmatten im Ständerwerk zwischen die Gipsplatten eingelegt werden.

Wollen Sie im Dachraum die obersten Geschossdecken dämmen, ist das mit Dämmmatten ebenfalls schnell und komfortabel erledigt. Allerdings darf man dann die ungeschützten Bereiche nicht betreten und schon gar nichts darauf abstellen oder länger lagern. Druckbelastbar werden die Flächen nur wieder durch eine stabilisierende Hilfskonstruktion, zum Beispiel aus Holzplanken.

Im Außenbereich kommen Matten eher selten zum Einsatz. Sie müssen sorgfältig befestigt werden und zum Abschluss nach außen zumindest mit stabilen Putzträgerplatten abgedeckt werden. Die reinen Arbeits- beziehungsweise Montagekosten betragen beim Fachbetrieb pro Quadratmeter etwa 50 bis 70 Euro.

Wenn es darum geht, vorhandene Hohlräume mit einer Isolierung zu versehen, kommen die **LOSEN DÄMMSTOFFE** zum Einsatz, die je nach Material eingeschüttet oder mit maschi-

ES KANN KRÄFTIG STAUBEN!

Auf einen Punkt müssen wir hier hinweisen, da Dämmmatten auch gerne in Eigenleistung eingebracht werden: Lose Fasern mineralischer Produkte wie Steinwolle und Glaswolle, die sich beim Zuschneiden und beim Eindrücken reichlich lösen, können auf der Haut oft recht kratzig wirken und auf verschwitzter Haut kräftig jucken. Arbeiten Sie also am besten in Einmal-Schutzanzügen aus Papier und mit Schutzhandschuhen. Bei Überkopfarbeiten, zum Beispiel im Dachstuhl, und starker Staubentwicklung verhindern Schutzbrillen mit Seitenschutz, dass kleine Fasern in die Augen fallen und dort starke Irritationen auslösen.

Flexible Dämmmatten für den Dachstuhl dehnen sich aus und bieten somit eine lückenlose Isolierung.

neller Hilfe durch ein Gebläse eingeblasen werden. Bei Bestandsgebäuden kann das bedeuten, dass man die Hohlräume – zum Beispiel im Bodenaufbau – erst öffnen muss, um die Dämmmaterialien in Zwischendecken einbringen zu können. Hier stößt das Selbermachen an Grenzen, denn dafür braucht man spezielle Maschinen und das fachliche Wissen, wie man das beste Ergebnis erreicht. Wenn man als Laie schwer zugängliche Hohlräume mit einem ungeeigneten Dämmstoff auffüllt oder das Auffüllen nicht gut gelingt und größere Hohlräume verbleiben, muss man die Folgen selbst tragen, weil es keine Gewährleistung durch einen Handwerksbetrieb gibt.

Im Außenbereich, im Fall mehrschaliger Wände mit Luftschicht, werden lose Dämmstoffe als **KERNDÄMMUNGEN** (siehe Seite 105) verwendet. Sie werden dann im Hohlraum zwischen dem Mauerwerk der Außenwand und einer mit Abstand befestigten Putzträgerplatte eingefüllt. Hier muss aber besonders darauf geachtet werden, dass empfindliche Dämmmaterialien sorgfältig und dauerhaft gegen Feuchtigkeit geschützt sind.

Mit losen Dämmstoffen hantieren am besten nur Profis.

Wie sieht das mit den Kosten aus?

Wenn man einen definierten Dämmwert erreichen will und die räumlichen Verhältnisse keine Einschränkungen vorgeben, unterscheiden sich die Kosten pro Quadratmeter bei den verschiedenen Dämmmaterialien gar nicht so sehr. Vergleichsweise günstige Dämmstoffe wie Zellulose erfordern mehr Material, also voluminöse Dämmstärken. Dünnere Dämmschichten können nur mit teureren Materialien mit hohen Dämmwerten erreicht werden, dafür braucht man aber auch entsprechend weniger Volumen.

Wenn Sie sich für die verschiedenen Arbeiten jeweils für einen Dämmstoff entscheiden wollen, müssen Sie immer einen eigenen Kompromiss zwischen Ökologie, Einsatzmöglichkeiten, Verarbeitung und Kosten finden. Folgende Überlegungen sollten Sie anstellen:

→ **UMWELTVERTRÄGLICHKEIT**: Kommen für Sie auch die ökologisch bedenklichen Dämmmaterialien, vor allem die synthetischen Dämmstoffe aus Ölprodukten wie Styropor und Polyurethan, infrage? Können es mineralische Dämmstoffe sein, oder bestehen Sie konsequent auf nachwachsenden Rohstoffen wie Holzfasern, Altpapier, Hanf und Stroh?

→ **EINSATZMÖGLICHKEITEN** und **VERARBEITUNG**: Wenn der Platz keine Rolle spielt, können Sie zu den preiswerteren Materialien wie Zellulose oder Glaswolle greifen. Wird es hingegen eng wie beispielsweise in einem alten Rollladenkasten, muss man zu den hochdämmenden Materialien wie Polyurethan oder Phenolharzen greifen. Dabei kommt man aber mit kleinen Mengen Dämmstoff aus. Für die Dämmung im bisher kalten Dachstuhl nimmt man gewöhnlich die flexiblen und einfach zu verarbeitenden Matten für die Sparrenzwischenräume. Wichtig ist auch die Frage der Belastung durch Feuchtigkeit bzw. Nässe. Für Kelleraußenwände nimmt man meistens unempfindliche Perimeter-Dämmplatten aus XPS oder Schaumglas. Im Innenbereich haben sich an feuchtebelasteten Stellen – wenn diese nicht trockengelegt werden können – Kalziumsilikatplatten bewährt. Diese sind nicht billig, haben aber unbestreitbare Vorteile, da sie porös sind, einige Feuchtigkeit aufsaugen bzw. binden können und schnell wieder abtrocknen. Mit Wasser reagieren die Kalziumsilikatplatten außerdem

Der gesäuberte Boden wird in diesem Dachraum mit Dämmstoffmatten gedämmt. Die Holzkonstruktion trägt später die Laufwege.

stark alkalisch. Sie bilden dadurch ein chemisches Milieu, in dem Schimmelpilze nicht gedeihen können.

→ Wenn der **PREIS** eine entscheidende Rolle spielt, wird man bei einem Wärmedämmverbundsystem (WDVS) für die Außenwände zum billigen Polystyrol (Styropor) greifen. Das ist effektiv in der Dämmwirkung und unempfindlich gegen Einwirkungen aus der Umwelt. Damit leistet man durch den eingesparten Verbrauch an Heizenergie in den nächsten Jahren immer noch einen positiven Beitrag zur Reduzierung der klimaschädlichen Gase. Nach einigen spektakulären Bränden in der Vergangenheit kamen bei vielen Menschen Zweifel auf, ob das WDVS nicht eine zusätzliche Brandgefahr ist. In Deutschland gibt es dafür – gerade im Bereich der Einfamilienhäuser oder Eigenheime – keine Zahlen, die das belegen könnten. Das wohl auch, weil in Deutschland für Wärmedämmverbundsysteme an Außenwänden nur schwer entflammbare Dämmplatten verwendet werden, zum Beispiel mit Flammschutzmitteln behandeltes Polystyrol und Holzweichfaserplatten. Wer auf Nummer sicher gehen will, greift zu unbrennbaren mineralischen Dämmstoffen wie Steinwolle.

Und wenn Sie im Dach die oberste Geschossdecke isolieren wollen, diese aber begehbar oder als Lagerfläche nutzbar bleiben soll, ist es in der Regel billiger, lose Dämmstoffe einzubringen und eine zusätzliche Tragkonstruktion zu erstellen als den ganzen Dachboden mit druckstabilen, belastbaren Plattendämmstoffen zu belegen.

Eine Entscheidungshilfe bietet Ihnen die Tabelle „Welcher Dämmstoff für welchen Einsatzbereich?“ auf Seite 102 f.

Unser **TIPP**: Überprüfen Sie bei Lieferung oder nach dem Einkauf von Dämmmaterialien grundsätzlich, ob sie der Vorgabe aus der Planung entsprechen und ob die Materialdicken übereinstimmen. Eine falsche oder zu dünne Dämmung lässt sich nachträglich nur schwer und mit erheblichem Kostenaufwand korrigieren. Im Zweifel gilt hier: Lieber etwas mehr als zu wenig.

DÄMMEN IN EIGENLEISTUNG

Wer sich handwerkliche Arbeiten zutraut und gerne mit anpackt, kann einige Arbeiten bei der Gebäudedämmung selbst in Angriff nehmen. Wenn das im Rahmen einer umfassenden energetischen Sanierung erfolgt, müssen Sie aber immer in Abstimmung mit Ihrem Fachplaner oder Ihrer Architektin vorgehen, damit Ihre Dämmmaßnahmen qualitativ dem anfangs erstellten Konzept entsprechen. Eine der einfachsten Maßnahmen besteht darin, im kalten Dachboden die oberste Geschossdecke und die Bodentreppe zu dämmen. Im bewohnten Dachstuhl, oder bei der Vorbereitung zu dessen Ausbau, kann man die Dämmung der Dachschrägen von innen vornehmen. Im nicht bewohnten Keller ist die Dämmung der Kellerdecke relativ leicht zu bewerkstelligen. Hierbei kann man sich auch gleich um die Isolierung von freiliegenden Warmwasserrohren kümmern. Wärmebrücken kann man selbst reduzieren, indem man ungedämmte Rollladenkästen mit hocheffizienten Dämmplatten auskleidet.

Außenwände

Im Folgenden beschäftigen wir uns mit den drei Methoden, die für die Sanierung und Wärmedämmung der Außenwände grundsätzlich in Betracht kommen: von außen, als Kerndämmung bei Hohlwänden mit innerer Luftschicht oder von innen. Gut zu wissen: Der Staat fördert alle drei Verfahren, sofern der erreichte Dämmstandard die förderfähigen Grenzwerte einhält. Die notwendigen Unterlagen für die Anträge hält in der Regel die Energieberaterin bereit (siehe „Die Energieberatung", Seite 50).

Besondere Anforderungen stellen sich auch immer an Dachterrassen oder Balkone, deren Befestigungsträger aus Metall versteckte Wärmebrücken sein können: Sie lassen die Wärme des Innenraums nach außen „strahlen".

DAS WÄRMEDÄMMVERBUNDSYSTEM (WDVS)

Trotz der ökologisch eher kritikwürdigen Eigenschaften von Polystyrol wird es heute noch oft verwendet, um die Außenwände von Gebäuden mit einem Wärmedämmverbundsystem (WDVS) einzupacken. Ist die alte Fassadenoberfläche in Ordnung und sauber, werden die großen, aber leichten Dämmplatten auf den Putz der Außenwand geklebt oder gedübelt. Achten Sie bei diesem Verfahren darauf, dass insbesondere auch die Fensterlaibungen bis an die Außenseite der Fensterrahmen einbezogen werden, damit dort keine Wärmebrücken bestehen bleiben. Die Fenster-Blendrahmen müssen vollständig durch die Dämmung abgedeckt sein.

Eigenheimbesitzer müssen beim WDVS inklusive Verputzen und Gerüststellung mit Kosten von 120 bis 200 Euro pro Quadratmeter rechnen. Die Unterschiede hängen vom Zustand der bestehenden Außenwände und vom Materialeinsatz für das WDVS ab. Die umweltschonenderen Dämmplatten aus Holzfasern zum Beispiel sind bei den reinen Materialkosten mit 150 bis 220 Euro pro Quadratmeter deutlich teurer. Sonstige Kosten wie der Gerüstbau sowie die Arbeitskosten sind in der Regel dieselben.

EINE NEUE VORHANGFASSADE

Eine Vorhangfassade mit neuer Dämmung wird zusätzlich auf die bereits bestehende Außenwand aufgebracht. Je nach Art des Dämmstoffs wird die dafür notwendige Unterkonstruktion an der Außenwand montiert. Darauf werden zum Beispiel Dämmstoffmatten oder -platten befestigt. Haben Sie sich für eine Einblasdämmung entschieden, werden Kammern aus Holzweichfaserplatten als Unterkonstruktion aufgebaut, in die das flockige Dämmmaterial anschließend eingebracht wird. Wichtig: Hier muss besondere Sorgfalt auf die dichte „Verpackung" des losen Materials gelegt werden, damit später keine Feuchtigkeit eindringen kann.

Zum Schluss erfolgt die Montage der neuen Fassade. Dabei handelt es sich in der Regel

DACHÜBERSTAND PRÜFEN

Bei jeder Art von neuer Außendämmung stellt sich die Frage, ob der vorhandene Dachüberstand ausreicht, um die dann dickere Wand abzudecken und zu schützen. Gegebenenfalls muss die Gesimskastenkonstruktion verbreitert werden, in der Regel durch eine Verlängerung der Sparrenlage. Das bedeutet, dass das Dach abgedeckt und neu eingedeckt werden muss. Diese zusätzlichen Kosten müssen Sie im Blick behalten und im Vorfeld abklären.

Exakte Arbeit ist besonders bei Fenster- und Türöffnungen wichtig.

WELCHER DÄMMSTOFF FÜR WELCHEN EINSATZBEREICH?

			EINSATZBEREICHE						
		Besonderheit	Dach Untersparrendämmung	Dach Zwischensparrendämmung	Dach Aufsparrendämmung	Flachdach Bungalow Aufdachdämmung	Flachdach Bungalow eingeblasen	Flachdach Hochhaus	Dachboden oberste Geschossdecke begehbar
PLATTENDÄMMSTOFFE	**Holzweichfaserplatte**	WDVS	●		●	●			●
	Mineralschaumdämmplatte	WDVS							●
	Calciumsilikat	Anti-Schimmel-Platte							
	EPS-Platte	WDVS				●		●	●
	Phenolharz	WDVS	●		●	●			●
	PU alukaschiert	WDVS	●		●	●		●	●
	Schaumglas	WDVS/Perimeterdämmung				●		●	●
	Steinwollplatte	WDVS	●		●	●		●	●
	Vakuumdämmplatte	WDVS							
	XPS	Perimeterdämmung	●		●	●		●	●
MATTEN	**Glaswollmatte**		●	●					●
	Hanffasermatte		●	●					●
	Steinwollmatte		●	●					●
EINBLAS-/SCHÜTTDÄMMSTOFFE	**Perlite**	zweischaliges Mauerwerk							
	Glaswolle-Einblasdämmung	zweischaliges Mauerwerk		●			●	●	●
	EPS-Granulat	zweischaliges Mauerwerk							
	PU-Gießschaum	Fassadenstabilisierung							
	PU-Sprühschaum	Kellerabgang, sehr unebene Oberflächen				●			
	Steinwolle-Einblasdämmung	zweischaliges Mauerwerk		●			●	●	●
	Stroh-Einblasdämmung	Holzrahmenbau/Dach		●					●
	Zellulose	Holzrahmenbau/Dach		●			●		●

EINSATZBEREICHE													
Oberste Geschossdecke Holzbalkendecke hohl	Oberste Geschossdecke nicht begehbar	Wand außen	Wand Hohlschicht	Wand Holzständerbau/Holzrahmenbau	Wand innen	Perimeterdämmung, unter Bodenplatte	Gebäudetrennfugen	Fußboden EG hohl	Kellerdecke von unten	Schimmelprobleme	Rolladenkästen	Dämmwert	Kosten für U-Wert 0,24 W/m²·K, pro m²
	●	●			●				●			0,040	41,70 €
	●	●			●				●			0,042	61,30 €
					●					●		0,062	293,50 €
		●							●			0,032	16,00 €
	●	●							●		●	0,021	34,60 €
	●	●							●		●	0,023	21,10 €
	●	●			●	●						0,036	108,50 €
	●	●							●			0,035	38,20 €
		●			●							0,007	253,20 €
	●	●				●			●			0,035	31,60 €
	●			●								0,032	12,10 €
	●			●								0,041	19,80 €
	●			●								0,035	19,00 €
			●									0,045	35,60 €
●	●		●	●			●	●				0,035	10,90 €
●			●					●				0,033	15,10 €
			●									0,027	76,50 €
									●			0,030	52,50 €
●	●		●	●			●	●				0,035	15,30 €
●	●			●	●			●				0,057	19,00 €
●	●			●	●			●				0,039	6,80 €

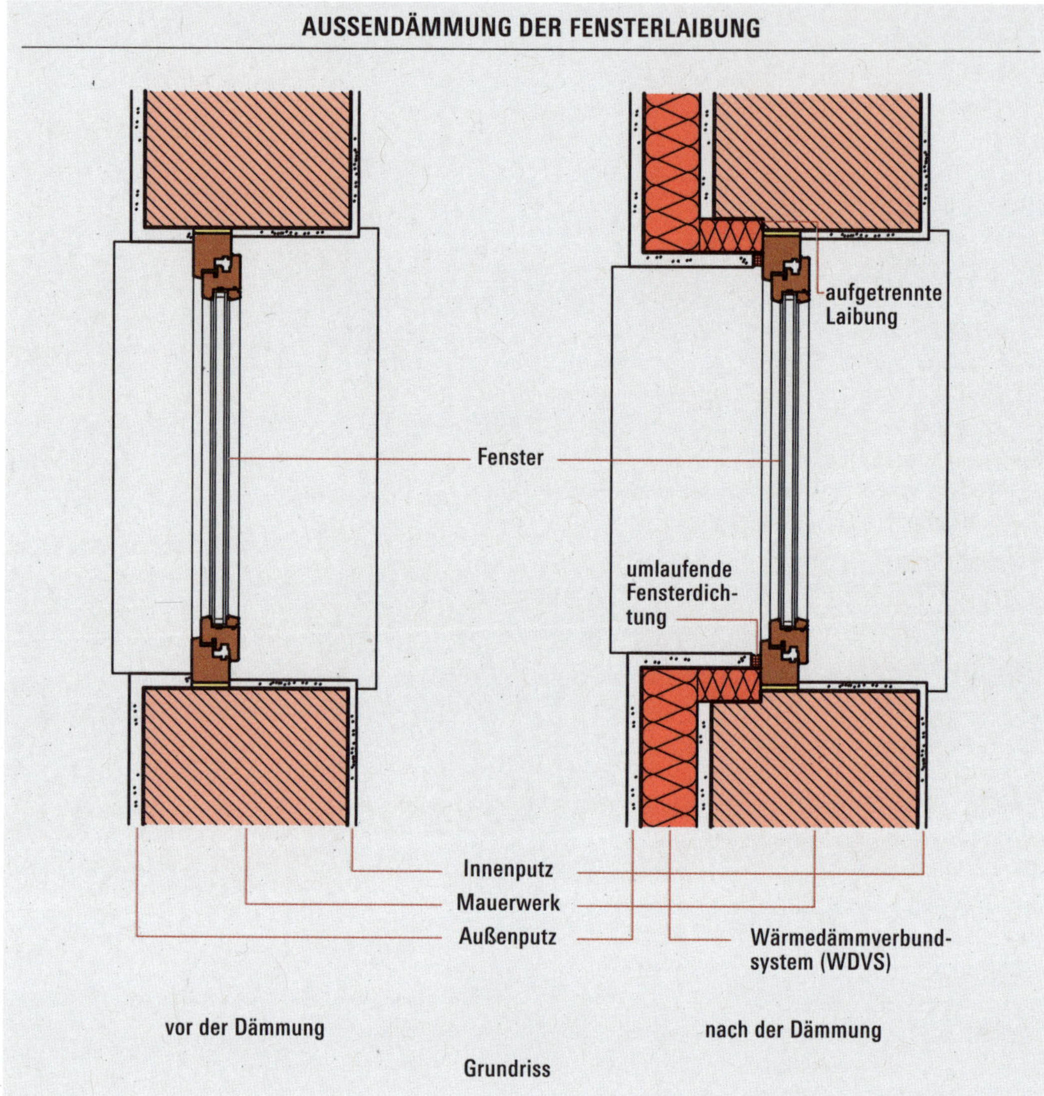

Das Wärmedämmverbundsystem kann eine entscheidende Verbesserung bewirken. Um Wärmebrücken und Schwachstellen zu vermeiden, müssen die Fensterlaibungen mit gedämmt werden.

um verschiedene Formen der Holzverschalung oder eine „Haut" aus wetterfesten Platten, die die Dämmschicht vor Feuchtigkeit und Witterung schützen.

Auf Holzfaserplatten muss noch ein Außenputz aufgebracht werden. Vorhangfassaden lassen sich mit Klinker, Holz, Naturstein oder Fassadenplatten gestalten. Sie können damit Ihrem alten Haus zusätzlich zur energetischen Sanierung also ein ganz neues, frischeres Aussehen verpassen.

Die Gesamtkosten dieser Methode betragen laut Branchenangaben etwa 250 bis 500 Euro pro Quadratmeter Wandfläche, bei einer Einblasdämmung mit Weichholzfaserplatten etwa 300 Euro pro Quadratmeter. Die großen Preisunterschiede entstehen durch den geplanten Dämmstandard, die Auswahl der Dämmmaterialien, die Tragkonstruktion und das Material für die neue Fassade. Lassen Sie sich also dafür immer einen vollständigen und exakten Kostenvoranschlag erstellen.

DIE KERNDÄMMUNG

Vor allem in Nord-, West- und Ostdeutschland trifft man noch auf Häuser mit einem zweischaligen Wandaufbau. Beim Bau hat man noch gar nicht an eine wärmeisolierende Dämmung gedacht, sondern die äußere Wand, die Verblendschale, sollte die innere Mauer vor Regen und Witterungseinflüssen schützen. Der Hohlraum zwischen beiden Wandebenen wurde in der Regel absichtlich offen gelassen, damit sich eindringende Feuchtigkeit nicht festsetzen konnte, sondern zügig „weggelüftet" wurde.

In diesem Fall kann man heute mit vergleichsweise wenig Aufwand eine zusätzliche Wärmedämmung einbringen. Die spezialisierten Fachbetriebe bohren dazu in die Außenwände jeweils kleine Löcher, durch die in den vorhandenen Hohlraum Einblas- oder Schüttdämmstoffe eingefüllt werden.

Unser **TIPP**: Füllen Sie alle Lücken! Im Bungalowdach sollten also auch am Kniestock bestehende Hohlräume komplett mit Dämmmaterial gefüllt werden, damit dort keine kalte Außenluft mehr ins Gebäude ziehen kann.

Hier kommt es zudem wieder auf eine sorgfältige Abdichtung des Zwischenraums gegen Feuchtigkeit an. Die Einfülllöcher werden dabei selbstverständlich ebenfalls wieder geschlossen.

Die vorhandene Fassade und der Wandaufbau bleiben erhalten, es gibt keine weiteren baulichen Veränderungen, was das Verfahren sehr kostengünstig macht. Rechnen Sie mit etwa 70 Euro pro Quadratmeter Wandfläche.

Details zur Dämmung im Inneren des Hauses finden Sie im Abschnitt „Innenwände" ab Seite 106.

Eine Vorhangfassade benötigt einen stabilen Unterbau.

Die nachträgliche Dämmung vorhandener Hohlräume kann auf einfache Weise von außen erfolgen.

SPEZIALFALL SCHALLTRENNFUGE

Im Allgemeinen werden Reihenhäuser und Doppelhäuser aus Brandschutz- und Schallschutzgründen baulich voneinander getrennt. Dies wird durch Fugen von mindestens drei bis zu zehn Zentimeter Breite erreicht, die von außen in der Regel nicht sichtbar sind. Sie unterbrechen den Körperschall von einem Gebäudeteil in den anderen. Gleichzeitig bieten sie einen zusätzlichen Brandschutz, der das Übergreifen von einem Gebäudeteil auf die benachbarten verlangsamen oder ganz verhindern kann. Allerdings pfeift durch diese Lücke im Winter der kalte Wind und zieht die Wärme über die großen Wandflächen aus beiden Häusern.

Wenn Sie diese Lücke thermisch dämmen wollen, geht das nur mit Zustimmung Ihrer angrenzenden Nachbarn. Vielleicht können Sie diese sogar überzeugen, sich an den Dämmkosten zu beteiligen. Schließlich kommt ihnen der energie- und kostensparende Effekt einer guten Isolierung gleichfalls zugute.

Doppelhaushälften müssen sich nicht unbedingt im gleichen Sanierungszustand befinden.

Sie sollten nur darauf achten, dass das Verfüllungsmaterial keinen Körperschall zwischen den Gebäuden überträgt. Die Dämmschicht sollte aus Brandschutzgründen unbrennbar sein und der Witterung dauerhaft widerstehen, also möglichst wasserabweisend (hydrophob) sein.

Die Arbeit selbst ist dann nicht sehr aufwendig. Einfach und kostengünstig ist zum Beispiel ein Steinwolle-Einblasgranulat. Es gibt auch Trennfugen-Dämmplatten aus verdichteter Steinwolle, die sich mit geringem Montageaufwand in die Trennfuge einschieben lassen.

Zum Schluss sollte der Spalt nach oben und zu den Seiten hin regendicht abgedeckt werden, am besten mit einer flexiblen Dehnungsblende, die kleinste Bewegungen zwischen den beiden Baukörpern oder Gebäudeteilen ohne Schaden ausgleichen kann.

Dämmung von innen

Damit wenden wir uns dem Innenbereich zu. Das Problem bei einer nachträglichen Wärmedämmung im bewohnten Innenraum ist, dass jede zusätzlich aufgebrachte Schicht auf den Wänden, Böden und Decken die Räume verkleinert. Sie werden diese Möglichkeit also nur wählen, wenn Sie durch den Denkmalschutz im Außenbereich eingeschränkt sind, also das Erscheinungsbild nicht verändert werden darf, oder falls Sie mit einer dickeren Außendämmung unzulässig und unerwünscht über die Grenze hinweg in das Eigentum Ihrer angrenzenden Nachbarn eingreifen würden. Bei guten nachbarschaftlichen Verhältnissen können Sie über diese Grenzverletzung alternativ eine schriftliche Vereinbarung treffen, gegebenenfalls eine kleine Entschädigungszahlung festlegen und diese Änderung ins Grundbuch eintragen lassen. Denn auch wenn das im Moment bei Ihnen und Ihren jetzigen Nachbarn kein Thema für eine Auseinandersetzung ist: Dies kann sich schnell ändern, wenn Sie Ihr Haus einmal verkaufen oder vererben und die neuen Eigentümer mit dem Nachbarn aus irgendwelchen Gründen in Streit geraten sollten.

Was ist bei einer Innendämmung zu tun?

Wollen Sie die kühlen Außenwände auf der Innenseite thermisch isolieren, müssen Sie zugleich die Fenster bzw. Fenstertüren (siehe Seite 32) und die Rollladenkästen (siehe Seite 31) berücksichtigen. Denn es macht wenig Sinn, die Wände schön einzupacken, darin aber große „Lücken" zu lassen, durch die die Heizungswärme weiterhin großzügig entweichen kann.

Bei einer Dämmschicht auf der Innenseite der Außenwände besteht immer das Risiko, dass die warme, feuchte Raumluft zwischen Dämmung und kühler Außenwand kondensiert und die Nässe das Dämmmaterial schädigt bzw. dass sich dort Schimmelpilze ausbreiten, zunächst unsichtbar für die Bewohner. Um das zu verhindern, bringt man heute oft zusätzlich eine luftdichte Schicht in Form einer Dampfsperre oder einer Dampfbremse an, Systeme mit kapillaraktiven Dämmstoffen, die direkt an die Wand montiert und verputzt werden, benötigen keine solche Schicht. Bei Dampfsperren oder -bremsen handelt es sich um Kunststofffolien oder Kraftpapier, die jeweils auf der Innenseite der Dämmschicht aufgebracht werden. Achtung: Der Anschluss einer solchen Dampfbremse oder Dampfsperre an den Fensteröffnungen und an Türen muss sehr sorgfältig angepasst werden, es dürfen keine Lücken bleiben, durch die die Feuchtigkeit später ziehen kann.

Unser **TIPP**: Lassen Sie sich von den damit beauftragten Unternehmen eine mehrjährige Garantie geben, dass die Arbeiten sorgfältig nach den anerkannten Regeln der Technik ausgeführt wurden.

Wir können hier nicht in aller Ausführlichkeit und im Detail auf jede einzelne Technik zur Innendämmung eingehen, stellen Ihnen aber im Folgenden die wichtigsten Verfahrensweisen vor, damit Sie einschätzen können, worauf es dabei jeweils ankommt.

Was die Verarbeitung betrifft, so haben sich folgende Methoden für unterschiedliche Anwendungsgebiete etabliert:

Auf ebenen Flächen können mit Dämmstoff bekleidete **VERBUNDPLATTEN** eingesetzt werden. Ein Beispiel sind Gipskartonplatten mit einer Dämmschicht aus EPS (Styropor).

Alternativ wird ein **DÄMMSTOFF** direkt auf die Wand aufgeklebt und anschließend verputzt.

Aufwendiger ist ein an der Wand montierter schmaler **RAHMEN** (Ständerwerk) aus Aluprofilen oder Holz, in dessen Zwischenräume der Dämmstoff geklemmt oder befestigt wird. Die Fläche wird mit einer Folie gegen Feuchtigkeit geschützt. Darauf kommen zum Beispiel Holzfaser- oder Holzwolleplatten, die abschließend verputzt werden können.

Eine Zellulosedämmung wiederum kann einfach als flüssige Masse auf die vorhandene Wand aufgesprüht werden. Nach dem Durchtrockenen bildet sie eine kompakte Dämmschicht.

SPEZIALDÄMMSTOFFE FÜR ENGE RÄUME

Wenn an manchen Nischen oder schwer zugänglichen Stellen nicht viel Platz ist, kommen Höchstleistungsdämmstoffe in Form von Platten oder flexiblen Matten mit Wärmeleitstufe WLS 020 bei Lambda 0,020 zum Einsatz. Diese sind alle vergleichsweise teuer, werden aber auch nur in kleineren Mengen benötigt. Um Wärmebrücken gezielt zu beseitigen, können alte Rollladenkästen damit von innen ausgekleidet werden. Bei der Dämmung von Heizkörpernischen und ausziehbaren Treppen oder Leitern zum Dachboden steht ebenfalls nur wenig Platz zur Verfügung. Hier können zum Beispiel Phenolharz oder Polyurethan als Dämmstoffe eingesetzt werden.

Vakuumisolationspaneele schaffen Wärmeleitfähigkeiten unter 0,007 W/(m·K). Sie sind aber aufwendig zu verarbeiten. Die vorgefertigten Paneele werden geliefert und vor Ort nur noch verlegt. Sie dürfen dabei keinesfalls beschädigt werden, sonst ist die Wirkung dahin. Ein Quadratmeter Vakuumisolationspaneel mit einer Dicke von zwei Zentimetern kostet immerhin ab 120 Euro aufwärts.

Dach

Die meisten Dächer von Wohnhäusern lassen sich grob in zwei Grundformen einteilen: das Steildach mit Dachstuhl und einer Eindeckung (hierzu gehören zum Beispiel das Satteldach, das Walmdach oder das Pultdach) und das Flachdach.

Bei der Mehrzahl der Wohnhäuser hat man es mit einer Form von Steildach zu tun. Der in der Regel begehbare Dachboden läuft am First zusammen.

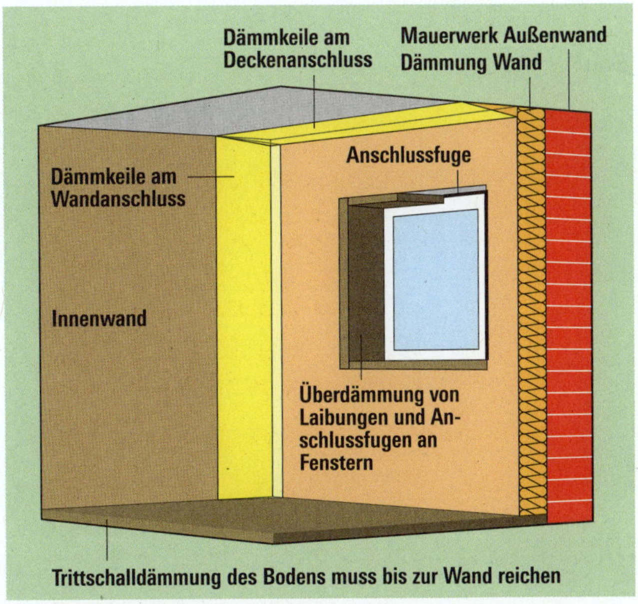

Im Innenraum gibt es eine Vielzahl von Ansatzpunkten für eine lückenlose Isolierung.

Das klassische Satteldach hat zwei gegenüberliegende senkrechte Giebelwände und zwei Dachschrägen zu den Seiten.

Beim Walmdach haben die Giebelseiten ebenfalls Dachschrägen, sodass oben vier Dachschrägen in der Mitte zusammenlaufen. Beim sogenannten Krüppelwalm sind die zwei Giebelschrägen kürzer, sie bilden dreieckige Flächen, die senkrechten Giebelwände bleiben sichtbarer. Vom Dachfirst verlaufen die Dachbinder beziehungsweise Sparren schräg nach unten.

Eine Sonderform des Satteldachs ist das Pultdach, bei dem der Dachfirst nicht in der Mitte verläuft. Die gesamte Dachfläche läuft von einer Wandkante schräg abfallend bis zur anderen Seite.

Grundsätzlich ist zu beachten: Ein nicht ausgebauter (kalter) Dachstuhl ist eine einfache Konstruktion, die das Gebäude in erster Linie gegen Witterungseinflüsse von außen schützen und Regenfälle ableiten soll.

Bei Steildächern erfolgt eine Dämmung der Außenflächen grundsätzlich an den Sparren. Die Dämmschicht kann dabei unter der Dachhaut auf den Sparren, zwischen den Sparren oder von innen unter den Sparren angebracht werden. Je nach Aufbau erfolgt die Auswahl der dafür am besten geeigneten Dämmmaterialien.

Bei jeder Dämmmaßnahme im oder am Dachstuhl muss besonders darauf geachtet werden, dass der Dachstuhl anschließend luftdicht geschlossen ist. Das gilt insbesondere für die Anschlüsse an Dachfenster, Durchbrüche für Schornstein oder Versorgungsleitungen und für die Bodentreppe. Eine der schwerwiegendsten Folgen undichter Anschlüsse ist, dass Feuchtigkeit eindringen kann und dann in der Dämmung kondensiert. Das reduziert die isolierende Wirkung der Dämmung zunächst erheblich und kann im schlechtesten Fall zur allmählichen Zerstörung der Dachsparren führen.

SCHRÄGDACH VON AUSSEN

Beim Bestandsgebäude ist eine Dämmung von außen nur sinnvoll, wenn ohnehin eine neue Dacheindeckung erfolgen soll oder der Dachstuhl komplett neu aufgebaut werden soll. Ansonsten wird man sich aus Kostengründen immer für eine Dämmung zwischen oder/und unter der Sparrenlage entscheiden.

Der Aufbau einer **AUFSPARRENDÄMMUNG** ist von der Konstruktion her schwierig. Vor allem die luftdichte Anbindung der Dampfbremse an alle Berührungspunkte erfordert Erfahrung und fachliche Expertise, die ein Hobbyhandwerker nicht mitbringt.

Für eine Aufsparrendämmung muss der Dachdecker zunächst die Dacheindeckung ent-

Die Bestandteile eines Daches können vielfältige Formen aufweisen.

BESTANDTEILE EINES DACHES

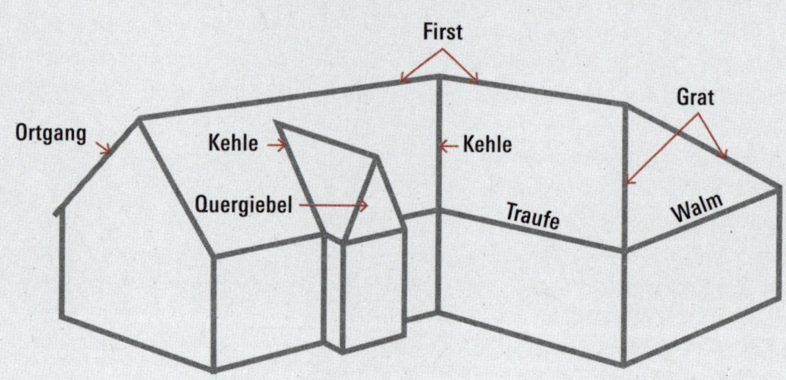

fernen und gegebenenfalls vorhandene Schäden am Dachstuhl reparieren. Ist der Dachstuhl in Ordnung, wird außen auf den Sparren eine Holzschalung befestigt, die von innen sichtbar bleibt. Auf der Holzschalung wird dann die stabile Dampfbremsfolie verlegt. Sie muss an allen Anschlussstellen luftdicht angeschlossen beziehungsweise verklebt werden.

Auf die Dampfbremse kommen die ausgewählten Dämmplatten, also die thermische Isolierschicht.

Als äußerer Abschluss der Dämmung wird die Unterkonstruktion für die Dachbekleidung aufgelegt. Anschließend wird das Dach mit Dachpfannen oder einem anderen Material neu eingedeckt.

Wird das Dach neu aufgebaut, wird man meistens (auch) den Raum zwischen den vorhandenen Sparren zum Dämmen nutzen. Ist auf den Sparren noch keine Aufsparrendämmung mit Dampfbremsfolie vorhanden, kann man die Außenseite der Fächer zwischen den Sparren mit einer diffusionsoffenen Unterspannbahn abdecken und an die Sparren anschließen.

Ist bei einem alten Dach keine Unterspannbahn vorhanden, muss sie nicht unbedingt eingebaut werden. Sie sollten in diesem Fall aber darauf achten, dass zwischen Dachdeckung und der Zwischensparrendämmung ein Luftraum von wenigen Zentimetern bestehen bleibt, damit das Dach belüftet wird und Feuchtigkeit abtrocknen kann.

Bei der **ZWISCHENSPARRENDÄMMUNG** füllt man die Zwischenräume am einfachsten mit formbaren, passend zugeschnittenen Dämmmatten in der Dicke der Sparren. Alternativ kann man lose Einblas- oder leichte Schüttdämmstoffe verwenden, die maschinell vom Fachbetrieb in vorbereitete Kammern eingefüllt werden.

Haben die Berechnungen für die Dämmschicht ergeben, dass die vorhandene Dicke der Sparren nicht ausreicht, kann man diese mit Holzbalken außen aufdoppeln, sodass sich die benötigte Tiefe für die Zwischensparrenräume ergibt. Es kann auch der Fall sein, dass die Dämmung ohnehin mit einer zusätzlichen Aufsparrendämmung kombiniert wird, um die berechnete Isolierwirkung zu erreichen.

Von innen wird im folgenden Arbeitsschritt eine Dampfbremsfolie angebracht und luftdicht an alle angrenzenden Bauteile angeschlossen. Die schrägen Dachflächen werden zum Schluss üblicherweise mit Gipskartonplatten verkleidet, verspachtelt und je nach Geschmack noch gestrichen.

SCHRÄGDACH VON INNEN

Beim Bestandsgebäude gehört die Dämmung der Dachschrägen von innen zu den häufig durchgeführten Maßnahmen, die man recht einfach auch selbst durchführen kann. Im Grunde handelt es sich um eine simple Form der Zwischensparrendämmung, da man an der Dachstuhlkonstruktion nichts ändert. Matten aus mineralischer **GLASWOLLE** oder **STEINWOLLE**, aber auch biologische Materialien wie **HANF** und **HOLZFASERN** kommen dafür infrage. Die Bahnen werden ein bisschen breiter als der Zwischensparrenabstand zugeschnitten – ein Zentimeter Zugabe reicht in der Regel –, daraufhin lassen sie sich leicht in die Fächer eindrücken.

Von innen wird nun eine stabile Folie als Dampfbremse aufgebracht. Diese muss wieder absolut luftdicht an alle Begrenzungsflächen wie Dachflächenfenster, Giebelwände und Durchdringungen für Kabel oder Leitungen angeschlossen bzw. angeklebt werden, damit von innen keine warme, feuchte Luft in die Dämmschicht eindringen und dort an der kühlen Außenseite kondensieren kann.

Eine **EINBLASDÄMMUNG** zwischen den Sparren sollte von einem Fachunternehmen durchgeführt werden. Die Innenseite der Sparren wird komplett flächig mit der Dampfbremsfolie abgedichtet. Soll anschließend ein Innenausbau erfolgen, sollte man die Tragkonstruktion dafür auch schon an den Sparren befestigen. Die Einblasfirma kann nun den losen Dämmstoff in die Fächer einblasen, was schnell erledigt ist.

Bei alten Dachböden fehlt häufig die Unterspannbahn, man blickt von innen auf die nackten Dachpfannen. Eine Variante für die Zwischensparrendämmung stellt das **DÄMMSACKSYSTEM** dar. Vom Dachboden aus werden hierbei zusätzlich leere, vorgefertigte Folienschläuche aus Kunststoffen in die Gefache zwi-

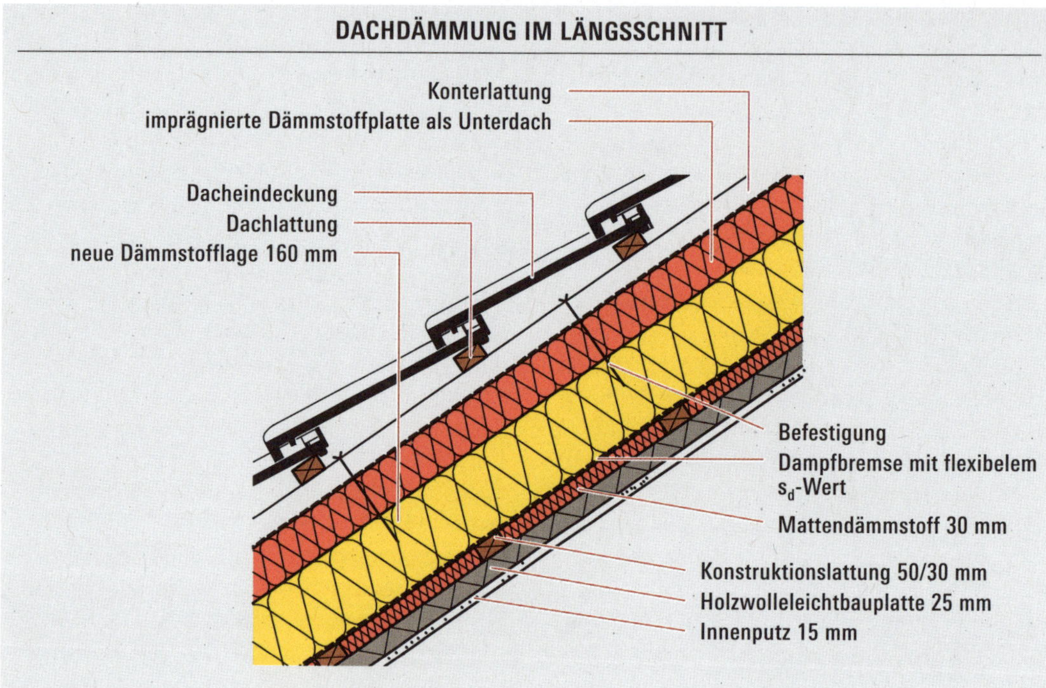

Die verschiedenen Bestandteile der Dachdämmung im Längsschnitt.

schen den Sparren gepackt, ausgerollt und mit Luft aufgeblasen. Auf diese Weise breiten sie sich im vorhandenen Raum aus. Ein eingelegtes Abstandsholz an der Außenseite soll dafür sorgen, dass zwischen Dämmsack und Dachdeckung (den Dachpfannen) ein Raum für die Belüftung frei bleibt.

Im letzten Schritt wird mit einem speziellen Gebläse der lose Dämmstoff, zum Beispiel behandelte Zelluloseschnipsel, in die aufgeblasenen Säcke eingefüllt, bis diese straff in den Gefachen sitzen und diese vollständig ausfüllen. Im Schnitt kann man – je nach Dämmstoff und Dachgröße – mit Kosten von 40 bis 50 Euro pro Quadratmeter rechnen. Architekten und Energieberaterinnen betrachten dieses Verfahren eher mit Skepsis. Sie kritisieren, dass eine ausreichende Unterlüftung der Dachziegel schwer sichergestellt werden kann und auch ein Abstandsholz dieses nicht zwingend gewährleistet. Des Weiteren entsteht durch diese Konstruktion kein vernünftiges Unterdach, sodass zum Beispiel Nässe durch Flugschnee an den Säcken hängen bleibt.

Die Frage bleibt, ob die vorhandenen Fächer zwischen den Sparren tief genug sind, um die gewünschte Dämmwirkung zu erreichen. Andernfalls kann man von innen eine zusätzliche Dämmschicht auf die Sparren aufbringen – die sogenannte **UNTERSPARRENDÄMMUNG**. Das verkleinert aber den freien Innenraum auf dem Dachboden. Mit sehr gut dämmenden Platten aus Phenolharz oder Polyurethan lassen sich die Raumverluste jedoch gering halten. Ansonsten wird beim Aufbau nach innen ebenso vorgegangen wie bei der Außensparrendämmung (siehe Seite 108) nach außen.

DREMPELDÄMMUNG

In Häusern mit ausgebautem Dachgeschoss läuft das Dach im Wohnraum nicht schräg abwärts bis auf den Boden aus, sondern endet unter der Dachschräge mit einer niedrigen senkrechten Wand. Sie wird als Kniestock oder auch Drempel bezeichnet. Diese Wände sind oft nur einfach gemauert, als Gipskartonwand im Trockenbau oder aus Holzwerkstoffplatten ausgeführt. Manchmal haben sie kleine Inspektionsklappen, die sich zum Wohnraum hin öffnen lassen. Als Lagerräume sind die Kammern kaum zu nutzen, weil sie ungeschützt direkt unter dem Dach liegen.

Bei einer Hausdämmung vergisst man diese Räume gerne, weil sie im Alltag unsichtbar und ungenutzt sind. Zwischen dem kalten Dach und der Decke des darunterliegenden Wohnraums verläuft außen am Kniestock also eine schmale lange Fläche ohne Wärmedämmung, eine kritische Wärmebrücke.

In diesem Fall dämmt man den Boden des Drempelraums von der Wand bis zu den Dachsparren mit Platten oder Matten, damit dort keine Wärmebrücken erhalten bleiben.

Manchmal ist dieser Raum zwischen Dachstuhl und oberster Geschossdecke sehr klein oder unzugänglich. Existiert in der Dachschräge eine Unterspannbahn aus Kunststoff, kann man den Drempelraum auch einfach mit einer Einblasdämmung komplett ausfüllen.

DÄMMUNG DER OBERSTEN GESCHOSSDECKE

Existiert bisher nur ein unbeheiztes Dachgeschoss oder ein kalter Dachboden, gehört die Dämmung dieser Decke zu den gesetzlichen Nachrüstpflichten (siehe „Wann besteht Sanierungspflicht?", ab Seite 9). Auf lange Sicht lassen sich hier durch eine möglichst dicke und effektive Dämmung die besten Einsparraten beim Energieverbrauch für die Heizung erzielen. Und wenn Sie dafür eine Förderung beantragen wollen, müssen Sie bestimmte Mindestgrößen bei den U-Werten einhalten. So können sich, je nach Qualität des Dämmstoffs, Schichtdicken bis zu 40 Zentimetern Höhe ergeben!

Je nach Aufbau der obersten Geschossdecke ergeben sich unterschiedliche Ansätze für die thermische Dämmung.

Am häufigsten anzutreffen ist bei älteren Bestandsgebäuden die **HOLZBALKENDECKE** aus dicken, waagerecht aufliegenden Balken, die die beiden Dachseiten miteinander verbinden. Nach oben zum Dachboden bildet eine Lage aus Holzdielen oder Brettern eine begehbare, aber oft auch unebene Fläche. Nach unten besteht der Abschluss meist aus der verputzten Raumdecke. Den hier beschriebenen Aufbau einer Holzbalkendecke veranschaulichen wir in den Abbildungen auf der Folgeseite.

Innerhalb dieser Deckenkonstruktionen gibt es – je nach Aufbau – unterschiedlich große Hohlräume, die zum Teil bereits mit Schüttmaterialien wie Asche, Schlacke oder Erde gefüllt sind. In solchen Fällen muss entschieden werden, ob es sich lohnt, Auflage und Füllung zu entfernen und die Hohlräume mit neuen Dämmstoffen aufzufüllen. Geeignet dazu sind Dämmmatten, das Einblasen mit Zellulose oder eine Schüttung mit Perliten. Erfüllt die neue Dämmschicht zwischen den Holzbalken noch nicht die gewünschte Qualität, wird zusätzlich auf den Bodendielen gedämmt. Alternativ kann ein komplett neuer Aufbau von oben geschaffen werden.

Wesentlich einfacher zu dämmen sind **MASSIVE GESCHOSSDECKEN**, die seit den Baujahren ab 1960 meist aus Beton gegossen wurden. Sie sind sehr eben und wasserdicht, sodass keine Dampfbremse für die Dämmung notwendig ist. Hier stellt sich die Frage, welcher Anteil der Grundfläche in Zukunft begehbar sein soll. Nur in seltenen Fällen wird man zur billigsten Lösung greifen und den gesamten Boden einfach mit mineralischen Dämmmatten oder einer Einblasdämmung abdecken. Denn der Dachboden ist dann nicht mehr begehbar. Da der Aufbau einer belastbaren Ebene oder Lagerfläche zusätzliche Kosten verursacht, kann man sich auf Gehwege aus Holzwerkstoffplatten auf einer Unterkonstruktion aus Trägerbalken beschränken. Darauf kann sich ein Schornsteinfeger bewegen, und eventuelle Dachflächenfenster können ebenfalls erreicht werden.

Bei ebenen Betondecken kann man alternativ mit hochisolierenden Dämmplatten arbeiten, die druckbelastbar sind und keine weiteren Maßnahmen erfordern. Allerdings sind diese erheblich teurer als die vorher genannten Matten-, Schütt- und Einblasdämmstoffe.

FLACHDACH

Eine Zeit lang galten **FLACHDÄCHER** als besonders angesagt. Wohl in jeder Stadt kann man heute Bungalows oder Reihenhäuser entdecken, die ab Mitte des letzten Jahrhunderts vor allem bis in die 1970er-Jahre gebaut wurden.

OBERSTE GESCHOSSDECKE

als Holzbalkendecke (oben) und mit Holzeinschub (Mitte und unten) vor der Dämmmaßnahme

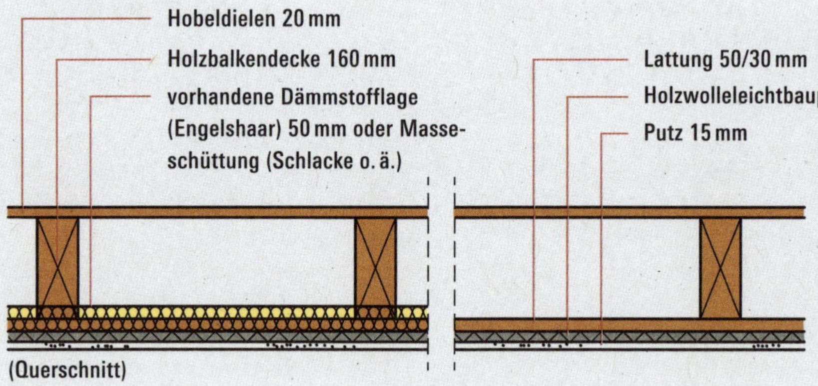

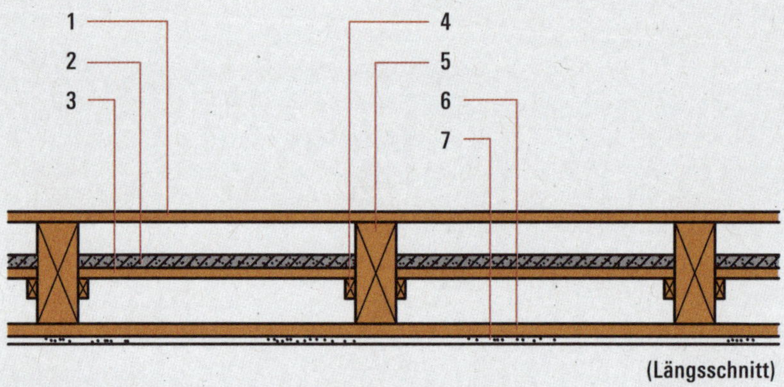

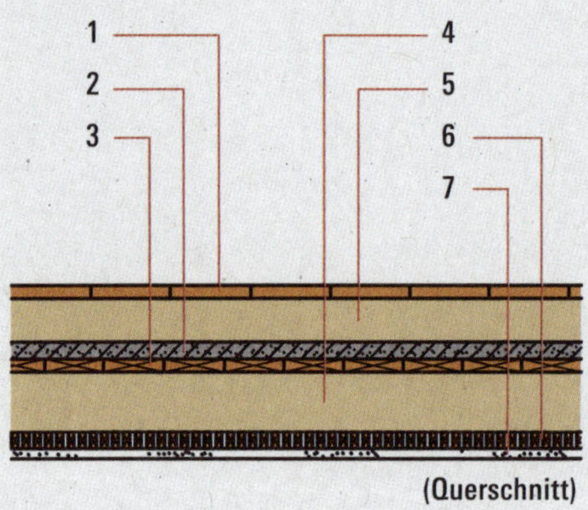

1 Holzdielen 20 mm
2 Masseschüttung (Schlacke, Sand, u. a) 20–40 mm
3 Einschubschalung
4 Konstruktionslattung
5 Deckenbalken 140 mm
6 Spalierlattung oder HWL-Platte als Putzträger
7 Innenputz 15 mm

Bei der Dämmung im Dachraum auch die Drempel in die Maßnahmen einbeziehen!

Da zu der Zeit Energie billig und Umweltschutz noch nicht im Bewusstsein der Menschen angekommen war, wurden die Flachdächer gar nicht oder nur sehr mangelhaft gedämmt. Legendär sind auch die Probleme mit schlechter Ableitung von Wasser und Schäden durch Wasser im Gebäude wegen mangelnder Abdichtung.

Der Aufbau hat sich zwar über die Jahrzehnte weiterentwickelt, aber häufig befindet sich oberhalb einer tragenden Balkenkonstruktion eine Lage aus Holzwerkstoffplatten, die durch eine verschweißte Kunststofffolie nach oben versiegelt wurde. Zum Schutz wurde auf nicht begehbaren Flachdächern eine Schicht aus Kieselsteinen aufgebracht. Die obere Dachumrandung (Attika) ist beim belüfteten **KALTDACH** zur Seite hin oft mit Schiefer- oder Eternitplatten verkleidet. Sie sind winddurchlässig und gewährleisten so eine Belüftung der zweischaligen Dachkonstruktion.

Von Handwerkern ohne solide Kenntnisse des Dachaufbaus wird manchmal empfohlen, ein Flachdach beim Bungalow von oben mit Aufdach-Dämmplatten zu isolieren und darauf die Abdichtung neu aufzubauen. Bei einem Kaltdach wäre das aber reine Verschwendung, denn die belüftete Zwischenebene würde ja nach wie vor im Winter kalte Luft zwischen Dämmung und Gebäudedecke strömen lassen.

Wesentlich wirkungsvoller und zudem preisgünstiger ist es, die Luftschicht mit Einblas-Dämmstoffen zu füllen. Neue Dachlüfter können dann dafür sorgen, dass eine Restlüftung in der Zwischenebene erhalten bleibt. Diese Dachlüfter muss ein professioneller Dachdecker setzen.

Inzwischen sind einschalige Flachdächer ohne Hinterlüftung Standard. Diese wurden früher zur Abgrenzung als **WARMDACH** bezeichnet, der Name ist aber immer noch gebräuchlich. Die unterschiedlichen Schichten werden bei diesen Dächern in der Regel ohne Zwischenräume auf einer Stahlbetondecke aufgebaut. Eine Dämmung wird dann luftdicht zwischen der Raumdecke und dem oberen Abschluss der Dacheindeckung eingeschlossen.

Für die **WASSERABLEITUNG** auf dem Flachdach ist es essenziell, dass auf der Oberfläche durchgehend eine Neigung von mindestens zwei Grad eingehalten wird. Heutige Dämmsysteme für Flachdächer beinhalten spezielle Gefälle-Dämmelemente, die dieses vorgeschriebene Gefälle von mindestens zwei Grad immer gewährleisten.

Etwas anders ist die Situation bei einer Variante des Warmdachs, dem sogenannten **UMKEHRDACH**, bei dem die Reihenfolge der Schichten abgewandelt ist. Dieser Aufbau wird zum Beispiel bevorzugt, wenn das Dach bepflanzt werden soll.

Die Dachabdichtung liegt hier direkt auf der festen, ebenen Unterlage auf, was sie unempfindlicher gegen mechanische Belastungen auf dem Dach macht. Erst darüber wird die Dämmschicht angelegt, die Wasser von oben ohne Einschränkung vertragen muss. Üblich ist eine dicke Lage aus Hartschaumplatten aus Polystyrol, die kein Wasser aufnehmen. Auf eine Schutz- und Filterschicht (Filtervlies) wird überdies eine Kiesschicht aufgebracht, die die

ZUGÄNGE NICHT VERGESSEN!

Bei jeder Dämmmaßnahme der obersten Geschossdecke müssen Sie immer den Zugang einbeziehen. Auch eine Eingangstür zum Dachboden oder die Klappe mit Ausziehleiter in der Zwischendecke muss wärmegedämmt und mit Dichtungsstreifen abgedichtet werden, damit keine Kaltluft vom unbeheizten Dachboden in das darunterliegende Wohngeschoss „fällt". Da der Platz vor allem bei einer Bodenluke sehr begrenzt ist, wird man hier zu Hochleistungsdämmstoffen mit maximaler Isolierung bei minimaler Schichtdicke greifen, die aufgeklebt werden (vollflächig mit Fliesen- oder Baukleber). Verbleibende Fugen können mit Acryl aus dem Baumarkt aufgefüllt werden. Sie sollten überprüfen, ob die Bodenluke mit der neuen Dämmung noch zuverlässig schließt. Gegebenenfalls müssen die Haltefedern ausgetauscht oder ein neuer Schnapper installiert werden, die das höhere Gewicht halten können.

Die Zugangstür zum Dachboden beklebt man am besten vollflächig mit dicken Platten aus Hochleistungsdämmstoffen wie Phenolharz oder PU und versieht sie mit einer umlaufenden Dichtung gegen Luftzug.

Wegen der komplexen Anforderungen an Flachdächer sollten Dämmmaßnahmen nur von Profis durchgeführt werden.

Dämmung mit dem nötigen Gewicht sichert, als UV-Schutz dient und vor mechanischen Beschädigungen schützt.

Keller

Die **KELLERWÄNDE** außen zu dämmen ist bei bestehenden Eigenheimen schwierig und aufwendig. Dazu muss zunächst das ganze Haus von außen freigelegt werden, also ein breiter Graben um das Haus ausgehoben werden. Und nicht jedes alte Gebäude verträgt es ohne Schäden, wenn bei instabilen Kellerwänden der stabilisierende Druck durch das Erdreich auf die Mauern plötzlich fehlt.

Zusätzlich sind alte Abdichtungen gegen Feuchtigkeit aus dem Erdreich, wenn es sie denn überhaupt gab, häufig beschädigt oder verrottet. Deshalb muss man den Keller erst einmal fachmännisch trockenlegen und von außen neu abdichten lassen, bevor man an eine sinnvolle thermische Isolierung denken kann. Für eine wirkungsvolle und dauerhafte Abdichtung ist in der Regel die Erfahrung von spezialisierten Bauunternehmen nötig.

Eine aufwendige Perimeter- und Sockeldämmung des Kellergeschosses rentiert sich deshalb eigentlich nur, wenn ein bisher unbewohnter Keller zu Wohnzwecken um- und ausgebaut werden soll. Rein energetisch und kostenmäßig betrachtet ist es sinnvoller, die bestehende Kellerdecke, also den Boden zum bewohnten Erdgeschoss thermisch zu isolieren, wenn die Deckenhöhe im Keller dann immer noch ausreichend ist.

Die **INNENDÄMMUNG** alter Kellerwände ist wegen der Feuchtigkeitsprobleme in Mauerwerk und Bodenplatte eines der kompliziertesten und schadenanfälligsten Dämmverfahren überhaupt. Gerade hier gilt, dass eine solche Maßnahme nur von spezialisierten Fachunternehmen durchgeführt werden sollte. Wenn Sie also den Keller nicht gerade zu Wohnzwecken umnutzen wollen, raten wir auch hier eher zur nachträglichen Innendämmung der Kellerdecke, damit die Wohnräume im Erdgeschoss von unten thermisch gut isoliert sind.

KELLERDECKE

Grundsätzlich kann die Dämmung zwischen Keller und Erdgeschoss an der Kellerdecke oder im beziehungsweise auf dem Fußboden im Erdgeschoss erfolgen. Besteht der Fußbodenaufbau aus einer Holzbalkendecke oder aus einer zusätzlichen Konstruktion auf den tragenden Betondielen oder Gewölbekappen, gibt es in der Konstruktion Hohlräume. Wie in der obersten Geschossdecke kann man diese mit einer Einblas- oder Schüttdämmung relativ einfach auffüllen.

In den meisten Fällen hat man es aber mit einer Stein- oder Betondecke zu tun. Den Bodenbelag im Erdgeschoss zu entfernen und Dämmstoff zu verlegen, bevor der neue Bodenbelag aufgebracht wird, ist in der Regel keine Option. Denn das ist aufwendig und hebt das Fußbodenniveau an, sodass anschließend zum Beispiel alle Türen gekürzt werden müssten.

Bedeutend unkomplizierter ist es, in einem nicht bewohnten Keller die Decke mit Dämmstoff zu belegen. Die Vorteile: Mit einer guten Dämmung kann man in einem voll unterkellerten Haus erfahrungsgemäß in Zukunft mit einer Einsparung der Heizkosten von fünf bis zehn Prozent kalkulieren. Angenehmer Nebeneffekt im Winter: Der Boden ist nicht mehr so „fußkalt" wie bisher, er fühlt sich beim Begehen wärmer an.

Bei der Auswahl der Dämmmaterialien und der Dicke der Dämmschicht spielt die Raumhöhe eine große Rolle, da Kellerräume meist deutlich niedriger sind als die oberirdischen Wohnräume. Auch zu beachten ist, dass in unbewohnten Kellerräumen oft Kabel und Versorgungsleitungen freiliegend montiert sind. Zudem gibt es **DECKENLEUCHTEN**, die eventuell zu verlegen oder auszutauschen sind.

Frei verlaufende Heizungsrohre sollten heutzutage ohnehin isoliert werden, das kann man hier gleich mit erledigen. Elektrische Leitungen und Kabel können Sie vielleicht in einem gemeinsamen Kabelkanal zusammenführen, der auch in Zukunft zugänglich bleibt.

Unser Tipp: Machen Sie zur Sicherheit Fotos von allen Installationen, damit Sie diese später bei Bedarf wiederfinden, wenn sie unter der Dämmung verborgen sind.

Wichtig für die Wirksamkeit der Dämmung ist es, dass die Wände der Kellerräume oben auf 50 bis 60 Zentimeter ab Unterkante Kellerdecke mitgedämmt werden, damit die Kälte aus dem Keller durch die aufsteigenden Wände nicht an der Deckendämmung vorbei nach oben „kriechen" kann. Am besten werden dazu Plattendämmstoffe verwendet.

Auf die Optik kommt es hierbei nicht so an, sodass Sie diese Arbeit relativ einfach selbst erledigen können.

Zunächst müssen Sie dazu die Kellerdecken prüfen und vorbereiten. Nach dem gründlichen Säubern sind (Bohr-)Löcher und Unebenheiten der Oberfläche auszubessern. Abblätternde Altanstriche und bröckelnder Putz müssen entfernt werden, damit ein gut haftender Untergrund für den Kleber entsteht.

Die geplanten Bahnen können Sie als Orientierungshilfe mit einem groben Bleistift anzeichnen. Die Platten sollten später jeweils um eine halbe Länge gegeneinander versetzt werden, damit keine größeren Fugen entstehen.

Tragen Sie den für das gewählte Material vom Hersteller empfohlenen Kleber jeweils nach Vorschrift auf eine Dämmplatte auf und kleben Sie diese an ihren Platz unter die Kellerdecke. Beim Aneinanderfügen sollten möglichst keine Lücken bleiben. Zur Sicherheit können Sie die Dämmplatten zusätzlich verdübeln.

Achten Sie auch bei dieser Dämmmaßnahme auf lückenlose, vollflächige Verarbeitung.

Wenn auch die Kellerwände oben mit Dämmstoffplatten belegt sind, können Sie die neuen Flächen nach dem Abtrocknen des Klebstoffs verputzen oder einfach überstreichen.

Mit einer guten Dämmung der Kellerdecke lässt sich eine Einsparung der Heizkosten von fünf bis zehn Prozent erzielen.

→ **Fenster und Türen** Bis zu 20 Prozent der Heizenergie können im Einfamilienhaus durch schlecht isolierte Fenster und Eingangstüren verloren gehen. Es lohnt sich also, hier gründlich nachzubessern.

WAS ERFAHRE ICH?

Im Rahmen der energetischen Sanierung der Gebäudehülle kommt den **FENSTERN** und Fensteröffnungen große Bedeutung zu. Im Winter bei geringer Sonneneinstrahlung lassen schlecht isolierte Fenster und Fensterrahmen die Heizenergie nach draußen entweichen. Im Sommer kann sich die Situation an sonnigen Tagen durchaus umkehren: Die Sonnenstrahlung gelangt durch die Fensterscheiben in die Innenräume und heizt diese auf unangenehm hohe Temperaturen auf.

Die Ziele heißen also bestmögliche Dämmung und je nach Himmelsrichtung und Fenstergröße ein Schutz vor Überhitzung, am effizientesten durch außenliegende Verschattungssysteme.

Bei älteren Häusern außerdem immer ein Thema: Wie steht es aus energetischer Sicht um die großen Öffnungen in der Gebäudehülle durch **EINGANGSTÜREN**, also den vorderen Haupteingang, Fenstertüren zur Terrasse oder zu einem Balkon und den Türen zu einem kalten Kellerabgang oder Dachgeschoss?

Neben der thermischen Isolierung durch die Türen selbst müssen auch immer die Anbindung an den Türrahmen und das Mauerwerk betrachtet werden sowie die Abdichtung an diesen Stellen.

Fenster austauschen

Denken Sie beim Austausch von Fenstern zugleich an die Themen Einbruchschutz und Schalldämmung. Da hat sich in den vergangenen Jahrzehnten einiges getan, was die Sicherheit und den Wohnkomfort im Haus erhöht.

Wenn Sie einem professionellen Sanierungsfahrplan folgen, sind dort geänderte Fenstergrößen und die geforderten Kennwerte für neue Fenster bereits eingetragen. Für den Austausch alter Fenster gegen neue inklusive der Anpassung an die Außenwand beauftragen Sie dann vermutlich einen Fensterbauer beziehungsweise ein Glaserunternehmen.

Worauf müssen Sie dabei achten?

Wenn Sie mehrere Angebote eingeholt haben, ist zu prüfen, ob diese wirklich in den Leistungen vollständig und vergleichbar sind. Nach der Beauftragung der Handwerker und dem Beginn der Arbeiten achten Sie auf folgende Punkte:

Beim Glas sollte der **G-WERT** (siehe Seite 32) möglichst hoch sein, damit viel Sonnenlicht von außen das Glas durchdringen kann. Das wird natürlich umso schwieriger, je mehr Glasscheiben in einem Rahmen kombiniert werden. Heute werden in der Regel Fenster mit Dreifachverglasung eingebaut. G-Werte ab 0,6 sind dabei gute Werte – 60 Prozent der Sonnenenergie gelangen dann durch das Fensterglas.

Der **U-WERT** (Wärmedurchgangskoeffizient) gibt den Wärmeverlust durch eine Grenzfläche an. Je kleiner der gemittelte U-Wert für Verglasung und Rahmen (Uw-Wert), desto geringer die Wärmeverluste bei kühler Witterung.

Eine Faustregel besagt, dass der Uw-Wert der Fenster etwas schlechter (höher) sein sollte als derjenige der umgebenden Wandfläche. Somit bleibt im Winter das Fensterglas die kühlste Oberfläche im Raum. Kondensiert warme, feuchte Raumluft an einer Fläche, geschieht das dadurch auf dem Fensterglas, das unempfindlich gegen Feuchtigkeit ist. Wäre im Zimmer die Außenwand kühler als das Fensterglas, würde sich die Feuchtigkeit dort ansammeln, was ein Schimmelwachstum an der Wand begünstigen würde.

Realistisch für neue Fensterkonstruktionen sind heute Uw-Werte von unter 1,5 $W/(m^2 \cdot K)$.

Natürlich ist zudem darauf zu achten, dass die Fensterrahmen exakt waagerecht eingebaut werden. Wenn Sie den Fensterflügel öffnen, muss der in jeder Stellung stehen bleiben und darf nicht von selbst auf- oder zufallen.

Unser Tipp: Die Fensterrahmen müssen nach Vorschrift an die Außenwände angeschlossen, also gut abgedichtet werden. Von außen muss die Dichtung regendicht sein, von innen luftdicht mit Kompriband oder speziellem Dichtschaum ausgeführt werden. Achten Sie auch darauf, dass von innen unter den Fensterbänken und an den Rollladenkästen rundum alles dicht ist!

Eine luftdichter Anschluss ist bei Fenstern entscheidend.

Rollladenkästen

Ein alter, nicht wärmegedämmter Rollladenkasten stellt eine große Wärmelücke in der Wand dar, über die eine Menge Heizenergie entweichen kann. Oft wurde früher der Kasten

Im Zuge einer umfassenden Isolierung dürfen die Rollladenkästen nicht vergessen werden.

DER BLOWER-DOOR-TEST

Sind die Arbeiten an der Gebäudehülle, hier insbesondere an den beheizten Räumen, abgeschlossen, kann man mit einem **Blower-Door-Test** prüfen, ob die Gebäudehülle insgesamt luftdicht geschlossen ist oder ob es noch Lücken gibt, durch die erwärmte Heizungsluft nach draußen entweichen kann.

Dazu wird im Rahmen der Hauseingangstür ein kräftiges Gebläse eingesetzt und mit einer stabilen Plane luftdicht angebunden. In mehreren Schritten wird mittels eines im Haus erzeugten **Unterdrucks** und **Überdrucks** gemessen, ob und in welchem Ausmaß es Leckagen in der Gebäudehülle gibt, die noch geschlossen werden müssen. Der genaue Ablauf und das Messverfahren sind in der DIN EN 13829 geregelt.

Das Ergebnis der **Luftwechselrate** beschreibt, wie oft das Luftvolumen in einem gegebenen Raum innerhalb einer Stunde ausgetauscht wird. Bei einem Luftwechsel von drei pro Stunde wird das gesamte Raumluftvolumen stündlich dreimal ausgetauscht.

Für die Berechnungen des gesamten **Luftvolumens** im geprüften Haus müssen die in den Test einbezogenen Grundflächen der Innenräume und die Raumhöhen bekannt sein.

Der Zeitaufwand für die Messung beträgt in einem durchschnittlichen Eigenheim ungefähr drei Stunden vor Ort. Die Grenzwerte für die noch zulässigen Luftwechselaustauschraten liegen bei 3,0 pro Stunde für Wohngebäude und 1,50 pro Stunde für Wohngebäude mit Lüftungsanlage. Passivhausstandard wird erreicht, wenn die Luftwechselrate unter 0,6 pro Stunde bleibt.

Wenn die **Grenzwerte** nach Norm eingehalten wurden, erhalten Sie vom Unternehmen ein Zeugnis über die Qualität der gemessenen Gebäudehülle.

Eine Anlaufadresse für qualifizierte Unternehmen zur Luftdichtheitsmessung ist der **Fachverband Luftdichtheit im Bauwesen e. V.** (flib.de). Für die Messung und das Gutachten müssen Sie mit Kosten von 500 bis 1000 Euro rechnen, je nach Hausgröße und Aufwand.

aus dünnen Holzplatten oder Holzwerkstoffen einfach über dem Fenster in die Außenwand eingesetzt, sodass von Dämmung keine Rede sein konnte.

Bleiben die Fenster bei der Sanierung erhalten, kann man den Kasten mit hochisolierenden Dämmstoffplatten von innen auskleiden. Man kann dazu auch feste Dämmmatten verwenden. Diese können sich mit der Zeit aber etwas verformen und dadurch den sauberen Lauf der Rollladen behindern. Diese Arbeit kann man mit etwas handwerklichem Geschick selbst erledigen. Dazu muss die Abdeckplatte des Rollladenkastens, die überstrichen oder tapeziert sein kann, von innen geöffnet und der Kasteninnenraum gründlich gereinigt werden. Wenn um den vollständig aufgerollten Rollladenpanzer herum noch genügend Raum frei ist, werden die Hochleistungsdämmplatten nach dem Ausmessen der Kasteninnenseiten exakt zugeschnitten und mit Fliesen- oder Korkparkettkleber flächig aufgeklebt. Vergessen Sie dabei die Innenseite der entfernten Abdeckplatte nicht. Bestehende Fugen können Sie mit Silikon oder Acrylmasse abdichten, bevor der Kasten wieder verschlossen wird.

Werden die Fenster im Rahmen der energetischen Sanierung ausgetauscht, wird man auch gleich moderne, gut isolierte Rollladenkästen einsetzen, die von den Dämmwerten her gut mit den neuen Fenstern und der noch zu dämmenden Außenwand harmonieren. Die Montage überlassen Sie aber besser den Fensterbauern, die das fachgerecht erledigen und Gewährleistung für die Qualität der Ausführung übernehmen.

Hauseingangstüren

Eine neue Haustür muss mindestens den Normen des Gebäudeenergiegesetzes entsprechen, also einen Wärmedurchgangskoeffizienten (U-Wert) von maximal 1,8 W/(m^2·K) aufweisen. Besonders gut gedämmte Türen mit Rahmen können sogar U-Werte bis unter 0,8 W/(m^2·K) erreichen. Wenn Sie Eingangstüren im Zuge der energetischen Sanierung austauschen, überlegen Sie auch gleich, ob Sie die Belichtung im Haus durch Glaselemente verbessern wollen oder ob Sie für die Zukunft einen besseren Einbruchschutz haben wollen.

Unser Tipp: Erkundigen Sie sich vor dem Umbau noch einmal nach aktuellen möglichen Förderungen für energetische Maßnahmen und/oder erhöhten Einbruchschutz.

Bei den Außentüren zu einem unbeheizten Keller und den Türen zum Kellerabgang im Haus spielt eine Wärmeisolierung keine so große Rolle, da die Temperaturunterschiede nicht so gravierend sind. Beim Abgang zum unbeheizten Keller oder einer Tür zum unbeheizten Dachboden sollten Sie dennoch auf eine gute Abdichtung achten, damit keine kalte Zugluft auftreten kann.

→ **Lüftungsanlage** Eine Lüftungsanlage ist immer im Zusammenhang mit der Luftdichtheit des Gebäudes zu betrachten. Je dichter die Gebäudehülle, desto sinnvoller ist ein kontrolliertes Lüftungsmanagement.

WAS ERFAHRE ICH?

Werden bei einer energetischen Sanierung mehr als 30 Prozent der Fenster erneuert, ist nach der technischen Regel DIN 1946-6 ein Lüftungskonzept zu erstellen. Es muss nachgewiesen werden, dass durch die nun dichtere Gebäudehülle der natürliche Luftaustausch ausreicht, um das Haus vor Feuchteschäden zu schützen. Sollte der Check ergeben, dass eine sogenannte Lüftungstechnische Maßnahme notwendig ist, wird sie in der Regel von der Energieberaterin geplant. Bei einem Ein- und Zweifamilienhaus müssen Sie dafür mit Kosten von rund 300 bis 400 Euro rechnen.

Was bedeutet ein solches modernes Lüftungssystem später für Ihren Alltag? Sie öffnen dann ja nicht mehr einfach bei Gelegenheit oder wenn die Luft „verbraucht" ist, Fenster und Türen, um „mal kräftig durchzulüften". Dies hätte einen hohen Wärmeverlust zur Folge.

Maschinelle Lüftungsanlagen haben eingebaute **FILTER**, die Fremdkörper wie Staub und Pollen aus der Außenluft herausfiltern, dabei verschmutzen und sich dadurch mit der Zeit zusetzen. Die Leistung der Lüftungsanlage nimmt so allmählich ab. Die Filter sollten je nach Standort und Staubbelastung also regelmäßig vierteljährlich bis jährlich oder auf das Signal einer automatischen Filterüberwachung hin gereinigt beziehungsweise ausgetauscht werden.

Die **LÜFTUNGSLEITUNGEN** verschmutzen ebenfalls mit der Zeit innerlich. Es sind also mehrere Revisionsöffnungen nötig, durch die später eine Fachfirma eine Reinigung des Leitungssystems und die Wartung der Lüftungsanlage durchführen kann. Diese Kontrolle der Lüftungsanlage auf einwandfreie Funktion sollte einmal jährlich erfolgen. Sie kann aber auch seltener beauftragt werden, wenn sich herausstellt, dass die Belastung der Leitungen niedrig ist. Je besser die Filter gewartet werden, desto weniger Schmutz gelangt in das Leitungssystem der Lüftungsanlage. Nicht zu vernachlässigen bei der Entscheidung für ein solches System sind die regelmäßigen **WARTUNGSKOSTEN**, die durchaus einige Hundert Euro pro Jahr betragen können.

Bei unseren Überlegungen steht aber die Einsparung von Wärmeenergie im Vordergrund, es kommen also primär Lüftungsanlagen mit Wärmerückgewinnung infrage. Diese erreichen heutzutage Arbeitszahlen von 15 bis 20. Das heißt: Pro investierter Kilowattstunde elektrischem Strom sparen sie die 15- bis 20-fache Menge an Wärmeenergie (in Kilowattstunden) ein – sofern die Anlage gut eingestellt ist.

Abluftanlagen

Ventilatorgestützte Entlüftungsgeräte zum Abtransport feuchter oder verbrauchter Luft aus einzelnen Wohnräumen gibt es schon lange, zum Beispiel als Ablufthauben über dem Herd in der Küche oder als ventilatorbetriebene Entlüftungen in Bad und WC.

Werden alle Ablufträume – also Küche, Bäder, Toilette und eventuell ein innenliegender Abstellraum – über ein Kanalnetz verbunden und an einen Ventilator angeschlossen, nennt man das eine Abluftanlage. Durch die Sogwirkung des leichten Unterdrucks strömt über regulierbare Außendurchlässe in der Außenwand oder in den Fensterrahmen von Wohnräumen Frischluft nach. Das ist zwar eine „lüftungstechnische Maßnahme“, aber Energie wird damit nicht gespart.

Wer heute ein (nahezu) luftdichtes Haus schafft, wird sich aber in den meisten Fällen für eine aktiv geregelte Be- und Entlüftungsanlage mit Wärmetauschern entscheiden.

Zentrale Be- und Entlüftung

Nur bei einer umfassenden energetischen Haussanierung mit hohem Anspruch kommt eine zentral gesteuerte Lüftungsanlage in Betracht. Ansonsten ist diese eher in Neubauten zu finden, wo die Belüftung über ein Luftkanalsystem von Anfang an Bestandteil der Planung für die Haustechnik ist. Denn die Lüftungskanäle von der zentralen Lüfter- und Steuereinheit zu den Räumen hin („Zulufträume“) und zurück („Ablufträume“) sowie zur Be- und Entlüftung benötigen Platz. Dieser ist in Bestandsgebäuden fast nur mittels einer abgehängten Decke zu realisieren, wenn die Deckenhöhe dafür ausreicht.

Die Zentrale der Lüftungsanlage selbst ist ein größeres Gerät mit zwei Ventilatoren und Wärmetauscher, der meist in einem separaten Raum oder im Keller aufgestellt wird. Mit normgerechten Schalldämpfern ausgestattet sind heutige Lüftungsgeräte sehr leise und finden sogar wie ein Kühlschrank in der Küche Platz.

Die Luftführungen für die dezentrale Belüftung lassen sich optisch unauffällig in die Außenwand (hier angeschnitten) integrieren.

Dezentrale Be- und Entlüftung

In bestehenden Gebäuden einfacher zu installieren und individueller anzupassen sind die Einheiten für eine dezentrale Belüftung ausgewählter Wohnräume. In jedem ausgewählten Raum wird die „verbrauchte“ Raumluft nach draußen geführt. Die im gleichen Gerät angesaugte Frischluft von draußen wird gleichzeitig über den Wärmetauscher mit der Wärme aus der Abluft auf Temperatur gebracht und in den Raum geblasen.

Für jede Einheit zur dezentralen Be- und Entlüftung braucht man einen elektrischen Anschluss und eine Bohrung in der Außenwand für die Zu- und Abfuhr der Luft von draußen. Für den Einbau einer dezentralen Lüftungsanlage in einem Raum müssen Sie mit Kosten von etwa 1 500 Euro rechnen. Wenn man im Einfamilienhaus auf diese Weise vier bis sechs Räume ausstattet, ist der Aufwand recht hoch und die schöne neue Fassade mit den Lüftungsgittern „verziert“.

Zu beachten ist: Bei jeder dezentralen Lüftungsanlage muss regelmäßig – Fachleute empfehlen mindestens einmal jährlich – der Filter gewechselt werden. Außerdem muss die Anlage gereinigt und gewartet werden.

→ **Heizungsanlage** Für die positive Energiebilanz des Eigenheims ist, neben einer fachmännischen Dämmung, eine moderne Heizungsanlage nötig: Sie sorgt für angenehme Raumtemperaturen und für warmes Wasser.

WAS ERFAHRE ICH?

Derzeit existieren Übergangslösungen, bei denen eine bestehende mit fossilen Brennstoffen (Erdgas, Erdöl) oder mit nachwachsenden Rohstoffen (Pelletheizungen, Kaminheizungen) arbeitende Heizungsanlage durch CO_2-freie Heizungen ergänzt wird. Die Entwicklung geht jedoch hin zu abgasfreien Heizungen, die mit elektrischem Strom betrieben werden. Hierzu gehören die verschiedenen Formen der Wärmepumpe und die Direktheizung mit Strom aus eigener Produktion, also aus der eigenen Photovoltaikanlage. Wir ordnen die verschiedenen Möglichkeiten ein.

Solarthermie

HEISSWASSER VOM DACH – darauf können Menschen in südlichen Ländern schon sehr lange zurückgreifen. Denn Sonnenstrahlung erwärmt im Rahmen dieser einfachen Lösung das Heizungs- und Warmwasser. Der Vorteil dort: Es wird nie so richtig kalt, und die Sonne scheint viele Tage im Jahr mit großer Intensität. Da reichen oft schon große, schwarze Wassertanks oder -tonnen auf dem Dach, um genügend heißes Wasser für den Bedarf der Familie zu erzeugen.

In Deutschland ist die Situation etwas anders: Es bedarf technisch ausgefeilter Anlagen mit speziellen Solarkollektoren, um warmes Wasser zu erzeugen. Und während im Sommer eine Solarthermieanlage den täglichen Bedarf gut decken kann, muss in der Übergangszeit und vor allem im Winter immer noch eine zusätzliche Heizung einspringen. Deshalb wird die Solarthermie nur zur Unterstützung beziehungsweise Entlastung einer vorhandenen Heizung installiert.

Als Kollektoren haben sich in der Praxis die folgenden beiden unterschiedlichen Konstruktionen bewährt:

FLACHKOLLEKTOREN bestehen aus einem thermisch isolierten Kasten, der innen mit einem schwarz gefärbten Absorber ausgekleidet und zur Sonne hin mit einer Glasscheibe abgedeckt ist. Rohre mit einer Solarflüssigkeit verlaufen durch den Kollektor, nehmen die Strahlungshitze über den Absorber auf und transportieren die heiße Flüssigkeit zum Wassertank, wo sie die Wärme an das Heizungs- und/oder Brauchwasser abgibt.

RÖHRENKOLLEKTOREN sind zylinderförmige Glaskolben, die über einen Sammler miteinander verbunden sind. In den Glaskolben herrscht fast ein Vakuum, wodurch sie nahezu keine Wärmeverluste haben. Im Inneren der luftleeren Glaskolben befindet sich der schwarze Absorber, der die absorbierte Strahlungsenergie in Hitze umwandelt und diese auf die Solarflüssigkeit im durchlaufenden Metallrohr überträgt. Röhrenkollektoren sind effizienter als Flachkollektoren, aber konstruktionsbedingt auch etwas teurer. Sie spielen ihre Vorteile immer da aus, wo Platz knapp ist oder die Strahlungsbedingungen nicht optimal sind.

Die Bundesregierung fordert für neu einzubauende Heizungen ab 1. Januar 2024 einen Anteil von 65 Prozent „sauberer" Energie. Das schafft ein gut gedämmtes Haus mit einer großen Solaranlage.

Die Energie der Sonne kann für das Eigenheim effizient genutzt werden.

Hybridheizungen mit Solarthermie

Rund die Hälfte aller Wohnungen und Häuser in Deutschland wird noch mit Erdgas beheizt. Hinzu kommen Ölheizungen und Warmwasserboiler sowie Durchlauferhitzer, die mit teurem Strom aus dem öffentlichen Netz betrieben werden.

Eine beliebte Lösung zur Reduzierung der Energiekosten ist deshalb, die vorhandenen Heizungssysteme mit einer Solarthermieanlage auf dem Dach – möglichst mit Ausrichtung nach Süden – zu kombinieren. Diese Kombination ist seit Jahren Stand der Technik. Die Handwerker beziehen sie relativ günstig zum Paketpreis. Bei der Nachrüstung einer vorhandenen Heizung besteht die Herausforderung in der gemeinsamen Regelung.

Solarthermiepaneele sind (noch) relativ günstig: Flachkollektoren kosten circa 375 Euro pro Quadratmeter, Röhrenkollektoren circa 750 Euro pro Quadratmeter. Hinzu kommen Ausgaben und der Raumbedarf für einen Warmwasserspeicher, für Rohre und die Pumpe sowie die Kosten für die Installation der Anlage durch qualifizierte Handwerker. Der Einbau der Solarthermieanlage erfolgt am besten im Sommer, wenn der Heißwasserbedarf nicht so groß ist. Bedenken Sie bei Ihrem Vorhaben, dass geschulte Fachkräfte seit einiger Zeit sehr volle Auftragsbücher haben. Den Auftrag sollten Sie also so frühzeitig wie möglich erteilen. Solarthermieanlagen werden vom Bund finanziell gefördert. Die Anträge müssen Sie stellen, bevor die Arbeiten begonnen haben.

Im Juni 2022 führten wir einen Vergleich der Wirtschaftlichkeit einer Gasheizung gegenüber der eines Hybrids aus Gasheizung plus verschieden dimensionierten Solarthermieanlagen durch. Wir konnten zeigen, dass sich der

Gasverbrauch – und damit die Heizkosten – für eine vierköpfige Familie in einem Ende der 1970er-Jahre gebauten Eigenheim mithilfe einer soliden Wärmedämmung auf KfW40-Standard und einer großen Solarthermieanlage (50 Quadratmeter) um fast 90 Prozent senken ließ. Rein wirtschaftlich gerechnet amortisierte sich zu dem Zeitpunkt eine große Solarthermieanlage ohne zusätzliche Dämmung des Hauses sogar noch schneller. Sie drosselte bei erheblich geringeren Investitionskosten den jährlichen Gasverbrauch immerhin um etwa 40 Prozent.

Wegen der sich ändernden Preise für Gas und Öl sowie der neuen Förderungen kann die Rechnung für diese Kombination heute wieder anders aussehen.

Wärmepumpen

In Neubauten sind Wärmepumpen in Verbindung mit einer Photovoltaikanlage und Flächenheizungen – meist als Fußbodenheizung – fast schon der neue Standard bei den Gebäudeheizungen.

Was hingegen den Einsatz dieser Technik in Bestandsgebäuden betrifft, so hieß es lange Zeit: „Wenn nicht auch das Heizungssystem auf Flächenheizungen umgestellt wird, schaffen Wärmepumpen nicht oder nur mit sehr hohem Stromverbrauch die notwendig hohen Vorlauftemperaturen für die klassischen Heizkörper." Das relativiert sich zusehends, die Technologie entwickelt sich weiter. Es gibt zahlreiche Beispiele aus der Praxis für funktionierende Lösungen (siehe Studie Fraunhofer Institut, Seite 72), bei denen eine Wärmepumpe nachträglich in Wohnhäuser eingebaut wurde und wirtschaftlich betrieben werden kann.

Richtig ist, dass Wärmepumpen am effizientesten arbeiten, wenn die Vorlauftemperaturen für den Heizungskreislauf niedrig gehalten werden können. Am besten funktioniert das in einem gut gedämmten Haus mit großen Heizflächen wie einer Fußboden- oder Wandflächenheizung in allen Wohnräumen. Dann reichen Vorlauftemperaturen ab 35 Grad Celsius, um auch an kalten Wintertagen angenehme Raumtemperaturen zu halten.

Wir gehen nun davon aus, dass Sie – vermutlich mithilfe des Energieberaters oder einer Fachplanerin für Haustechnik – Ihren künftigen Bedarf für Heizungswärme und Warmwasser für die Zeit nach der energetischen Sanierung berechnet haben und eine Wärmepumpe installieren wollen. Wenn Sie im Haus alte Heizkörper einer Gas- oder Ölheizung haben und diese gerne behalten möchten, können Sie vom Heizungsbauer prüfen lassen, ob die vorhandenen Oberflächen der Heizkörper (Radiatoren) ausreichen, damit eine Wärmepumpe wirtschaftlich betrieben werden kann.

Verbessern kann man die Situation, indem man die alten Heizkörper gegen neue großflächigere austauscht. Eine weitere Option ist der Austausch gegen neuere **VENTILATORKONVEKTOREN**. Das sind Heizkörper mit einer aktiven Lüftung, die den Raum schneller erwärmen können, weil sie einen deutlich größeren Luftdurchsatz haben als die alten Heizkörper. Das Leitungsnetz für den Heizwasserkreislauf kann so weiter genutzt werden.

Sieht das neue Heizungskonzept als Puffer einen **WARMWASSERSPEICHER** vor, müssen dessen Aufstellungsort festgelegt werden und die technische Anbindung an das Leitungssystem sichergestellt sein.

TIPPS FÜR DIE ANSCHAFFUNG

→ Die **LEISTUNGSZAHL** (auch COP = Coefficient of Performance) ist ein Laborwert nur für die Wärmepumpe, der unter streng vorgegebenen Rahmenbedingungen ermittelt wird. Sie wird definiert als Verhältnis von abgegebener Wärmeleistung im Verhältnis zur aufgenommenen elektrischen Leistung. Zur Leistungszahl muss angegeben werden, für welchen definierten Arbeitszeitpunkt sie gilt.

→ Für Sie als Anwender ist viel wichtiger, wie effektiv die eingebaute Wärmepumpe bei verschiedenen Bedingungen über einen längeren Zeitraum arbeitet. Die **ARBEITSZAHL** (AZ) gibt das Verhältnis von erzeugter Wärmeenergie zu eingesetzter elektrischer Energie über einen definierten Zeitraum an. Häufig wird dabei die Jahresarbeitszahl (JAZ) verwendet.

→ Ein **PUFFERSPEICHER** kann die von der Wärmepumpe erzeugte Wärme zur Überbrückung zwischenspeichern. Bei Hybridheizungen, also der Kombination mit anderen Heizsystemen, ist ein Pufferspeicher notwendig. Trotz guter Isolierung eines Tanks gibt es dabei immer Energieverluste.

→ Wärmepumpen mit **INVERTERTECHNIK** laufen bei geringem Heizwärmebedarf mit verringerter Leistung und sparen so Energie. Die Technik sorgt zudem für einen längeren störungsfreien Betrieb der Heizungsanlage. Es lohnt sich also, ein Gerät mit Invertertechnik zu kaufen.

→ Wärmepumpensysteme können mit entsprechender Steuerung auch umgekehrt laufen, im Sommer also mit wenig Aufwand zur **KÜHLUNG** der Wohnräume eingesetzt werden. Erkundigen Sie sich beim Anlagenbauer, ob das mit Ihrem System möglich ist.

→ In vielen Wärmepumpen (und Klimaanlagen) werden als **KÄLTEMITTEL** bisher bevorzugt teilhalogenierte Fluorkohlenwasserstoffe (HFKW oder „F-Gase") eingesetzt, die als Treibhausgase um ein Vielfaches klimaschädlicher wirken können als CO_2. Im geschlossenen Kühlkreislauf ist das nicht relevant, aber durch eine Beschädigung der Leitungen, durch Lecks oder eine gedankenlose Entsorgung entweichen die HFKW in die Atmosphäre. Die Europäische Uniion schreibt inzwischen vor, dass ab 2027 in Wärmepumpen und Klimaanlagen nur noch unschädlichere Kältemittel eingesetzt werden dürfen. Die aktuellen klimaschonenderen Alternativen heißen Propan, Ammoniak und CO_2.

→ Für eine Luftwärmepumpe ist im Außenbereich der künftige **STELLPLATZ** zu klären. Beachten Sie Vorgaben zum Aufstellort, die sich aus vorgeschriebenen Grenzabständen und dem Schallschutz gegenüber Nachbarn nach den Immissionsrichtwerten der Technischen Anlei-

FUNKTIONSPRINZIP WÄRMEPUMPE

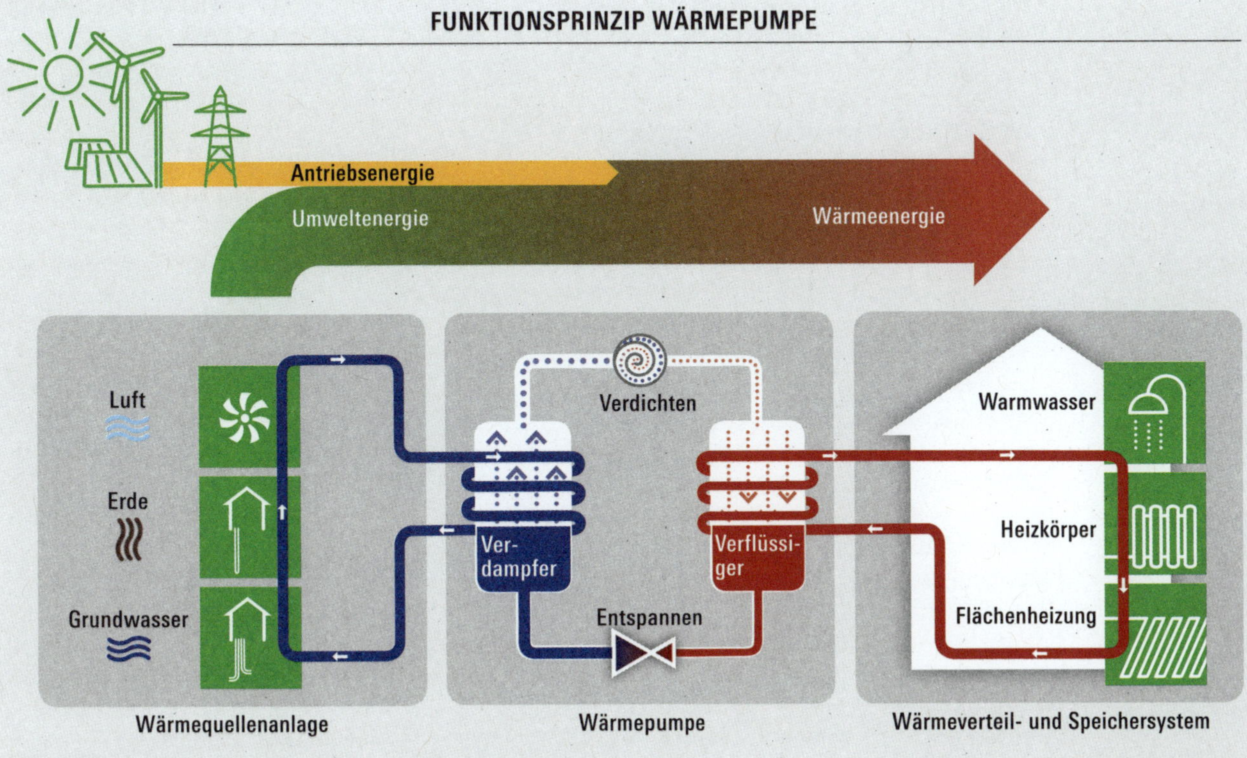

Quelle: Bundesverband Wärmepumpe e. V.

tung zum Schutz gegen Lärm (TA Lärm) ergeben. Die Wärmepumpen unterscheiden sich teilweise erheblich in den Betriebslautstärken.

→ Vor der Installation einer Erdwärme- oder Wasser-Wärmepumpe muss geplant werden, wie und wann im Garten die **ROHRSYSTEME** verlegt beziehungsweise gebohrt werden können. Bei Erdwärmesystemen hat man die Wahl zwischen horizontalen **FLÄCHENKOLLEKTOREN** oder **ERDSONDEN**, für die in die Tiefe gebohrt werden muss. Dazu sind Genehmigungen von den lokalen Behörden einzuholen – zunächst vom Wasseramt, ab 100 Metern Bohrtiefe auch vom zuständigen Bergamt.

→ Den Betrieb einer Wärmepumpe müssen Sie beim Betreiber des örtlichen Stromnetzes anmelden. Erkundigen Sie sich dabei nach günstigeren Stromtarifen speziell für die Wärmepumpe. Sie brauchen für den Heizungskreislauf außerdem einen separaten Stromzähler, um den Verbrauch später gesondert erfassen und abrechnen zu können. Betreiben Sie (in Zukunft) zusätzlich eine eigene Photovoltaikanlage und nutzen den selbst produzierten Strom für die Wärmepumpe, brauchen Sie für die Installation dieses Systems des Weiteren ein spezielles Messkonzept und die Genehmigung Ihres Netzbetreibers.

→ Vergessen sollten Sie auch nicht, dass Förderanträge vor der Beauftragung der Maßnahmen zu stellen sind und genehmigt werden müssen.

WIE FUNKTIONIERT DAS?

Der große Vorteil von Wärmepumpen ist, dass sie unter guten Bedingungen aus einer Kilowattstunde elektrischer Energie eine Heizleistung von drei bis über vier Kilowattstunden Wärme produzieren können. Wenn der elektrische Strom für den Betrieb dann aus CO_2-neutralen Energiequellen stammt, ist ihre Treibhausgasbilanz hervorragend.

Kurz zusammengefasst arbeiten die häufig gewählten Luftwärmepumpen physikalisch betrachtet wie ein Kühlschrank. Nur dass hier die Wärme der Umgebung entzogen wird, um den Innenraum zu erwärmen. Auch die Erdwärme- und Wasserwärmepumpen arbeiten nach dem gleichen Prinzip, die Wärme wird hier nicht der Umgebungsluft, sondern dem Erdboden beziehungsweise dem Grundwasser entnommen.

Die im Kollektorkreislauf aufgenommene Wärme aus der Umgebung wird im Verdampfer auf das Kältemittel übertragen. Durch die sehr niedrige Verdampfungstemperatur des Kältemittels funktioniert das auch, wenn der Kollektorkreislauf Temperaturen bis in den Minusbereich aufweist. Durch das Verdampfen entzieht das Kältemittel der Umgebung (dem Inneren des Verdampfers) Wärmeenergie, die sogenannte Verdampfungswärme. Nächste Station ist ein Kompressor, der das aus dem Verdampfer eintreffende erwärmte gasförmige Kältemittel stark verdichtet, wodurch sich dessen Temperatur kräftig erhöht. Sie kennen den Effekt vermutlich von der Luftpumpe für Fahrräder: Wenn Sie kräftig „Druck machen", erwärmt sich die Luftpumpe spürbar. Im nächsten Schritt wird die gespeicherte Wärmeenergie vom Kältemittel in einem Wärmetauscher (Verflüssiger) an das aufzuheizende Heizungs- und/oder Brauchwasser abgegeben, wobei das Kältemittel verflüssigt wird. Nach Durchgang durch ein Expansionsventil wird das Kältemittel bei geringem Druck in den Verdampfer transportiert, wo es sich wieder erwärmt und dabei erneut verdampft. Damit ist der Kreislauf geschlossen.

Zur Sicherheit sind Heizungsanlagen mit Wärmepumpen in der Regel zusätzlich mit einer externen Heizquelle ausgestattet, meistens einem elektrischen Heizstab im Heizungskreislauf, der das Wasser wie ein konventioneller Tauchsieder aufheizt. Da hier die elektrische Energie im besten Fall 1:1 in Wärme umgewandelt wird, ist das wenig effizient und entsprechend teuer, da sich der Strombedarf bei gleicher Heizleistung um den Faktor drei bis vier erhöht. Es ist deshalb wichtig, dass die Wärmepumpe so dimensioniert und leistungsfähig ist, dass die Zusatzheizung möglichst selten aktiviert werden muss.

MÖGLICHE WÄRMEQUELLEN

Die am einfachsten zu installierende Technik besitzt eine Luft-Wasser-Wärmepumpe, bei der in der Regel die Außenluft angesaugt und als Energiespender benutzt wird. Dieses System benötigt nur eine kleine Aufstellfläche im Au-

Das Erscheinungsbild von Luftwärmepumpen hat sich in den letzten Jahren schon stark verbessert. Auch die vielkritisierte Lautstärke der Außengeräte bekommen die Hersteller immer besser in den Griff.

ßenbereich und verursacht nur geringe Installationskosten. Die Erschließungskosten, also etwa die Kosten für das Aufstellen der Geräte, für den Stromanschluss, das Durchbrechen der Wand, liegen bei 500 bis etwa 2000 Euro. Die Luft-Wasser-Wärmepumpe selbst kostet ab 4000 bis etwa 12000 Euro.

Allerdings hat diese Technik systembedingt die schlechtesten Wirkungsgrade, insbesondere im Winter, wenn das zu überwindende „Temperaturgefälle" zwischen Außenluft und Vorlauftemperatur des Heizungswassers besonders hoch ist. Wegen der stark schwankenden Lufttemperaturen draußen verbraucht eine Luft-Wasser-Wärmepumpe vergleichsweise viel Strom. Dadurch entstehen schnell jährliche Betriebskosten von etwa 1000 bis 1500 Euro (Stand August 2022). Deshalb sind eine gute Wärmedämmung des Gebäudes und möglichst große Heizoberflächen mit geringen Vorlauftemperaturen wichtig, um einen energieeffizienten Betrieb zu ermöglichen.

Die Kästen der Luftwärmepumpen sorgen außerdem am häufigsten für Beschwerden der Nachbarn wegen der Geräuschentwicklung. Das Ansaugen der Außenluft in das Gehäuse und die Verdichtung des Kältemittels mit dem Kompressor können Geräuschpegel erzeugen, die vor allem nachts, aber auch tagsüber stören.

Im älteren Ein- oder Zweifamilienhaus gibt es nur sehr selten eine Heizung, die über eine aktive Gebäudebelüftung für die Warmluftversorgung aller Wohnräume verfügt. **LUFT-LUFT-WÄRMEPUMPEN** kommen deshalb fast nie in Betracht. Die Kosten für dieses System liegen etwa bei 5000 bis 10000 Euro für die Heizungsanlage sowie 2000 bis 6000 Euro für ein zu installierendes Warmluft-Verteilungssystem. Die jährlichen Betriebskosten für den elektrischen Strom belaufen sich für ein gut gedämmtes Gebäude auf 1000 bis 1500 Euro.

Eine **GRUNDWASSER-WÄRMEPUMPE** zapft als Wärmequelle das Grundwasser an. Dieses bietet das ganze Jahr über nahezu konstante Temperaturen und wird nie so kalt wie die Außenluft im Winter. Das kommt dem Prinzip der Wärmepumpe entgegen. Weiterer Vorteil: Im

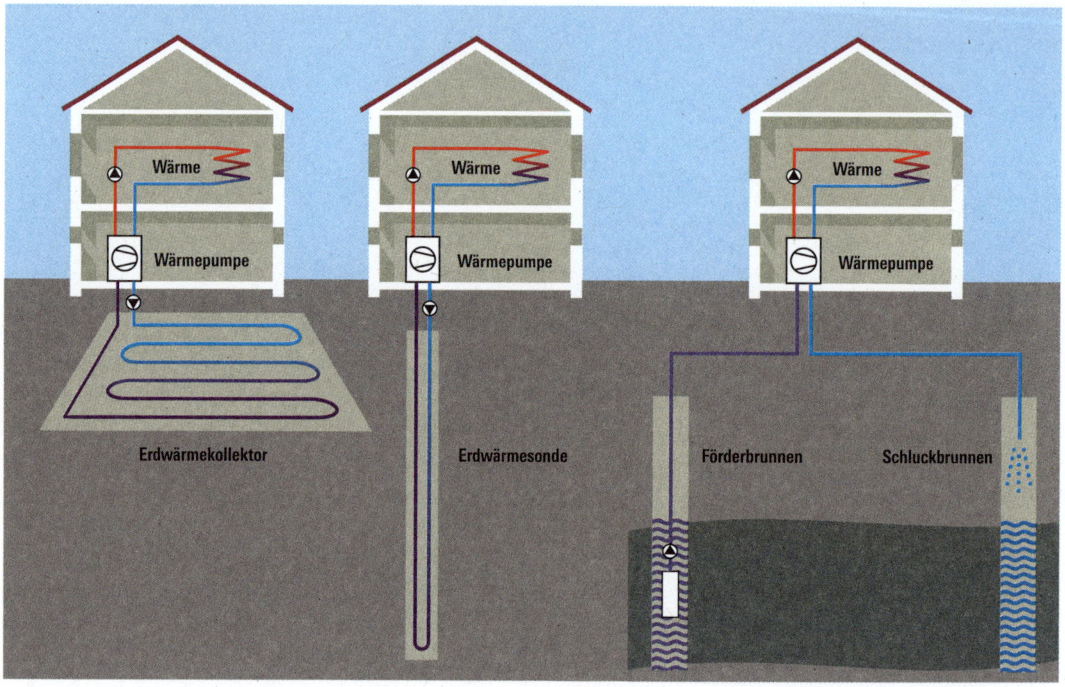

Zur Energiegewinnung können unterschiedliche Formen der Bohrung durchgeführt werden.

Sommer ist das Grundwasser immer noch kühl. In dieser Jahreszeit kann die Wärmepumpe so zum Kühlen des Gebäudes genutzt werden.

In der Praxis wird das Grundwasser bei diesem System aus dem sogenannten Saug- oder Förderbrunnen über ein langes Rohr mit einer separaten Pumpe gefördert. Im Wärmetauscher an der Wärmepumpe wird dem Grundwasser die Wärmeenergie entzogen, wodurch es abkühlt. Anschließend wird das entnommene Wasser über ein zweites Rohr, den Schluckbrunnen, wieder in die Grundwasserebene zurückgeführt. Für dieses System müssen also zwei getrennte Bohrungen bis zur Grundwassertiefe erfolgen. Die Erschließungskosten liegen dafür bei 4000 Euro bis 7000 Euro. Hinzu kommen die Kosten für das Gutachten. Denn vor einer Bohrung in den Untergrund muss das Erdreich hydrologisch untersucht werden. Wenn Sie einen Installationsbetrieb damit beauftragen, wird dieser auch die Unterlagen zur erforderlichen Genehmigung durch die Unteren Wasserbehörden des Kreises oder durch die Stadtverwaltung für Sie vorbereiten. Sie müssen sie dann nur noch unterschreiben und einreichen. Wenn Sie diese organisatorischen Arbeiten an Ihren Installateur abgeben wollen, notieren Sie diesen Punkt am besten schon im Auftrag.

Die Anschaffung einer Grundwasser-Wärmepumpe ist vergleichsweise teuer – sie kostet zwischen 9000 Euro und 12000 Euro. Die Betriebskosten sind dagegen mit jährlich 500 bis 800 Euro im Vergleich mit allen anderen Modellen durchschnittlich am niedrigsten.

Das sicherlich aufwendigste System stellen die **ERDWÄRMEPUMPEN** dar, die die Wärme der Erdschichten nutzen. Dafür muss man eine spezielle **SOLE-WASSER-WÄRMEPUMPE** anschaffen, deren Kosten je nach Bauart und Leistung von etwa 12000 bis 20000 Euro reichen können. Zusätzlich fällt ein Betrag von 3000 bis 5000 Euro für die Installation und Zubehör an. Die Erschließungskosten für die unterschiedlichen Typen von Erdwärmeanlagen (siehe unten) sind ebenfalls hinzuzurechnen.

Bei einer klassischen **SONDENBOHRUNG** können die Leitungen für die Wärmeaufnahme bis zu 150 Meter tief in das Erdreich eingebracht werden. Auf dem Grundstück kann die Tiefenbohrung mit geringem Platzbedarf ausgeführt werden. Beachten Sie aber, dass solche Sondenbohrungen grundsätzlich eine behördliche Genehmigung erfordern und in manchen Gegenden nicht zulässig sind. Mit jedem Meter mehr in die Tiefe lassen sich später im Betrieb jeweils rund 50 Watt zusätzlich herausholen. Wegen der schwierigen Bohrungen ist die Installation der Anlage aufwendig, also mit hohen Kosten verbunden, aber dafür sehr effektiv.

Die Tiefenbohrungen werden in der Regel pro Tiefenmeter kalkuliert. Je nach Schwierigkeit des Terrains kommen 50 bis 100 Euro pro Tiefenmeter zusammen. Wenn man für eine gute Ausbeute rund 150 Meter tief bohren will, entstehen Kosten von 7 500 bis zu 15 000 Euro nur für die Löcher im Boden.

Durch die langen Röhren wird im Betrieb eine wässrige Salzlösung als kalte Sole tief in den Untergrund gepumpt. Dort wird sie von der umgebenden Erdwärme aufgewärmt. Aus der Tiefe wird die erwärmte Sole hoch zur Oberfläche gepumpt, wo ihr von der Wärmepumpe über den Wärmetauscher die thermische Energie entzogen und für die Aufheizung des Heizungs- und Warmwassers im Haus genutzt wird. Dieses System arbeitet wegen der konstant höheren Temperaturen im Erduntergrund das ganze Jahr hindurch mit gleichmäßig hohen Wirkungsgraden.

Man muss aber nicht unbedingt so weit in die Tiefe gehen, um die Erdwärme zu nutzen. Mit einem **ERDKOLLEKTOR**, einem flächigen System aus schlangenförmig verlegten Rohren in einer Tiefe von 80 bis 150 Zentimetern, lässt sich die Bodentemperatur gleichfalls nutzen. Allerdings ist der Flächenbedarf hier beträchtlich: Für eine zu beheizende Wohnfläche von 200 Quadratmetern geht man überschlagsmäßig von einer etwa doppelt so großen Kollektorfläche aus. Als Erschließungskosten fallen das Material und die Montage der Kollektoren an. Die Erdkollektoren selbst kosten für eine Fläche zwischen 300 und 400 Quadratmetern etwa 4 500 bis 6 000 Euro.

Hierfür muss das Grundstück also schon groß sein, vor allem wenn man bedenkt, dass über den im Boden versenkten Leitungen keine tiefwurzelnden Pflanzen stehen und dass diese Flächen nicht überbaut werden dürfen.

Ein Kompromiss lässt sich mit **GRABENKOLLEKTOREN** realisieren. Die soleführenden Leitungen werden dabei dicht geschlungen in etwa zwei Meter breiten Schächten verlegt. Je nach Platzangebot können die Schächte waagerecht in etwa 150 Zentimetern Tiefe angelegt oder senkrecht bis etwa 10 Meter in die Tiefe ausgehoben werden.

TIPP: Unser Ratgeber „Wärmepumpen für Heizung und Warmwasser" geht umfassend und mit allen wichtigen Angaben auf die Installation von Wärmepumpen im Neubau und Bestandsgebäude ein.

Blockheizkraftwerk

Wie in „Ein neues Energiekonzept" ab Seite 77 beschrieben, gibt es Blockheizkraftwerke für das eigene Haus in Form von Nano- oder Mini-Heizkraftwerken. Beim Erwärmen des Wassers der Heizungsanlage oder von Brauchwasser produzieren diese Anlagen „nebenbei" elektrischen Strom. Ein Verbrennungsmotor verbrennt Erdgas, Diesel, Heizöl, Holz oder Rapsöl und treibt damit einen Generator an, der elektrischen Strom erzeugt. Heizungswasser wird durch die Wärme der Abgase über einen Wärmetauscher aufgeheizt. Dem erhitzten Kühlwasser für den Motor kann gleichfalls Wärme entzogen und für das Heizungswasser genutzt werden. Das Prinzip ist auch als Kraft-Wärme-Kopplung bekannt.

Ein neues BHKW müssen Sie bei Ihrem Netzbetreiber aus einem bestimmten Grund anmelden: Wenn Sie mithilfe eines BHKW Strom ins öffentliche Stromnetz einspeisen, werden die Kilowattstunden nach dem Kraft-Wärme-Kopplungs-Gesetz (KWK-Gesetz) mit einem Zuschlag gefördert, den der Netzbetreiber auszahlt. Sogar Ihr selbst genutzter BHKW-Strom wird mit dieser Förderung belohnt. Voraussetzung für den gesetzlichen Zuschlag ist, dass Ihre Anlage beim Bundesamt für Wirtschaft und Ausfuhrkontrolle (Bafa) zugelassen ist.

Heute haben BHKW für Ein- oder Zweifamilienhäuser Leistungen bis zu 2,5 kW. Die Anschaffungskosten steigen mit den Leistungsdaten. Nano-BHKW gibt es ab 10 000 Euro. Für Mini-BHKW mit Leistungen zwischen 15 und 50 kW, die eher für Mehrfamilienhäuser in Betracht kommen, zahlt man mindestens 30 000 Euro. Dazu kommen die Kosten für Installation, Pufferspeicher und den Anschluss an die Hauselektrik.

Im Betrieb fallen je nach Hersteller, Modell und Art des Motors Wartungskosten ab 350 Euro an, die regelmäßig nach 2 000 bis 8 000 Betriebsstunden fällig werden. Im Einfamilienhaus kann man von einer Wartung pro Jahr ausgehen. Und nicht zu vergessen: Hinzu kommen die laufenden Betriebskosten für den Brennstoff, also beispielsweise Öl oder Gas. Kritisch anzumerken ist, dass der Verbrauch eines BHKW höher als bei einer Brennwertheizung ist, immerhin werden mit dem Brennstoff aber Strom und Wärme produziert.

FAZIT: Insgesamt werden BHKW wirtschaftlicher, je größer der Bedarf an Wärmeenergie das ganze Jahr hindurch ist. Wird jedoch im Rahmen der energetischen Sanierung die Wärmedämmung eines Hauses verbessert, reduziert sich damit der künftige Heizwärmebedarf deutlich. Das lässt ein BHKW noch unattraktiver erscheinen.

Blockheizkraftwerke benötigen Platz für die Aufstellung der Motoren mit Generator und für Speicher.

Elektroheizungen

Vorweggeschickt sei, dass Elektroheizungen im Vergleich zu konventionellen Gas- und Ölheizungen vergleichsweise teuer im Betrieb sind. Sie verursachen hohe Energiekosten, wenn man den Strom nicht mit einer Photovoltaikanlage oder einem Blockheizkraftwerk selbst produziert und für Heizzwecke verwenden kann.

Im Rahmen einer Untersuchung von fünf verschiedenen elektrischen Heizgeräten haben wir im Oktober 2022 modellhaft die Kosten verglichen. Der Modellfall sah vor, dass in einem durchschnittlich gedämmten Haus ein 16 Grad kühles Wohnzimmer auf 20 Grad Celsius aufgeheizt werden soll. Als Außentemperatur wurden null Grad Celsius angenommen. Für den Kostenvergleich wurde postuliert, dass die Heizung jeweils für vier Stunden mit 2 000 Watt Heizleistung läuft – dieses Szenario sollte einen typischen Fernsehabend simulieren.

Mit welchem der Systeme ließ es sich nun am wirtschaftlichsten heizen? Sieger im Test wurden elektrische Heizdecken, die wir hier aber nicht weiter in Betracht ziehen. Bei der Beantwortung dieser Frage blieben also Klimaanlagen, die auch zum Heizen genutzt werden können, Heizlüfter, Radiatoren und Konvektoren sowie moderne Infrarotheizungen im Rennen. Hier die Ergebnisse unserer Untersuchung im kurzen Überblick.

KLIMAANLAGEN

Im laufenden Betrieb waren installierte Klimaanlagen die Sieger in puncto Effizienz. Eine Betriebsstunde kostete in der Modellrechnung bei

Splitgeräten 20 Cent Strom bei null Grad Außentemperatur.

Bei den **SPLITGERÄTEN** wird ein Kasten draußen an der Fassade angebracht, jeweils ein weiterer Kasten befindet sich drinnen in einem oder mehreren Zimmern. Eine Wärmepumpe (siehe Seite 124) im Gerät holt die Wärme aus der Umgebungsluft ins Zimmer. Bei null Grad Außentemperatur werden mit einer Kilowattstunde Stromverbrauch knapp vier Kilowattstunden Wärme ins Haus geschaufelt, bei niedrigeren Außentemperaturen sinkt der Wirkungsgrad. Diese Geräte sind aber immer deutlich effizienter als simple Heizkörper, die eins zu eins mit einem stromgeheizten Draht die Zimmerluft wärmen. Splitgeräte schnitten in unserem Klimaanlagen-Test besser ab als Monoblöcke.

Bei **MONOBLÖCKEN** wird die Zimmerluft angewärmt und die kalte Abluft per Schlauch aus dem Zimmer geblasen. Dieser Schlauch führt im Allgemeinen durch ein leicht geöffnetes Fenster, das dann aufwendig abgedichtet werden muss. Diese Geräte sind nicht so effizient wie die Split-Variante, aber bei guter Fensterabdichtung immer noch effizienter als Heizlüfter oder Radiatoren.

BEWERTUNG: Klimaanlagen sind kompliziert, teuer und wartungsintensiv. Die Anschaffung kostet bei Splitgeräten Tausende Euro. Für Splitgeräte müssen im Bestandsgebäude Löcher in die Gebäudeaußenwand gebohrt werden. Wenn Sie Mitglied einer Eigentümergemeinschaft sind, müssen Sie dazu formal die Zustimmung der anderen Eigentümer einholen. Auch für die spätere Wartung der Splitgeräte braucht es Profis, die sich mit der Technik und den verwendeten Kältemitteln auskennen.

Im Betrieb sind sie dann vergleichsweise kostengünstig und können auch im Dauerbetrieb genutzt werden. Gewöhnungsbedürftig ist, dass die Anlagen in den Räumen einen spürbaren Luftzug produzieren und dabei deutlich hörbare Geräusche verursachen.

HEIZLÜFTER

In unserem oben beschriebenen Modellvergleich kostete eine Betriebsstunde pro Gerät knapp 70 Cent Strom.

Auch eine Klimaanlage kann zum Heizgerät umfunktioniert werden.

Bei einem modernen Heizlüfter schaltet ein Thermostat den Heizdraht und die Lüftung ab, wenn die Zieltemperatur im Raum erreicht ist oder wenn die Schutzschaltung eine Überhitzung des Geräts misst. Die Heizleistung ist regelbar. Typischer Anwendungsbereich sind kleine Räume wie Badezimmer.

In der Anschaffung sind Heizlüfter günstig. Gute Geräte sind ab etwa 50 Euro zu haben.

Man verbindet sie mit einer Steckdose, und sofort nach dem Einschalten liefern sie heiße Luft.

Das in der Regel hörbar laute Gebläse kann – in Fußbodennähe aufgestellt – ordentlich Staub aufwirbeln. Der Betrieb schlägt sich außerdem in hohen Stromkosten für die Heizleistung nieder. Durch den heißen Luftstrom werden zudem die Gehäuse nach einiger Zeit oftmals heiß.

BEWERTUNG: Heizlüfter sind eine schnelle Zusatzheizung. Als Heizungssystem für eine Wohnung oder ein Haus sind sie technisch und wirtschaftlich nicht geeignet.

RADIATOREN UND KONVEKTOREN

Eine Betriebsstunde kostete in unserem Vergleich pro Gerät knapp 70 Cent Strom. Im Prinzip sind **RADIATOREN** fahrbare oder verschiebbare elektrische Heizkörper. Ein Heizdraht im Inneren heizt Öl auf, das dann die metallene

Außenfläche wärmt. Die Geräte gibt es mit hohen Heizleistungen von bis zu 2 500 Watt. Sie sind für den Dauerbetrieb geeignet. Bis so ein Radiator in Gang kommt und den Raum heizt, dauert es einige Minuten. Daraufhin erzeugt er aber eine wohlige Wärme, weil er mit wenig Luftzug auskommt. Durch ihr Thermostat halten Radiatoren die Temperatur im Raum auf einem eingestellten Wert.

KONVEKTOREN arbeiten wie Radiatoren mit einem elektrischen Heizdraht. Allerdings strömt hier die Raumluft direkt durch ein unten und oben offenes Gehäuse am Heizdraht vorbei. Das geht schneller als beim Radiator, erzeugt aber mehr Luftwirbel – vor allem bei den Konvektor-Modellen, die auch noch ein Gebläse aufweisen. Das Raumgefühl ist also nicht ganz so wohlig wie beim Radiator.

BEWERTUNG: Beide Gerätetypen sind in der Anschaffung sehr günstig und erfordern – außer einer Wandsteckdose – keine zusätzlichen Installationsarbeiten. Ölradiatoren sind ab zirka 80 Euro zu haben, Konvektoren kosten teilweise noch weniger. Sie verbreiten eine angenehme Wärme und funktionieren geräuschlos bis leise. Im Betrieb sind sie jedoch teuer, vier Stunden bei 2 000 Watt Heizleistung kosteten gut 2,70 Euro.

INFRAROTHEIZUNG

Als elektrisch betriebene Alternative zu den Heizkörpern kann man heute auch an die Installation von **INFRAROTHEIZKÖRPERN** denken. Dafür sind nur Anschlüsse beziehungsweise Steckdosen für elektrische Kabel nötig, ein Rohrleitungssystem entfällt. Das reduziert den Zeitaufwand und die Materialkosten für die Montage deutlich. Die elektrische Strahlungsheizung ist so gut wie wartungsfrei, hat eine doppelt so hohe Lebensdauer und kostet beim Einbau nur die Hälfte dessen, was ein komplettes Wärmepumpensystem kostet. Wesentliche Voraussetzung für eine gute Klimabilanz ist aber, dass der zum Betrieb notwendige Strom aus erneuerbaren Energiequellen stammt. Beim „Strom aus der Steckdose" der öffentlichen Netzbetreiber ist das (noch) nicht der Fall. Ökostromtarife lassen sich über Vergleichsportale oder Wechselservices finden.

Eine Betriebsstunde kostete in unserem Vergleich pro Gerät mit jeweils 1 000 Watt maximaler Leistung 34 Cent Strom.

Die Oberfläche wird erheblich heißer als bei einem Heizkörper und wärmt direkt über die Wärmestrahlung. Die Raumluft wird nur indirekt beheizt, wenn aufgewärmte Oberflächen Wärme an die Luft abgeben. Es gibt sie als Standmodelle mit und ohne Räder für den Boden. Dann strahlen die Heizkörperflächen in zwei Richtungen. Viele Modelle sind recht flach und können wie ein Bild an die Wand geschraubt werden. Diese schicken die Wärme nur in eine Richtung – nach vorne. Alle Infrarotheizungen sind für den Dauerbetrieb geeignet. Aber ein einzelner Infrarotheizkörper bringt meist nur halb so viel Leistung wie ein Radiator oder Konvektor. Wer nur an einem bestimmen Ort – zum Beispiel im Badezimmer – Wärme haben will, sollte den Wärmestrahler entsprechend ausrichten. So kommt man vielleicht mit nur einem Gerät aus und reduziert den Stromverbrauch. Wer ein ganzes Zimmer heizen will, benötigt aber mehrere Geräte.

BEWERTUNG: In der Anschaffung kostet eine Infrarotheizkörper ab etwa 100 Euro aufwärts und lässt sich ohne großen Aufwand installieren. Die Leistung pro Heizkörper ist allerdings geringer als bei Radiatoren. Die Heizung gibt nach dem Einschalten sofort Wärme ab und ist im Betrieb leise. Wo die Wärmestrahlung auf den Körper trifft, wird das als sehr angenehm empfunden. Im Betrieb verursachen Infrarotheizungen hohe Stromkosten. Sie sollten nur laufen, wenn sich Menschen im Raum aufhalten.

Pelletheizungen

Eine **ZENTRALE PELLETHEIZUNG** mit Pelletlager kann eine klassische zentrale Öl- oder Gasheizung ersetzen. Vollautomatisch werden die genormten Pellets aus einem Lagerraum zum Kessel transportiert und dort verbrannt. Im Betrieb ist nur alle ein bis zwei Monate die Asche zu entsorgen.

Im Laufe der Zeit sammelt sich im Brennstofflager, insbesondere am Ausgang zur För-

Das Lager für Holzpellets nimmt viel Raum ein. Außerdem muss der Lagerort die Anforderungen an Trockenheit und Brandschutz erfüllen.

deranlage, eine Schicht aus feinem Holzmehl und -staub an, was zu Betriebsstörungen am Transportsystem führen kann und die optimale Verbrennung behindert. Alle zwei bis drei Jahre steht deshalb eine **REINIGUNG** des Pelletlagers an, die Sie selbst bei abgeschalteter Heizung durchführen können. Der Lagerraum muss dafür gut belüftet sein, und Sie sollten sich bei der Arbeit mit dem Staubsauger mit einer FFP2-Schutzmaske gegen das Einatmen des feinen Holzstaubs schützen.

Empfohlen wird die Kombination mit einem **PUFFERSPEICHER**. Dies sorgt für einen gleichmäßigeren Betrieb der Feuerung und für eine effizientere Verbrennung (siehe auch „Wärmespeicher", Seite 74 f.). Eine weitere, nicht unerhebliche Komponente ist das spezielle Abgassystem. Im Bestandsgebäude ist die Nachrüstung eines solchen Schornsteins häufig problematisch. Befragen Sie vor der Entscheidung den Schornsteinfeger, was sich wie nachrüsten lässt.

Auf die zunehmend kritische Betrachtung der ökologischen Bilanz des Heizens mit Holz – seien es Kamine mit Holzscheiten, Holzpelletöfen oder Pellet-Zentralheizungen – haben wir im Kapitel „Heizen mit Holz" (siehe Seite 67) schon hingewiesen. Zwar gehört Holz zu den nachwachsenden Rohstoffen und ist im Betrachtungszyklus von mehreren Jahrzehnten – bis das verheizte Holz nachgewachsen ist – in der Bilanz CO_2-neutral. Holz ist aber zum Verheizen nicht unbegrenzt verfügbar. Wenn es vor dem Verbrennen nicht richtig getrocknet wurde – der Restfeuchtegehalt sollte maximal 15 Prozent betragen –, verbrennt es außerdem nicht optimal, sodass viele giftige und umweltschädliche Nebenprodukte entstehen, die durch den Schornstein in die Umgebung geblasen werden.

Wichtig ist deshalb auch, dass der **STELLPLATZ** für das Pelletlager trocken ist. Werden die Pellets während der Lagerzeit feucht, sinkt der Brennwert beim Verheizen, und es bleibt mehr Asche zurück. Und falls die Holzpresslinge gar aufquellen oder verkleben, kann das den automatischen Transportmechanismus zum Brenner blockieren, was zum Ausfall der Heizung führt.

Für die ökologisch nachhaltige Beheizung Ihres Zuhauses sollten Sie also einen **STAUBABSCHEIDER** oder **FILTER** einsetzen, den Brennstoff nur aus einer nachhaltigen Quelle – am besten aus der Region – beziehen und die Heizung möglichst effizient nutzen.

WIE GROSS MUSS DAS PELLETLAGER FÜR IHR HAUS SEIN?

Gehen wir davon aus, dass Sie ein Lager für einen Jahresvorrat an Pellets berechnen wollen. Der Heizwert von Pellets beträgt durchschnittlich etwa 4,8 kWh pro Kilogramm. Zum Vergleich: Der Heizwert von einem Liter Heizöl beträgt etwa 9,8 kWh, bei Erdgas liegt er durchschnittlich bei 10,1 kWh pro Kubikmeter. Wenn Sie nur Ihre Zentralheizung von Heizöl oder Erdgas auf Pellets umstellen wollen, kalkulieren Sie dementsprechend mit rund zwei Kilogramm Pellets pro Liter Heizöl, den Sie bisher verheizt haben, oder für jeden Kubikmeter Erdgas, den Sie in den vergangenen Jahren abgerechnet haben.

Wenn Sie also in den letzten Jahren im Mittel 2500 Liter Heizöl getankt haben, ergibt sich ein Brennstofflager für Holzpellets von
2500 l × 2 = 5000 kg Holzpellets.

Wenn Sie einen aktuellen Energieausweis für das Haus haben, können Sie den dort angegebenen Heizbedarf in Kilowattstunden pro Jahr heranziehen.

Für eine Kilowattstunde (kWh) Heizleistung ist zu veranschlagen:
1 Kilogramm Pellets : 4,8 kWh/kg = rund 0,2 kg Pellets.

Wenn Ihr Haus einen jährlichen Heizenergiebedarf von 30000 kWh hat, kommen Sie so auf 6000 kg Holzpellets.

In Volumen für das Lager ausgedrückt, bedeutet dies: Eine Tonne Holzpellets hat einen Raumbedarf von rund 1,50 Kubikmeter. Oder andersherum: 650 kg Holzpellets nehmen einen Kubikmeter Raum ein.

Das Pelletlager muss in der Praxis allerdings etwas größer sein, weil der Behälter nie vollständig ausgefüllt wird, es also immer ein gewisses Leervolumen gibt. Für die Berechnung kann man auf das reine Pelletvolumen überschlagsweise noch etwa ein Drittel für das Lagervolumen aufschlagen.

Diese Überschlagsrechnungen berücksichtigen noch nicht, dass weitere Maßnahmen der energetischen Sanierung den zukünftigen Heizungsbedarf des Gebäudes kräftig reduzieren können. Das ist immer im Zusammenhang zu prüfen und gegebenenfalls anzupassen.

Es gibt noch weitere Kriterien für den Standort des Pelletlagers, denn bei der Lagerung von brennbaren Materialien sind **BRANDSCHUTZRICHTLINIEN** einzuhalten. Diese sind in den Feuerungsverordnungen der Bundesländer geregelt. So ist bei der Wahl des Lagerplatzes gegebenenfalls ein Mindestabstand zwischen dem Kessel und dem Brennstofflager einzuhalten.

Das Brennstofflager muss regelmäßig aufgefüllt werden, es muss also für den **LIEFER-LKW** erreichbar sein. Ideal ist ein Brennstofflager in der Nähe der Außenwand des Hauses an der Zufahrtsstraße. Auf diese Weise kann ein Schlauch durch ein Fenster zum Lagerbehälter geführt werden. Das gewährleistet gleichzeitig, dass der Lagerraum die notwendige **BELÜFTUNG** von draußen erfährt.

Wenn Sie im Haus keinen Raum für das Pelletlager haben, kommt ein **PELLETTANK** aus Metall außerhalb des Hauses in Betracht. Dies ist allerdings mit höheren Kosten verbunden, da der Lagerort insbesondere die Anforderungen an Trockenheit und Brandschutz erfüllen muss. Auch das Fördersystem zum Kessel wird in der Regel komplizierter einzurichten sein.

WAS KOSTET EINE PELLETHEIZUNG?

Wollen Sie Ihr Einfamilienhaus mit einem Gewebetank als Brennstofflager ausstatten, müssen Sie für Lager und das automatisierte Fördersystem zur Pelletheizung rund 4000 Euro einplanen. Für den Pelletkessel selbst samt Montage durch den Heizungsbauer sind 12000 bis 18000 Euro zu veranschlagen. Zu beachten ist folgende Änderung der staatlichen Förderbedingungen: Seit 2023 werden Pelletheizungen nur noch in Kombination mit einer Wärmepumpe oder Solarthermie und mit einem speziellen Feinstaubfilter gefördert.

Im laufenden Betrieb hängt der Verbrauch an Pellets von der Größe Ihres Eigenheims, von der energetischen Qualität des Gebäudes, vom

Der Betrieb eines Holzofens ist mit Aufwand verbunden, kann jedoch eine behagliche Atmosphäre erzeugen.

aktuellen Wetter während eines Jahres und vom Heizverhalten der Bewohner ab. Der mittlere Verbrauch eines durchschnittlichen Einfamilienhauses liegt bei rund 4 bis 5 Tonnen Pellets pro Jahr.

Kaminheizungen

Kaminheizungen sind einzelne Feuerstätten in den Wohnräumen, die mit festen Brennstoffen (Scheitholz, Pellets) betrieben werden und deren Abgase über einen Kamin und Schornstein abgeführt werden. Der Ofen ist im Unterschied zum offenen Kamin nicht fest in der Wand eingebaut, sondern steht im Raum auf einer feuerfesten Funkenschutzplatte. Das Feuer brennt in einer geschlossenen Kammer, meist mit einer transparenten Frontscheibe, durch die man das Feuer betrachten kann. Die Luftzufuhr wird meist automatisch gesteuert. Wenn ein Kaminofen in einem sehr gut gedämmten, also nahezu luftdichten Gebäude betrieben werden soll, kann es ein Problem mit der angesaugten Brennluft geben. Die Kaminöfen sollten dann raumluftunabhängig sein, indem sie die benötigte Frischluft über ein zweites Rohr von außen ansaugen.

Heute dienen moderne Kaminöfen in der Regel mehr dazu, eine heimelige Atmosphäre zu zaubern. Als echte Heizung kommen sie eher für die Übergangszeiten Frühling und Herbst in Betracht, wenn man die Zentralheizung nicht anschalten will.

Ein Grund für die nur gelegentliche Nutzung ist auch, dass Kaminöfen im Betrieb einigen Aufwand bedeuten, da der Brennstoff regelmäßig von Hand nachgefüllt werden muss. Je nach Intensität der Nutzung muss zudem der eingebaute Aschekasten geleert werden.

Wer sich ausschließlich auf das Heizen mit Öfen beschränken will, muss besonders die Heizleistung der einzelnen Öfen berücksichtigen. Je nach Raumgröße und Qualität der Gebäudedämmung sind unterschiedliche Heizleistungen gefordert – wobei sich die Heizleistung später noch individuell durch die Zuführung von mehr oder weniger Brennstoff regulieren lässt.

Etwas komfortabler, aber auch teurer, sind moderne **PELLETÖFEN** mit einem Vorratsbehälter für die Holzpellets. Sie können einfach per Knopfdruck gezündet werden. Die gewünschte Raumtemperatur ist einstellbar und wird eingehalten, solange genügend Pellets vorhanden sind. Der Nachschub mit Pellets aus dem Vorratsbehälter in die Brennkammer erfolgt automatisch. Sie benötigen für den Betrieb eines solchen Ofens deshalb einen eigenen Stromanschluss. Störend kann sein, dass sich die elektrisch betriebene Pelletschnecke und das Gebläse mit Betriebsgeräuschen bemerkbar machen, die nichts mit gemütlich knisternden Holzscheiten gemein haben.

NEUE ÖFEN müssen die Anforderungen der zweiten Stufe der Bundesimmissionsschutzverordnung (BImSchV) erfüllen. Achten Sie auf die entsprechende Bescheinigung der Hersteller. Außerdem sollten Sie prüfen, ob der Ofen über einen Feinstaubfilter verfügt. Wenn der Ofen steht und angeschlossen ist, muss ihn ein Schornsteinfeger vor der ersten Inbetriebnahme offiziell abnehmen und dabei eine Emissionsmessung durchführen.

Für eine erfolgreiche Abnahme müssen überdies die vorgeschriebenen **SICHERHEITSABSTÄNDE** eingehalten werden. Jeder Kaminofen muss nach vorne in der Regel mindestens 80 Zentimeter freien Raum haben sowie 20 bis 25 Zentimeter zu den Seitenwänden und zur Rückwand. Die genauen Zahlen finden Sie in der jeweiligen Gebrauchsanleitung.

Steht der Kaminofen auf einem brennbaren Fußbodenbelag, muss er auf eine **BODENPLATTE** aus nicht brennbarem Material wie Stahlblech, Fliesen oder unauffälligem Sicherheitsglas gestellt werden. Weil im Betrieb immer mal wieder glühende Stückchen aus dem Kaminofen fallen können, muss die Bodenplatte an den Seiten mindestens 30 Zentimeter, nach vorne mindestens 50 Zentimeter größer sein als die Grundfläche des Kaminofens.

Entspricht alles den oben genannten Vorschriften, erhalten Sie von der Schornsteinfegerin einen schriftlichen **FEUERSTÄTTENBESCHEID**, der den ordnungsgemäßen Zustand bestätigt.

Beachten Sie, dass ein Kaminofen auf der Außenseite sehr heiß werden kann. Ein Sicherheitsgitter mit etwas Abstand vom Ofen sorgt dafür, dass Kinder oder Haustiere keine Verbrennungen erleiden.

TIPP: Funktioniert der Abzug der Abgase durch den Kamin nicht störungsfrei oder ist eine Drosselklappe im Abzugsrohr zu weit geschlossen, kann geruchloses, aber giftiges Kohlenmonoxid (chemisch: CO) in den Raum gelangen. Es gibt spezielle **CO-MELDER**, die Sie in jedem Raum mit einer offenen Feuerstelle installieren sollten, um einer schleichenden Kohlenmonoxidvergiftung vorzubeugen.

ABLEITBEDINGUNGEN FÜR SCHORNSTEINE SEIT 1. JANUAR 2022

Seit 2022 gelten die neuen „Ableitbedingungen für Abgase" der ersten Bundesimmissionsschutzverordnung (BImSchV § 19 Absatz 1) für Schornsteine. Diese behindern den Einbau eines neuen Kaminofens manchmal oder machen ihn ganz unmöglich. Die wichtigsten Bestimmungen im Überblick:

ENTWARNUNG gilt für Kaminöfen mit festen Brennstoffen, die vor 2022 errichtet und genutzt wurden: Hier gilt der Bestandschutz. Die Abgase dieser Öfen dürfen nach den beim Bau geltenden, weniger strengen Regeln der ersten Bundesimmissionsschutzverordnung (BImSchV § 19 Absatz 2) in die Umwelt geleitet werden. Nach den alten Regeln sind für bereits existierende Kaminöfen zum Beispiel auf Steildächern kürzere Schornsteine mit der Mündung unterhalb des Firsts möglich. Auch wer seinen alten, vor 2022 betriebenen Kaminofen für feste Brennstoffe gegen einen neuen austauscht, kann den alten Schornstein weiter nutzen. Das gilt sogar, wenn man eine alte Gas- oder Ölheizung zum Beispiel durch einen Pelletofen ersetzt.

Wer bisher jedoch keine Feuerungsanlage für feste Brennstoffe in seinem Haus hatte und sich nun einen Kamin oder Pelletofen anschaffen will, muss die neuen gesetzlichen Vorschriften beachten:

Die Austrittsöffnung des Schornsteins muss firstnah verlaufen und den Dachfirst um mindestens 40 Zentimeter überragen. Das soll den Feinstaub, der beim Abbrennen von Holz entsteht, über die Luft abtransportieren, ohne die Umgebung und die Nachbarn zu belasten.

Wenn ein firstnaher Schornstein nicht machbar ist, können die neuen Aufstellregeln zu meterlangen Schornsteinen führen, die bis über Firsthöhe aufragen. Ein neuer Kamin wird durch die neuen Ableitbedingungen für Schornsteine um schätzungsweise 30 bis 50 Prozent teurer als bisher.

Hier kommt eine **AUSNAHMEREGELUNG** ins Spiel: Besitzer von Häusern, die vor 2022 gebaut wurden, dürfen einen neuen Kaminofen samt Schornstein auch nach den alten, weniger strengen Vorschriften errichten, wenn die neuen Regeln mit einem unverhältnismäßig hohen Aufwand verbunden sind. Was unverhältnismäßig ist, steht nicht im Gesetz. In der Gesetzesbegründung heißt es: Der Ausnahmetatbestand von Paragraf 19 kann „nach Beratung durch und in Absprache mit" dem bevollmächtigten Bezirksschornsteinfeger „in Anspruch genommen werden" (Bundesrats-Drucksache 607/21, Seite 16).

TIPP: Über die Internetseite schornsteinfeger.de finden Sie den für Sie zuständigen Bezirksschornsteinfeger.

Nach dem Willen des Gesetzgebers darf dieser also im Einzelfall über die Frage der Unverhältnismäßigkeit entscheiden. Besteht der Schornsteinfeger aber nach dem Gespräch mit Ihnen auf einer Schornsteinhöhe gemäß den neuen Regeln, weil er keinen „unverhältnismäßig hohen Aufwand" sieht, während Sie weiterhin der Meinung sind, dass in Ihrem Fall der Aufwand sehr wohl unverhältnismäßig hoch sei, bleibt Ihnen nur der Widerspruch bei der zuständigen Bauaufsichtsbehörde.

Der Fernwärmeanschluss

Voraussetzung für eine Heizung und Warmwasserbereitung mit Fernwärme ist, so banal es klingt, dass direkt vor Ort überhaupt ein Fernwärmenetz existiert, an das Sie sich anschließen lassen können. Erkundigen Sie sich bei Ihrem Energieversorger (Strom, Erdgas) und/oder bei den Stadtwerken, ob Ihr Haus in einem Netzanschlussgebiet liegt.

Nutzer von Fernwärme benötigen weder Heizungsbrenner noch Kamin. Die Zuleitung erfolgt über gedämmte Rohrleitungen von einer Kraft-Wärme-Kopplungsanlage direkt in Ihren Haushalt.

Wenn das gegeben ist und Sie von einer eigenen Heizungsanlage auf die Lieferung von Fernwärme umstellen wollen, muss der Zugang von der Heißwasserleitung draußen zum Anschluss ans Heizungs- und Trinkwassersystem im Haus gelegt werden. Die Technik für den Anschluss an ein Fernwärmenetz, inklusive einer Hausübergabestation, kostet etwa 5000 bis 10000 Euro zuzüglich der Kosten für die Montage. Die Gesamtkosten können allerdings schnell 8000 bis 15000 Euro betragen

KOSTEN BEI FERNWÄRMEVERSORGUNG SENKEN

Ein **Tipp** für alle, die ihr Haus sanieren und bereits länger an ein Fernwärmenetz angeschlossen sind: Die vertragliche Anschlussleistung für Ihr Haus beruht auf dem tatsächlichen Wärmebedarf. Bei einer energetischen Gebäudesanierung sinkt der Heizungsbedarf, wenn der Dämmstandard des Hauses spürbar verbessert wurde. Nach Abschluss der Sanierungsmaßnahmen sollten Sie die Anschlussleistung in Übereinstimmung mit dem dann niedrigeren Wärmebedarf anpassen lassen, um die Kosten für die Wärmelieferungen mit sofortiger Wirkung zu reduzieren.

durch die Ausgaben für die anfallende Entsorgung Ihrer alten Heizungsanlage sowie für den neuen Anschluss und die korrekte Einstellung der Warmwasserverteilung. Diese Kosten reduzieren sich signifikant durch eine Förderung von der KfW oder des Bafa.

VOR- UND NACHTEILE

Jedes Fernwärmeunternehmen ist regional ein Monopolist im eigenen Fernwärmenetz. Einmal angeschlossen, ist ein Wechsel des Wärmelieferanten nicht möglich. Weil der Betreiber eine umfassende Infrastruktur vorhalten und die vereinbarte Wärmemenge zuverlässig liefern muss, laufen die Verträge mit Ihrem Versorger fünf oder bis zu zehn Jahre ohne ein Kündigungsrecht. Sie sind also auf lange Zeit abhängig von der Preisgestaltung dieses einen Anbieters, was die zukünftigen Kosten für Heizung und Warmwasser betrifft.

Der große Vorteil des Systems ist, dass Sie die Wärme jederzeit frei Haus geliefert bekommen und im Haus keinen Platz mehr für Brenner und Lagerplätze (Öltanks, Pelletlager) brauchen. Auch Schornsteinfegergebühren fallen nicht mehr an, falls Sie nicht noch eine andere Heizung mit Kamin betreiben. Den Komfort lassen sich die Unternehmen allerdings bezahlen: Fernwärme ist im Betrieb im Durchschnitt teurer als viele andere Heizungen. Zwar sparen Sie eventuell Geld bei der Einrichtung und müssen keine eigenen Wartungs- und Reparaturkosten befürchten, aber die Erzeuger sind sich ihrer Monopolstellung durchaus bewusst und können ihre Preise relativ frei gestalten.

So haben die Fernwärmeversorger ganz unterschiedlich auf die wirtschaftliche Krise infolge des Ukraine-Kriegs reagiert, je nachdem, in welchem Maße sie von den Gas- und Öllieferungen aus Russland abhängig waren. Mancherorts haben sich im zweiten Halbjahr 2022 die Kosten für die Fernwärmeversorgung gegenüber dem Vorjahreszeitraum verdoppelt.

PREISE FÜR FERNWÄRME

Die Preise für Fernwärme setzen sich in der Regel folgendermaßen zusammen:

- → Arbeitspreis in Cent pro Kilowattstunde. Über den Arbeitspreis wird der tatsächliche Wärmeverbrauch abgerechnet.
- → Grundpreis pro Kilowatt angeschlossener Leistung (auch als „Anschlusswert" oder „Leistungspreis" bezeichnet). Für alle angeschlossenen Haushalte wird ein Grundpreis erhoben, der die anteiligen Kosten an Kraftwerk und Leitungsnetz enthält.

Durchschnittlich macht der Grundpreis einen Anteil an den Gesamtkosten von etwa 25 Prozent aus, der Arbeitspreis ungefähr 75 Prozent.

→ Manche Anbieter weisen separat noch einen pauschalen Dienstleistungspreis aus, der für die Abrechnung und Messung des Wärmeverbrauchs berechnet wird.

Sie können gemäß den Regelungen der Fernwärmeverordnung (AVBFernwärmeV) während der Vertragslaufzeit einmal jährlich verlangen, dass der Anbieter die Leistung anpasst. Eine Reduzierung der Leistung wird Ihren Grundpreis drücken, sofern nicht vertraglich eine Mindestleistung festgelegt ist. Beachten Sie dabei, dass Sie eine Änderung immer nur zum Ende eines Kalendermonats beantragen können und die Vorlaufzeit dafür vier Wochen beträgt. Wollen Sie die Anschlussleistung zum Beispiel ab März 2024 reduzieren, müssen Sie vor dem 31. Januar 2024 die Anschlussleistung zum Stichtag 29. Februar 2024 umstellen lassen.

Ihre Forderung nach einer reduzierten Anschlussleistung müssen Sie nicht begründen, sofern die Reduktion weniger als 50 Prozent der bisherigen Anschlussleistung beträgt. Wenn Sie komplett auf erneuerbare Energien wechseln, können Sie den Vertrag sogar mit einer Frist von zwei Monaten ganz kündigen.

→ **Photovoltaik und Elektrik** Sie haben sich entschieden, Strom mit einer Photovoltaikanlage künftig selbst zu produzieren? Wir zeigen Ihnen, wie Sie das Schritt für Schritt in die Praxis umsetzen.

WAS ERFAHRE ICH?

Gar nicht trivial ist die Frage, wie viel Strom Sie nach der energetischen Sanierung voraussichtlich nutzen wollen. Folgendes sollten Sie außerdem überlegen: Wollen Sie statt mit Erdgas oder Erdöl in Zukunft elektrisch heizen, zum Beispiel mit einer Wärmepumpe? Soll auch das Trinkwasser künftig elektrisch aufgeheizt werden? Wird sich der Wohnraum insgesamt durch Umbauten vergrößern? Verändert sich das Nutzungsverhalten deutlich, zum Beispiel durch regelmäßiges Arbeiten im Homeoffice? Sollen E-Bikes und E-Autos in Zukunft zu Hause aufgeladen werden? Ist eine aktive Gebäudebelüftung geplant, die Strom verbraucht? Sind Smarthome-Technologien vorgesehen? Es gilt, auf diese Weise den künftigen Jahresstrombedarf des Hauses in Kilowattstunden zu kalkulieren.

Insgesamt kann man wohl davon ausgehen, dass der Energiebedarf fürs Eigenheim, den bisher fossile Brennstoffe und Ihr Stromversorger (Elektrizitätswerk) geliefert haben, künftig alleine durch elektrischen Strom gedeckt werden muss. Sie können dazu überschlagsweise die Jahresabrechnungen Ihrer bisherigen Energieversorger (Strom, Gas, Fernwärme, Erdöl, Flüssiggas etc.) sammeln und in Kilowattstunden pro Jahr umrechnen.

Die **NENNLEISTUNG** einer Photovoltaikanlage wird in Kilowatt Peak (kWp) angegeben. Das ist die Leistung, welche die Anlage unter den besten Bedingungen mittags im Juli maximal generieren kann.

Pro Kilowatt Peak installierter Leistung kann man bei einer sehr guten Ausrichtung der Solarpaneele mit rund 900 bis 1 000 kWh Strom pro Jahr rechnen.

Wenn ein durchschnittlicher Vierpersonenhaushalt im Eigenheim inklusive Warmwasserbereitung im Jahr 5 000 kWh Strom verbraucht, sollte die Anlagenleistung bei 5 bis 6 kWp liegen. Das ist aber nur der rein rechnerische Wert für den Jahresdurchschnitt, unabhängig von saisonalen und tageszeitlichen Schwankungen.

Photovoltaikanlage auf dem Dach

Grundsätzlich ist bei energetischen Sanierungen die Aufdachanlage die Installation der Wahl. Nur wenn das Dach ohnehin aus anderen Gründen neu eingedeckt werden soll, kommt eine Indachanlage in Betracht, die optisch unauffälliger, aber aufwendiger zu installieren und zudem häufig ertragsärmer ist.

Für Aufdachanlagen werden die Solarmodule meist auf ein Schienensystem gelegt und mit speziellen Klammern auf den Schienen

Das eigene Dach ist der ideale Ort für die Energiegewinnung.

montiert. Bei Indachanlagen ersetzen die Module die Dachhaut und fügen sich nahtlos zwischen die sonstige Dachabdeckung ein. Diese Variante wählt man bei Neubauten oder nach großen Dachsanierungen für eine schönere Optik.

In **SCHRITT EINS** ist vor der Installation einer Photovoltaikanlage also zu prüfen, wie die Flächen auf Ihrem Dach, oder auf der Garage, für eine Photovoltaikanlage genutzt werden können. Folgende Überlegungen sind wichtig: Wie sieht die Statik des Daches aus? Ist es stabil genug, um die zusätzlichen Lasten einer PV-Anlage zu tragen, auch bei kräftigem Wind oder im Winter mit einer zusätzlichen Schneelast?

Ideal sind Flächen mit einer Neigung von 30 bis 40 Grad nach Süden, die zu keiner Zeit von Bäumen, Schornsteinen oder benachbarten Gebäuden verschattet werden. Ist die Dachneigung etwas geringer oder steiler oder fällt die Fläche nach Südosten oder Südwesten ab, sind die Erträge der Solarzellen immer noch gut. Die Einbußen sind nicht so relevant. Verläuft der Dachfirst bei einem Satteldach oder Walmdach in Nord-Süd-Richtung, sind die großen Dachflächen jedoch nach Osten und Westen ausgerichtet. Dann muss man individuell nachrechnen, ob sich die Investitionen in eine PV-Anlage auf Dauer lohnen.

Auf Flachdächern lassen sich PV-Anlagen zumeist gut aufstellen, sofern sie von der Statik her die zusätzliche Belastung tragen können. Hier wird man die Solarpaneele mithilfe von Montageständern in die optimale Position ausrichten.

Nachteilig ist es in jedem Fall, wenn die genutzten Flächen auch nur zeitweise verschattet werden. Das lässt die elektrische Leistung der ganzen Anlage spürbar einbrechen.

Die unterschiedlichen verfügbaren Onlinerechner erlauben auf der Grundlage der einzugebenden wichtigsten Daten zum Gebäude und zur Dachfläche eine Einschätzung, ob sich eine PV-Anlage bei Ihrem Haus rentiert und wie große diese sein kann. Die jährliche Ausbeute lässt sich recht zuverlässig anhand des Standorts sowie der Neigung und Ausrichtung des Daches voraussagen. Hierbei helfen Ertragsrechner im Internet wie das Informationssystem PVGIS der EU-Kommission: https://re.jrc.ec.europa.eu/pvg_tools/de/#PVP. Als

Beispiel für ein deutsches Angebot sei der SolardachCheck von co2online genannt: co2online.de/service/energiesparchecks/solardachcheck.

In **SCHRITT ZWEI** geht es um die Entscheidung, wie groß die PV-Anlage sein soll.

Pro kWp Leistung muss man zurzeit mit etwa fünf bis sieben Quadratmetern Fläche rechnen, wenn die Solarpaneele auf dem Dach aufliegen.

Hier spielt die Bauart der bevorzugten Solarmodule eine Rolle: Monokristalline und polykristalline Solarzellen haben höhere Wirkungsgrade als Dünnschichtmodule, liefern also auf gleicher Fläche mehr Leistung. Andererseits sind sie empfindlicher, was hohe Betriebstemperaturen oder nicht ideale Strahlungsverhältnisse angeht. Achten Sie also darauf, welcher Typ von Solarpaneelen bei den Berechnungen für Ihr Dach herangezogen wird.

Für die Größe der Anlage insgesamt gibt es zwei Obergrenzen: die nutzbare Fläche und das Budget, das Sie dafür maximal ausgeben wollen. Aus steuerlichen Gründen wurde bis etwa 2022 häufig empfohlen, auf privaten Hausdächern nur Photovoltaikanlagen mit einer Leistung von maximal 10 kWp zu installieren. Diese Beschränkungen sind inzwischen aufgehoben worden.

Bei größeren Anlagen und saisonalem Überschuss – im Sommer bei hoher Sonnenstrahlung und geringerem Strombedarf – lässt sich nur ein relativ kleiner Teil der erzeugten Strommenge direkt verbrauchen. Wer keinen eigenen Speicher hat, wird den nicht benötigten Strom ins öffentliche Netz einspeisen. Die Abrechnung der Vergütung erfolgt jeweils anteilig. Die ersten 10 kWp Anlagenleistung werden immer mit dem höheren Vergütungssatz bezahlt. Nur die kWp, die über der Grenze von 10 kWp liegen, werden etwas schlechter entlohnt.

Große Anlagen haben grundsätzlich den Vorteil, dass die Kosten pro installierter Leistung in kWp immer geringer werden. Die Kilowattstunde Strom wird also günstiger.

Ein Hinweis zu Ihrem Budget: Prüfen Sie – eventuell gemeinsam mit dem Energieberater –, wie der aktuelle Stand bei den Förderungen durch Bund, Länder und Gemeinden in Ihrem Fall ist. Die Programme haben unterschiedliche Laufzeiten und sind oft gedeckelt, was den

SOLARDACHZIEGEL STATT SOLARPANEELE?

Wer seine Dachdeckung ohnehin auswechseln will, kann auf der freigelegten Holzlattung direkt Solardachziegel verlegen. Auch wenn zum Beispiel Denkmalschutzauflagen zu erfüllen sind, kann man Solardachziegel anstelle von Tonziegeln verlegen, um eine harmonisch wirkende Dachdeckung zu erzielen. Es gibt sie in verschiedenen Farben und Formen, die sich optisch unauffällig integrieren lassen.

Aber: Solarziegel sind rund doppelt so teuer wie konventionelle PV-Module, die man aufs Dach montiert. Laut der Beratungsplattform Energieheld kosteten 50 Quadratmeter Solarziegel mit 6 bis 7 Kilowatt Peak inklusive Verlegen durch die Dachdeckerin Ende 2022 zwischen 24 500 und 29 000 Euro. Muss das Dach vorher abgedeckt werden, kommen weitere Kosten hinzu.

Ein deutscher Hersteller bot seine Solarziegel zur gleichen Zeit für 295 Euro pro Quadratmeter an, zuzüglich der Installation.

Was man im Vorfeld außerdem wissen sollte: Die Solardachziegel sind an den Unterseiten jeweils mit dem benachbarten Ziegel verkabelt. Die zahlreichen Steckverbindungen sind vergleichsweise störanfällig. Eine Fehlersuche kann später einige Zeit dauern und teuer werden.

Der kostengünstigere Kompromiss sind die bereits erwähnten Indach-Photovoltaikanlagen.

EINE PHOTOVOLTAIKANLAGE MIETEN?

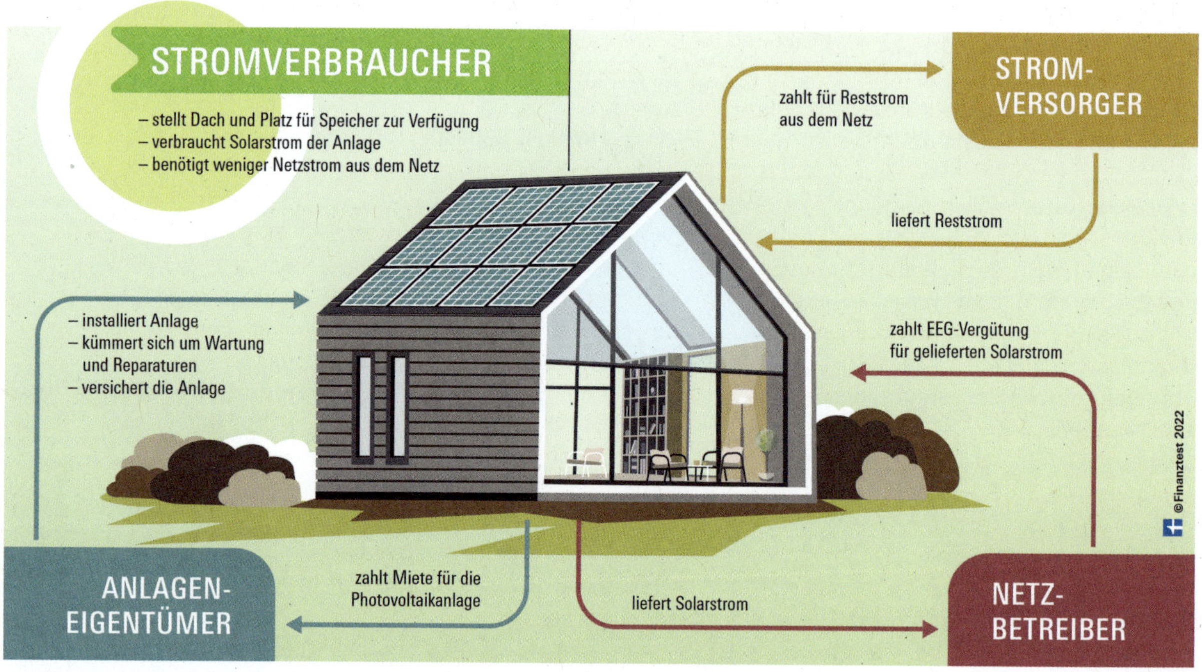

Unser Praxistest im Juli 2022 hat im Grunde bestätigt, was zahlreiche Leserzuschriften zuvor schon vermuten ließen: Angebote zum Mieten einer PV-Anlage sind oft schwer vergleichbar, Wirtschaftlichkeitsberechnungen der Anbieter häufig lückenhaft und geschönt. Rein wirtschaftlich betrachtet lohnt sich das Mieten in der Regel nicht. Nur wer bereit ist, den Komfort einer „Rundum-sorglos-Versorgung" mit einem saftigen Aufschlag im Vergleich zum Kauf zu bezahlen, sollte diese Option in Betracht ziehen.

Etat der Fördergelder betrifft. Denken Sie daran, dass Sie die Anträge auf Förderung stellen müssen, bevor Sie mit den Arbeiten beginnen.

Im **DRITTEN SCHRITT** holen Sie Angebote ein. Fordern Sie mittels eines Briefings oder unter Angabe von identischen Rahmenbedingungen mindestens vier bis fünf Kostenvoranschläge von Solarfachbetrieben oder spezialisierten Elektroinstallateuren an. Berücksichtigen Sie dabei vorzugsweise Unternehmen, die in Ihrer Umgebung bereits mehrere Projekte erfolgreich realisiert haben. Klären Sie im Vorfeld auch die wichtigen Fragen: Soll die Anlage mit oder ohne Batteriespeicher installiert werden? Welche Speicherkapazität ist dafür angesetzt?

Bitten Sie die Anbieter daraufhin explizit um eine Wirtschaftlichkeitsberechnung für ihren Vorschlag und lassen Sie sich erläutern, von welchen Annahmen dabei ausgegangen wird. Die Ergebnisse hängen stark davon ab und lassen sich sonst leicht manipulieren.

Teilen Sie den potenziellen Auftragnehmern mit, wann Sie mit der Installation der PV-Anlage beginnen möchten, und setzen Sie eine Frist, bis zu der Sie das Angebot zurückerhalten möchten.

Im **VIERTEN SCHRITT** werten Sie die Angebote aus.

Folgendes gilt es zu überprüfen: Sind die Angebote vollständig mit allen notwendigen

Anlagenbestandteilen? Handelt es sich um Qualitätsprodukte eines bekannten Herstellers? Sind zusätzliche Arbeiten wie die Gerüststellung im Angebot enthalten? Ist die Tatsache berücksichtigt, dass seit 1. Januar 2023 für die Lieferung und Montage von Solarstromanlagen und Speichern keine Umsatzsteuer mehr anfällt?

Vielleicht werden Sie im Zuge Ihrer Auswertung feststellen, dass es bei Anlagen vergleichbarer Qualität enorme Preisunterschiede gibt. Ein erstes Kriterium bei der Beurteilung eines Angebots ist der Preis pro Kilowatt Anlagenleistung. Ist der deutlich höher als bei den vergleichbaren Angeboten, kann sich diese Anlage nicht rentieren.

Mit unserem Solarrechner (test.de/solar rechner) können Sie die Berechnungen überprüfen, Ihre Erträge selbst einschätzen und verschiedene Szenarien durchspielen.

Welche Garantien geben die Anbieter jeweils auf die PV-Anlagen? Die Leistungsgarantie über mindestens 80 bis 85 Prozent des Anfangsertrags beläuft sich im Regelfall auf 25 Jahre. Gibt es für verschiedene Komponenten verschiedene Garantiezeiten?

Wie steht es um die Erreichbarkeit und Betreuung bei künftigen Ausfällen oder Betriebsstörungen?

Eigene Untersuchungen und Leserzuschriften bestätigen übereinstimmend: Mit einem Anbieter aus der Region, der die Anlage kennt und der im Notfall schnell eine Technikerin vorbeischicken kann, ist man oft besser bedient als mit einem Anbieter, dessen Unternehmenssitz weit entfernt ist.

Vor allem für PV-Anlagen mit Batteriespeicher werben Anbieter oft mit einem hohen Autarkiegrad, also der Selbstversorgung ohne öffentliches Netz. Dieser Autarkiegrad ist allerdings meist nur ein rechnerischer Durchschnittswert, der angibt, wie viel Prozent des jährlichen Gesamtverbrauchs durch den selbst erzeugten Solarstrom abgedeckt werden. Ein hoher Autarkiegrad wird zum Beispiel oft nur durch einen übergroßen Akkuspeicher erreicht, was hohe Anschaffungskosten bedeutet. Über die Wirtschaftlichkeit des Systems sagt dieser Grad nichts aus. Echte Autarkie erfordert darüber hinaus eine spezielle technische Einrichtung (siehe auch „Autark mit Notstrom- oder Ersatzstromfunktion“, Seite 145 f.).

Nach Abwägung aller Angebote erteilen Sie schließlich dem bevorzugten Anbieter den Auftrag.

Im **FÜNFTEN SCHRITT** erfolgen die Montage und Inbetriebnahme.

Eine Selbstmontage der Solarpaneele bei einer Aufdach-Konstruktion ist zwar möglich, aber technisch anspruchsvoll und birgt das Risiko hoher Folgeschäden, wenn die Installation nicht fachgerecht erfolgt. Die Installationsbetriebe gewähren überdies oft nur eingeschränkte oder gar keine Garantien für die gesamte PV-Anlage, wenn sie die Montage nicht selbst durchgeführt haben. Hinzu kommt, dass der elektrische Anschluss an die Hauselektrik und an das öffentliche Stromnetz auf jeden Fall von einem Elektrofachbetrieb erledigt werden muss. Wir raten von der Selbstmontage eher ab.

Im Bestandsgebäude muss man die Anlage möglichst gut an die Gegebenheiten anpassen. Das wirft Fragen auf: Wie werden die Kabel von der PV-Anlage draußen nach innen ins Gebäude geführt? Gerade bei sehr gut abgedichteten Gebäuden ist das ein kritischer Durchstoßungspunkt. Kann man dafür bereits bestehenden Verbindungen folgen, zum Beispiel einem Antennenkabel?

Ist der Zählerkasten groß genug, um zusätzliche Geräte aufzunehmen wie einen Zwei-Wege-Zähler und/oder eine Backup-Box (siehe „Was ist eine Backup-Box“, Seite 145)? Sind gegebenenfalls neue Vorschriften zu beachten, die einen ganz neuen Zählerplatz erfordern?

Ist die PV-Anlage schließlich ans öffentliche Stromnetz angeschlossen, muss das innerhalb von vier Wochen beim Netzbetreiber und im Marktstammdatenregister der Bundesnetzagentur angemeldet werden. Das erledigt in der Regel der Installationsbetrieb. Andernfalls informiert Ihre Elektrikerin Sie über die Anmeldung, die Sie dann im eigenen Namen durchführen. Wenn Sie die Frist versäumen, können Sie mit einem Bußgeld belegt werden und riskieren, dass Ihnen ein Teil der Einspeisevergütung gestrichen wird. Eine Gewerbeanmeldung

ERMITTLUNG DER SPEICHERKAPAZITÄT

Als Faustformel gilt unter den Experten, dass die Speicherkapazität in Kilowattstunden mindestens 0,9- bis zu 1,6-mal der Leistung der Anlage in kWp entsprechen soll. Bei einer PV-Anlage mit 10 kWp sind das zwischen 9 und 16 kWh Speicherkapazität. Viele Speichersysteme lassen sich heute modular erweitern. Man muss dafür nur genügend freien Platz im Technikraum bereithalten.

ist für Anlagen auf Wohnhäusern nicht nötig, obwohl das manchmal noch behauptet wird. Beim Finanzamt muss die Anlage allerdings angemeldet werden. Die Erträge der Einspeisevergütung werden bei Privatleuten aber nicht mehr auf die Einkommenssteuer angerechnet.

In **SCHRITT SECHS** befindet sich die PV-Anlage im Betrieb.

Überprüfen Sie zumindest im ersten Jahr regelmäßig, ob die PV-Anlage erwartungsgemäß funktioniert und die prognostizierten Strommengen liefert. Die Daten über die Energieerzeugung können Sie am Display des Wechselrichters ablesen oder auf einer Internetseite oder über eine Smartphone-App abrufen. Vor Ablauf der ersten Garantiezeiten und danach etwa alle fünf Jahre sollte ein Fachbetrieb die Sicherheit und Funktion der Anlage überprüfen.

Die Pflege der Photovoltaikanlage ist überschaubar. Sind die Paneele nach einiger Zeit sichtbar verschmutzt, kann man sie selbst reinigen oder professionell reinigen lassen, damit sie den besten Ertrag liefern können. Im Winter können Sie eine Schneedecke von den Solarzellen herunterkehren, wenn der Schnee an der Dachschräge nicht von selbst abrutscht. Auf dem Flachdach ist das leichter zu bewerkstelligen. Die Arbeit auf einem schrägen verschneiten Dach hingegen ist riskant. Unterschätzen Sie die Gefahr des Abrutschens nicht und treffen Sie Sicherheitsvorkehrungen.

Mit einem Batteriespeicher kann selbst erzeugter Solarstrom dann genutzt werden, wenn er benötigt wird.

Batteriespeicher als Strompuffer

Um mehr Solarstrom selbst nutzen zu können, setzen viele Interessierte auf Anlagen mit Speicher. Die Akkus speichern den tagsüber nicht benötigten Solarstrom und geben ihn abends wieder ab, wenn er gebraucht wird. Je nach Anlagengröße, Stromverbrauch und Speicherkapazität lässt sich der Eigenverbrauchsanteil bis auf 50 Prozent und mehr steigern.

Lange Zeit waren Speicher so teuer, dass deren Anschaffung für die meisten Privathaushalte unwirtschaftlich war. Doch die Preise sind gesunken, zudem gibt es beispielsweise von den Kommunen Zuschüsse.

Dazu kommt: Mit jeder kWh aus dem Batteriespeicher sparen Anlagenbetreiberinnen den Arbeitspreis, den sie für eine kWh Netzstrom zahlen müssten. Im Gegenzug verzichten sie auf die Vergütung vom Netzbetreiber, wenn sie den selbst produzierten Strom nicht ins Netz abgeben. Unterm Strich sparen sie die Differenz aus dem Preis für Haushaltsstrom und der Einspeisevergütung. Weil die Strompreise kräftig gestiegen sind, ist die Differenz immer größer geworden. Damit steigt die

Chance, die Anschaffungskosten der Speicher wieder hereinzuholen und sogar Überschüsse zu erzielen.

Moderne Lithium-Ionen-Batterien benötigen so gut wie keine Wartung. Ein Speicher gibt allerdings weniger Strom ab, als in ihn hineinfließt, weil bei der Speicherung Energie verloren geht und die Akkus selbst Strom verbrauchen. Entscheidender ist jedoch: Speicher halten in der Regel nicht länger als 10 bis 15 Jahre. Wer eine Anlage mit Speicher kauft, sollte die Kosten für deren Ersatz einkalkulieren.

AUTARK MIT NOTSTROM- ODER ERSATZSTROMFUNKTION

Wenn Sie besonderen Wert auf eine vom Netz unabhängige Stromversorgung legen, muss eine Photovoltaikanlage – wie im Kapitel „Ein neues Energiekonzept" erwähnt – mit geeigneten Wechselrichtern in Kombination mit einem Stromspeicher und entsprechender Notstromfunktion ausgestattet sein.

Es gibt dafür auf dem Markt verschiedene Konzepte, die wir im Folgenden kurz vorstellen.

Sowohl einphasige als auch dreiphasige Wechselrichter können in Verbindung mit Stromspeichern eine einfache Notstromversorgung bieten. Das kann zum Beispiel eine Steckdose sein, die bei Netzausfällen einphasige Verbraucher bis zu 3 kW versorgt. Das reicht aber nur, um einzelne Geräte mit Strom zu versorgen.

Ohne gleichzeitiges Laden des Stromspeichers aus der eigenen PV-Anlage endet diese Versorgung mit Notstrom, sobald die Batterieladung erschöpft ist. Die passenden Wechselrichter können hingegen in Kombination mit einem passenden Stromspeicher diesen weiter mit Strom von der Photovoltaikanlage aufladen. Diese „kleine Lösung" ist für die meisten Anwender jedoch nicht ausreichend, da die Stromversorgung im Haushalt insgesamt trotzdem ausfällt.

Zuschriften unserer Leserinnen zeigen, dass sie vielmehr an einer vollwertigen Netzautarkie interessiert sind, wofür es ebenfalls technische Lösungen gibt. Ein Knackpunkt bei der automatischen Umschaltung vom Netzstrom auf die komplett selbstständige Stromversorgung im Haus ist bisher, dass die meisten Lösungen bei einem Stromausfall wenige Sekunden bis zu 1,5 Minuten brauchen, bis die autarke Stromversorgung anspringt. Es gibt aber bereits technische Lösungen, die in wenigen Millisekunden zwischen Netz- und Inselbetrieb umschalten können. Stromanbieter wie EON setzen diese zum Beispiel in Kombination mit BYD-Speichern ein. Allerdings bietet die EON-Lösung nur Ersatzstrom für maximal drei Schaltkreise. Eine separate Einheit zur unterbrechungsfreien Stromversorgung (USV) –

WAS IST EINE BACKUP-BOX?

Diese Bezeichnung leitet sich aus dem englischen „Back up" her, mit dem sonst eher Sicherungskopien von Daten bezeichnet werden. Die „Backup-Box" oder „Netzumschaltbox" in der Hauselektrik sichert dagegen die Stromversorgung im Haus, indem sie bei Bedarf zwischen dem öffentlichen Stromnetz und dem hauseigenen „Kraftwerk" umschaltet.

Dieser Kasten befindet sich in der Photovoltaikanlage zwischen den Wechselrichtern und dem Batteriespeicher. Der von den Solarpaneelen kommende Strom wird in den Wechselrichtern transformiert und durch die Backup-Box in den Speicher eingespeist. Auf der anderen Seite des Kastens befinden sich die elektrische Hausinstallation und ein Ausgang für die Notstromversorgung.

Bei einer Störung oder einem Ausfall im öffentlichen Stromnetz trennt die Backup-Box das öffentliche Netz ab. Die Inselversorgung für den ganzen Haushalt springt ein, solange der Batteriespeicher in Verbindung mit den Solarpaneelen Strom liefert.

zum Beispiel für in Betrieb befindliche Computer – ist dann nicht mehr nötig.

Unser **FAZIT**: Die eigene Photovoltaikanlage kann in Verbindung mit einem passenden Batteriespeicher durchaus sämtliche Verbraucher im Haus mit Ersatzstrom betreiben. Der technisch notwendige Mehraufwand dafür kostet rund 500 bis 2000 Euro zusätzlich. Da eine Versorgungsunterbrechung beim Strom in Deutschland im Jahresdurchschnitt nach bisheriger Erfahrung nur rund zehn Minuten dauert, ist eine Notstrom- oder Ersatzstromversorgung nicht unbedingt notwendig. Doch wie sich die Stabilität des Stromnetzes in Zukunft gestalten wird, darüber kann nur spekuliert werden. Durch die politisch beförderte Umstellung auf immer mehr elektrische Stromquellen und Verbraucher sowie eine zunehmende Häufigkeit von Extremwetterlagen kann es durchaus öfter zu lokalen oder regionalen Stromausfällen kommen.

Anpassung der Hauselektrik

Vor allem eine Umstellung des Hauses auf den vollelektrischen Betrieb erfordert häufig eine Anpassung, Erweiterung oder Verstärkung der Hauselektrik. Die vorhandene Installation inklusive der sicherheitsrelevanten Absicherung der Stromkreise sollte immer durch einen Elektro-Fachbetrieb geplant und ausgeführt werden. Wir geben hier deshalb nur einige Hinweise, was bei der Neuplanung der Hauselektrik im Zuge einer energetischen Haussanierung eine Rolle spielen kann und beachtet werden muss.

Für den Einbau einer Photovoltaikanlage haben wir die notwendigen Anpassungen beziehungsweise Ergänzungen im letzten Kapitel bereits beschrieben.

Fahren Sie bereits jetzt ein E-Auto oder haben Sie es in Zukunft vor, so werden Sie das Fahrzeug zu Hause aufladen wollen. Um die Ladevorgänge zu beschleunigen, geht die Entwicklung zu immer höheren Ladeströmen, die eine entsprechend robuste elektrische Installation erfordern. Der Ladestrom für eine Wall-Box kann die Leistungsfähigkeit des bisherigen Hausnetzes überfordern. Gegebenenfalls sind Anpassungen des Verteilernetzes und der Sicherungsanlagen nötig.

ENERGIE SPAREN IM SMART HOME

Das automatisierte Eigenheim, neudeutsch auch als Smart Home bezeichnet, soll in erster Linie den Wohnkomfort erhöhen. Der Begriff Smart Home wird in der Praxis inzwischen in-

Das Smartphone kann als zentrales Steuerungselement für sämtliche elektronische Haushaltsgeräte dienen.

flationär für alles gebraucht, was im Haushalt automatisiert gesteuert werden kann. Das reicht von programmierbaren Thermostatventilen für die Heizung bis zu komplexen „Wohnszenarien" in einem komplett rechnergesteuerten Hausnetzwerk. Von Interesse ist in unserem Zusammenhang die Frage: Spart ein Smart Home Strom ein? Das kommt immer auf den Einzelfall an, eine pauschale Antwort ist nicht möglich.

Fakt ist jedoch: Die smarte Technik verbraucht zusätzlichen Strom. Sie steht 24 Stunden pro Tag unter Strom, um „ansprechbar" zu sein. Sensoren liefern ihre Daten außerdem rund um die Uhr an die Rechnerzentrale, die die eingehenden Daten verarbeiten und Steuerbefehle an die ausführenden Effektoren rausschicken muss. Auch im energieschonenden Stand-by tickt also beständig der Stromzähler. Nur als Beispiel für die Größenordnungen, um die es geht: Sind alle Leuchtmittel im Haus vernetzt, kann die Steuerung kontinuierlich 50 Watt und mehr ziehen, was schnell rund 150 Euro im Jahr ausmacht. Die Anschaffungskosten und die laufenden Betriebskosten muss man durch die „intelligente" Lichtsteuerung erst einmal wieder hereinbekommen, bevor man über Energiesparen reden kann.

Was heute in diesem Bereich möglich und wie die Wirtschaftlichkeit zu bewerten ist, beschreibt unser „Handbuch Smart Home" ausführlich und mit zahlreichen Fallbeispielen.

KOSTEN FÜR DIE HAUSELEKTRIK

Es hängt natürlich immer von mehreren Faktoren wie der Größe des Hauses, dem Alter der Elektrikanlage und den zukünftigen Anforderungen ab, was eine Sanierung des Stromnetzes im eigenen Haus kostet. Überschlagsmäßig können Sie mit folgenden Erfahrungswerten kalkulieren:

Das Handbuch versorgt Sie mit allen wichtigen Informationen rund um ein smartes Zuhause.

Muss die Hauselektrik inklusive Verteilung komplett erneuert werden, kostet das etwa 70 bis 90 Euro pro Quadratmeter Wohnfläche. In einem durchautomatisierten Smart Home kommt man für eine komplett neue Hauselektrik auch schnell auf 200 Euro pro Quadratmeter. Der Preis setzt sich jeweils aus etwa 40 Prozent Materialkosten und 60 Prozent Arbeitskosten zusammen. Durch Eigenleistungen können Sie also einiges einsparen, wenn Sie zum Beispiel die Leitungsschlitze in die Wand stemmen, Leerrohre in der Wand verlegen, Unterputzdosen in die Wand einbetten, Kabel gemäß einer qualifizierten Elektroplanung einziehen und die vorgesehenen Schaltkästen am Montageort anbringen. Der Elektriker übernimmt daraufhin alle Anschlussarbeiten, die Inbetriebnahme der neuen Elektrik sowie die Prüfung und fachliche Abnahme der neuen Installation.

4

Bei allen Sanierungsmaßnahmen, die den Energiebedarf im Haus senken, lautet eine der entscheidenden Fragen: Lohnen sich die Investitionen finanziell? Die Beantwortung dieser Frage bezieht die Kosten der Maßnahmen selbst mit ein wie auch die dadurch erreichten Einsparungen.

→ **Kosten** Nach Abschluss der Planungen lassen sich die voraussichtlichen Investitionskosten für die energetische Sanierung mit hoher Genauigkeit kalkulieren. Nach erfolgter Umsetzung lassen sich auch die Einsparungen beim Energieverbrauch berechnen.

WAS ERFAHRE ICH?

Die wesentliche Grundlage für die Betrachtung der Wirtschaftlichkeit einer energetischen Verbesserung des Hauses sind die kalkulierten – oder später auch die realisierten – Aufwendungen für alle durchgeführten Maßnahmen.

Oft ist es so, dass man die Maßnahmen zur Verbesserung des Energiehaushalts mit anderen Umbauten, Modernisierungen oder reinen Sanierungen zusammenlegt. Nur als Beispiel: Wenn die alte Dacheindeckung erneuert werden muss, weil sie schadhaft ist und nicht mehr dicht hält, wird man vielleicht die Gelegenheit nutzen, um gleichzeitig eine neue Dachdämmung zu installieren und eine Photovoltaikanlage auf dem Dach zu montieren.

Wirft man dann die gesamten Kosten für den Umbau undifferenziert in den Topf „Modernisierungskosten", wird die energetische Sanierung mit Ausgaben belastet, die aus anderen Gründen angefallen sind. Man muss also die sogenannten Vollkosten für den Umbau ermitteln und dann die energiebedingten (Mehr-)Kosten davon abziehen – nur sie sind für die Betrachtung der Wirtschaftlichkeit der energetischen Verbesserung relevant.

Kosten der Sanierungsmaßnahmen

Die Abgrenzung wird nicht immer trennscharf ausfallen. Deshalb muss man versuchen, die Anteile realistisch zuzuweisen. Wird zum Beispiel für die Sanierung einer Fassade mit einer neuen Wärmedämmung ein Baugerüst notwendig, wird man die Fassade zum Abschluss auch neu verputzen und streichen lassen. Es gilt dann zu unterscheiden: War eine Sanierung des alten Putzes ohnehin fällig, weil er rissig und bröckelig war? Oder wollten Sie dem Haus aus optischen Gründen einen neuen Anstrich gönnen? Welche Anteile der Kosten sind also einer Sanierung bzw. Verschönerung zuzuordnen, und welche Kosten sind der energetischen Verbesserung der Wärmedämmung zuzuschreiben?

Dasselbe gilt, wenn alte Fenster in Holzrahmen gegen neue Thermofenster ausgetauscht werden: Mussten die alten Fenster ohnehin ersetzt werden, weil die Flügel und Rahmen aus Holz schon mürbe waren? Welchen Anteil haben dann die Mehrkosten für die rein energetische Verbesserung der neuen Fenster?

Kurz gesagt, müssen Sie also für eine faire Wirtschaftlichkeitsrechnung immer fragen,

- welche Kosten für eine ohnehin notwendige Instandsetzung alter Bauteile angefallen wären,
- welche Kosten anderen Verbesserungen, zum Beispiel einem höheren Wohnkomfort, zuzuschreiben sind,
- welche Kosten durch die Maßnahmen zur energetischen Verbesserung der Bauteile oder technischen Anlagen entstehen und
- welche Mehrkosten anfallen, um die energetische Qualität zusätzlich auf einen förderfähigen Standard zu bringen.

Sollte eine Fassade ohnehin neu gestrichen werden, dürfen die Kosten nur anteilig der energetischen Sanierung zugerechnet werden.

Die endgültige Aufstellung mit gesicherten Zahlen kann man erst nach Abschluss der Baumaßnahmen vornehmen, wenn alle Rechnungen vorliegen. Aber natürlich trifft man die Entscheidungen für oder wider einzelne Maßnahmen und was diese laut eigenem Budget kosten dürfen, bereits im Planungsstadium.

Architektinnen oder Bauingenieure erstellen dafür anhand der festgelegten Maßnahmen Kostenschätzungen oder Kostenkalkulationen für Materialien, Hilfsmittel und Arbeitslöhne auf Basis von Richtwerten aus Datenbanken und ihrem Erfahrungswissen.

Liegen von ausführenden Fachbetrieben konkrete Angebote vor, kann der Kostenaufwand präzisiert werden. Man wird dann immer wieder überprüfen, ob sich das Projekt noch im vorgegebenen Rahmen der Kostenschätzung bewegt oder ob es signifikante Abweichungen gibt.

Seien Sie sich bewusst, dass gerade bei Baumaßnahmen an bestehenden Gebäuden immer wieder einmal unvorhergesehene Probleme auftauchen können, die die geplanten Kosten für einzelne Arbeiten schnell in die Höhe treiben können. Die Erfahrung der letzten Jahre hat gezeigt, dass auch die Kosten für Baumaterialien oder Haustechnikanlagen kurzfristig kräftig steigen können, weil auf dem Markt gerade eine extreme Knappheit herrscht.

Die Kostenplanung sollte anfangs also immer einen finanziellen Puffer – von 10 bis 20 Prozent – enthalten, mit dem Sie unerwartete Teuerungen bezahlen können. Wenn Sie alle Kostenschätzungen auf Ihr Budget hin ausreizen und „auf Kante nähen", wird Sie sonst jede Verteuerung während der Bauarbeiten in Schwierigkeiten bringen und zur Überlegung zwingen, wo Sie an anderer Stelle dafür einsparen können.

Energiekosten

Sinn und Zweck der energetischen Sanierung ist die Senkung des Energiebedarfs und/oder die Produktion von erneuerbarer Energie für den eigenen Haushalt, zum Beispiel durch eine neue Photovoltaikanlage. Die berechtigten Fragen an dieser Stelle lauten: Wie kann man die künftigen Einsparungen kalkulieren, die sich durch den geringeren Bezug von Energie aus der Produktion der Energieversorger ergeben? Und wie lässt sich der finanzielle Effekt für das eigene Haus für die nächsten 10, 15 oder 20 Jahre prognostizieren?

Mit belastbaren Daten können Sie den Ist-Zustand ermitteln, also den aktuellen Energieverbrauch im Haushalt. Dazu addieren Sie alle Energiekosten für mindestens ein Jahr, besser noch über mehrere Jahre, und bilden dann den Durchschnittswert für den Jahresenergiebedarf. Das geschieht in der Regel in der Einheit Kilowattstunden pro Jahr. Das ist dann der ermittelte Bedarf an **ENDENERGIE** pro Jahr, auf den sich auch die Angaben im Energieausweis beziehen, falls es diesen gibt.

Verwechseln Sie das nicht mit dem **PRIMÄRENERGIEBEDARF** des Hauses, der zum Beispiel in den Vorgaben der Energieeinsparverordnung – dem heutigen Gebäudeenergiegesetz – an die Gesamteffizienz eines Gebäudes gestellt wird. Auch diesen Wert finden Sie im Energieausweis für das Gebäude.

Für eine erste Abschätzung der eingesparten Energiekosten kann eine Fachplanerin eine grobe Ermittlung der Energieeinsparung nach „Faustregeln" und Erfahrungswerten vornehmen. Damit sollte das Thema aber nicht erledigt sein. Die durch die Sanierungsmaßnahmen erreichbare Senkung des Energiebedarfs (Endenergie) in Kilowattstunden pro Jahr berechnet Ihnen der Fachplaner mithilfe spezieller Planungssoftware. Auch ein Vergleich der Auswirkungen unterschiedlicher Maßnahmenpakete lässt sich so erstellen und diskutieren.

Beachten Sie, dass diese Modellrechnungen anhand verschiedener Datenquellen und mit unterschiedlicher Detailgenauigkeit erfolgen können und damit unterschiedliche Ergebnisse prognostiziert werden können.

Prognosen gemäß GEG erfolgen allgemeingültig unter genormten und vom Standort unabhängigen Randbedingungen, also als „normierte Berechnung nach GEG".

Für Sie als Auftraggeber ist eine individualisierte Betrachtung aber lebensnäher und realistischer. Die „individuelle Berechnung" erfolgt deshalb unter Berücksichtigung der nutzungsspezifischen und auf den konkreten Standort bezogenen Daten. Im Ergebnis bekommen Sie eine fundierte Prognose für die durch die Maßnahme bewirkten Einsparungen.

Das ist auch Aufgabe und Leistungsumfang der professionellen Energieberater. Sie ermittelten anhand der Gebäudegeometrie und Ausstattung die Energieeinsparung für die gewählten Maßnahmen. Im individuellen Sanierungsfahrplan iSFP werden sogar Kosten mit untergebracht, und zwar aufgeteilt in Ohnehin-Kosten und energetische Kosten.

Diese Gebäudebilanzierung erfolgt nach der DIN 19588 zur „energetischen Bewertung von Gebäuden".

Wie groß die so erzielte Einsparung der Kosten pro Jahr ist, hängt vom Preis des jeweiligen Energieträgers ab. Beim Ersatz einer alten Gas- oder Ölzentralheizung durch eine Wärmepumpe lässt sich das vergleichsweise einfach berechnen. Dazu müssen Sie nur die für die Wärmepumpe kalkulierten Kilowattstunden pro Jahr mit dem Bezugspreis für den Strom multiplizieren. Komplizierter wird es schon, wenn eine Photovoltaikanlage ins Spiel kommt: Je nachdem, ob Sie künftig die Volleinspeisung des gesamten produzierten Stroms ins öffentliche Netz oder den maximalen Eigenverbrauch wählen (siehe Kapitel „Photovoltaik", Seite 79), entstehen unterschiedliche Kosten für Ihren Energiebedarf, den Sie zukaufen müssen.

Lebenszykluskosten

Man kann die Wirtschaftlichkeitsrechnung jeder Maßnahme auch ins Extreme treiben und versuchen, alle mit einer Aktion zusammenhängenden Auswirkungen auf Arbeits-, Material- und Energiekosten sowie auf die Umweltauswirkungen hin zu bestimmen und abzuwägen.

Bei Baumaßnahmen reicht das von den Kosten für die Planung, die Beschaffung, die Verarbeitung, den Betrieb und die Instandhaltung bis zur Entsorgung oder Wiederaufbereitung aller Materialien, die dafür eingesetzt werden. Ein geläufiges Schlagwort in diesem Zusammenhang ist eine Berechnung „von der Wiege bis ins Grab". Im Bauwesen wird das als „Life Cycle Costing" (LCC) vor allem zu Forschungszwecken verwendet, um eine Bewertung hinsichtlich der Nachhaltigkeit von Bauprozessen und des ökologischen Bauens vorzunehmen.

Über die Abwägung für oder gegen einzelne Maßnahmen im Rahmen der energetischen Sanierung eines Privathauses geht das wegen der Komplexität der Rechenmodelle weit hinaus, auch wenn die Fragestellungen in die gleiche Richtung gehen.

→ **Wirtschaftlichkeit** Wer in eine energetische Sanierung investiert, will in der Regel auch, dass sie sich finanziell lohnt. Nehmen Sie sich Zeit, um die Grundlagen zu verstehen, nach denen Berater Kosten und Nutzen Ihres Vorhabens berechnen.

WAS ERFAHRE ICH?

Die rein ökonomische Bilanz einer energetischen Sanierung ergibt sich aus dem erwarteten Nutzen (geringere Ausgaben für Heizung, Warmwasser und Strom aus dem öffentlichen Netz) und allen Investitionskosten, die für die geplanten Maßnahmen kalkuliert werden, inklusive den erwarteten Förderungen und den Finanzierungskosten für einen Kredit, den man eventuell aufnehmen muss.

Was zunächst ganz einfach klingt, kann ziemlich komplex werden, wenn man sich genauer damit beschäftigt. Dabei spielt nicht zuletzt die weitere Lebensplanung eine Rolle: Wie lange wollen Sie noch in diesem Haus leben? Sparen Sie über diesen Zeitraum Ausgaben ein? Bis wann wollen Sie den „Break-even-Point" erreichen, an dem sich die Investitionen durch die Einsparungen amortisieren? Ebenfalls nicht unwichtig: Steigern die Maßnahmen zur energetischen Ertüchtigung eigentlich den Verkaufswert Ihres Hauses? Bei einem Eigentümerwechsel werden ja schon aus gesetzlichen Gründen einige Maßnahmen fällig. Da freut sich jeder Kaufinteressent, wenn der Energiepass für das Haus „grün" zeigt und erst einmal keine verpflichtenden Sanierungen anstehen.

Die Antworten auf die Fragen, die sich bei einer Wirtschaftlichkeitsüberprüfung stellen, müssen immer lauten: „Es kommt darauf an …" Und worauf es ankommt, zeigen wir auf den folgenden Seiten.

Wirtschaftlichkeitsberechnungen beschränken sich nicht nur auf die reinen Investitionskosten für einzelne Maßnahmen, sondern sollen auch die Folgejahre einschließen, in denen Betriebskosten für Inspektionen, Wartungen und Reparaturen anfallen und außerdem die Lebensdauer der erneuerten Elemente abnimmt beziehungsweise der allmähliche Wertverlust eintritt. In der Praxis fällt das finanziell aber nur dann spürbar ins Gewicht, wenn als Maßnahme der Energieeinsparung ein neues System mit deutlich höherem Wartungsaufwand eingeführt wird, zum Beispiel eine zentrale Lüftungsanlage mit Wärmerückgewinnung. Während beim manuellen Lüften durch geöffnete Fenster viel Wärme verloren geht, fallen für eine Lüftungsanlage in Zukunft Stromkosten sowie Wartungs- und eventuell Reparaturkosten an. Dieser scheinbare Nachteil muss aber im Zusammenhang mit den anderen Maßnahmen betrachtet werden. Bei einem sehr gut gedämmten und nahezu luftdichten Haus ist die aktive Belüftung mit Wärmerückgewinnung durchaus sinnvoll.

→ Beachten Sie immer die Berechnungsmethoden, wenn Sie sich zur Wirtschaftlichkeit Ihres Vorhabens beraten lassen.

Wirtschaftlichkeitsrechnung – ein Überblick

Wir wollen hier noch einen Schritt tiefer einsteigen. Sie müssen nicht alles rechnerisch in jedem Detail nachvollziehen. Wir wollen Ihnen nur bewusst machen, wie unterschiedlich Wirtschaftlichkeitsrechnungen ausfallen können, je nachdem, welches Rechenmodell man nimmt und welche Randbedingungen für eine Kalkulation gesetzt werden.

Wenn Sie während einer Beratung durch einen Anbieter also ein lässiges „Die Kosten haben Sie nach spätestens zehn Jahren wieder reingeholt!" hören, sollten Sie sich oder die Beraterin zumindest kritisch fragen, unter welchen Bedingungen diese erfreuliche Prognose erfolgt ist:

- Wie werden die Energieeinsparung und die Kostenersparnisse berechnet? Darauf sind wir im Abschnitt „Energiekosten" auf der Seite 151 bereits eingegangen.
- Wurden oder werden die Randbedingungen möglichst realistisch gesetzt?
- Ist die Berechnungsmethode geeignet, um Ihre konkreten Fragestellungen zu beantworten?

RANDBEDINGUNGEN RICHTIG DEFINIEREN

Für eine seriöse Wirtschaftlichkeitsbetrachtung muss man die Randbedingungen so definieren, dass sowohl der aktuelle Zustand als auch zukünftige Marktentwicklungen möglichst realistisch dargestellt werden können. Zu beachten sind folgende Punkte:

Über welchen Zeitraum soll sich der Vergleich erstrecken? Wie werden sich in dieser Zeit die Bau- und Energiekosten bei den Energielieferanten entwickeln? Wohin gehen im Betrachtungszeitraum die Zinskosten für einen Kredit beziehungsweise für eine notwendige Anschlussfinanzierung? Alle Annahmen für diese Fragen wirken sich unmittelbar auf die betrachtete Wirtschaftlichkeit der energetischen Sanierung aus.

Die einfachere Variante besteht darin, für den gesamten Betrachtungszeitraum mit konstanten Werten zu rechnen. Im statischen Verfahren legt man Kosten also nur einmal fest, Preissteigerungen und Zinskonditionen verändern sich über die Zeit nicht weiter. Das ist selbstverständlich stark vereinfacht und nicht sehr realistisch.

In dynamischen Verfahren hingegen kommt man nicht darum herum zu berücksichtigen, dass sich wichtige Randbedingungen in unterschiedlicher Weise entwickeln können, zum Beispiel die Preise für unterschiedliche Energieträger, die Vergütung der Netzbetreiber für eingespeisten (Solar-)Strom, die Anlagenkosten inklusive Betriebskosten, die Förderungen für energetische Sanierungen, steuerliche Begünstigungen usw. Am Computer lassen sich auf diese Weise unterschiedliche Szenarien durchspielen, um ein Gefühl dafür zu bekommen, an welcher Stelle sich die wesentlichen Stellschrauben in der Wirtschaftlichkeitsberechnung befinden.

Begleituntersuchungen der Bundesregierung zu den Bestimmungen und Vorgaben im GEG haben folgende Randbedingungen einbezogen:

- den Betrachtungszeitraum, also die Überlegung, wie lange die neue Installation oder der neue Gebäudeteil voraussichtlich seine Funktion erfüllen wird. Bei Anlagentechnik geht man dabei pauschal häufig von 20 Jahren aus, bei Gebäudeteilen von 30 Jahren.

- die Höhe der Kreditzinsen für ein notwendiges Darlehen (inklusive der Betrachtung der Zinsentwicklung für Anschlussdarlehen)
- die Höhe der Energiepreise bei den Energielieferanten (Heizöl, Erdgas, Fernwärme, Holzpellets, elektrischer Strom) und prognostizierte Preissteigerungen
- die offizielle Inflationsrate (aktueller Stand und Prognosen)

Die verwendeten Werte können nur allgemeingültige Richt- oder Durchschnittswerte sein.

Bei einer Wirtschaftlichkeitsbetrachtung für Ihr Eigenheim sollten Sie in Abstimmung mit dem Planer immer individuell realistische Werte heranziehen.

AUSWAHL DER GEEIGNETEN BERECHNUNGSMETHODE

Wenn es um den wirtschaftlichen Vorteil einer energetischen Sanierung beziehungsweise Sanierungsmaßnahme geht, kann man verschiedene Rechenmodelle verwenden. Dabei sollte man bedenken, dass sich eine energetische

BERECHNUNGSTOOLS IM INTERNET

Kommerzielle und nicht kommerzielle Anbieter stellen im Internet Onlinerechner zur Verfügung, mit denen Sie den Nutzen oder die Wirtschaftlichkeit einer energetischen Sanierung für Ihr Wohnhaus kalkulieren können. Sie müssen dazu verschiedene Daten zu Ihrem Gebäude eingeben. Grundsätzlich ist es für ein gutes Ergebnis durchaus sinnvoll, dass möglichst viele Daten abgefragt werden. In der Regel sollten Sie für die Berechnung aber nicht mehr als 15 bis 30 Minuten benötigen.

Der Sanierungskonfigurator des Bundesministeriums für Wirtschaft und Klimaschutz (BMWK) hilft unter der Adresse sanierungskonfigurator.de bei ersten Überlegungen im Hinblick auf eine energetische Modernisierung. Kenntnisse über den baulichen Zustand der Gebäudeteile und der Anlagentechnik sind erforderlich. Das Programm ermöglicht die Berechnung von durchschnittlichen Investitionskosten und Energieeinsparungen anhand detaillierter Eingaben zur Gebäudequalität (Ist-Zustand) und zu den gewählten Maßnahmen(-paketen). Das energetische Zielniveau der einzelnen Sanierungsmaßnahmen kann angepasst werden. Das Ergebnis beantwortet Ihnen folgende Fragen:

- Welche Sanierungen führen zu welchen Energieersparnissen?
- Welche Kosten fallen für welche Sanierungsmaßnahmen an?
- Welche Maßnahmen fördert der Staat?

Der co2online-Modernisierungscheck, abrufbar unter der Adresse co2online.de/service/energiesparchecks/modernisierungscheck, wird gefördert vom früheren Bundesministerium für Umwelt, Naturschutz, Bau und Reaktorsicherheit (BMUB). Das Programm eignet sich gut für eine erste Einschätzung der Wirtschaftlichkeit von energetischen Modernisierungsmaßnahmen am Gebäude. Der Aufwand für die Dateneingabe ist gering, Fördermittel werden berücksichtigt.

Das Tool richtet sich an Hauseigentümerinnen, Mieter und Vermieterinnen. Es ermöglicht in mehreren Schritten einen ersten Überblick über mögliche Energieeinsparungen, Sanierungskosten und die Wirtschaftlichkeit gewählter Maßnahmen. Die Randbedingungen für die Wirtschaftlichkeitsberechnung können individuell eingestellt werden. Sie bekommen dabei Ergebnisse zu folgenden Punkten:

- die Investitionskosten in Euro mit Anzeige der Instandhaltungs- und Modernisierungsanteile
- die Energieeinsparung der Maßnahme(n) in Kilowattstunden pro Jahr
- die Möglichkeiten einer Inanspruchnahme von Krediten und KfW- bzw. bafa-Fördermitteln
- die jährliche Belastung aus Bedienung des (Förder-)Kredits
- die jährliche Kosteneinsparung und
- daraus resultierend der erwirtschaftete Überschuss bzw. die Unterdeckung pro Jahr

Sanierung nicht nur in Form von eingesparten Energiekosten rentieren kann, sondern dass sich dadurch zugleich der Wohnkomfort, die Lebensqualität und das Wohlbefinden verbessern können. Pollenallergiker profitieren zum Beispiel besonders von einer Lüftungsanlage mit speziellen Luftfiltern. Und durch viele energetische Maßnahmen werden die Attraktivität und der Verkaufswert des Eigenheims gesteigert.

Ganz unabhängig vom rein finanziellen Aspekt kann ein Gefühl der Befriedigung entstehen, wenn man durch die Energieeinsparung beim Wohnen in den nächsten Jahrzehnten maßgeblich zur Reduzierung der klimawirksamen Treibhausgase beiträgt – insbesondere, was das CO_2 aus fossilen Brennstoffen angeht.

Wenn Sie sich mit dem Sinn oder der Wirtschaftlichkeit bestimmter Sanierungsmaßnahmen befassen, stellen Sie sich – oder dem Energieberater – meist ganz bestimmte Fragen. Diese Fragen sind wichtig, wenn Sie den Nutzen verschiedener Maßnahmen aus Ihrer eigenen Perspektive beurteilen wollen. Typische Aspekte in der Praxis sind:

- Wann ist der Break-even-Point bei den Kosten erreicht, also wie viel darf die energetische Modernisierungsmaßnahme jetzt kosten, wenn eine bestimmte Energieeinsparung erreicht werden soll?
- Wann ist der Break-even durch die Einsparung erreichbar? Also wie viel Energie muss die Maßnahme mindestens einsparen, damit ich in gegebener Zeit die Investitionen wieder eingespart habe?
- Die Amortisationszeit beantwortet die Frage, wie schnell die Ausgaben für die energetische Modernisierung durch die Einsparung der Energiekosten ausgeglichen werden.
- Der äquivalente Energiepreis beantwortet die Frage, ob es womöglich im Betrachtungszeitraum günstiger ist, ohne Investitionen wie gewohnt zu heizen oder durch eine Investition mit Einmal- und ggf. Betriebskosten die jährlichen Energiekosten zu senken.
- Der annuitätische Gewinn berechnet, ob die jährliche Belastung für den Energiebedarf im Eigenheim nach der Modernisierung (Kreditrückzahlung, geringere Energiekosten) geringer oder höher ist als vor der Modernisierung (hohe Energiekosten).

Je nachdem, welche Fragestellung für Sie entscheidend ist, wird ein Energieberater oder eine Fachplanerin unterschiedliche Berechnungsmethoden verwenden.

EINSCHRÄNKUNGEN BEI DER METHODENWAHL

Grundsätzlich sind Sie ebenso wie Energieberaterinnen, Fachplanerinnen, die Ersteller von Energieausweisen und alle Anbieter von Produkten zur Energieeinsparung im Haushalt frei in der Wahl, welche Berechnungsmethode Sie verwenden. Sie müssen in diesen Diskussionen also immer gut darauf achten, was berechnet wird und von welchen Rahmenbedingungen dabei ausgegangen wird.

Es gibt bei der freien Methodenwahl aber Ausnahmen, und zwar, sobald Behörden oder offizielle Amtsstellen ins Spiel kommen. Dies betrifft zum einen die **ANTRÄGE AUF BEFREIUNG VON ANFORDERUNGEN**:

Für die Gesetzgebung zum GEG wurden Begleitgutachten erstellt, die die generelle Wirtschaftlichkeit von definierten Energieeinsparmaßnahmen belegt haben. Sie wurden mit der Amortisationszeit-Methode erstellt, und es wurden allgemein anerkannte Randbedingungen dafür zugrunde gelegt.

Wenn Sie jetzt mit Unterstützung eines Fachplaners einen Antrag auf Befreiung von gesetzlichen Anforderungen stellen, wird der in der Regel wirtschaftlich begründet. Dabei sind methodische Vorgaben durch die nach Landesrecht zuständigen Stellen zu beachten. Wenn Sie also belegen wollen, dass die wirtschaftliche Betrachtung in Ihrem Fall negativ ausgeht, sollten Sie das im konkreten Einzelfall mit der gleichen Methode und übereinstimmenden Randbedingungen berechnen lassen.

Ausnahmen gelten zum anderen für Angaben im Energieausweis zur **WIRTSCHAFTLICHKEIT VON MODERNISIERUNGSEMPFEHLUNGEN**:

Der Aussteller eines Energieausweises kann auf Seite 4 eine (freiwillige) Angabe zur Wirtschaftlichkeit von bestimmten Energiesparmaßnahmen machen. Dies muss in einer vorgeschriebenen Form erfolgen. Wenn die Angabe gemacht wird, muss die Abschätzung der Amortisationszeit sowie des äquivalenten Energiepreises (der Kosten pro eingesparter Kilowattstunde Endenergie) eingetragen werden.

Beispiel: Wirtschaftlichkeit einer Photovoltaikanlage

Als Beispiel aus der Praxis können wir eine Untersuchung der Zeitschrift test heranziehen. In deren Rahmen hatte sich eine von der Redaktion beauftragte Testerin im Herbst 2021 bei verschiedenen Anbietern erkundigt, ob sich für ihr Haus in Freiburg eine Photovoltaikanlage wirtschaftlich rentieren würde und was die einzelnen Unternehmen empfehlen würden.

Unsere Testerin hatte keine Schwierigkeiten, schnell eine Photovoltaikanlage angeboten zu bekommen. Die Preise waren aber hoch. Auffallend waren die Unterschiede bei der Größe der Anlage, die die Fachleute der Anbieter empfahlen. Die einen schlugen eine große Anlage mit 9,9 kW vor, die anderen eine mit nur 6,6 kW Spitzenleistung.

Was die verschiedenen Angebote darüber hinaus zeigten: Wirtschaftlichkeitsberechnungen von Anbietern sind mit großer Vorsicht zu genießen. In allen Vorschlägen fanden wir Annahmen, die in unseren Augen deutlich zu optimistisch waren. Nicht selten waren die Angaben sogar falsch, etwa was die Einspeisevergütung angeht.

Auffallend waren die hohen Erträge, mit denen die Anbieter kalkulierten. Mit einem vorsichtigen Ertrag von 950 kWh pro kW Leistung, von dem Finanztest in seinen Berechnungen ausgeht, rechnete nur die kontaktierte regionale Firma. Augenwischerei sind auch die hohen Autarkiegrade, mit denen einige Anbieter warben. Ein besonders hoher Autarkiegrad ist in der Regel nicht besonders wirtschaftlich.

DAS SOLARSTROM-PARADOXON

Es besteht ein interessanter Faktor, der bisher wohl noch in keiner Wirtschaftlichkeitsrechnung berücksichtigt wird: Haushalte, die eine Photovoltaikanlage installieren, verbrauchen anschließend im Schnitt mehr Strom als vorher. Das zeigte eine Studie des Instituts für ökologische Wirtschaftsforschung (IÖW). Der höhere Eigenverbrauch gehe meist mit einem höheren Strombezug aus dem Netz einher, so das Ergebnis der Forschenden.

Im Ergebnis lassen sich die Erfahrungen der Testerin so zusammenfassen: Wirtschaftlichkeitsberechnungen der Anbieter sind häufig lückenhaft und unverständlich. Angebote zum Kaufen und Mieten einer PV-Anlage sind oft schwer vergleichbar.

Besser informiert ist man in jedem Fall durch die Konsultation einer herstellerunabhängigen qualifizierten Energieberaterin (siehe „Die Energieberatung“, Seite 50).

TIPP: Einnahmen, Ausgaben, Steuern, Rendite und Überschüsse ermittelt unser kostenloser Online-Solarrechner unter dieser Adresse: test.de/solarrechner.

Unsere Modellrechnungen zu den Renditen für Photovoltaikanlagen vom Februar 2023 haben zum Beispiel ergeben: Die Renditen fallen sehr unterschiedlich aus – je nachdem, wie viel die Anlage kostet, welche Strommenge sie produziert, wie hoch der Eigenverbrauch ist und wie sich die Strompreise entwickeln.

Auf Traumrenditen mit Solaranlagen sollten Hauseigentümer daher nicht spekulieren. Eine Erfolgsgarantie gibt es ebenfalls nicht, weil niemand die Strompreisentwicklung der nächsten 20 Jahre voraussagen kann. Aber: Gute Renditechancen bieten Photovoltaikanlagen trotzdem. Vier bis sechs Prozent Rendite sind auch bei vorsichtiger Kalkulation in vielen Fällen

Erleichterungen für den Verkauf des selbst erzeugten Solarstroms: Seit 2022 sind Einkünfte aus dem Betrieb kleiner und mittlerer Photovoltaikanlagen einkommenssteuerfrei.

möglich. Und die Investition könnte sich am Ende sogar noch besser rechnen. In unseren Beispielen haben wir nur die voraussichtlichen Einnahmen für den Zeitraum von bis zu 21 Jahren berechnet, in dem Betreibende Anspruch auf die Einspeisevergütung haben. Wahrscheinlich wird die Anlage aber länger halten und einige weitere Jahre Überschüsse erwirtschaften.

Wirtschaftlichkeit im Wandel neuer Bestimmungen

Wie sich die Wirtschaftlichkeit von energiesparenden Maßnahmen ganz schnell verändern kann, zeigte sich eindrucksvoll an den kurzfristigen Änderungen bei der Besteuerung von Photovoltaikanlagen. Durch das Mitte Dezember 2022 verabschiedete Jahressteuergesetz 2022 gibt es eine bürokratische Erleichterung im Zusammenhang mit der Lieferung und Montage von Solarstromanlagen und Speichern: Die installierende Firma darf nun die Umsatzsteuer mit 0 % ausweisen, wo zuvor noch recht umständlich Rückerstattungen beantragt werden mussten.

Sogar rückwirkend seit dem Kalenderjahr 2022 sind Einkünfte aus dem Betrieb kleiner und mittlerer Photovoltaikanlagen – also derjenigen mit einer geringeren Leistung als 30 kWp – einkommenssteuerfrei. Das soll vor allem für Hausbesitzer die Anschaffung einer Photovoltaikanlage auf dem Dach attraktiver machen. Für sie ist es nun deutlich einfacher geworden, eigenen Solarstrom auf dem Dach zu erzeugen und auch zu verkaufen.

Für alle, die eine größere Anlage ab 30 kWp betreiben, ihre Immobilie vermieten oder zum Beispiel von Sonderabschreibungen profitieren möchten, bleibt es hingegen dabei: Sie müssen in ihrer Einkommenssteuererklärung den Gewinn oder Verlust aus dem Betrieb der Anlage ermitteln. Dafür stellen sie alle betrieblichen Einnahmen und Ausgaben eines Kalenderjahrs gegenüber. Gewinne sind zu versteuern. Steuerliche Verluste führen zu einer Steuerersparnis, weil sie mit anderen Einkünften verrechnet werden. Verluste erkennt das Finanzamt aber meist nur an, wenn auf Dauer mehr Betriebseinnahmen als Betriebsausgaben zu erwarten sind („Einnahmeüberschuss").

Betriebseinnahmen sind die vom Netzbetreiber gezahlte Einspeisevergütung und Umsatzsteuer sowie die vom Finanzamt erstattete Umsatzsteuer. Dazu kommt der Wert des selbst verbrauchten Stroms, der als eine private Sachentnahme aus dem Betrieb steuerpflichtig ist. Betreiber können dafür pro Kilowattstunde die Einspeisevergütung ansetzen oder den Betrag, den sie für die Produktion einer Kilowattstunde Solarstrom aufwenden.

Betriebsausgaben sind Versicherungsbeiträge, Reparatur-, Wartungs- und Finanzierungskosten und – als mit Abstand größter Posten – die Abschreibung der Anlage. Das Finanzamt erkennt jährlich fünf Prozent der Anschaffungskosten an – im ersten Jahr aber nur anteilig ab dem Monat des Kaufs. Die Anlage wird dann gleichmäßig über 20 Jahre abgeschrieben (lineare Abschreibung). Im Jahr der Anschaffung können Betreiber eine Sonderabschreibung von 20 Prozent der Anschaffungskosten zusätzlich geltend machen. Sie kann aber auch beliebig auf die ersten fünf Jahre verteilt werden.

Das Fazit zu diesem Thema: Die Frage „Rentiert sich die Investition in energiesparende Maßnahmen bei meinem Haus?" können Sie letztlich immer nur für sich selbst beantworten. Wirtschaftlichkeitsberechnungen können ganz unterschiedlich ausfallen, je nachdem, welche Fragestellung man wählt und welche Randbedingungen in Ihrem Fall angelegt werden. Wie sich die Energiepreise für Gas, Heizöl, Holzpellets und Fernwärme in den nächsten 10, 15 oder 20 Jahren entwickeln, kann nur vermutet werden. Günstiger werden sie mittel- bis langfristig wahrscheinlich aber nicht mehr.

Und ob sich die Investitionen im jeweiligen Einzelfall lohnen oder nicht, liegt immer auch im Auge des Betrachters. Denn nicht jeder Gewinn lässt sich in Euro und Cent ausrechnen, manchmal erhöht sich dadurch einfach nur das Wohlbefinden in den eigenen vier Wänden. Für andere Menschen ist es zudem ein Vorteil, wenn sie das beruhigende Gefühl haben, dass sie sich bei eventuellen künftigen Ausfällen im öffentlichen Stromnetz für eine Weile oder sogar dauerhaft autark selbst versorgen können.

5

Wer eine gründliche energetische Aufwertung seiner Immobilie plant, muss für deren Finanzierung erst einmal tief in die Tasche greifen. Doch zahlreiche Förderprogramme des Bundes, der Länder und auf regionaler Ebene können die Investitionskosten spürbar reduzieren.

→ **Finanzierungsmöglichkeiten** Wenn Sie mithilfe der vorangegangenen Kapitel ein energetisches Sanierungskonzept für Ihr Haus erstellt haben, wissen Sie bereits, mit welchen Kosten Sie ungefähr rechnen müssen. Nun geht es darum, wie dies mit verkraftbarem Aufwand zu finanzieren ist.

WAS ERFAHRE ICH?

Wer sich mit der Finanzierung einer umfassenden energetischen Sanierung beschäftigt, wird immer folgende weitreichende Fragen beantworten müssen:

Eigenmittel: Was habe ich angespart, was kann ich kurzfristig an Eigenmitteln aufbringen?

Finanzierbarkeit: Reichen meine Mittel, gegebenenfalls zuzüglich einer Förderung für energetische Modernisierungen, für die geplanten Maßnahmen?

Längerfristige Belastbarkeit: Wenn das nicht der Fall ist, wie viel kann ich monatlich erübrigen, um einen Kredit abzuzahlen?

Gesamtbudget bzw. Belastungsgrenze: Welches Investitionsvolumen kann ich also realistisch maximal finanzieren?

Um sich in den nächsten Jahren nicht in finanzielle Schwierigkeiten zu bringen, macht es Sinn, die eigenen Möglichkeiten zu bestimmen. Überlegen Sie also, welche Geldreserven für die Modernisierung eingesetzt werden können und welche Belastung Sie für einen Modernisierungskredit monatlich stemmen können – zusätzlich zu allen anderen finanziellen Verpflichtungen und Ausgaben.

Welchen Kreditrahmen können Sie sich leisten?

Den Überblick verschaffen Sie sich mit einer monatlichen Aufstellung aller Einnahmen und Ausgaben, die Sie in Ihrem Haushalt – sei es als Einzelner, als Paar oder als Familie – durchschnittlich haben. Vergessen Sie auch nicht alle Beiträge, die Sie viertel-, halb- oder ganzjährlich leisten. Den Gesamtbetrag dividieren Sie jeweils durch die Anzahl der Monate, sodass Sie auf den Durchschnittswert per Monat kommen.

Wenn Sie nahezu alles bargeldlos mit Karten bezahlen und abrechnen, können Sie diesen Überblick sehr gut anhand der Auszüge beziehungsweise Aufstellungen des letzten Jahres erstellen. Ansonsten müssen Sie alle Bargeldabhebungen innerhalb dieses Jahres-

IHRE FINANZIELLE HAUSHALTSBILANZ

Monatliche Einnahmen	Euro	Monatliche Ausgaben	Euro
Nettogehalt 1		**Wohnen:**	
Nettogehalt 2		Rate Restschuld Immobilienkredit	
Sonstige Einnahmen 1		Nebenkosten (Heizung, Strom, Warmwasser)	
Sonstige Einnahmen 2		Grundsteuer	
Kindergeld		Müllgebühren	
		Haus Instandhaltung / Reparaturen	
		Versicherungen:	
		Haftpflichtversicherung	
		Hausratversicherung	
		Gebäudeversicherung	
		Private Krankenversicherung	
		Rechtsschutzversicherung	
		Auslandskrankenversicherung	
		Telefon (Festnetz, Mobil), Internet	
		Rundfunkbeitrag	
		Mobilität:	
		Kfz (Wartung, Tanken/Strom, Versicherungen etc.)	
		Öffentliche Verkehrsmittel (ÖPNV, Bahn, …)	
		Weitere Mobilität (Motorrad, Taxis, …)	
		Ausbildung Kinder (Schule, Kindergarten)	
		Nahrungs-, Genussmittel	
		Körperpflege (Produkte, Friseur, ...)	
		Kleidung	
		Anschaffungen im Haushalt (Einrichtung, Garten)	
		Beiträge Sportstudio, Verein, Hobbys etc.	
		Kultur / Unterhaltung	
		Urlaub	
		Gesundheit (Ärztl. Behandlungen, Medikamente, ...)	
Summe Einnahmen:		**Summe Ausgaben:**	
Summe Einnahmen minus Summe Ausgaben =			

CHECKLISTE: EIGENKAPITAL

Ihr Eigenkapital	Verfügbarkeit (Datum)	Euro
Girokonto (abzüglich Reserve von 2 bis 3 Monatsnettogehältern)		
Sparbücher		
Festgeldkonten		
Kryptowährungen		
Aktien und Anleihen		
Lebensversicherungen (zur Auszahlung)		
Bausparverträge (sofern zuteilungsreif)		
Geldgeschenke (aus der Verwandtschaft)		
Anrechenbare Eigenleistung (siehe Seite 172)		
Summe Eigenkapital		

TILGUNGSDAUER IN JAHREN IN ABHÄNGIGKEIT VON ZINS- UND TILGUNGSSATZ

	Tilgungssatz**		
Zinssatz*	1 %	2 %	3 %
2,00 %	55,0 Jahre	34,7 Jahre	25,6 Jahre
2,50 %	50,2 Jahre	32,5 Jahre	24,3 Jahre
3,00 %	46,3 Jahre	30,6 Jahre	23,1 Jahre
3,50 %	43,0 Jahre	29,0 Jahre	22,1 Jahre
4,00 %	40,3 Jahre	27,5 Jahre	21,1 Jahre
4,50 %	37,8 Jahre	26,2 Jahre	20,4 Jahre
5,00 %	35,9 Jahre	25,1 Jahre	19,7 Jahre
5,50 %	34,1 Jahre	24,1 Jahre	19,0 Jahre

* Sollzins als jährlicher Zinssatz in % der Darlehenssumme (der anfängliche effektive Jahreszins liegt bei monatlicher bzw. vierteljährlicher Zahlung höher).

** Jährlicher Tilgungssatz in % der Darlehenssumme zuzüglich ersparter Zinsen

zeitraums auf die typischen Ausgabenbereiche aufteilen. Alternativ können Sie für drei oder sechs Monate über alle Bargeldausgaben genau Buch führen, um zu sehen, wofür Sie Geld ausgeben. Dann dürfen Sie nur nicht die halbjährlichen und jährlichen Beiträge vergessen, die noch hinzukommen. Die Ausgaben für den großen Jahresurlaub sollten Sie ebenfalls dabei nicht vergessen.

Aus der Gegenüberstellung Ihrer Einnahmen und Ausgaben ergibt sich, welche Summe Sie im Monat durchschnittlich übrig haben, um gegebenenfalls einen Modernisierungskredit abzuzahlen – das ist dann Ihre aktuelle Belastungsgrenze. Gehen wir im Folgenden davon aus, dass Sie durchschnittlich 500 Euro monatlich übrig haben, die Sie für eine Kreditfinanzierung verwenden können.

Um den für Sie finanzierbaren Kreditrahmen zu ermitteln, wenden wir folgende Überschlagsrechnung an:

Maximale Darlehenssumme =
(Belastungsgrenze in Euro × 12 Monate × 100 %) :
(Nominalzinssatz in % + Tilgungssatz in %)

Nehmen wir Ihr Beispiel und setzen bei einem Kredit einen Nominalzins von 3 Prozent und einen Tilgungssatz von 3 Prozent an, kommen wir auf folgende Rechnung:

Maximale Darlehenssumme =
(500 Euro × 12 Monate × 100 %) :
(3,0 % + 3,0 %) = 100 000 Euro

Wenn Sie über ein anrechenbares Eigenkapital von – sagen wir – 50 000 Euro verfügen und einen Kredit über 100 000 Euro aufnehmen können, können Sie aktuell eine energetische Modernisierung von maximal 150 000 Euro finanzieren, wenn man mögliche Förderungen noch außer Acht lässt. Die Rückzahlung bis zur vollständigen Tilgung würde dann rund 23 Jahre betragen.

Überlegen wir jetzt, dass es Ihnen gelingt, die Kreditaufnahme auf 70 000 Euro zu beschränken. Wie hoch wäre dann noch Ihre monatliche Belastung bei ansonsten unveränderten Konditionen und gleicher Laufzeit von 23,1 Jahren?

Monatliche Rate =
(70 000 Euro × (3,0 % + 3,0 %)) :
(12 Monate × 100 %) = 350 Euro

Das erscheint doch durchaus tragbar, vor allem wenn man bedenkt, dass die Monatsrate von 350 Euro im Laufe der Jahre wegen der Inflation immer „leichter" wiegt.

Wie lange Sie einen Immobilienkredit zurückzahlen müssen, können Sie mit der Tabelle „Tilgungsdauer in Abhängigkeit von Zins- und Tilgungssatz" (Seite 164 unten) abschätzen.

Bei Krediten für eine energetische Sanierung kann man auch an ein **VOLLTILGERDARLEHEN** denken, zum Beispiel wenn man spätestens in zehn Jahren schuldenfrei sein will – mögliche Sondertilgungen im Verlauf der Kreditrückzahlung sind hier erst einmal nicht berücksichtigt. Um auf die Schnelle zu überblicken, ob man den gewünschten Betrag mit monatlichen Raten bequem stemmen kann, reicht zunächst eine einfache Überschlagsrechnung: Wenn Sie zum Beispiel 50 000 Euro Kredit aufnehmen wollen und diese Summe in zehn Jahren komplett zurückzahlen wollen, müssen Sie mit monatlichen Raten von mindestens 420 Euro rechnen (50 000 Euro dividiert durch 10 Jahre dividiert durch 12 Monate pro Jahr). Je nach aktuellem Zinssatz kommen noch ein paar „Zehner" monatlich hinzu.

Etwas genauer geht es mit der Tabelle unten, in der sich ablesen lässt, wie hoch der anfängliche Tilgungssatz sein muss, um die Schulden in der errechneten Dauer abzutragen. Wer 20 Jahre Zeit hat, muss bei einem Zinssatz von 2 Prozent einen anfänglichen Tilgungssatz von etwa 4 Prozent wählen.

Folgende **FAUSTREGEL** gilt, um den Tilgungssatz zu bestimmen: Je niedriger der Zinssatz ist und je weniger Zeit zur Verfügung steht, desto höher muss der Tilgungssatz sein.

Mithilfe der Online-Kreditrechner von Banken und Kreditvermittlern lassen sich die monatlichen Raten für Volltilgerdarlehen mit den aktuellen Zinssätzen für Immobilienkredite genauer berechnen. Ein weiteres Beispiel für einen recht einfach auszufüllenden Kreditrechner ist das Angebot des Nachrichtensenders ntv: n-tv.de/ratgeber/vergleichsrechner.

Wenn Sie eine Kreditaufnahme im Moment überfordert, denken Sie an die Option, sinnvolle Maßnahmenpakete nach Priorität zu organisieren und zeitlich zu strecken (siehe „Ihr individueller Sanierungsfahrplan", Seite 57). So können Sie bestimmte Maßnahmen auf einen Zeitpunkt legen, zu dem Ihnen in Zukunft eine größere Auszahlung sicher ist, zum Beispiel aus einer Lebensversicherung oder einem zuteilungsreifen Bausparvertrag.

VERGLEICH: TILGUNGSSATZ BEI UNTERSCHIEDLICHEN LAUFZEITEN

Zeitraum (Jahre)	Benötigter Tilgungssatz (Prozent) zur Abzahlung des Kredits bei einem Zinssatz von … (Prozent)						
	1	1,5	2	2,5	3	3,5	4
10	9,51	9,28	9,04	8,81	8,59	8,37	8,15
15	6,18	5,95	5,72	5,5	5,29	5,08	4,88
20	4,52	4,29	4,07	3,86	3,66	3,46	3,27
25	3,52	3,3	3,09	2,88	2,69	2,51	2,33
30	2,86	2,64	2,44	2,24	2,06	1,89	1,73
35	2,39	2,17	1,98	1,79	1,62	1,46	1,31

Wer eine Modernisierung finanzieren will, kann sich für eine von drei möglichen Kreditvarianten entscheiden.

VARIANTE 1: Wer als Immobilieneigentümer bis zu 50 000 Euro für anstehende Sanierungsmaßnahmen benötigt, kann einen **ZWECKGEBUNDENEN RATENKREDIT** in Betracht ziehen. Im Vergleich zum Immobilienkredit mit Eintrag ins Grundbuch hat diese Form des Kredits ein paar Vorteile: Die Gebühren für die Grundschuldbestellung (Notargebühren und Grundbuchkosten) entfallen. Der Antrag bei der Bank ist einfacher: Meist werden weder Grundbuchauszüge noch Lagepläne oder Wohn- und Nutzflächenberechnungen verlangt. Manche Banken verlangen aber konkretere Angaben und Kostenvoranschläge beziehungsweise Kostenkalkulationen zu den geplanten Modernisierungsmaßnahmen. Übrigens bieten auch Versicherungsgesellschaften wie Allianz, Ergo, Signal Iduna und andere Modernisierungskredite zu vergleichbaren Konditionen an.

Weiteres Plus dieser Variante: Sie können später den Kredit jederzeit zurückzahlen. Die Bank oder die Versicherung darf dafür höchstens ein Prozent der aktuellen Restschuld als (Vorfälligkeits-)Entschädigung verlangen.

Bedingung ist nur, dass Sie belegen können, dass Sie bereits Eigentümer einer zu benennenden Immobilie sind.

Wie ein größerer Vergleich von Finanztest im Februar 2022 gezeigt hat, sind diese nicht grundbuchgesicherten Modernisierungskredite – abgesehen von einzelnen Ausnahmen – aber durchgehend deutlich teurer als Kredite mit Grundbucheintragung.

VARIANTE 2: Wer eine umfangreiche und damit teure Sanierung zur besseren Energiebilanz des Hauses plant, fährt in den meisten Fällen mit einer herkömmlichen Immobilienfinanzierung am besten. Eine solche Generalsanierung fällt zumeist nach langer Zeit ohne Renovierungen an. Man kann dann davon ausgehen, dass der erste Finanzierungskredit für das Eigenheim bereits komplett getilgt ist oder wenigstens nicht mehr viel Restschuld abzubezahlen ist. Unter welchen Bedingungen ein Kreditgeber bereit ist, eine neue Grundschuld auf das bestehende Wohnhaus zu finanzieren, hängt immer auch vom jeweiligen Einzelfall ab. Wichtig ist, dass die neu einzutragende Grundschuld durch den Verkehrswert von Haus und Grundstück solide abgesichert ist. Je nach den Summen, um die es geht, fallen die neu zu bezahlenden Rechnungen für Notar- und Grundbuchgebühren unterschiedlich stark ins Gewicht.

Unser **TIPP**: Rechnen Sie sich mit den Konditionen der Banken oder Versicherungen und den Gebühren sowie Honoraren für beide Kreditvarianten aus, was in Ihrem Fall unter dem Strich günstiger ist.

Nicht immer spielen die Kreditgeber bei der Finanzierung von Modernisierungsmaßnahmen ohne Weiteres mit. Unproblematisch ist in der Regel alles, was den Verkaufswert Ihres Hauses erkennbar steigert, zum Beispiel eine umfassende Gebäudedämmung und die neue Photovoltaikanlage auf dem Dach. Neue „schönere" Bodenbeläge in den Räumen, Malerarbeiten innen und/oder außen und eine Sauna im Keller werden da schon eher für kritische Nachfragen sorgen.

VARIANTE 3: Als Alternative besteht immer noch die Möglichkeit, einen **FREIEN RATENKREDIT** (Verbraucherkredit) zur Finanzierung Ihrer

AKTUELLE KREDITKONDITIONEN

Wir untersuchen regelmäßig den Markt der Baufinanzierung. Aktuelle Untersuchungen von Bau- und Modernisierungskrediten finden Sie online auf der Themenseite „Immobilienkredit" auf test.de. Unter dem Stichwort **„Hypothekenzinsen im Vergleich"** ebenfalls auf dem Portal zu finden: die Zinssätze für Immobilienkredite von über 75 Anbietern, die jeweils zu Monatsbeginn ermittelt werden.

Eine Vergleichsplattform, auf der man gezielt die Konditionen von Modernisierungskrediten abrufen kann, ist Kreditvergleich.net. Nach eigenen Angaben handelt es sich dabei um den ersten Anbieter auf dem Markt, bei dem die Testergebnisse bei Konditionsänderungen der Kreditinstitute durch spezielle Algorithmen automatisch angepasst und somit jeweils immer aktuell gehalten werden. Siehe: www.kreditvergleich.net/modernisierungskredite/test.

energetischen Sanierungsmaßnahmen aufzunehmen. Die Rückzahlkonditionen sind hier aber fast immer deutlich schlechter als bei den zweckgebundenen Krediten. Vielleicht wird man von dieser Variante am ehesten Gebrauch machen, wenn der Kredit für die Tilgung der Kaufkosten noch längerfristig läuft und Sie jetzt schon ein paar kleinere Maßnahmen umsetzen wollen, die sich in absehbarer Zeit durch Einsparungen bei den Energiekosten amortisieren. Unser Online-Ratenkreditvergleich enthält Effektivzinssätze für typische Kredithöhen und Laufzeiten. Gratis-Rechner helfen bei der Suche nach dem passenden Kreditangebot.

Vergleichstabellen in Zeitschriften und Zinsübersichten gehen gezwungenermaßen immer von bestimmten Grundannahmen aus. Auch Baufinanzierungsrechner im Internet verlangen meist nur wenige Eckdaten, wie den Kaufpreis der Immobilie und die Kreditsumme, und zeigen dann nur die besten Zinsen der Kreditgeber an. Ein reiner Onlinevergleich von Bauzinsen ergibt also nur einen Orientierungswert, denn lange nicht alle Kundinnen erhalten diesen besten Zins. In die individuelle Zinsentscheidung fließen immer viele Aspekte der persönlichen Situation ein: Höhe, Regelmäßigkeit und Sicherheit des Einkommens, Vermögen, Alter und berufliche Situation haben ebenso einen Einfluss wie Lage und Zustand der Immobilie. Holen Sie also immer verschiedene Angebote auf gleicher Basis ein, um belastbare Zahlen vergleichen zu können.

Bankfinanzierung

Zinsen vergleichen lohnt sich auch bei kleineren Darlehen – dies erwies sich in unserem Vergleich von Renovierungskrediten in Höhe von 30 000 Euro und 60 000 Euro (test vom Januar 2022): Die Top-Kredite waren dabei rund 5 700 Euro günstiger als teure Angebote. Und das war noch in den Zeiten der Niedrigzinspolitik, wo die Zinsen für Baukredite unter einem Prozent lagen. Bei einem allgemeinen Zinsniveau von drei Prozent und mehr fallen die Unterschiede noch deutlich größer aus.

Im ersten Modellfall für die Veröffentlichung wurde ein Darlehen in Höhe von 30 000 Euro für eine beliebige Modernisierung benötigt. Es wurden hierfür zwei Varianten abgefragt: ein Kredit mit und ein Kredit ohne Eintrag einer Grundschuld. Bei den Angeboten für den 30 000-Euro-Kredit ohne Grundschuldeintrag handelte es sich um Ratenkredite. Die genannten Effektivzinsen galten bonitätsunabhängig. Somit erhielten alle kreditwürdigen Kunden den gleichen Zinssatz.

Eine Finanzierung ohne Eintrag ins Grundbuch bietet einige Vorteile:

- → Es fallen keine Notar- und Grundbuchkosten für die Grundschuldbestellung an.
- → Die Bank verlangt meist weder Grundbuchauszüge noch Lagepläne oder Wohn- und Nutzflächenberechnungen.
- → Der Kunde kann den Kredit jederzeit zurückzahlen, Banken dürfen dafür höchstens 1 Prozent der Restschuld als Entschädigung verlangen.

UNTERLAGEN FÜR DEN IMMOBILIENKREDIT BEI SANIERUNGEN

Bei Finanzierungsanfragen zu Immobilienkrediten werden in der Regel folgende Unterlagen angefordert:

Dokumente	Wer erstellt sie?
Kopie des Personalausweises	Selbst scannen oder abfotografieren
Einkommensnachweise (oft die Gehaltsabrechnungen der letzten 3 Monate und/oder die letzte Jahres-Steuererklärung)	Vom Arbeitgeber und/oder Finanzamt
Nachweis über vorhandenes Eigenkapital	Auszüge vom (Festgeld-)Konto, Standmitteilungen über Aktiendepots oder Bausparguthaben
Objektunterlagen (Grundbuchauszug, Lageplan, Wohnflächenberechnung, Baubeschreibung, Baukostenberechnung)	Grundbuchamt, Kaufvertrag zur Immobilie, Unterlagen des Verkäufers
Nachweise zu noch bestehenden Ratenkrediten oder anderen regelmäßigen finanziellen Verpflichtungen	Laufende Kreditverträge, Nachweis über Unterhaltszahlungen etc.

UNSER RAT

- **Angebote:** Wenn Sie einen Kredit für Ihre Modernisierung brauchen, holen Sie Angebote von mehreren Banken und Vermittlern ein.
- **Grundbuch:** Ist für das Haus noch eine Grundschuld eingetragen, die bereits ganz oder teilweise getilgt ist, wenden Sie sich zuerst an die finanzierende Bank. Die bestehende Grundschuld reicht als Sicherheit meist aus, und Sie können einfach und ohne Zusatzkosten einen neuen Kredit bekommen.
- **Fördermittel:** Erkundigen Sie sich bereits in der Planungsphase über mögliche Förderungen. Einen Überblick bieten wir auf den Seiten 177 ff.

Im zweiten Modellfall wurde für eine Modernisierung ein Kredit in Höhe von 60 000 Euro benötigt, die als Grundschuld eingetragen wurde. Das Angebot für den 60 000-Euro-Kredit mit Grundschuldeintrag war ein Immobiliendarlehen ebenso wie das Angebot für den 30 000-Euro-Kredit mit Grundschuldeintrag aus dem ersten Modellfall. Die anfallenden Gerichtsgebühren für einen Neueintrag ins Grundbuch waren im Effektivzins enthalten.

In allen Modellfällen sollte das Darlehen bis zum Ende einer Zinsbindungsdauer von zehn Jahren vollständig getilgt sein. Die Immobilie wurde vom Kreditnehmer selbst genutzt, hatte einen Verkehrswert von 400 000 Euro und war schuldenfrei.

Auffallend waren die Zinsunterschiede. Die teuersten Modernisierungsdarlehen waren fast viermal teurer als günstige Angebote. Wer am Stichtag ein Darlehen über 60 000 Euro beim teuersten Anbieter aufgenommen hätte, würde dafür während der zehn Jahre Laufzeit insgesamt 7 940 Euro Zinsen zahlen. Wer stattdessen Kunde des günstigsten Anbieters geworden wäre, müsste insgesamt gerade mal 2 204 Euro Zinsen überweisen. Ähnlich hohe Zinsunterschiede gab es bei den Angeboten für einen 30 000-Euro-Kredit.

Blankodarlehen ohne Absicherung im Grundbuch sind für Banken aber weniger sicher und daher meist deutlich teurer als Grundschulddarlehen. Denn auch wenn die Anbieter sie als „Modernisierungskredit“ verkaufen – eigentlich sind es einfache Ratenkredite. In unserem Test kosteten bonitätsunabhängige Kredite ohne Grundbucheintrag im Schnitt 3,22 Prozent, mit Grundbucheintrag 1,64 Prozent Effektivzins – also fast das Doppelte. Aber es gibt Ausnahmen. Einige Banken boten sehr günstige Konditionen.

Ob mit oder ohne Grundschuld, der Vergleich macht klar: Wer nicht unnötig draufzahlen möchte, sollte auch bei kleineren Summen immer mehrere Kreditangebote einholen und vergleichen. Unser großer Test hat aber ebenfalls ergeben: Den einen günstigen Anbieter gibt es nicht. Wer in einem Fall die Nase vorn hat, kann in einem anderen Fall ganz weit hinten landen.

Empfehlenswert ist es zudem, wie bereits vielfach erwähnt, Fördermittel in Anspruch zu nehmen. Bei größeren Sanierungsvorhaben geht es oft um Maßnahmen zur Verbesserung der Energiebilanz des Hauses. Das ist zum Beispiel der Fall, wenn die Heizung erneuert, die Fenster ausgetauscht oder das Dach gedämmt werden. Erfüllen diese Maßnahmen bestimmte Anforderungen an die Energieeffizienz, gibt es teilweise üppige Fördermittel (siehe S. 177 ff.).

Besonders großzügig fällt die Unterstützung aus, wenn die Hauseigentümer das komplette Haus sanieren. Aber auch für einzelne Maßnahmen kann es sich lohnen, das aufwendige Antragsverfahren auf sich zu nehmen. Wenn Sie beispielsweise die alte Ölheizung durch eine klimafreundliche Heizung ersetzen, die mit erneuerbaren Energien arbeitet, bezuschusst der Staat das mit bis zu 40 Prozent der Kosten.

Die Förderkredite für eine umfassende Sanierung zum Effizienzhaus werden von der KfW vergeben, beantragen müssen Interessenten sie aber über einen Finanzierungspartner, etwa eine Bank oder einen Kreditvermittler. Wir haben die Anbieter für den Test gefragt, ob sie in unserem Modellfall statt des hauseigenen Kredits ihren Kunden auch den sehr viel günstigeren KfW-Kredit vermitteln würden. 36 Anbieter antworteten mit „Ja“, wenn auch einige mit Einschrän-

CHECKLISTE: EINZUREICHENDE UNTERLAGEN

Die **KfW-Förderbank** hat eine umfassende Checkliste „Einzureichende Unterlagen" für ihre diversen Förderprogramme veröffentlicht, die wir Ihnen hier kurz vorstellen.

Wenn Sie sich also darauf vorbereiten wollen, Anträge auf Förderung bei der KfW einzureichen, können Sie hier prüfen, ob Sie alle erforderlichen Dokumente beisammen haben, damit der Genehmigungsvorgang möglichst reibungslos erfolgen kann.

Für KfW-Effizienzhaus nach Referenzwerten

- Online-Bestätigung zum Antrag (Kredit) bzw. Online-Antrag (Zuschuss)
- Gebäudepläne mit Kennzeichnung der wärmeübertragenden Hüllfläche

Für KfW-Effizienzhaus mit Effizienzhausberechnung

- Online-Bestätigung zum Antrag (Kredit) bzw. Online-Antrag (Zuschuss)
- Vollständig ausgefüllter Gebäudefragebogen zur Planung
- Gebäudeberechnung Referenzgebäude

Effizienzhaus-Berechnung für das geplante/vorhandene Gebäude mit:

- Angabe des Berechnungsverfahrens (DIN V 4108/4701 oder DIN V 18599)
- Angabe des zugrunde gelegten Klimastandorts
- Angabe der relevanten Geometriedaten (Bruttovolumen; Nutzfläche; Hüllfläche; Fensterfläche, Außentürfläche)
- Auflistung der Hüllflächenbauteile mit Angabe aller Flächen, U-Werte und Fx-Werte sowie der Transmissionswärmeverluste
- Darstellung der Ermittlung der U-Werte opaker Bauteile
- Darstellung der U- und g-Werte transparenter Bauteile
- bei Fenstern Uw <= 0,85 W/(m^2·K): detaillierte Ermittlung des Uw-Wertes aus Verglasung, Rahmen, Randverbund
- Darstellung der Ermittlung der Lüftungswärmeverluste
- Darstellung der Ermittlung der solaren Gewinne
- Darstellung der Ermittlung der internen Gewinne

Anlagenbewertung mit:

- Angabe der angesetzten Länge der Heizperiode
- Anlagenbeschreibung Heizung
- Anlagenbeschreibung Trinkwarmwasser
- Wenn Lüftungsanlage vorhanden: Anlagenbeschreibung Lüftung

Gebäudepläne mit:

- Kennzeichnung der wärmeübertragenden Hüllfläche
- Bemaßung
- Kennzeichnung der Ausrichtung des Gebäudes
- bei Wohnflächenerweiterung: Kennzeichnung der hinzukommenden Flächen
- bei Mischnutzung: Kennzeichnung der Nichtwohnflächen

Sofern relevant:

- bei reduziertem Wärmebrückenzuschlag [Delta UWB < 0,1 W/(m^2·K)]: Wärmebrückenbewertung
- Bei Fernwärme, wenn kein DIN-Standardwert: Zertifikat des Primärenergiefaktors fP, gültig mindestens 6 Monate ab Antragstellung (Datum der Bestätigung zum KfW-Antrag)
- bei Verwendung produktspezifischer Anlagenkennwerte: Dokumentation der Produktkennwerte
- bei Ansatz individueller Leitungslängen: Dokumentation der Leitungslängen
- bei Solaranlage mit von Standardwerten nach DIN V 4701 10 abweichenden Parametern (z. B. mit produktspezifischen Kennwerten): Nachweis der Deckungsanteile mit Berechnung oder solarthermischer Simulation
- bei PV-Anlage: Bilanzierung des PV-Stromertrages

Ergänzend bei KfW-Effizienzhausstandard Plus: Angaben zum Plus-Paket mit:

- Art der stromerzeugenden Anlage
- Darstellung des unmittelbaren räumlichen Zusammenhangs der stromerzeugenden Anlage zum Gebäude
- Bilanzierung des Stromertrags nach DIN V 18599:2011–12 und den weiteren Maßgaben gemäß EnEV §5
- Produktdatenblatt des Stromspeichers
- nutzbare Speicherkapazität (nur bei Änderung seit Angabe in der Bestätigung zum KfW-Antrag)
- Lüftungsanlage mit Wärmerückgewinnung: Wärmebereitstellungsgrad für Außenluftvolumenströme bei Nennlüftung nach DIN 1946–6 auf die gesamte bilanzierte Gebäudenutzfläche bezogen (alternativ Nachweis gemäß „Liste der Technischen FAQ")

kungen. Ob die Kunden in der Praxis von ihnen tatsächlich einen KfW-Kredit bekommen würden, darf man aber bezweifeln. Denn hinter vorgehaltener Hand gaben einige Anbieter zu, an den Förderkrediten zu wenig zu verdienen.

Bei Sanierungsvorhaben war es für Hausbesitzer bis 2022 einfacher, statt eines Förderkredits einen Investitionszuschuss zu beantragen. Den Zuschuss „Energieeffizient Sanieren" der KfW gibt es allerdings nicht mehr (Stand September 2022). Bei Einzelmaßnahmen erfolgt der Investitionszuschuss nun über das Bundesamt für Wirtschaft und Ausfuhrkontrolle (Bafa). Der Investitionszuschuss ist genauso hoch wie der Tilgungszuschuss. Aber: Der Zuschuss wird erst nach Abschluss der Arbeiten ausgezahlt. Wer auf die Direktüberweisung des Bafa setzt, braucht also zunächst einen Kredit über die volle Höhe der Modernisierungskosten. Wir haben die Anbieter deshalb gefragt, wie sie einen Zuschuss in Höhe von 12 000 Euro in die Finanzierung einbinden würden, wenn dieser nach einem Jahr ausgezahlt wird. Viele empfahlen, die Möglichkeit von Sondertilgungen zu vereinbaren oder einen Teil des Kredits als jederzeit kündbaren Ratenkredit aufzunehmen. Der Haken an diesen Lösungen: Der Kredit verteuert sich dadurch in der Regel.

KREDITE FÜR ÄLTERE EIGENTÜMER

Wer schon 20, 30 Jahre oder länger in seinem Haus wohnt und nicht plant, in den nächsten Jahren umzuziehen, wird vielleicht überlegen, was man renovieren kann und muss, um sich das Leben in den eigenen vier Wänden für die Zukunft komfortabler zu gestalten. Die Kinder sind meist aus dem Haus, und nach Jahrzehnten häufen sich wahrscheinlich die Reparaturen am Gebäude. Zudem entsprechen Wasserversorgung und Hauselektrik wohl nicht mehr dem modernen Wohnkomfort, ganz zu schweigen von der alten Heizungsanlage, der Warmwasserbereitung und veralteten Dämmstandards, die das Haus zur „Energieschleuder" machen und die laufenden Betriebskosten spürbar in die Höhe treiben.

Wird ein Haus seit Jahrzehnten bewohnt, häufen sich reparaturbedürftige Mängel, und die Betriebskosten verteuern sich in Zeiten der Energiekrise enorm: Zeit für eine gründliche Renovierung und energetische Sanierung.

Geht man in einer solchen Situation die Planung einer „Generalsanierung" an, wird man schnell mit Kosten konfrontiert, die ohne Kreditaufnahme nicht so einfach zu stemmen sind. Selbst wenn man etwas angespart hat im Lauf der Jahre, reicht das für eine aufwendige Sanierung oft nicht aus, oder das Geld ist nicht sofort verfügbar, weil es in Immobilien oder anderweitig fest angelegt ist.

Wer sich dann im Alter von 55 oder 70 Jahren – das ist die Generation, die häufig eine eigene Immobilie besitzt – bei der Bank um einen Kredit bemüht, wird feststellen, dass das manchmal gar nicht so einfach ist. Je älter man ist, desto schwieriger wird es, einen Kredit zu bekommen, so die Erfahrung vieler Hausbesitzer.

Offiziell gibt es bei der Vergabe von Immobilienkrediten kein Höchstalter. Aber Banken achten schon im Interesse der eigenen Risikominimierung darauf, dass die Kreditnehmerinnen ihre Schulden selbst zu Lebzeiten begleichen können. Deshalb prüfen die Banken nicht nur die aktuelle Einkommens- und Vermögenssituation der Antragstellerinnen, sondern informieren sich ebenfalls, wie deren Einnahmen voraussichtlich in Zukunft ausfallen werden. Einen Vorteil haben ältere Kreditnehmerinnen in der Regel: Die eigene Immobilie ist (fast) abbezahlt und schuldenfrei. Sie bietet also eine materielle und damit finanzielle Sicherheit für die Kreditgeber.

Das wirkt sich positiv auf die Bonität, also die Kreditwürdigkeit aus. Wenn Einnahmen bzw. Einkommen und Eigenkapital hoch genug sind, bekommt man auch im höheren Alter noch einen Kredit. Nachteile gegenüber jüngeren Kreditnehmern sollte es dabei nicht geben.

In unserer Untersuchung im Jahr 2020 zu Immobilienkrediten für über 55-Jährige gab als einziges befragtes Institut die DEVK bei der Kreditaufnahme ein Höchstalter von 65 Jahren an. Das sei inzwischen aber überholt, so die Auskunft die DEVK.

Wenn Ihre Hausbank dazu nicht bereit ist, scheuen Sie sich nicht, andere Angebote einzuholen. Bei einem Vergleich mehrerer Banken – das geht online auf den Vergleichsplattformen recht einfach – lassen sich bestimmt Banken finden, für die die Bonität ausschlaggebend ist, nicht das Alter. Zu Ihrer Bonitätsbewertung gehören neben der aktuellen Vermögens-, Berufs-, Einkommens- und Lebenssituation sowie der Höhe sonstiger finanzieller Verpflichtungen bzw. Schuldentilgungen auch die absehbaren Veränderungen, zum Beispiel wann der Renteneintritt geplant wird.

Wenn Sie dann das passendste Angebot in der Hand haben, können Sie damit nochmals bei Ihrer Hausbank anfragen, ob diese Ihnen den Kredit zu gleichen Konditionen anbieten kann. Wenn Sie bisher mit der Betreuung durch Ihre Hausbank zufrieden sind, ist das durchaus ein Argument, das man in die Waagschale werfen kann. Wenn die Hausbank Sie als zuverlässigen Kunden kennt, will sie die Geschäftsbeziehung in der Regel erhalten und wird ein gleichwertiges Angebot unterbreiten.

Worauf ältere Kreditnehmer besonders achten sollten, sind höhere Tilgungssätze, um Kredite in absehbarer Frist komplett abbezahlen zu können. Am besten kalkulierbar sind Volltilgerdarlehen mit festen Konditionen bis zur vollständigen Rückzahlung des Kredits. Tilgungssätze von acht bis neun Prozent bei einer Rückzahlung auf zehn Jahre sollten es schon sein.

Gut ist es zudem, wenn Sie Nachweise über zusätzliche Sicherheiten vorweisen können. Da ist zum einen immer die schuldenfreie Immobilie selbst, zum anderen kann das aber auch Ihre Renteninformation der BfA sein oder eine laufende Kapitallebensversicherung, die notfalls an die Bank abgetreten werden kann. Manchmal wird überdies gefragt, wie Ihre Erbfolge geregelt ist, ob also eventuell Erben Ihren Kredit fortführen können. Diese müssten dann an zweiter Stelle den Kreditvertrag unterschreiben.

Außerdem haben ältere Haueigentümerinnen ebenfalls die Möglichkeit, ein Darlehen bei der staatlichen KfW-Bank zu beantragen (siehe „KfW-Effizienzhaus-Standard", Seite 182). Die KfW vergibt Fördermittel unabhängig von Alter und Einkommen. Den Zuschuss müssen Bauherren über das Portal der KfW beantragen, den Kredit selbst gibt es dann von einer Bank.

VERSICHERUNG FÜR FREIWILLIGE HELFER

Wer sich beim Umbau von Verwandten, Nachbarn oder Freunden helfen lässt, muss diese innerhalb einer Woche nach Baubeginn bei der Berufsgenossenschaft der Bauwirtschaft (BG Bau) anmelden (§ 2 Abs. 2 Sozialgesetzbuch VII) – es sei denn, es handelt sich um eine reine Gefälligkeit von wenigen Stunden. Die Anmeldung ist online unter bgbau.de möglich.

Über die BG Bau sind Bauhelfer gesetzlich unfallversichert. Verletzt sich ein Helfer auf der Baustelle oder dem Weg dahin, trägt die Versicherung unter anderem Kosten für Behandlung und Rehabilitation. Das gilt auch, wenn der Bauherr seine Helfer nicht anmeldet. Dann droht jedoch ein Bußgeld von bis zu 2500 Euro.

Der Bauherr ist verpflichtet, Beiträge zu zahlen: Derzeit sind dies pro Helferstunde 1,71 Euro in den alten Bundesländern bzw. 1,63 Euro in den neuen Bundesländern – insgesamt sind jedoch mindestens 100 Euro zu entrichten. Für 100 geleistete Helferstunden ergab sich für das Jahr 2022 daraus ein Beitrag von 170,74 Euro im Westen und von 163,47 Euro im Osten Deutschlands.

Vom Versicherungsschutz grundsätzlich ausgenommen sind der Bauherr selbst sowie seine Ehe- beziehungsweise Lebenspartnerin. Sie können sich freiwillig bei der Berufsgenossenschaft Bau versichern, müssen dafür pro Person und Monat aber mehr als 330 Euro zahlen.

SPAREN MIT EIGENLEISTUNGEN

„Wenn wir während der Renovierungsarbeiten kräftig mit anpacken, können wir doch einige Kosten einsparen und auch einen kleineren Kredit aufnehmen." Auf diesen Gedanken kommen viele beim Kalkulieren aller Kosten, wenn absehbar wird, dass es eng werden könnte mit der Finanzierung. Schließlich akzeptieren selbst manche Kreditgeber die sogenannte Muskelhypothek als Teil der Eigenmittel, die man einbringen kann. Eine Eigenleistung liegt immer dann vor, wenn Sie keine professionellen Handwerker wie Maler oder Fliesenleger beauftragen, sondern diese Arbeiten selbst erbringen. Wer nach Feierabend, am Wochenende und im Urlaub dämmt, Wand- und Bodenbeläge anbringt und malert, kann bei den Arbeitsleistungen gewiss eine Menge Geld sparen. Dabei dürfen auch Freunde oder Familienmitglieder mithelfen, wenn Sie sich darauf verlassen können, dass diese ihre Zusagen nach dem Motto „Wir helfen dir dann, kein Problem!" sicher einhalten.

Viele Baufinanzierer akzeptieren zehn bis 15 Prozent der angesetzten Bausumme als realistische Ersparnis durch Eigenleistungen. So erhöhen Sie nominell Ihren Eigenkapitalanteil und können möglicherweise von einem günstigeren Darlehenszins profitieren. Erkundigen Sie sich frühzeitig, ob Ihre finanzierende Bank Höchstbeträge für anrechenbare Eigenleistungen festgelegt hat.

Wir raten hier eher zur Vorsicht, da die Gefahr der Selbstüberschätzung groß sein kann. Kalkulieren Sie lieber realistisch durch, was Sie durch einzelne Arbeitsgänge in welcher Zeit einsparen können. Hierzu erstellen Sie am besten eine Liste der geplanten Tätigkeiten, die Sie selbst, gegebenenfalls mit der unentgeltlichen Unterstützung von Freunden und Familie, in Eigenregie erledigen können. Für die Kalkulation der Muskelhypothek zählen dann nur die Arbeitskosten. Denn selten gelingt es privaten Bauherren, das benötigte Material günstiger zu beschaffen als Handwerksbetriebe. Außerdem ist eine Ersparnis bei den Materialkosten für die Banken üblicherweise unerheblich. Sie müssen wahrscheinlich ohnehin die geplanten Eigenleistungen am Umbau nachvollziehbar darstellen und den Wert von einem Experten, also einer Architektin oder einem Bauunternehmer etwa, bestätigen lassen.

Einbauten in die Fassade sollten grundsätzlich von Fachbetrieben ausgeführt werden, weil dabei bauphysikalische Fehler auftreten können, die ein Freizeithandwerker nicht erkennt. Und selbst wenn ein Problem auftritt, kann man Fachbetriebe in die Pflicht zum Nachbessern nehmen, sie müssen Gewährleistung bieten.

Arbeiten an der Elektroinstallation beinhalten ein hohes Gefahrenpotenzial. Hier ist immer eine Fachfirma heranzuziehen. Wenn es um die Haustechnik geht, kommen höchstens Tätigkeiten wie das Aufstemmen von Wänden für die Kabelführung infrage. Das Prinzip „Augen zu und durch" führt fast immer zu Baumängeln, die teure Nachbesserungen erfordern.

Von Bedeutung ist an dieser Stelle die Frage: Wie berechnet man die **ARBEITSKOSTEN** realistisch? Sie können dazu Angebote bei Handwerksfirmen in Ihrer Region einholen. Die Höhe der dort angesetzten Arbeitskosten entspricht der Einsparung durch Eigenleistung. Wenn Sie für alle Arbeiten, die Sie selbst ausführen wollen, die Einsparungen addieren, ergibt sich der Gesamtwert Ihrer Muskelhypothek. Wer sich hier also durch nachlässige Schätzung der Arbeitszeit verkalkuliert, zahlt am Ende sogar drauf.

Was viele Bauherrinnen gerne übersehen: Eigenleistungen bergen erhebliche Risiken. So führen fehlendes handwerkliches Können und ein zu optimistisch kalkuliertes Zeitbudget oft zu Baumängeln und Verzögerungen – und damit zu ungeplanten Mehrkosten.

Und nicht selten passiert es, dass Laien Tätigkeiten „vergessen". Sie übersehen etwa, dass zu Malerarbeiten auch das Verspachteln der Trockenbauplatten gehört oder dass Installationsschlitze nach dem Verlegen der Elektroleitungen wieder zu schließen sind. Solche Punkte sollten in der Bau- und Leistungsbeschreibung enthalten sein. Ist nicht klar, wer wofür zuständig ist, geraten sich Bauherren und Baufirmen oft in die Haare. Das führt zu Verzögerungen und juristischen Scharmützeln.

Obendrein können Sie für sämtliche Arbeiten, die Sie in Eigenregie erledigen, nicht die Baufirma haftbar machen. Richten Sie Schäden an, können Sie weder verlangen, dass die Baufirma sie beseitigt, noch stehen Ihnen Ansprüche auf Gewährleistung zu. Es kann noch schlimmer kommen: Haben Sie zum Beispiel beim Verlegen von Fliesen den Schallschutz nicht beachtet, kann in der Doppelhaushälfte oder im Reihenhaus unter Umständen der

KALKULATION FÜR DAS FLIESEN EINES BADEZIMMERS – WÄNDE UND BODEN

	Menge	Einheitspreis*	Materialkosten	Arbeitslohn
Fliesenarbeiten Bad ca. 32 Arbeitsstunden				
Voranstrich, Bodenflächen	8,60 m^2	2,35 Euro	10,81 Euro	9,40 Euro
Trennschiene Alu	0,89 m	13,05 Euro	5,53 Euro	6,09 Euro
Eckprofil Alu	4,5 m	13,40 Euro	28,50 Euro	31,80 Euro
Wandfliesen 20/20	27,45 m^2	57,75 Euro	713,70 Euro	871,54 Euro
Bodenfliesen 20/20	8,60 m^2	66,50 Euro	223,60 Euro	348,30 Euro
Verfugung, Fliesen, Silikon	9,80 m	5,95 Euro	8,40 Euro	49,91 Euro
Revisionsklappe 20/20 cm	1,00 St.	39,60 Euro	22,80 Euro	16,80 Euro
Fliesen anpassen, Öffnung	2,00 St.	45,40 Euro	keine	45,40 Euro
Summe Netto			**1013,34 Euro**	**1379,24 Euro**
Zzgl. Mehrwertsteuer 19 %				262,06 Euro
Summe Brutto				**1641,30 Euro**

Die Preise entsprechen dem Stand 1. Quartal 2022.

* Die Einheitspreise sind Baupreise (netto), wie sie bei professionellen Vergabeverfahren üblich sind. Private Bauherren bezahlen bei den Materialkosten eher mehr, wenn sie diese selbst einkaufen.

Nachbar Schadenersatz verlangen. Um selbst kein Haftungsrisiko einzugehen, besteht die Baufirma in aller Regel vor Beginn der Eigenleistungen auf eine Zwischenabnahme. Der Bauherr soll dem Unternehmer bestätigen, dass dieser bislang korrekt gearbeitet hat. Um nicht auf Kosten für Schäden sitzen zu bleiben, die Sie nicht verursacht haben, sollten Sie als Bauherr Abnahmen sehr ernst nehmen.

Von besonderer Relevanz ist auch die Bauzeitenplanung. Wer mit seiner Arbeit nicht zum vereinbarten Zeitpunkt fertig wird, behindert den Bauablauf und muss mit erheblichen Mehrkosten rechnen. Sie müssen sich zudem bereits im Vorfeld selbst darum kümmern, dass alle benötigten Materialien und Verbrauchsmittel termingerecht in ausreichender Menge auf der Baustelle vorhanden sind und dass Sie alle notwendigen Werkzeuge oder Hilfsmittel zur Hand haben, um mit den Arbeiten loslegen zu können. Gerade in Zeiten von unterbrochenen Lieferketten und von Mängeln bei bestimmten Baustoffen kann das den ganzen Zeitplan in Gefahr bringen, da andere Gewerke unter Umständen von der Fertigstellung Ihrer Arbeiten abhängig sind.

Unser **TIPP**: Kalkulieren Sie Ihr Zeitbudget realistisch. Erlaubt es Ihre Arbeitszeit wirklich, nach Feierabend noch auf der Baustelle zu rackern? Beachten Sie, dass Laien viel langsamer arbeiten. Sie schaffen in derselben Zeit maximal zwei Drittel dessen, was ein Profi bewältigt – wahrscheinlicher sind ein Drittel bis die Hälfte.

Am ehesten wird man in Eigenleistung abschließende Arbeiten an Oberflächen erledigen, die technisch nicht zu anspruchsvoll sind. Hierzu gehören Tapezieren und Streichen so-

EIGENLEISTUNGEN SIND FÖRDERFÄHIG

Eigenleistungen bei einer energetischen Sanierung sind in der Bundesförderung für energieeffiziente Gebäude (BEG) förderfähig – sowohl bei Einzelmaßnahmen als auch bei der Effizienzhaus-Sanierung. Allerdings sind nur die Materialkosten förderfähig, die direkt mit der Sanierungsmaßnahme in Verbindung stehen. Materialien zur Umsetzung von Umfeldmaßnahmen in Eigenleistung werden nicht gefördert.

Die Förderung von Eigenleistungen gilt für alle Förderanträge, die seit dem 1.1.2023 in den Förderprogrammen „BEG Einzelmaßnahmen" (über das Bafa) und „BEG Wohngebäude" (über die KfW) gestellt werden. Das sind die Bedingungen, die Sie beachten müssen:

Einkauf: Materialkosten sind nur dann förderfähig, wenn auf der Rechnung ausschließlich förderfähige Posten enthalten sind. Die Rechnung muss auf den Namen des Antragstellers ausgestellt werden und in deutscher Sprache ausgefertigt sein.

Bescheinigungen: Je nach Maßnahme muss entweder ein Energieeffizienzexperte oder ein Fachbetrieb die fachgerechte Durchführung der Maßnahme bescheinigen. Machen Sie für solche Abnahmen so früh wie möglich Termine fest!

Wenn Sie Einzelmaßnahmen an der Gebäudehülle und bei der Anlagentechnik umsetzen – zum Beispiel einen Austausch der Fenster, eine neue Haustür, Dämmung, Lüftungsanlage –, benötigen Sie eine Energieeffizienzexpertin, die prüfen und bestätigen muss, dass Eigenleistungen fachgerecht durchgeführt wurden und die Materialkosten korrekt aufgeführt werden. Der Zuschuss beträgt maximal 20 Prozent der förderfähigen Kosten. Pro Jahr und Wohneinheit sind die förderfähigen Kosten gedeckelt auf 60 000 Euro.

Wenn Sie Ihre **Heizung in Eigenregie** erneuern, brauchen Sie für die Abnahme einen Fachbetrieb. Der Fachunternehmer muss prüfen und bestätigen, dass Eigenleistungen fachgerecht durchgeführt und die Materialkosten korrekt aufgeführt wurden. Alternativ kann das auch ein Energieeffizienzexperte übernehmen. Der Zuschuss beträgt je nach Heizung 10 bis 40 Prozent der förderfähigen Kosten. Pro Jahr und Wohneinheit sind die förderfähigen Kosten gedeckelt auf 60 000 Euro.

Bei Eigenleistungen bei der **Effizienzhaus-Sanierung** nach BEG Wohngebäude werden die direkt mit der energetischen Sanierungsmaßnahme verbundenen Materialkosten gefördert. Voraussetzung ist, dass ein Energieeffizienzexperte die fachgerechte Durchführung und die korrekte Angabe der Materialkosten mit dem Verwendungsnachweis bestätigt.

wie das Verlegen von Fußbodenbelägen. Mehr Aufwand und handwerkliche Fähigkeiten verlangen das Erstellen und/oder Beplanken von Trockenbauwänden, sei es im auszubauenden Dachboden oder zur Unterteilung von Wohnräumen. Auch das Fliesen von Wänden in WCs, Bädern, Hauswirtschaftsräumen und Küchen kann selbstständig durchgeführt werden, sofern man gerne präzise und sorgfältig arbeitet. Bedenken Sie, dass Sie sich später über jeden sichtbaren Fehler möglicherweise jahrelang ärgern. Auf der anderen Seite freuen Sie sich wahrscheinlich über das, was Sie selbst geschafft haben, und gewöhnen sich unter Umständen mit der Zeit an eventuelle kleine Macken in der Fliesenwand.

Ein Beispiel, wie eine Berechnung der Eigenleistung aussehen kann, geben wir im Folgenden für eine mittelschwere Arbeit, das Fliesen eines Badezimmers.

Ausgangsbasis für die Berechnung ist ein einfaches Badezimmer mit etwa 8,60 Quadratmetern Grundfläche, das raumhoch neu verfliest werden soll. Als Fliesenqualität wurden für den Boden und die Wände einheitlich 20 mal 20 Zentimeter große Fliesen mittleren Standards zu einem Preis von etwa 26 Euro pro Quadratmeter gewählt. Materialkosten können bei gleicher Qualität bei privaten Bauherren gut 15 Prozent höher zu Buche schlagen als bei Handwerksunternehmen. Nicht berücksichtigt ist die Beschaffung von notwendigem Werkzeug.

Bei Ausführung in Eigenleistung sind zu den hier angesetzten 32 Arbeitsstunden je nach eigener handwerklicher Erfahrung 25 Prozent oder vorsichtiger 50 Prozent zusätzlich einzuplanen.

Bausparkassen – einen Bausparvertrag nutzen

In der Niedrigzinsphase der vergangenen Jahre schien der Bausparvertrag in der Finanzindustrie bedeutungslos zu werden. Auch die Stiftung Warentest konnte ihn lange Zeit nicht empfehlen. Einige Anbieter haben sogar mit dem Versuch, Kunden aus noch hoch verzinsten Altverträgen zu drängen, für Negativschlagzeilen gesorgt. Doch noch immer gibt es in Deutschland rund 25 Millionen laufende Bausparverträge.

Von Jahresbeginn bis Sommer 2023 haben sich die Zinsen für Hypothekendarlehen schon vervierfacht. Statt weniger als ein Prozent wie im Januar 2022 zahlten Immobilienkäufer Ende Juni 2023 fast vier Prozent Zinsen im Jahr für ein Bankdarlehen mit zehn Jahren Laufzeit.

Bei den Bausparkassen gibt es solche Zinssprünge nicht. In ihren Tarifen verlangten sie zur gleichen Zeit meist 1,5 bis 2,5 Prozent als Darlehenszins – nicht mehr als im Jahr zuvor. Für Sparer, die aktuell einen Vertrag abschließen, werden diese Konditionen überdies noch in fünf oder zehn Jahren gelten. Bauspardarlehen sind daher wieder günstiger als Bankkredite und werden es wohl auch bleiben. Vor allem aber rückt der klassische Nutzen des Bausparens wieder in den Blick: der Schutz vor steigenden Zinsen.

Die Zahl der Neuverträge wächst dementsprechend bereits wieder. Die LBS Bayern verzeichnete in den ersten fünf Monaten des Jahres 2022 nach eigenen Angaben „ein seit Jahrzehnten nicht da gewesenes Wachstum des Neugeschäfts"; die Bausparsumme stieg um fast 80 Prozent auf 3,8 Milliarden Euro. Die Wüstenrot & Württembergische hatte bereits im Frühjahr eine Trendwende im Geschäft mit Bausparverträgen gemeldet. Man sehe „deutliche Zuwächse" bei der Nachfrage, so hieß es. Auch der Marktführer Schwäbisch Hall hat sich zuversichtlich zum Geschäftsverlauf im Jahr 2022 geäußert.

Bausparen ist wieder „in" bei Verbraucherinnen, die für einen Immobilienkauf oder eine Renovierung Geld ansparen wollen. Was hat die Menschen dazu bewegt, ihre Finanzplanung so deutlich zu verändern?

Die Angst vor immer höheren Belastungen durch weiter steigende Zinsen hat zu einem Umdenken bei vielen Immobilienbesitzern und Kaufinteressenten geführt. Der große Vorteil des Bausparvertrags kommt nun wieder zur Geltung. Denn er ermöglicht es Sparern, einen Zins für einen Baukredit bereits jetzt festzuschreiben, auch wenn der Kredit erst in fünf, zehn oder 15 Jahren in Anspruch genommen

PLUSPUNKTE FÜR BAUSPARER

Nachteile des Bausparens sind hohe Gebühren und mickrige Zinsen in der Ansparphase. Als Teil der künftigen Immobilienfinanzierung bietet ein Bausparvertrag aber folgende Vorteile:

→ **Zinssicherheit**. Der Zinssatz für das Bauspardarlehen steht heute schon fest – auch wenn Kunden das Geld erst in sieben oder zehn Jahren abrufen. Damit ist dieser Teil der Finanzierung unabhängig davon, wie sich die Zinsen am Kapitalmarkt entwickeln.

→ **Günstigeres Bankdarlehen**. Ein Bausparvertrag verschafft Immobilienkäufern einen oft unterschätzten Vorteil: Sie brauchen weniger Geld von der Bank. Schaffen sie es, den Bankkredit mithilfe eines Bauspardarlehens unter 80 oder sogar 60 Prozent des Immobilienwerts zu drücken, bekommen sie fast immer einen besseren Zinssatz.

→ **Geld vom Staat**. Seit 2021 gelten für die Wohnungsbauprämie höhere Einkommensgrenzen und Förderbeträge. Dadurch profitieren viel mehr Bausparerinnen als bisher davon.

→ **Günstige Kleindarlehen**. Banken verlangen für Hypothekendarlehen unter 50 000 Euro oft happige Zinsaufschläge. Der Zinssatz für das Bauspardarlehen gilt dagegen auch für kleine Kreditsummen.

→ **Sondertilgungen**. Bei Bauspardarlehen sind beliebig hohe Sondertilgungen oder eine komplette Rückzahlung jederzeit möglich. Das ist bei Bankdarlehen gar nicht, nur begrenzt oder nur gegen Zinsaufschlag erlaubt.

wird. Das Prinzip des Bausparens sieht vor, dass ein Teil – in der Regel 30 bis 50 Prozent – der späteren Bausparsumme durch monatliche Sparbeträge angesammelt wird. Ist der vorgesehene Betrag zusammengekommen und eine Mindestspardauer verstrichen, ist der Bausparvertrag „zuteilungsreif". Der Rest der Bausparsumme wird dann als fest verzinstes Darlehen von einer Bank oder Bausparkasse ausgezahlt.

Bausparer kommen zudem in den Genuss staatlicher Förderung. So kann eine Wohnungsbauprämie in Anspruch genommen werden, die zehn Prozent der jährlich eingezahlten Summe als Prämie ausschüttet. Dies sind allerdings jährlich maximal 70 Euro bei Alleinstehenden und 140 Euro bei Verheirateten. Auch die Arbeitnehmer-Sparzulage kann in einen Bausparvertrag fließen; dies sind 43 Euro jährlich.

Trotz aller aktuell wieder wahrgenommenen Vorteile des Bausparens sollte man die Nachteile nicht außer Acht lassen. So verlangen die Bausparkassen in der Regel Abschlussgebühren zwischen einem und 1,6 Prozent der Bausparsumme. Bei 200 000 Euro wären dies immerhin 2 000 bis 3 200 Euro. Auch die niedrige Verzinsung der Sparraten in der Ansparphase sollten künftige Bausparerinnen berücksichtigen. Die Konditionen von neuen Bausparverträgen (Stand August 2022) bietet die Stiftung Warentest auf test.de/bausparvertrag. Trotz der grundsätzlichen Attraktivität von Bausparverträgen ist es nicht so einfach, mithilfe der Onlinerechner der Bausparkassen auch wirklich passende Konditionen zu finden, wie unser Test „Die Onlinerechner von Bausparkassen" vom Juni 2023 gezeigt hat. Unsere Experten haben für verschiedene Modellfälle, die wir dazu durchgespielt haben, überwiegend schlechte Angebote erhalten. Es ist also nicht leicht, an einen passenden Bausparvertrag zu kommen. Unsere Bausparregeln (test.de/tarifrechner-bausparkassen) helfen Ihnen dabei, Angebote zu prüfen und einen Reinfall zu vermeiden.

Die Alternative zum Bausparen bleibt das klassische Annuitätendarlehen, das auf jeden Fall transparenter und im Einzelfall kostengünstiger als ein Bausparvertrag zu haben ist.

→ Förderungen für Sanierer

Die Förderprogramme der Bundesregierung und im Anschluss die Förderungen für Energieeffizienz im Immobilienbereich haben in den letzten Jahren eine wechselvolle Entwicklung erfahren. Wir haben zusammengestellt, was seit den Reformen im Juli 2022 und Januar 2023 möglich ist.

WAS ERFAHRE ICH?

Seit Ende Juli 2022 bekommen Hauseigentümer weniger Geld für energetische Sanierungen als zuvor, und dies, obwohl vor allem die CO_2-Einsparung im Gebäudebestand vordringliches Ziel der Bundesregierung ist. Argument der Bundesregierung bei Einführung: Im Einzelfall gibt es weniger finanzielle Unterstützung als zuvor, aber dafür könnten mit einem vergleichbaren Gesamtetat an Fördermitteln mehr Wohnhäuser energetisch verbessert werden.

Immerhin steht laut Bundesministerium für Wirtschaft und Klimaschutz für 2023 ein Budget von 13 Milliarden Euro für Energiesparmaßnahmen im Gebäudebestand zur Verfügung. Weitere Änderungen in den Förderprogrammen traten zum 1. Januar 2023 in Kraft.

Wer ein Haus oder eine Wohnung saniert, kann von verschiedenen **FÖRDERUNGEN** profitieren. Die Bundesförderung für effiziente Gebäude (BEG) ist – Stand März 2023 – das einzige Bundesförderprogramm für energetische Sanierung. Als Investitionszuschuss wird sie abgewickelt durch das Bafa, als Kredit über die KfW. Die Zuschusshöhe bestimmt sich nach den Prozentsätzen der förderfähigen Kosten. Die Einbindung einer Energieeffizienzexpertin ist nötig für die Beantragung von Krediten, Zuschüssen und Steuererleichterungen für bauliche Maßnahmen. Wenn es um das Thema Heizungstausch geht, muss hingegen keine Expertin hinzugezogen werden.

Der Haken dabei: Das Geld gibt es nur, wenn die Maßnahmen bestimmte technische Mindestvoraussetzungen erfüllen. Das Bafa veröffentlicht dazu auf seiner Internetseite lange, für den Laien schwer verständliche Listen. In der Regel ist es deshalb sinnvoll, vorab einen

Energieberater einzuschalten, selbst wenn das für den Bafa-Zuschuss nicht immer Voraussetzung ist. Die Hälfte des **BERATERHONORARS** zahlt das Bafa, höchstens aber 5 000 Euro.

Für die energetische Sanierung einer Bestandsimmobilie können Hausbesitzerinnen im Rahmen der Bundesförderung für effiziente Gebäude (BEG) zinsvergünstigte Kredite sowie Zuschüsse bekommen. Die Kredite vergibt die KfW-Bank nicht direkt, sondern über die jeweilige Hausbank. Zuschüsse vergibt das Bafa. Wichtig: Die Förderungen müssen immer beantragt werden, bevor die gewünschten Maßnahmen beauftragt werden.

Wer ein bestehendes Haus saniert, kann alternativ zu Krediten oder Zuschüssen beim Finanzamt einen **STEUERBONUS** beantragen. Je nach Maßnahme bringt dieser sogar den größeren finanziellen Vorteil. Diese Berechnungen richtig durchzuführen ist allerdings eine durchaus knifflige Aufgabe.

Förderungen und Zuschüsse im Überblick

In der Bundesförderung für effiziente Gebäude (BEG) für Sanierungen ergaben sich ab 1.1.2023 folgende Änderungen:

→ Der Tilgungszuschuss für **„WORST PERFORMING BUILDINGS“** steigt von 5 Prozent auf 10 Prozent und wird ausgeweitet auf das „Effizienzhaus/-gebäude 70 Erneuerbare-Energien-Klasse“. Ein „Worst Performing Building“ ist dabei ein Gebäude, das hinsichtlich des energetischen Sanierungszustands zu den schlechtesten 25 Prozent der Gebäude in Deutschland gehört.

→ **EIGENLEISTUNGEN** werden im Gegensatz zu früher jetzt gefördert, aber nur, was den Anteil für die Materialkosten angeht.

→ **ANLAGEN ZUR STROMVERSORGUNG** wie Photovoltaik oder Windkraft sowie Stromspeicher werden nicht mehr gefördert. Die Bestimmungen für diese Anlagen werden in einem eigenen Gesetz (Erneuerbare-Energien-Gesetz,Seite 197) zusammengefasst.

→ **ERNEUERBARE-ENERGIEN-KLASSE**: Eine Aufstockung der Förderung gibt es, wenn künftig der Haushalt mindestens 65 Prozent des Gebäude-Energiebedarfs aus erneuerbaren Energien deckt.

→ **BAUBEGLEITUNG ZUM EFFIZIENZHAUS:** Für die Fachplanung und Baubegleitung eines Effizienzhauses benötigen Sie eine Energieeffizienzexpertin aus der Expertenliste für Förderprogramme des Bundes, die bei der Deutschen Energie-Agentur (dena) geführt wird. Sie stellen Ihren Antrag für die Baubegleitung direkt mit Ihrem Kredit- bzw. Zuschussantrag. Wenn Sie sich für einen Kredit entscheiden, erhöht sich Ihr Kreditbetrag um die Kosten der Baubegleitung. Von diesen Kosten erhalten Sie 50 Prozent als Tilgungszuschuss.

KFW-FÖRDERPRODUKTE, DIE ES SEIT 1.7.2021 NICHT MEHR GIBT

→ Energieeffizient Sanieren – Kredit (151, 152)
→ Energieeffizient Sanieren – Investitionszuschuss (430) – für Sanierungen zum KfW-Effizienzhaus
→ Energieeffizient Sanieren – Zuschuss Baubegleitung (431)
→ Energieeffizient Sanieren – Ergänzungskredit (167)
→ Gasheizungen sind von der Förderliste der KfW gestrichen. Auch in Kombination mit alternativen Heizungssystemen gibt es dafür keine Förderung mehr.

Einzelmaßnahmen beim Bafa

Zuschüsse für einzelne energetische Maßnahmen beantragen Sie seit dem 1.1.2021 beim Bundesamt für Wirtschaft und Ausfuhrkontrolle (Bafa). Die Antragstellung erfordert die Einbindung eines Energieeffizienzexperten, den Sie zum Beispiel über die Internetseite der Deutschen Energie-Agentur GmbH (dena) energie-effizienz-experten.de finden können. Im Folgenden ein Überblick, für welche Maßnahmen und technischen Anlagen Sie eine Förderung erwarten können:

MASSNAHMEN AN DER GEBÄUDEHÜLLE

Gefördert werden Einzelmaßnahmen an Bestandsgebäuden, die zur Erhöhung der Energieeffizienz des Gebäudes an der Gebäudehülle beitragen:

- Dämmung der Gebäudehülle (Außenwände, Dachflächen, Geschossdecken und Bodenflächen) sowie Erneuerung bzw. Aufbereitung von Vorhangfassaden
- Erneuerung, Ersatz oder erstmaliger Einbau von Fenstern, Außentüren und -toren
- sommerlicher Wärmeschutz durch Ersatz oder erstmaligen Einbau von außenliegenden Sonnenschutzeinrichtungen mit optimierter Tageslichtversorgung

Das förderfähige Mindestinvestitionsvolumen liegt bei 2000 Euro brutto. Der Fördersatz beträgt 15 Prozent der förderfähigen Ausgaben. Diese sind für energetische Sanierungsmaßnahmen von Wohngebäuden gedeckelt auf 60000 Euro pro Wohneinheit und Kalenderjahr, insgesamt auf maximal 600000 Euro pro Gebäude.

ANLAGENTECHNIK (AUSSER HEIZUNG)

Gefördert werden:

- Einbau, Austausch oder Optimierung raumlufttechnischer Anlagen inklusive Wärme-/Kälterückgewinnung
- Einbau digitaler Systeme zur energetischen Betriebs- und Verbrauchsoptimierung bzw. zur Verbesserung der Netzdienlichkeit der technischen Anlagen des Gebäudes („Efficiency Smart Home") oder des angeschlossenen (förderfähigen) Gebäudenetzes

Nicht gefördert werden:

- Eigenbauanlagen und Anlagen, die in weniger als vier Exemplaren betrieben werden oder betrieben worden sind (Prototypen)
- gebrauchte Anlagen und Anlagen mit wesentlich gebraucht erworbenen Anlagenteilen

ANLAGEN ZUR WÄRMEERZEUGUNG (HEIZUNG)

Gefördert werden:

- Solarthermie-Kollektoranlagen mit 25 Prozent
- Biomasseheizungen mit 10 Prozent (bei besonders emissionsarmen Biomasseanlagen erhöht sich der Zuschuss um 5 Prozent)
- Wärmepumpen mit 25 Prozent (für Wärmepumpen wird zusätzlich ein Bonus von 5 Prozent gewährt, wenn als Wärmequelle Wasser, Erdreich oder Abwasser erschlossen wird)
- Erneuerbare Energien-Hybridheizungen (EE-Hybride) mit Einbindung einer Biomasseheizung mit 20 Prozent (bei besonders emissionsarmen Biomasseanlagen erhöht sich der Zuschuss um 5 Prozent) und ohne Einbindung einer Biomasseheizung mit 25 Prozent
- Errichtung, Erweiterung und Umbau von Gebäudenetzen mit 25 Prozent
- Anschluss an ein Gebäude- oder Wärmenetz mit 25 Prozent
- Maßnahmen zur Visualisierung des Ertrags Erneuerbarer Energien

Zusätzlich zu den genannten Fördersätzen kann beim Austausch, inklusive der fachgerechten Entsorgung, einer betriebsfähigen Öl-, Gasetagen-, Gaszentral-, Kohle- oder Nachtspeicherheizungsanlage ein **BONUS** in Höhe von zehn Prozentpunkten gewährt werden, sofern eine der folgenden Anlagen zur Wärmeerzeugung errichtet wird: Biomasseheizung, Wärmepumpe, EE-Hybridheizung, innovative Heizanlagen auf EE-Basis oder Anschluss an ein Gebäude- oder Wärmenetz.

Gasheizungen müssen für den Heizungs-Tausch-Bonus ein Mindestalter von 20 Jahren aufweisen – Ausnahme sind hierbei Gasetagenheizungen. Nach dem Austausch darf das Gebäude nicht mehr mit fossilen Brennstoffen im Gebäude oder gebäudenah beheizt werden.

NICHT gefördert werden:

- Eigenbauanlagen und Anlagen, die in weniger als vier Exemplaren betrieben werden oder betrieben worden sind (Prototypen)
- gebrauchte Anlagen und Anlagen mit wesentlich gebraucht erworbenen Anlagenteilen
- Energieerzeugungsanlagen, für die eine Förderung nach dem Gesetz für den Ausbau Erneuerbarer Energien (EEG) oder nach dem Gesetz für die Erhaltung, die Modernisierung und den Ausbau der Kraft-Wärme-Kopplung (KWKG, KWKAusVO) in Anspruch genommen wird
- Von dieser Regel ausgenommen sind Biomasseanlagen zur kombinierten Strom- und Wärmeerzeugung.

HEIZUNGSOPTIMIERUNG

Gefördert werden:

- der hydraulische Abgleich der Heizungsanlage inklusive der Einstellung der Heizkurve
- der Austausch von Heizungspumpen sowie die Anpassung der Vorlauftemperatur und der Pumpenleistung
- Maßnahmen zur Absenkung der Rücklauftemperatur bei Gebäudenetzen im Sinne der Richtlinien
- im Falle einer Wärmepumpe auch die Optimierung der Wärmepumpe
- die Dämmung von Rohrleitungen
- der Einbau von Flächenheizungen, von Niedertemperaturheizkörpern und von Wärmespeichern im Gebäude oder gebäudenah (auf dem Gebäudegrundstück)
- die Mess-, Steuer- und Regelungstechnik

Voraussetzung für alle Maßnahmen ist bei **WASSERGEFÜHRTEN** Heizungssystemen ein hydraulisch abgeglichenes System der mindestens zwei Jahre alten Anlage zur Wärmeerzeugung.

Bei **LUFTHEIZENDEN** Systemen ist in der Fachunternehmererklärung zu bestätigen, dass die Luftvolumenströme gemäß den rechnerisch ermittelten Einstellwerten einreguliert wurden.

Das förderfähige Mindestinvestitionsvolumen liegt bei 300 Euro brutto. Der Fördersatz beträgt 15 Prozent der förderfähigen Ausgaben.

Die Förderung einer energetischen **FACHPLANUNG UND BAUBEGLEITUNG** kann nur im Zusammenhang mit einer Förderung folgender Einzelmaßnahmen im Rahmen dieser Richtlinie beantragt werden:

- Anlagentechnik (außer Heizung)
- Anlagen zur Wärmeerzeugung (Heizung)
- Einzelmaßnahmen an der Gebäudehülle
- Heizungsoptimierung

Der Fördersatz beträgt 50 Prozent der förderfähigen Ausgaben. Die jährlichen förderfähigen Ausgaben sind bei Ein- und Zweifamilienhäusern gedeckelt auf 5000 Euro pro Kalenderjahr, insgesamt auf maximal 20000 Euro pro Zuwendungsbescheid.

BIOMASSE

Für Biomasseanlagen – das sind Heizkessel, die mit Holzpellets, Holzhackgut und Scheitholz befeuert werden – wurden seit 2022 die Förderbedingungen bei der Anforderung an die Luftreinhaltung verschärft. Außerdem wurden die Fördersätze abgesenkt. Die Verfeuerung von frischer Biomasse gilt der Bundesregierung nicht als nachhaltig, denn die Abholzung und Verbrennung von Holz und Holzprodukten erhöhen die CO_2-Emissionen für Jahrhunderte. Das Bafa veröffentlichte eine Liste der förderfähigen automatisch beschickten Biomasseanlagen auf seiner Homepage unter: bafa.de/SharedDocs/Downloads/DE/Energie/beg_biomasse_anlagenliste_automatischbeschickt.html.

ISFP

Das Kürzel iSFP steht für „individueller Sanierungsfahrplan" (siehe auch „Ihr individueller Sanierungsfahrplan", Seite 57). Der individuelle Sanierungsfahrplan soll Eigentümer unterstützen, die Sanierung Ihres Ein- oder Zweifamilienhauses Schritt für Schritt zu planen. Er gibt außerdem einen langfristigen und detaillierten Überblick über mögliche Sanierungsmaßnahmen und deren Einsparpotenzial.

Bei einer Komplettsanierung im Rahmen der KfW-Programme gibt es für diesen Plan keinen Förderbonus mehr. Bei Einzelmaßnahmen im Rahmen von energetischen Sanierungen wird der Bonus für den Plan nur noch bei Einzelmaßnahmen wie der Dämmung der Gebäudehülle oder dem Austausch von Fenstern gewährt, nicht mehr bei Heizungen. Ein iSFP wird durch den Energieberater beim Bafa beantragt.

Achten Sie in jedem Fall darauf, dass Sie den Antrag rechtzeitig stellen. Die Förderung müssen Hausbesitzer beantragen, bevor sie einen Liefer- und Leistungsvertrag oder Kaufvertrag unterschrieben haben. Nur Planungs- und Beratungsleistungen dürfen sie bereits vorab in Anspruch genommen haben. Die Arbeiten müssen von Fachleuten ausgeführt werden, und die Begleitung durch eine Energieeffizienzexpertin ist meist zwingend. Nur wer lediglich seine Heizung erneuern möchte, braucht nicht zwingend eine Energieberatung.

TIPP: Lassen Sie sich vor Beginn der Maßnahmen von einem unabhängigen Experten beraten, auch wenn es nicht zwingend vorgeschrieben ist. Wer ein bestehendes Haus sanieren möchte, bekommt für wenig Geld eine erste Einschätzung bei der Energieberatung der Verbraucherzentrale (siehe auch Kapitel „Die Energieberatung" ab Seite 50).

KfW-Effizienzhaus-Standard

Kredite der staatlichen KfW-Bank gibt es für das Schaffen von Wohneigentum, das energiesparende Bauen und Sanieren und für den altersgerechten Umbau. Wir betrachten hier lediglich solche Maßnahmen, die die energetische Sanierung von bestehenden Wohnhäusern betreffen.

SANIERUNG VON BESTEHENDEN IMMOBILIEN ZUM EFFIZIENZHAUS

Wenn Sie ein Wohngebäude zum Effizienzhaus sanieren oder ein frisch saniertes Effizienzhaus kaufen, fördert die KfW das mit einem Kredit mit Tilgungszuschuss.

Effizienzhaus	Tilgungszuschuss in % je Wohneinheit*	Betrag je Wohneinheit*
Effizienzhaus 40	20 % von max. 120 000 Euro Kreditbetrag	bis zu 24 000 Euro
Effizienzhaus 40 Erneuerbare-Energien-Klasse**	25 % von max. 150 000 Euro Kreditbetrag	bis zu 37 500 Euro
Effizienzhaus 55	15 % von max. 120 000 Euro Kreditbetrag	bis zu 18 000 Euro
Effizienzhaus 55 Erneuerbare-Energien-Klasse**	20 % von max. 150 000 Euro Kreditbetrag	bis zu 30 000 Euro
Effizienzhaus 70	10 % von max. 120 000 Euro Kreditbetrag	bis zu 12 000 Euro
Effizienzhaus 70 Erneuerbare-Energien-Klasse**	15 % von max. 150 000 Euro Kreditbetrag	bis zu 22 500 Euro
Effizienzhaus 85	5 % von max. 120 000 Euro Kreditbetrag	bis zu 6 000 Euro
Effizienzhaus 85 Erneuerbare-Energien-Klasse**	10 % von max. 150 000 Euro Kreditbetrag	bis zu 15 000 Euro
Effizienzhaus Denkmal	5 % von max. 120 000 Euro Kreditbetrag	bis zu 6 000 Euro
Effizienzhaus Denkmal Erneuerbare-Energien-Klasse**	10 % von max. 150 000 Euro Kreditbetrag	bis zu 15 000 Euro

* Abgeschlossene Wohnungen nach Sanierung
** Die höhere Förderung für die Erneuerbare-Energien-Klasse können Sie in Anspruch nehmen, wenn Sie im Zuge der Sanierung zum Effizienzhaus eine neue Heizungsanlage auf Basis erneuerbarer Energien einbauen und damit mindestens 55 % des Energiebedarfs des Gebäudes gedeckt wird. Die höhere Förderung erhalten Sie auch, wenn mindestens 55 % des Energiebedarfs des Hauses zum Teil oder ganz durch unvermeidbare Abwärme erbracht werden.
Quelle: KfW.de 21.12.2022

FÖRDERSÄTZE AB 15.8.2022 FÜR EINZELMASSNAHMEN BEIM BAFA

	Standard	Boni			Gesamt
Einzelmaßnahmen Zuschuss	Zuschuss	iSFP	Heizungsaustausch	Effiziente Wärmepumpe	Maximaler Fördersatz
Solarthermie	25%		10%		35%
Biomasse	10%		10%		20%
Wärmepumpe	25%		10%	5%	40%
Innovative Heizungstechnik	25%		10%		35%
EE-Hybrid	25%		10%	5%	40%
EE-Hybrid mit Biomasseheizung	20%		10%	5%	35%
Wärmenetzanschluss	25%		10%		35%
Gebäudenetzanschluss	25%		10%		35%
Gebäudenetz Errichtung / Erweiterung	25%				25%
Gebäudehülle*	15%	5%			20%
Anlagentechnik**	15%	5%			20%
Heizungsoptimierung	15%	5%			20%

* Gebäudehülle betrifft Maßnahmen rund um die Dämmung von Außenwänden, Dach, Geschossdecken und Bodenflächen, Austausch von Fenstern und Außentüren, sommerlichen Wärmeschutz.
** Anlagentechnik umfasst folgende Maßnahmen: Einbau, Austausch, Optimierung von Lüftungsanlagen; WG: Einbau „Efficiency Smart Home"; NWG: Einbau Mess-, Steuer- und Regelungstechnik, Raumkühlung und Beleuchtungssysteme.

Grundsätzlich gilt: Je besser die Energiebilanz eines Hauses ist oder wird, desto üppiger ist die Förderung. Um die Energiebilanz eines Hauses einstufen zu können, hat die KfW den sogenannten **EFFIZIENZHAUS-STANDARD** entwickelt. Er gibt an, wie hoch der Energiebedarf eines Hauses im Verhältnis zu einem vergleichbaren Neubau ist.

Der innerhalb der BEG-Förderung höchste erreichbare Standard ist das KfW-Effizienzhaus 40. Es verbraucht 40 Prozent der Energie eines vergleichbaren Neubaus aus dem Jahr 2009. Natürlich bekommt man die Förderung auch für ein Haus, dessen Bilanz noch besser ist. Der niedrigste noch förderfähige Standard bei einer Sanierung ist das KfW-Effizienzhaus 85.

Neuer Schwerpunkt der staatlichen Förderung ist die **ENERGETISCHE SANIERUNG**. Bei einer Komplettsanierung ist die KfW-Bank mit ihren Förderprogrammen Ansprechpartner. Für die Vergabe von Zuschüssen für Einzelmaßnahmen ist das Bafa zuständig.

Am höchsten ist die Förderung für eine **KOMPLETTSANIERUNG** zum Effizienzhaus. Wenn der Energiebedarf danach mindestens zu 55 Prozent mit erneuerbaren Energien gedeckt wird, sind ein zinsvergünstigter Kredit von bis zu 150 000 Euro und ein Tilgungszuschuss von bis zu 37 500 Euro möglich. Einen Bonus für den „individuellen Sanierungsfahrplan" gibt es bei Komplettsanierungen nicht mehr. Seit September 2022 gibt es aber einen Bonus für

„Worst Performing Buildings", das heißt für Gebäude mit einem im Ausgangszustand besonders schlechten Energiestandard.

Für **EINZELNE SANIERUNGSMASSNAHMEN**, zum Beispiel Wärmedämmung oder Erneuerung der Fenster und Türen, gibt es keinen KfW-Kredit mehr. Das Bafa vergibt aber weiterhin Zuschüsse. Auch hier wurden allerdings die Fördersätze gesenkt. Derzeit sind zum Beispiel für den Einbau einer Wärmepumpe noch Zuschüsse von 25% zu den Investitionskosten möglich, maximal 15000 Euro. Ersetzt die Wärmepumpe eine alte Öl- oder Gasheizung, gibt es nochmals 10% Zuschuss, maximal 6000 Euro.

EIN KURZER BLICK IN DIE ZUKUNFT

Das Klimaschutzgesetz sieht in Deutschland bis zum Jahr 2030 stetig sinkende Emissionen in allen Bereichen vor. Nachdem die zulässigen CO_2-Emissionen im Jahr 2021 sowohl im Gebäudesektor als auch im Verkehr deutlich überschritten worden waren, mussten die betroffenen Ministerien ihre jeweiligen Planungen nachbessern. Im Juni 2023 wurde deshalb an einer Novelle des Klimaschutzgesetzes gearbeitet. Davon unabhängig bleibt festzuhalten:

Dass die Emissionen durch die bisher vorgeschlagenen Maßnahmen des Gesetzgebers in der Realität tatsächlich sinken, hängt wesentlich auch von ihrer Finanzierung ab. Dazu braucht es hohe Investitionen in den verschiedenen Sektoren von Industrieproduktion über Verkehr bis zu den Privathaushalten. Auch bei vielen Experten für den Gebäudesektor herrscht bezüglich der gewählten Vorgehensweise immer noch deutliche Skepsis vor. Nach ihrer Meinung sei nicht garantiert, dass durch den gesetzlich vorgegebenen Weg die Reduzierung der Emissionen am Ende tatsächlich schon erreicht werde. Zentrale Kritikpunkte beziehen sich darauf, dass die Gebäude-Förder-

FÖRDERUNG HAUS, NEUE HEIZUNG UND SANIERUNG – DER ÜBERBLICK

→ **Darlehen vergleichen:** Für den Bau oder Kauf einer selbst genutzten Immobilie vergibt die KfW Kredite. Ob sich das lohnt, ermittelt unser Vergleichsrechner: test.de/kfw-rechner. Neben dem Vergleich der Zinssätze lohnt sich bei den KfW-Krediten der Blick auf die Tilgungszuschüsse.

→ **Energieeffizienz steigern:** Besonders hoch gefördert wird das energiesparende Sanieren. Für die Komplettsanierung eines Hauses gibt es, über die KfW, bis 37500 Euro Zuschuss. Auch für einzelne Maßnahmen, beispielsweise den Austausch der Heizung oder die Dämmung der Außenwände, gibt es, über das Bafa, Förderkredite und Zuschüsse.

→ **Steuerförderung mitnehmen:** Wer ein bestehendes Haus saniert, kann alternativ zu Krediten oder Zuschüssen beim Finanzamt einen Steuerbonus beantragen. Welche Variante sie wählen, müssen die Eigentümer entscheiden, bevor die Arbeiten losgehen. Bei größeren Maßnahmen ist der Steuerbonus aber meist weniger attraktiv als die Fördermittel.

→ **Programm finden:** Welches Förderprogramm für Sie infrage kommt, können Sie mit unserem Onlinerechner unter test.de/kfw-vermittlung ermitteln. Er bietet einen schnellen Überblick über Höchstbeträge, Laufzeiten, Zinssätze und Tilgungszuschüsse der KfW-Programme rund ums Wohnen.

→ **Nicht zu lange warten:** Das Gebäudeenergiegesetz wird immer wieder novelliert. Wahrscheinlich ist, dass die energetischen Anforderungen an Bau und Sanierung weiter steigen werden. Auch die Förderrichtlinien wurden bereits mehrfach überarbeitet. Außerdem sind für die Fördertöpfe insgesamt jährliche Höchstbeträge festgeschrieben. Erkundigen Sie sich also immer nach den aktuellen Konditionen und danach, welche Erfolgsaussichten ein Antrag auf Förderung bei KfW und/oder Bafa hat. Die Kredite vergibt die KfW über die Hausbank. Weitere Informationen hierzu finden sich unter: kfw.de/inlandsfoerderung/Privatpersonen/Bestehende-Immobilie/Energieeffizient-sanieren. Zuschüsse vergeben je nach Programm die KfW oder das Bafa.

programme bisher kaum soziale Kriterien berücksichtigen. Noch ist nicht abzusehen, wie einkommensschwache Haushalte in der Lage sein sollen, sich Wärmepumpe und Dämmung zu leisten. Das betrifft gerade die Sanierung der energetisch schlechtesten Gebäude, die in der Regel zudem die niedrigsten Mieteinnahmen aufweisen, also auch in dieser Hinsicht keinen großen Spielraum für aufwendige und damit kostenintensive Sanierungen bieten.

Das **GEBÄUDESOFORTPROGRAMM** von 2022 sah vor, dass künftig jede neue Heizung zu 65 Prozent mit erneuerbaren Energien betrieben werden müsse. Viele Immobilienbesitzer wären durch diese Vorgabe vermutlich auf die technisch leicht umzusetzende und damit kostengünstige Idee gebracht worden, den alten Gasheizkessel durch einen Pelletkessel zu ersetzen. Dazu setzt sich aber immer mehr die Erkenntnis durch, dass das für das Ziel der CO_2-Reduktion gar keine gute Lösung ist. Denn Pelletkessel sind keineswegs klimaneutral, weil mehr Holzpresslinge verbrannt werden als in der gleichen Zeit an Holz nachwachsen kann. Hochrechnungen scheitern überdies recht schnell daran, dass es gar nicht ausreichend Biomasse gibt, um einen Großteil aller konventionellen Heizungen auf Pelletöfen umzustellen. Die Rolle der Feinstaubemissionen ist dabei ebenfalls noch nicht berücksichtigt. Der Königsweg führt bei den Sanierungen wieder über CO_2-neutral erzeugten Strom und elektrische Heizsysteme wie Wärmepumpen und den Ausbau der Wärmenetze. Das wird sich in Zukunft wohl auch weiterhin auf die Förderprogramme und Bauvorschriften der deutschen Gesetzgebung auswirken.

Förderung von Solarstrom

Am 29. Juli 2022 ist die neue Solarförderung in Kraft getreten mit einigen maßgeblichen Änderungen: Betreiber neuer Solarstromanlagen bekommen nun mehr Geld. Außerdem gibt es jetzt zwei völlig unterschiedliche Tarife für den Solarstrom, den sie ins öffentliche Netz einspeisen. Unsere Experten haben errechnet, wie sich die Reform der Solarförderung auf die Wirtschaftlichkeit neuer Photovoltaikanlagen auswirkt. Das Ergebnis: Eine Solaranlage auf dem Dach wird sich in den meisten Fällen lohnen. Renditen von 3 bis 6 Prozent sind über einen Zeitraum von 20 Jahren auch bei vorsichtiger Kalkulation erreichbar.

Die beiden Betreibermodelle bieten folgende unterschiedliche Vergütungssätze (siehe auch „Photovoltaik –Strom aus Sonnenlicht", Seiten 79 ff.):

→ Modell **EIGENVERBRAUCH**: Eigentümer, die ihren erzeugten Strom teilweise selbst verbrauchen, bekommen bis zu 8,2 Cent pro Kilowattstunde (kWh), die sie ins öffentliche Netz einspeisen – dies galt zuvor für das Jahr der Inbetriebnahme und die 20 Folgejahre. Das sind 25 Prozent mehr als bisher.

→ Modell **VOLLEINSPEISER**: Verkaufen Anlagenbetreiber den erzeugten Strom komplett an den Netzbetreiber, erhalten sie bis zu 13 Cent pro Kilowattstunde – doppelt so viel wie bisher. Davon profitieren vor allem Hauseigentümer, die ausreichend Dachfläche für eine relativ große Anlage haben.

Besitzer neuer Solaranlagen müssen sich also entscheiden: Entweder sie verbrauchen einen Teil des erzeugten Solarstroms selbst und sparen damit Stromkosten, oder sie speisen den Strom komplett ins öffentliche Netz ein. Dann bekommen sie eine deutlich höhere Einspeisevergütung, sparen aber keinen Cent bei der Stromrechnung. Wir haben berechnet, was für wen günstiger ist – je nach Anlagengröße, Strompreis und möglichem Eigenverbrauch (siehe Tabelle auf Seite 185).

Neu ist auch: Die Vergütungssätze werden sich bis Januar 2024 nicht ändern. Erst für Anlagen, die später in Betrieb gehen, werden sie im Halbjahresrhythmus um jeweils ein Prozent sinken. Zum Vergleich: Zuletzt sank die Einspeisevergütung um 1,4 Prozent – jeden Monat.

Generell gilt: Mit der Größe der Anlage sinkt der Anteil des Solarstroms, der vor Ort selbst verbraucht werden kann. Bei einer kleinen 5-kW-Anlage ist ein Eigenverbrauchsanteil um 30 Prozent und mehr auch ohne teuren Speicher realistisch. Wegen der hohen Stromkostenersparnis bleibt das Eigenverbrauchsmodell hier die bessere Wahl. Mit einer 20-kW-Anlage können die Betreiber dagegen kaum mehr als 10 Prozent des erzeugten Stroms selbst nutzen. Dann haben sie mehr davon, wenn sie den Solarstrom komplett einspeisen und dafür die erhöhte Vergütung kassieren.

Solarstromerzeuger müssen sich aber nicht ein für alle Mal auf eine Variante festlegen. Sie können vor jedem Kalenderjahr neu entscheiden, ob sie voll einspeisen oder einen Teil selbst nutzen wollen. Das ist wichtig, weil je nach Strompreisentwicklung für die gleiche Anlage mal das eine, mal das andere Modell vorteilhaft sein kann. Es ist außerdem möglich, zwei Anlagen auf einem Dach zu installieren: eine für die Volleinspeisung und eine für Selbstverbrauch mit Überschusseinspeisung. Voraussetzung ist, dass beide Anlagen auf dem gleichen Gebäude installiert sind und über eigene Zähler verfügen. Außerdem müssen die Eigentümerinnen den Netzbetreiber vor der Inbetriebnahme und in den folgenden Jahren jeweils bis zum 1. Dezember des Vorjahrs darüber informieren, für welche Anlage sie die höhere Vergütung für die Volleinspeisung in Anspruch nehmen.

VERGÜTUNGSSÄTZE FÜR DIE EINSPEISUNG VON SOLARSTROM INS ÖFFENTLICHE NETZ

Anlagenleistung	Volleinspeisung[1] (Cent pro kWh)	Mit Eigenverbrauch[2] (Cent pro kWh)
bis 10 kW	13,00	8,20
15 kW	12,30	7,83
20 kW	11,95	7,65
25 kW	11,74	7,54
30 kW	11,60	7,47
35 kW	11,50	7,41
40 kW	11,43	7,38

[1] Für Anlagen über 10 kW ist die durchschnittliche Vergütung angegeben, die den geringeren Vergütungssatz für Leistungsanteile über 10 kW (10,9 Cent) berücksichtigt.
[2] Für Anlagen über 10 kW ist die durchschnittliche Vergütung angegeben, die den geringeren Vergütungssatz für Leistungsanteile über 10 kW (7,10 Cent) berücksichtigt.

Bafa-Zuschüsse für Heizungen

Besonders beliebt sind die Zuschüsse des Bafa für eine neue Heizung. Denn mehr denn je stellt sich Hausbesitzern in diesen Tagen die Frage, wie sie künftig ihr Gebäude beheizen sollen.

GASBRENNWERTKESSEL

Ein neuer Gasbrennwertkessel anstelle der alten Gasheizung ist oft die einfachste Lösung mit den geringsten Investitionskosten. Aber die CO_2-Belastung ist hoch, die Nutzerinnen sind abhängig von der Gaspreisentwicklung, und auch die Betriebskosten sind langfristig hoch.

Die Kosten liegen bei etwa 12 000 Euro, in Kombination mit Solarthermie bei bis 25 000 Euro. Förderung gibt es keine mehr.

SOLARTHERMIE

Eine Solarthermieanlage kann etwa die Hälfte des Warmwasserbedarfs decken, in gut gedämmten Häusern unterstützt sie auch die Heizung. Das reduziert den CO_2-Ausstoß und die Betriebskosten. Solarthermie kann mit verschiedenen Heizsystemen kombiniert werden.

Aber der Betrieb ist in Deutschland in der Regel nur für Haushalte mit hohem Warmwasserverbrauch (ab drei bis vier Personen) wirtschaftlich. Die Installation ist relativ aufwendig. Die Kosten liegen bei 5 000 bis 10 000 Euro. Die Förderung erstattet 25 Prozent der Kosten, höchstens aber 15 000 Euro.

Für die Solarthermie gibt es in Kombination mit unterstützenden Heizungen sogar kombinierte Förderungen: So erhalten Sanierer seit Mitte August 2022 bei der Installation einer erneuerbaren Hybridheizung, bestehend aus einem Pelletkessel und einer Solarthermieanlage (Holz plus Solar), bis zu 35 Prozent BEG-Fördergelder. Das ist mehr, als es bis dahin einzeln für Solarthermieheizungen oder Biomasseheizungen gab. Die Kombination lohnt sich also ganz besonders. Und eben diese Kombi – Pelletheizung plus Solarthermie – ist klimaschutztechnisch in vielen Bestandsgebäuden durchaus sinnvoll.

LUFTWÄRMEPUMPE

Die meisten Wärmepumpen werden in Neubauten und bei der Sanierung in gut gedämmten Altbauten verbaut. Luftwärmepumpen sind weniger aufwendig als die anderen Systeme mit Erdwärme oder Grundwasserwärme, sie können überall umgesetzt werden. Ein Schornstein ist hier nicht mehr nötig.

Aber Luftwärmepumpen sind weniger energieeffizient als andere Wärmepumpen, und sie verursachen Geräusche durch Ventilatoren und Verdichter. Wärmepumpen eignen sich nur eingeschränkt für schlecht gedämmte Altbauten ohne Flächenheizung.

Die Kosten liegen bei 20 000 bis 25 000 Euro. Die Förderung erstattet 25 Prozent der Kosten, maximal 15 000 Euro. Bei Austausch einer Ölheizung oder einer alten Gasheizung gibt es sogar 35 Prozent, höchstens aber 21 000 Euro.

ERDWÄRMEPUMPE

Erdwärmepumpen arbeiten effizienter als Luftwärmepumpen und verbrauchen deshalb in der Regel weniger Strom. Ein Schornstein ist nicht mehr nötig.

Aber nicht alle Böden eignen sich für eine Erdwärmepumpe, und nicht überall sind die Bohrungen erlaubt. Für Erdwärmekollektoren werden große Flächen benötigt, die nicht immer zur Verfügung stehen. Diese Systeme sind teurer und aufwendiger als Luftwärmepumpen. Für unsanierte Altbauten sind sie nur bedingt geeignet.

Die Kosten liegen bei 30 000 bis 40 000 Euro. Bei der Förderung werden 30 Prozent der Kosten erstattet, maximal 18 000 Euro. Beim Austausch einer Ölheizung oder einer alten Gasheizung gibt es 40 Prozent Zuschuss, höchstens aber 24 000 Euro.

PELLETHEIZUNG

Holz ist ein nachwachsender Rohstoff und gilt als CO_2-neutral. Das ist aber nur richtig, wenn genauso viel Holz nachwächst, wie in der gleichen Zeit verfeuert wird. Je mehr holzbasierte Heizungen es gibt, desto schwieriger ist es, dieses Gleichgewicht zwischen Verbrennen und Nachwachsen aufrechtzuerhalten. Vor allem in Form von Pellets kann Holz aber eine Alternative zu fossilen Brennstoffen sein, wenn andere Heizsysteme wie Wärmepumpen nicht möglich sind. Der Brennstoff ist vergleichsweise günstig zu bekommen. Jedoch steht Holz als Brennmaterial nur in begrenztem Umfang zur Verfügung, die Lagerung der Pellets ist zudem platzaufwendig.

Sie müssen mit Kosten von 25 000 bis 35 000 Euro rechnen. Die Förderung beläuft sich auf 10 Prozent der Kosten, höchstens aber auf 6 000 Euro. Beim Austausch einer Ölheizung oder einer alten Gasheizung erhöht sich der Zuschuss auf 20 Prozent, maximal dabei auf 12 000 Euro.

FERNWÄRME

Je nachdem, mit welchem Energieträger die Wärme produziert wird, kann Fernwärme viel CO_2 einsparen. Die Anlage ist im Betrieb weitgehend wartungsfrei. Ein Anschluss an ein Fernwärmenetz ist allerdings nicht überall verfügbar. Und wenn doch, gibt es immer nur einen lokalen Anbieter. Ein Wechsel zu einem anderen Versorger ist nicht möglich. Die Verträge sind meist langfristig.

Die Anlagenkosten für einen Fernwärmeanschluss liegen bei 8 000 bis 15 000 Euro. Die Förderung beträgt bis zu 25 Prozent der Kosten, höchstens 15 000 Euro. Für den Austausch einer Ölheizung oder einer alten Gasheizung erhöht sich der Zuschuss auf 35 Prozent, maximal auf 21 000 Euro.

Häufig ist es sinnvoll, nicht nur eine neue Heizung einzubauen, sondern das Haus auch an anderen Stellen zu sanieren. Empfehlenswert ist es deshalb, vor Beginn der Arbeiten den Rat eines Experten einzuholen. Idealerweise erstellt er einen sogenannten individuellen Sanierungsfahrplan für das Haus (siehe Seite 57). Die Kosten für die Fachplanung und/oder Baubegleitung können durch das Bafa bezuschusst werden.

Steuerbonus vom Finanzamt

Wie bereits erwähnt, muss man die finanzielle Förderung beim Bafa und der KfW beantragen, bevor man Aufträge an Baufirmen vergibt und mit den ersten Arbeiten beginnt. Zum Teil

Fernwärmeleitungen ermöglichen den weiten Transport von Energie hin zum eigenen Zuhause.

bedeutet das aber lange Wartezeiten, bevor man einen positiven Bescheid bekommt. Da kommt die zweite Variante einer finanziellen Erleichterung bei energetischen Sanierungsmaßnahmen ins Spiel: Hauseigentümer, die ein bestehendes Haus selbst bewohnen und energetisch sanieren, können alternativ zu den Förderkrediten oder Zuschüssen von KfW und Bafa nach Abschluss der Arbeiten beim Finanzamt einen Steuerbonus beantragen. Das bedeutet aber, dass diese sämtliche Kosten erst einmal aus eigenen Mitteln begleichen müssen, bevor sie in den Folgejahren den Steuerbonus kassieren können.

Wenn Sie allerdings auf Planbarkeit Wert legen, bietet diese Variante einen klaren Vorteil: Auf den Steuerbonus gibt es einen Rechtsanspruch, im Unterschied zu den Förderungen von Bafa und KfW. Seitdem im Sommer 2021 die Bundesförderung für effiziente Gebäude eingeführt wurde, ist sie bereits mehrfach geändert, gekürzt oder gar von heute auf morgen komplett gestoppt worden. Weitere Reformen sind angekündigt und in Arbeit.

Wer hierzulande steuerpflichtig ist, kann in der Steuererklärung gegenüber dem Finanzamt fast alle Maßnahmen steuermindernd geltend machen, die den Energieverbrauch des Hauses künftig senken werden.

Laut Bundesfinanzministerium (26.8.2022) werden folgende energetische Maßnahmen am Gebäude oder einer Wohnung steuerlich gefördert:

→ Wärmedämmung von Wänden, Dachflächen oder Geschossdecken
→ Erneuerung von Fenstern oder Außentüren und Verbesserung des sommerlichen Wärmeschutzes
→ Erneuerung oder Einbau von Lüftungsanlagen
→ Einbau von digitalen Systemen zur energetischen Betriebs- und Verbrauchsoptimierung
→ Erneuerung der Heizungsanlage
→ Optimierung bestehender Heizungsanlagen, sofern diese älter als zwei Jahre sind

Steuerlich absetzbar ist allerdings nur die neue Installation von folgenden Heizungsanlagen:

KOSTEN NICHT DOPPELT ABSETZBAR!

Zahlreiche energetische Sanierungsaufwendungen könnten auch als Handwerkerleistungen im privaten Bereich angerechnet und steuerlich begünstigt werden (Steuerermäßigung von bis zu 1 200 Euro im Jahr gemäß Paragraf 35a EStG). Sie können aber nicht beide Steuerermäßigungen, also nach Paragraf 35a und Paragraf 35c, gleichzeitig in Anspruch nehmen. Sie müssen sich für eine Variante entscheiden.

- Solarkollektoranlagen
- Biomasseanlagen (Verbrennung von Pellets, Hackschnitzeln und Scheitholz)
- Wärmepumpen (Sole/Wasser, Wasser/Wasser oder Luft/Wasser)
- Gas-Brennwertheizungen, die auf eine Einbindung erneuerbarer Energien vorbereitet sind („Renewable Ready")
- Hybridanlagen (Gas-Brennwertheizungen, die zur Heizungsunterstützung mit einem Wärmeerzeuger mit erneuerbaren Energien kombiniert sind)
- Brennstoffzellen
- Mini-Kraft-Wärmekopplung
- Anschluss an ein Wärmenetz

Keine Förderung gibt es für den Einbau einer reinen Gasheizung, also zum Beispiel für den Austausch einer alten Ölheizung durch eine moderne Gasbrennwertanlage.

Die energetische Baubegleitung und Fachplanung hingegen können steuerlich gefördert werden. Dafür müssen diese von Energieberaterinnen durchgeführt worden sein, die vom Bundesamt für Wirtschaft und Ausfuhrkontrolle (Bafa) zum Förderprogramm „Energieberatung für Wohngebäude" zugelassen sind. Dem gleichgestellt ist die Beauftragung von Fachleuten aus der Energieeffizienzexperten-Liste für Förderprogramme des Bundes (energie-effizienz-experten.de).

Eine begleitende Energieberatung, wie sie in vielen anderen Förderprogrammen verlangt wird, ist für die Steuerförderung keine Voraussetzung. Ausgaben für einen Energieberater zählen aber zu den förderfähigen Kosten – und zwar nicht (wie andere Ausgaben) zu 20 Prozent, sondern sogar zu 50 Prozent.

Bis zu 20 Prozent der Ausgaben für Ihre energetische Sanierung zieht das Finanzamt von Ihrer Steuerschuld ab, pro Wohneinheit aber insgesamt höchstens 40 000 Euro (§ 35c des Einkommensteuergesetzes, EStG). Das würde Sanierungskosten von 200 000 Euro voraussetzen.

Die Steuerermäßigung gibt es allerdings nicht auf einmal, sie wird auf drei Jahre verteilt. Im ersten Jahr, in dem die Baumaßnahme abgeschlossen wird, und im darauffolgenden Jahr beträgt die Ermäßigung jeweils sieben Prozent der Gesamtkosten, maximal 14 000 Euro pro Jahr. Im dritten Jahr gibt es eine weitere Steuerermäßigung in Höhe von sechs Prozent, maximal also 12 000 Euro.

Dazu gibt es beim Finanzamt das Steuerformular **„ANLAGE ENERGETISCHE MASSNAHMEN"** zur Einkommenssteuererklärung, in der alle angefallenen und nachweisbaren Kosten eingetragen werden müssen.

VORAUSSETZUNGEN FÜR EINEN STEUERABZUG

Es ist fast schon banal, soll aber trotzdem erwähnt werden: Vom vollen Steuerbonus profitiert nur, wer ausreichend Steuern zahlt. Fällt die Einkommenssteuer geringer aus als der Steuerbonus, sinkt die Steuerzahlung höchstens bis auf null Euro. Eine Gutschrift vom Finanzamt oder eine Verschiebung des Restbetrags auf andere Steuerjahre ist nicht möglich. Um den Steuerrabatt zu bekommen, muss das Haus oder die Wohnung außerdem älter als zehn Jahre sein und muss vom Steuerzahlenden selbst genutzt sein.

Angerechnet werden zudem nur Kosten, die per Rechnung von einem Handwerker-Fachbetrieb belegt werden können und die unbar (per Banküberweisung) bezahlt wurden.

Das Fachunternehmen muss darüber hinaus bescheinigen, dass die Sanierungsmaßnahmen die gesetzlichen Mindeststandards erfüllen, zum Beispiel die Grenzwerte für die maximale Wärmedurchlässigkeit bei neu gedämmten Wänden oder Dachräumen eingehalten werden. Ersatzweise kann diesen Nachweis ein begleitender Energieberater oder Fachplaner ausstellen, der mit der Sanierungsmaßnahme vertraut ist.

In der Praxis kann es jedoch durchaus schwierig werden, Steuerermäßigungen umzusetzen. Es gibt dafür Formulare des BMF für die Handwerker und für die Energieberaterin. Die ausführenden Handwerker machen aber wohl manchmal Probleme und wollen das Formular nicht ausfüllen. Deshalb: Vereinbaren Sie vorher mit dem Handwerksunternehmen, dass das Ausfüllen der Formulare für die **STEUERERMÄSSIGUNG** Bestandteil des Auftrags ist.

Ein Detail, das hier am Rande ebenfalls interessant ist: Der Hauseigentümer kann den Steuerbonus sogar dann beantragen, wenn sein selbst bewohntes Heim oder auch sein Ferienhaus in einem anderen EU- oder EWR-Mitgliedsstaat liegt. Keinen Anspruch auf den Steuerabzug gibt es hingegen, wenn die Immobilie im Ausland gegen Gebühren vermietet wird, wenn also Einnahmen aus Vermietung erzielt werden.

Eine weitere Voraussetzung sollte für alle Sanierer leicht zu erfüllen sein. Die Hauseigentümer müssen sämtliche Maßnahmen bis zum Stichtag 31.12.2029 durchführen lassen. Hintergrund dafür ist: Der Höchstbetrag für den Steuerbonus von 40000 Euro gilt pro Immobilie. Man kann den Steuervorteil auch mehrmals für unterschiedliche Maßnahmen nutzen, die in zeitlichen Abständen durchgeführt werden. Das Finanzamt erstattet dann bei jeder Sanierung 20 Prozent der Kosten, so lange, bis der Höchstbetrag für diese Immobilie erreicht ist.

Welche Förderung durch den Bund in Ihrem Falle besser ist, können Sie mit unserem Onlinerechner kalkulieren, den Sie auf test.de unter dem Suchbegriff „Förderung für energetische Sanierung" finden.

Regionale Förderprogramme

Die bundesweit gültigen Förderungen von KfW und Bafa haben wir bereits vorgestellt. Zusätzlich bieten aber auch Bundesländer und viele Großstädte Förderprogramme für energetische Sanierungen an. Diese lassen sich in der Regel kombinieren, sodass Sie mit den verschiedenen Förderprogrammen noch wirkungsvoller die Kosten der Sanierung reduzieren können.

Der Haken hierbei ist, dass man sich schon sehr gut auskennen muss, um aus den möglichen Angeboten die jeweils beste Kombination für sich herauszufinden. Regionale Förderprogramme unterscheiden sich oft stark voneinander. Überdies ist es nicht selbstverständlich, dass eine Großstadt überhaupt Fördermittel für energetische Sanierungen bereitstellt. Andererseits staunt man bisweilen, dass sogar kleinere Gemeinden Fördermittel im Etat haben, die von privaten Bauherren angefordert werden können.

Die Stadt **MÜNCHEN** zum Beispiel bietet im Rahmen des „Förderprogramms Energieeinsparung" zahlreiche Zuschüsse für energiesparende Maßnahmen an. Dazu gehören Zuschüsse für Arbeiten an der Gebäudehülle, für Solarthermie- und Photovoltaikanlagen und das Erreichen von Energiestandards. Je nach Zuschuss können Sie hier bis zu 50000 Euro an Förderung für eine Sanierung erhalten.

Die Stadt **KÖLN** bietet seit April 2021 das Programm „Gebäudesanierung und Erneuerbare Energien – klimafreundliches Wohnen" an. Es besteht aus den Teilprogrammen „Zuschuss zur Bundesförderung" und „Köln-spezifische Maßnahmen", die Förderungen für zahlreiche Sanierungsvorhaben vorsehen.

Der „Zuschuss zur Bundesförderung" ergänzt die Bundesförderung für effiziente Gebäude (BEG) mit der Förderung von Sanierungsmaßnahmen an der Gebäudehülle sowie bei Installation von Wärmepumpen, Gas-Hybridheizungen oder Lüftungsanlagen. Es werden aber auch Solarthermie-Anlagen, Dachbegrünungen und Effizienzhäuser gefördert.

Die „Köln-spezifischen Maßnahmen" umfassen die Förderung von Photovoltaik, Stromspeichern, Mini-Solarmodulen und Blockheizkraftwerken (BHKW). Eine Dachbegrünung bei der Installation von Solaranlagen wird ebenfalls bezuschusst.

In den allermeisten Fällen müssen diese Förderanträge vor Beginn der eigentlichen Maßnahmen gestellt werden. Nur selten ist dies im Nachhinein möglich. Anträge für Fördermittel finden Sie meist auf der Homepage der jeweiligen Stadtverwaltung, wo Sie sich in der Regel auch einen guten Überblick über die jeweiligen Einzelheiten verschaffen können.

Wenn Sie Ihr neues Energiekonzept für das Haus mithilfe eines professionellen Energieberaters erstellen, sollte dieser sich möglichst ebenfalls mit den lokalen Förderprogrammen auskennen und Sie dazu beraten können.

Das Land **BERLIN** hat im Jahr 2021 ein Förderprogramm für die energetische Gebäudesanierung aufgelegt. Mit dem Förderprogramm „Effiziente Gebäude Plus" wollen der Senat und die Investitionsbank Berlin (IBB) die energetische Sanierung von Häusern vorantreiben, um CO_2-Emissionen zu verringern. Gefördert werden unter anderem die Erneuerung von Heizungs- und Lüftungsanlagen und die Dämmung von Außenwänden. 10 bis 40 Prozent der förderfähigen Kosten werden gefördert, die maximale Fördersumme beträgt 500 000 Euro Zuschuss je Vorhaben.

→ Es lohnt sich, fürs energetische Sanieren auch die jeweils aktuell gültigen regionalen Förderprogramme im Blick zu behalten.

Im ersten Jahr von August 2021 bis August 2022 sind dort nach Angaben der IBB fast 1 100 Anträge mit einem Finanzvolumen von rund 30 Millionen Euro eingegangen. Rund die Hälfte des zur Verfügung stehenden Fördertopfes von 60 Millionen Euro wurde damit beansprucht, und über 90 Prozent der Anträge kamen von privaten Eigentümern.

Unser **TIPP**: Einen Überblick können Sie sich online mit dem „FördermittelCheck" unter CO2online.de/foerdermittel verschaffen. Dort werden alle Angebote zur finanziellen Unterstützung bei Modernisierung, Neubau und Elektromobilität beschrieben. Mit wenig Aufwand können Sie so Zuschüsse, Fördermittel und -programme von KfW, Bafa, Bund, Ländern, Kommunen und Stadtwerken finden, die für Ihre Baumaßnahmen infrage kommen. CO2online ist eine gemeinnützige Beratungsgesellschaft mit Sitz in Berlin, die sich seit über 20 Jahren den Zielen des Klimaschutzes verschrieben hat und dazu anbieterneutrale Beratungsleistungen anbietet.

REGIONALE FÖRDERUNG VON PHOTOVOLTAIK

Auch für Photovoltaikanlagen gibt es spezifische Förderprogramme in den einzelnen Bundesländern. Ein Beispiel für **BADEN-WÜRTTEMBERG** ist das Förderprogramm „Netzdienliche Photovoltaik-Batteriespeicher", das am 1. März 2021 startete. Es bietet einen finanziellen Zuschuss speziell für Stromspeicher von Photovoltaikanlagen. Die Städte Freiburg und Stuttgart haben darüber hinaus eigenständige Förderprogramme aufgelegt.

Das Land **BAYERN** hatte sich bis April 2022 mit dem „10 000-Häuser-Programm" zum Ziel gesetzt, den Ausbau und die Nutzung von Solarstrom zu beschleunigen. Gefördert wurde dabei zugleich die Anschaffung von Speichern für die betreffenden Anlagen, um die Eigenverbrauchsquote zu erhöhen. Das Programm wurde nach Erreichen des Programmziels von insgesamt 100 000 Anträgen geschlossen.

Auch **BERLIN** engagiert sich bei der Förderung von Photovoltaik. Der „Solarcity Masterplan" stellt fest, dass ein Solarstromanteil von 25 Prozent in Berlin möglich sei. Untersuchungen des Fraunhofer Instituts für Solare Energiesysteme (ISE) haben dies im Rahmen der Masterplanstudie ergeben. Berliner Expertinnen entwickelten gemeinsam mit dem Fraunhofer ISE in diesem Zusammenhang einen Katalog mit 27 Maßnahmen, um eine zusätzliche

Photovoltaik-Nennleistung von etwa 4,4 Gigawatt aufzubauen.

Am 1. November 2022 wurde zudem das Programm „SolarPLUS" aufgelegt, das die Neuanschaffung einer Photovoltaikanlage inklusive Batteriespeicher fördert. Die Umsetzung wird von der Investitionsbank Berlin geleitet – weitere Informationen finden sich unter ibb-business-team.de/energiespeicherplus/. Solange die finanziellen Mittel ausreichen, wird die Photovoltaik-Förderung in Berlin wohl noch lange fortbestehen.

REGIONALE FÖRDERUNG VON SOLARTHERMIE

Neben den Förderprogrammen für energetische Sanierungen des Bundes (KfW und Bafa) gibt es darüber hinaus auch für den Bereich Solarthermie zahlreiche Initiativen von Städten und Gemeinden, die lokal eigene Förderprogramme aufstellen.

Die Stadt **KÖLN** beispielsweise fördert im Programm „Gebäudesanierung und Erneuerbare Energien – klimafreundliches Wohnen" durch einen Zuschuss Solarthermieanlagen in Verbindung mit einer Dachbegrünung. Informationen unter: stadt-koeln.de/leben-in-koeln/klima-umwelt-tiere/klima/foerderprogramm-gebaeudesanierung-erneuerbare-energien-klimafreundliches-wohnen.

Die Region **HANNOVER** fördert hochwertige Dachdämmung, wenn gleichzeitig eine Solaranlage auf dem Dach errichtet wird. Der Eigentümerin ist es freigestellt, ob eine Solarstrom- oder eine Solarwärme-Anlage im Rahmen der Dachsanierung gebaut wird. Die Förderung der Dämmung ist mit anderen Fördermitteln, beispielsweise der KfW-Förderung, kombinierbar. Die Solaranlage kann wiederum über die vorhandenen Bundesprogramme gefördert werden. Darüber hinaus ist die Förderung von Solarwärme-Anlagen nach der regionseigenen Förderrichtlinie möglich.

Auch die **KIELER** Ratsversammlung hat im Februar 2022 eine neue städtische Förderrichtlinie für Photovoltaik- und Solarthermieanlagen beschlossen.

Unser **TIPP**: Fragen Sie vor einer größeren energetischen Sanierung oder der Installation umweltfreundlicher Strom- und Wärmetechnik bei den städtischen oder Gemeindebehörden nach speziellen Förderprogrammen. Oft sind diese öffentlich gar nicht so bekannt, weil man immer zuerst auf die Bundesförderungen von Bafa und KfW verwiesen wird. Die Beantragung und Bewilligung beziehungsweise die Auszahlung sind bei den lokalen Förderprogrammen zudem oft einfacher und schneller umzusetzen.

6

Gesetzestexte sind bisweilen staubtrocken, und ihr Inhalt ist für Laien häufig kaum verständlich. Aber spätestens, wenn man etwas reklamieren muss, erweist sich der Vorteil von schriftlich festgelegten Spielregeln.

→ Gebäudeenergiegesetz – gestern, heute und morgen

Der Gedanke ist nicht neu, dass man beim Bauen von Wohnhäusern gezielt etwas gegen unnötigen oder verschwenderischen Einsatz von fossilen Energieträgern tun will. Wir skizzieren entsprechende Maßnahmen seit den 1970er-Jahren.

WAS ERFAHRE ICH?

„Ölpreisschock!", „Weniger heizen!", „Autofreier Sonntag" und „Alternative Energiequellen" – diese Schlagzeilen konnte man in den 1970er-Jahren in der Bundesrepublik Deutschland schon einmal lesen. Auslöser waren damals der Nahostkonflikt, die Ölpreiskrise und – tatsächlich bereits damals – die Sorge um Nachhaltigkeit. Ein Blick auf die historischen Zusammenhänge und die Entwicklung hin zum Gebäudeenergiegesetz lohnt sich.

Im März 1972 hatte der **CLUB OF ROME** einen Bericht mit dem Titel „Die Grenzen des Wachstums" veröffentlicht und für öffentliches Aufsehen gesorgt. Es handelte sich um den ersten umfassenden, von Wissenschaftlern zusammengestellten Bericht zur Zukunft der Erde. Er warnte eindrücklich vor einer nur auf wirtschaftliches Wachstum ausgelegten Welt. Später wurde dieser erste Bericht des Club of Rome aus dem Jahr 1972 zweimal im Abstand von jeweils 20 Jahren auf den aktuellen Stand der Erkenntnis gebracht und fortgeschrieben: 1992 und 2012. Diese Studien waren Auslöser und Anstoß für weitere wissenschaftliche Auseinandersetzungen mit den Konsequenzen des technikdominierten Wachstums auf der begrenzten Oberfläche des Planeten Erde. Denn dass die Ressourcen nicht unendlich sind, wurde im Rahmen der Untersuchungen klar aufgezeigt.

So ist es nicht verwunderlich, dass die Politik im Jahr 1976 das erste **ENERGIESPARGESETZ** Deutschlands verabschiedete. Mit der Vorgabe, den Energieverbrauch zu senken und dadurch – schon damals – unabhängiger von Energieimporten zu werden, wollte man die zu dieser Zeit steil steigenden Energiekosten abbremsen. Das Energieeinsparungsgesetz EnEG von 1976 schaffte die Grundlage für die Bundesregierung, Verordnungen zu erlassen, die energetische Anforderungen an Gebäude und ihre Anlagentechnik stellen. Auf diese Weise sollten Potenziale zu vermeidbaren Energieverlusten beim Kühlen und beim Heizen genutzt und in der Praxis auch umgesetzt werden.

Auf Grundlage des Energieeinsparungsgesetzes von 1976 trat daraufhin zum 1. Novem-

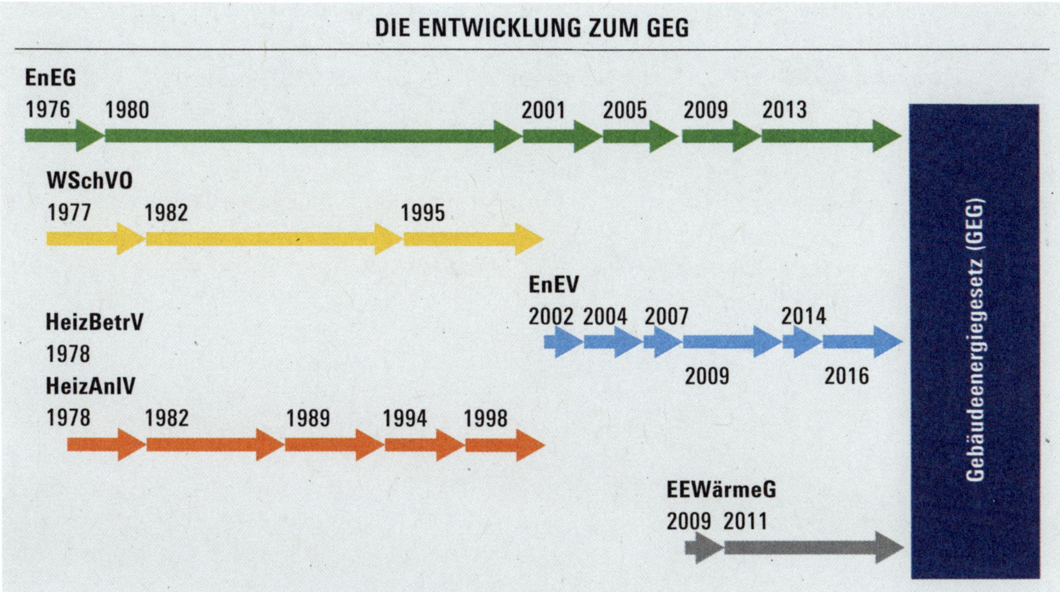

Das GEG wurde aus zahlreichen anderen Gesetzen entwickelt, die dessen Inhalt stark beeinflussten.

ber 1977 die erste „Verordnung über einen energiesparenden Wärmeschutz bei Gebäuden" (**WÄRMESCHUTZVERORDNUNG** – WärmeschutzV) in Kraft. Sie wurde 1982 (2. WärmeschutzV) und 1995 (3. WärmeschutzV) angepasst – die Anforderungen wurden dabei im Laufe der Zeit verschärft.

Mit dem Ziel weiterer Energieeinsparungen im Gebäudebau folgte zum 1. Oktober 1978 die „Verordnung über energiesparende Anforderungen an heizungstechnische Anlagen und Brauchwasseranlagen" oder kurz die **HEIZUNGSANLAGEN-VERORDNUNG**. Sie enthielt im Wesentlichen neue technische Vorgaben für Zentralheizungen mit Wasser als Wärmeträger sowie für Anlagen zur Warmwasserbereitung. Auch diese Verordnung wurde im Laufe der Jahre mehrfach überarbeitet und an den jeweils neuen Stand der Technik angepasst. Die letzte Fassung vom 1. Mai 1998 hatte bis 31. Januar 2002 Bestand.

Das Thema „Wärme im Haus" wurde zum 1. Februar 2002 in der **ENERGIEEINSPARVERORDNUNG** (EnEV) zusammengefasst. Die Wärmeschutzverordnung und die Heizungsanlagenverordnung wurden dadurch überflüssig und verloren ihre Gültigkeit.

Auf dem Weg zur Gesamtenergiebilanz von Wohngebäuden

Erstmalig ab 2002 bezog die **ENERGIEEINSPARVERORDNUNG** (EnEV) die Anlagentechnik in die Energiebilanz einer Immobilie rechnerisch mit ein. Das hieß, dass die Verluste beim Erzeugen, Verteilen, Übergeben und Speichern der Wärme jeweils spezifisch für ein Gebäude erfasst werden mussten.

Die EnEV berücksichtigte in der Energiebilanz erstmals auch die solaren Gewinne durch Einstrahlung ins Gebäude. Gleichzeitig wurde die Notwendigkeit erkannt, Regeln für den sommerlichen Überhitzungsschutz im Haus an besonders strahlungsintensiven Tagen vorzugeben.

Als Grundlage wurde der Energiebedarf der Wohngebäude zum ersten Mal in Form der **PRIMÄRENERGIEN** bewertet.

Zur Erklärung des Begriffs: Für die Ermittlung der Primärenergie werden alle Energiebeträge zusammengefasst, die notwendig sind, damit der Energiebedarf des Hauses für Heizung, Warmwasser, Lüftung und Kühlung gedeckt wird. Damit die Endenergie im Haus überhaupt genutzt werden kann, müssen Energieträger erst einmal gewonnen und verarbeitet werden. Die klassischen Brennstoffe Erdöl, Erdgas und Kohle müssen zum Beispiel abgebaut beziehungsweise gefördert und oft umgewandelt werden. Auf dem Weg ins Gebäude werden sie transportiert und zwischendurch gelagert. Die ganze Kette der Produktion von Energieträgern verbraucht selbst Energie. Zusätzlich geht dabei oft Energie verloren, bevor die Endenergie im Haus genutzt werden kann. Es verwundert also nicht, wenn die zur Deckung des Endenergiebedarfs von Gebäuden rechnerisch benötigte Menge an Primärenergie oft viel größer ist als der später während der Nutzung des Gebäudes zu messende Endenergiebedarf.

Diesbezüglich wurden aber nicht nur die Anforderungen an Neubauten immer weiter verschärft, auch für den **GEBÄUDEBESTAND** gab es in der EnEV eine Reihe von **NACHRÜSTVERPFLICHTUNGEN**. So mussten Hausbesitzer zum Beispiel alte Heizungen unter bestimmten Bedingungen tauschen und frei zugängliche Dachböden wärmedämmen. Veränderten die Eigentümer bei einer Sanierung energetisch relevante Außenbauteile ihres Hauses, mussten sie diese in vielen Fällen ebenfalls wärmedämmen.

Mit der EnEV wurde für Wohngebäude zudem die Pflicht zur Erstellung eines **ENERGIEAUSWEISES** eingeführt, der übersichtlich die energetische Qualität des Gebäudes darstellt und beschreibt.

Die Pflicht zur Erstellung eines Energieausweises gilt seitdem unverändert für Neubauten. Grundlage für die Anforderungen an den Jahres-Primärenergiebedarf war der Abgleich mit definierten Referenzgebäuden mit einer vorgegebenen technischen Ausstattung. Die zulässigen Wärmeverluste wurden durch Grenzwerte beschränkt.

Hauseigentümerinnen müssen einen aktuellen Energieausweis nur dann vorlegen, wenn sie ihr Haus bald verkaufen, vermieten oder verpachten wollen.

Die EnEV wurde wie die anderen Vorschriften zum Energiesparen im Immobilienbereich immer wieder überholt und in Teilen verschärft. Neue Vorschriften zu den Energieausweisen für Bestandsgebäude wurden mit der EnEV 2007 verabschiedet. Bereits zwei Jahre später, 2009, wurden etliche neue Regelungen verabschiedet, darunter die folgenden:

→ Die Werte für den Primärenergiebedarf wurden für bestehende Gebäude bei Sanierungen und generell für Neubauten um jeweils 30 Prozent gesenkt.
→ Die Anforderungen an die energetisch wirksame Qualität der Wärmedämmung wurden bei Neubauten um rund 15 Prozent erhöht.
→ In Bestandsgebäuden mussten die Dachböden gedämmt werden, wenn die Bewohner nach 2002 neu in das Haus eingezogen waren.
→ Über 30 Jahre alte Nachtspeicherheizungen mussten bis 2020 ausgetauscht werden.
→ Inspektionen für den Betrieb von Klimaanlagen wurden verpflichtend vorgeschrieben.
→ Insgesamt sollte auch die Umsetzung der Vorschriften aus der EnEV ab 2009 strenger überwacht werden (zum Beispiel durch Schornsteinfeger).
→ Außerdem wurden einheitliche Bußgelder für Verstöße festgeschrieben.

2009 erfolgte die nächste qualitative Stufe bei den gesetzlichen Vorschriften für den Hausbau: Mit Einführung des **„ERNEUERBARE-ENERGIEN-WÄRMEGESETZES“** (EEWärmeG) wurde beim Neubau von Gebäuden die Verwendung von erneuerbaren Energiequellen vorgeschrieben. Erklärte Absicht des Gesetzes war es, den Anteil erneuerbarer Energiequellen am Endenergieverbrauch für Wärme in Wohngebäuden ab mindestens 50 Quadratmetern Nutzfläche bis zum Jahr 2020 auf 14 Prozent zu erhöhen.

Bei der **ENERGIEEINSPARVERORDNUNG** gab es ab Mai 2014 neue Änderungen, die die Anforderungen an den Primärenergiebedarf bei Neubauten weiter verschärften. In Bestandsgebäuden sollten zahlreiche Heizungskessel, die mehr als 30 Jahre alt waren, gegen moderne Heizungen ausgetauscht werden. Diese Vorschrift wurde aber durch etliche Ausnahmen aufgeweicht.

In den Energieausweisen wurden die Grenzwerte für den Energieverbrauch auf einen maximalen Verbrauch „über 250 kWh/(m²·a)“

heruntergestuft. Zusätzlich mussten definierte Energieeffizienzklassen A+ bis H – wie man sie seit Längerem von elektrischen Geräten kennt – für das Haus angegeben werden.

Die Anpassung der EnEV im Jahr 2016 formulierte nur verschärfte Bedingungen für den Neubau, nicht für Bestandsgebäude. Sie galt bis Oktober 2020 und ging dann im neuen **GEBÄUDEENERGIEGESETZ** (GEG) auf.

Am 1. November 2020 trat schließlich das Gebäudeenergiegesetz (GEG) in Kraft. Es hat das zuvor gültige Energieeinsparungsgesetz (EnEG), die bisherige Energieeinsparverordnung (EnEV) und das bis dahin gültige Erneuerbare-Energien-Wärmegesetz (EEWärmeG) zusammengeführt und damit zugleich deren Gültigkeit beendet. Ziel dieser Maßnahme: den Wildwuchs bei den Vorschriften auslichten und sie vereinheitlichen. Ebenso wie das bisherige Energieeinsparrecht für Gebäude enthält das GEG Anforderungen an die energetische Qualität von Gebäuden, die Erstellung und die Verwendung von Energieausweisen sowie an den Einsatz erneuerbarer Energien in Gebäuden. Es wurde ein einheitliches, abgestimmtes Regelwerk für die energetischen Anforderungen an Neubauten und an Bestandsgebäude geschaffen sowie für den Einsatz erneuerbarer Energien zur Wärme- und Kälteversorgung von Gebäuden.

Eine der wesentlichen Änderungen für Bauherren oder Sanierer ist die Verpflichtung nach Paragraf 48 GEG, eine Energieberaterin in Anspruch zu nehmen, wenn man ein Ein- oder Zweifamilienhaus so umfangreich sanieren will, dass Berechnungen für das gesamte Gebäude erfolgen müssen.

Die bei der Berechnung des zulässigen Jahres-Primärenergiebedarfs zu verwendenden

DAS ERNEUERBARE-ENERGIEN-GESETZ (EEG)

Der Ausbau der erneuerbaren Energien soll die Stromversorgung in Deutschland klima- und umweltverträglicher machen. Das bedeutet auch, unabhängiger von fossilen Brennstoffen zu werden. Gleichzeitig soll die Stromversorgung bezahlbar und verlässlich bleiben. Dazu wurde ein politisches Instrument zur Förderung des Ökostroms konzipiert: das Erneuerbare-Energien-Gesetz (EEG), das im Jahr 2000 in Kraft getreten ist. Der Markteintritt von damals noch jungen Technologien wie Wind- und Sonnenenergie sollte durch feste Vergütungen sowie durch die garantierte Abnahme und die vorrangige Einspeisung des Stroms erleichtert und beschleunigt werden.

Am 17./18. Dezember 2020 haben Bundestag und Bundesrat eine umfassende Novelle des Erneuerbare-Energien-Gesetzes beschlossen, die zum 1. Januar 2021 in Kraft getreten ist (EEG 2021).

Eine Neuerung erfolgte zum 1. Juli 2022: die EEG-Umlage wurde für den Zeitraum vom 1. Juli 2022 bis zum 31. Dezember 2022 vorläufig auf null reduziert, bevor sie anschließend vollständig abgeschafft wurde. Kosten werden seitdem nicht mehr auf die Strompreise aufgeschlagen, sondern über Steuern finanziert.

Am 8. Juli 2022 hat der Bundesrat seine Zustimmung zu einem Gesetzespaket des Bundestags mit zahlreichen Änderungen am Erneuerbare-Energien-Gesetz (EEG) erteilt. Einige Teile des Gesetzespakets erlangten im zweiten Halbjahr 2022 beziehungsweise am 1. Januar 2023 Gültigkeit.

Ein zentraler Punkt im Bereich Photovoltaik besteht darin, dass die angestrebte installierte Gesamtleistung noch weiter ausgebaut werden soll. Für Aufdachanlagen unter einem Megawatt Leistung werden die Vergütungen in Tarife für Volleinspeisung und für den Ertragsüberschuss von Eigenverbrauchsanlagen geteilt. Es gelten nun

- **bei Volleinspeisung (V)** für Anlagen bis 10 Kilowatt (kW) 13,4 Cent je Kilowattstunde (ct/kWh);
- für ins Netz eingespeiste Überschüsse von **Eigenverbrauchsanlagen (EV)** 8,60 ct/kWh;
- bis 40 kW gelten bei V 11,30 ct/kWh, bei EV 7,50 ct/kWh;
- bis 100 kW gelten bei V 11,30 ct/kWh, bei EV 6,20 ct/kWh;
- bis 400 kW gelten bei V 9,40 ct/kWh, bei EV 6,20 ct/kWh;
- bis ein Megawatt gelten bei V 8,10 ct/kWh, bei EV 6,20 ct/kWh.
- Für Anlagen von 300 bis 750 Kilowatt, die vor dem 1. Januar 2023 in Betrieb genommen wurden, gelten bei V 9,40 ct/kWh, bei EV 6,20 ct/kWh.

Primärenergiefaktoren werden seitdem direkt im GEG geregelt. Dies erhöht die Transparenz und Nachvollziehbarkeit der Primärenergiefaktoren für Bauherren und Eigentümerinnen.

Neu war auch die Einführung einer befristeten **INNOVATIONSKLAUSEL** (§ 103 GEG). Dadurch ist es mittels einer Befreiung durch die zuständige Behörde bis Ende 2023 möglich, die nach dem GEG erforderlichen Anforderungen nicht wie üblich über den zulässigen Jahres-Primärenergiebedarf nachzuweisen, sondern über einen Vergleich mit bestimmten Referenzgebäuden.

Zudem wird es bis Ende 2025 möglich sein, die Einhaltung der Anforderungen bei Änderungen von bestehenden Gebäuden über eine gemeinsame Erfüllung im Quartier, also eine Gebäudemehrheit, sicherzustellen. Diese Regelung sowie die Möglichkeit, dass im Quartier eine gemeinsame Wärmeversorgung beschlossen wird, dienen der Förderung von quartiersbezogenen Konzepten. Das geht allerdings in der Regel wohl deutlich über die Planungen bei der Sanierung eines einzelnen privaten Wohnhauses hinaus.

Die Einführung von **ENERGIEAUSWEISEN** (siehe Seite 204) ist europarechtlich inzwischen verbindlich geworden. In Deutschland waren zwar bereits seit 1995 **ENERGIEBEDARFSAUSWEISE** für Neubauten etabliert, für Bestandsgebäude existierten bis 2006 jedoch nur freiwillige Konzepte. Es gab aber die seit Langem bestehende Heizkostenerfassung, die als Grundlage für die Erstellung von **ENERGIEVERBRAUCHSAUSWEISEN** geeignet schien.

So entstand bei der Einführung von Energieausweisen 2007 als Kompromiss ein Nebeneinander von Bedarfs- und Verbrauchsausweisen. Mit dem GEG wurden zwar einzelne Vorschriften fortentwickelt, am Grundsatz hat sich jedoch nichts geändert. Neu ist, dass in Energieausweisen künftig die sich aus dem Primärenergiebedarf oder Primärenergieverbrauch ergebenden Kohlendioxidemissionen eines Gebäudes anzugeben sind, die erstmals direkt die Klimawirkung berücksichtigen.

Die Ära der Heizungen mit fossilen Energieträgern geht absehbar zu Ende. Ins GEG wurde eine Regelung zur Einschränkung des Einbaus neuer Ölheizungen ab dem Jahr 2026 nach den Maßgaben im Klimaschutzprogramm 2030 eingefügt. Diese gilt ab 2026 gleichermaßen für den Einbau von neuen, mit festen fossilen Brennstoffen beschickten Heizkesseln (Kohleheizungen).

Aus den Maßgaben im Klimaschutzprogramm 2030 folgt auch, dass in den Fällen des Verkaufs und bei bestimmten größeren Sanierungen von Ein- und Zweifamilienhäusern eine energetische Beratung des Käufers bzw. Eigentümers verpflichtend wird.

In das GEG wurde ferner eine Klausel aufgenommen, wonach die energetischen Anforderungen an Neubau und Gebäudebestand im Jahr 2023 überprüft und gegebenenfalls angepasst, also wohl weiter verschärft werden. Durch das Klimaschutz-Sofortprogramm 2022 vom Juni 2021 wurde diese Überprüfung auf das Jahr 2022 vorgezogen. Als Konsequenz der Auswertung, dass die Ziele im Gebäudesektor nicht erreicht wurden, sind für die Hauseigentümer weitere Verschärfungen bei den energetischen Sanierungen zu erwarten. Gleichzeitig soll ab 2025 für den Neubau der Standard EH40 eingeführt werden.

Im sogenannten Osterpaket der Bundesregierung, der Aktualisierung des EEG 2023, wurde im Juli 2022 der Standard EH55 verpflichtend ab 1. Januar 2023 eingeführt.

Im Fokus stand dabei der massive Bestand an Gasheizungen. Der sollte mit einer Umstellung der Heizungssysteme reduziert werden, die ab dem Jahr 2024 zu mindestens 65 Prozent mit erneuerbaren Energieträgern betrieben werden sollten. Gasheizungen könnten dann nur noch im Hybridbetrieb mit regenerativen Heiztechniken eingesetzt werden. Bis zum Jahr 2030 sollten deswegen weitere sechs Millionen neue Wärmepumpen eingebaut werden. Zum Vergleich: Der Bestand im Jahr 2022 betrug deutschlandweit rund eine Million Anlagen.

Diese Anforderungen werden im Juni 2023 mit der Neufassung des Gebäude-Energiegesetzes GEG noch einmal überarbeitet und neu definiert. Es zeichnet sich ab, dass – unter anderen Punkten – das Verbot von Gasheizungen gelockert und zeitlich weiter aufgeschoben wird.

WISSENSWERTE BEGRIFFE

In juristischen Texten kommt es immer sehr genau darauf an, wie die verwendeten Begriffe definiert sind und von den Leserinnen und Lesern zu verstehen sind. Manchmal klingt das im Alltag etwas „gestelzt" und bürokratisch, manchmal sind die juristischen Definitionen auch enger oder präziser gefasst als in der Alltagssprache.

In Paragraf 3, „Begriffsbestimmungen", des GEG sind zahlreiche Wortverwendungen in alphabetischer Reihenfolge gelistet und festgelegt, mit denen Sie vertraut sein sollten, sobald Sie es mit gesetzlichen Vorschriften, Regelungen und Normen zu tun bekommen. Wichtig ist das auch deshalb, weil sich in diesen Begriffsbestimmungen konkrete Festlegungen verbergen, die man kennen muss, um das GEG richtig zu interpretieren. Wir haben deshalb die Begriffsbestimmungen aus dem Gebäudeenergiegesetz hier übernommen, falls Sie einmal nicht sicher sind, ob die Gesetzestexte das aussagen, was Sie darunter verstehen.

In Paragraf 3, Begriffsbestimmungen, heißt es:

(1) Im Sinne dieses Gesetzes ist

1. **„Abwärme"** die Wärme oder Kälte, die aus technischen Prozessen und aus baulichen Anlagen stammenden Abluft- und Abwasserströmen entnommen wird,
2. **„Aperturfläche"** die Lichteintrittsfläche einer solarthermischen Anlage,
3. **„Baudenkmal"** ein nach Landesrecht geschütztes Gebäude oder eine nach Landesrecht geschützte Gebäudemehrheit,
4. **„beheizter Raum"** ein Raum, der nach seiner Zweckbestimmung direkt oder durch Raumverbund beheizt wird,
5. **„Brennwertkessel"** ein Heizkessel, der die energetische Nutzung des in den Abgasen enthaltenen Wasserdampfes durch Kondensation des Wasserdampfes im Betrieb vorsieht,
6. **„einseitig angebautes Wohngebäude"** ein Wohngebäude, von dessen nach einer Himmelsrichtung weisenden vertikalen Flächen ein Anteil von 80 Prozent oder mehr an ein anderes Wohngebäude oder ein Nichtwohngebäude mit einer Raum-Solltemperatur von mindestens 19 Grad Celsius angrenzt,
7. **„Elektroenergiebedarf für Nutzeranwendungen"** die weiteren Elektroenergieverbräuche nach DIN V 18599–9: 2018–09*,
8. **„Energiebedarfsausweis"** ein Energieausweis, der auf der Grundlage des berechneten Energiebedarfs ausgestellt wird (siehe Seite 205),
9. **„Energieverbrauchsausweis"** ein Energieausweis, der auf der Grundlage des erfassten Energieverbrauchs ausgestellt wird (siehe Seite 206),
10. **„Gebäudenutzfläche"** die Nutzfläche eines Wohngebäudes nach DIN V 18599: 2018–09, die beheizt oder gekühlt wird,
11. **„gekühlter Raum"** ein Raum, der nach seiner Zweckbestimmung direkt oder durch Raumverbund gekühlt wird,
12. **„Geothermie"** die dem Erdboden entnommene Wärme,
13. **„Gesamtenergiebedarf"** der nach Maßgabe dieses Gesetzes bestimmte Jahres-Primärenergiebedarf
    - a) eines Wohngebäudes für Heizung, Warmwasserbereitung, Lüftung sowie Kühlung oder
    - b) eines Nichtwohngebäudes für Heizung, Warmwasserbereitung, Lüftung, Kühlung sowie eingebaute Beleuchtung,
14. **„Heizkessel"** ein aus Kessel und Brenner bestehender Wärmeerzeuger, der dazu dient, die durch die Verbrennung freigesetzte Wärme an einen Wärmeträger zu übertragen,
15. **„Jahres-Primärenergiebedarf"** der jährliche Gesamtenergiebedarf eines Gebäudes, der zusätzlich zum Energiegehalt der eingesetzten Energieträger und von elektrischem Strom auch die vorgelagerten Prozessketten bei der Gewinnung, Umwandlung, Speicherung und Verteilung mittels Primärenergiefaktoren einbezieht,
16. **„Kälte aus erneuerbaren Energien"** die dem Erdboden oder dem Wasser entnommene und technisch nutzbar gemachte oder aus Wärme nach Absatz 2 Nummer 1 bis 5 technisch nutzbar gemachte Kälte,
17. **„kleines Gebäude"** ein Gebäude mit nicht mehr als 50 Quadratmetern Nutzfläche,
18. **„Klimaanlage"** die Gesamtheit aller zu einer gebäudetechnischen Anlage gehörenden Anlagenbestandteile, die für eine Raumluftbehandlung erforderlich sind, durch die die Temperatur geregelt wird,
19. **„Nah-/Fernkälte"** die Kälte, die mittels eines Kälteträgers durch ein Kältenetz verteilt wird,
20. **„Nah-/Fernwärme"** die Wärme, die mittels eines Wärmeträgers durch ein Wärmenetz verteilt wird,
21. **„Nennleistung"** die vom Hersteller festgelegte und im Dauerbetrieb unter Beachtung des vom Hersteller angegebenen Wirkungsgrades als einhaltbar garantierte größte Wärme- oder Kälteleistung in Kilowatt,
22. **„Nettogrundfläche"** die Nutzfläche eines Nichtwohngebäudes nach DIN V 18599: 2018–09, die beheizt oder gekühlt wird,
23. **„Nichtwohngebäude"** ein Gebäude, das nicht unter Nummer 33 fällt,

(Fortsetzung nächste Seite)

WISSENSWERTE BEGRIFFE (FORTSETZUNG)

24. **„Niedertemperatur-Heizkessel"** ein Heizkessel, der kontinuierlich mit einer Eintrittstemperatur von 35 Grad Celsius bis 40 Grad Celsius betrieben werden kann und in dem es unter bestimmten Umständen zur Kondensation des in den Abgasen enthaltenen Wasserdampfes kommen kann,
25. **„Niedrigstenergiegebäude"** ein Gebäude, das eine sehr gute Gesamtenergieeffizienz aufweist und dessen Energiebedarf sehr gering ist und, soweit möglich, zu einem ganz wesentlichen Teil durch Energie aus erneuerbaren Quellen gedeckt werden soll,
26. **„Nutzfläche"**
→ a) bei einem Wohngebäude die Gebäudenutzfläche oder
→ b) bei einem Nichtwohngebäude die Nettogrundfläche,
27. **„Nutzfläche mit starkem Publikumsverkehr"** die öffentlich zugängliche Nutzfläche, die während ihrer Öffnungszeiten von einer großen Zahl von Menschen aufgesucht wird; eine solche Fläche kann sich insbesondere in einer öffentlichen oder einer privaten Einrichtung befinden, die für gewerbliche, freiberufliche, kulturelle, soziale oder behördliche Zwecke genutzt wird,
28. **„oberste Geschossdecke"** die zugängliche Decke beheizter Räume zum unbeheizten Dachraum,
29. **„Stromdirektheizung"** ein Gerät zur direkten Erzeugung von Raumwärme durch Ausnutzung des elektrischen Widerstands, auch in Verbindung mit Festkörper-Wärmespeichern,
30. **„Umweltwärme"** die der Luft, dem Wasser oder den aus technischen Prozessen und baulichen Anlagen stammenden Abwasserströmen entnommene und technisch nutzbar gemachte Wärme oder Kälte mit Ausnahme der aus technischen Prozessen und baulichen Anlagen stammenden Abluftströmen entnommenen Wärme,
31. **„Wärme- und Kälteenergiebedarf"** die Summe aus
→ a) der zur Deckung des Wärmebedarfs für Heizung und Warmwasserbereitung jährlich benötigten Wärmemenge, einschließlich des thermischen Aufwands für Übergabe, Verteilung und Speicherung der Energiemenge, und
→ b) der zur Deckung des Kältebedarfs für Raumkühlung jährlich benötigten Kältemenge, einschließlich des thermischen Aufwands für Übergabe, Verteilung und Speicherung der Energiemenge,
32. **„Wohnfläche"** die Fläche, die nach der Wohnflächenverordnung vom 25. November 2003 (BGBl. I S. 2346) oder auf der Grundlage anderer Rechtsvorschriften oder anerkannter Regeln der Technik zur Berechnung von Wohnflächen ermittelt worden ist,
33. **„Wohngebäude"** ein Gebäude, das nach seiner Zweckbestimmung überwiegend dem Wohnen dient, einschließlich Wohn-, Alten- oder Pflegeheime sowie ähnliche Einrichtungen,
34. **„zweiseitig angebautes Wohngebäude"** ein Wohngebäude, von dessen nach zwei unterschiedlichen Himmelsrichtungen weisenden vertikalen Flächen im Mittel ein Anteil von 80 Prozent oder mehr an ein anderes Wohngebäude oder ein Nichtwohngebäude mit einer Raum-Solltemperatur von mindestens 19 Grad Celsius angrenzt.

(2) **„Erneuerbare Energien"** im Sinne dieses Gesetzes ist oder sind
1. Geothermie,
2. Umweltwärme,
3. die technisch durch im unmittelbaren räumlichen Zusammenhang mit dem Gebäude stehenden Anlagen zur Erzeugung von Strom aus solarer Strahlungsenergie oder durch solarthermische Anlagen zur Wärme- oder Kälteerzeugung nutzbar gemachte Energie,
4. die technisch durch gebäudeintegrierte Windkraftanlagen zur Wärme- oder Kälteerzeugung nutzbar gemachte Energie,
5. die aus fester, flüssiger oder gasförmiger Biomasse erzeugte Wärme; die Abgrenzung erfolgt nach dem Aggregatzustand zum Zeitpunkt des Eintritts der Biomasse in den Wärmeerzeuger; oder
6. Kälte aus erneuerbaren Energien.

(3) **„Biomasse"** im Sinne von Absatz 2 Nummer 5 ist oder sind
1. Biomasse im Sinne der Biomasseverordnung vom 21. Juni 2001 (BGBl. I S. 1234) in der bis zum 31. Dezember 2011 geltenden Fassung,
2. Altholz der Kategorien A I und A II nach Paragraf 2 Nummer 4 Buchstabe a und b der Altholzverordnung vom 15. August 2002 (BGBl. I S. 3302), die zuletzt durch Artikel 120 der Verordnung vom 19. Juni 2020 (BGBl. I S. 1328) geändert worden ist,
3. biologisch abbaubare Anteile von Abfällen aus Haushalten und Industrie,
4. Deponiegas,
5. Klärgas,
6. Klärschlamm im Sinne der Klärschlammverordnung vom 27. September 2017 (BGBl. I S. 3465), die zuletzt durch Artikel 137 der Verordnung vom 19. Juni 2020 (BGBl. I S. 1328) geändert worden ist, in der jeweils geltenden Fassung oder
7. Pflanzenölmethylester.

Sinn des Gesetzes

Früher oder später fragt man sich sicher, wozu dieser Paragrafendschungel eigentlich dient. Ist das alles wirklich nötig, wenn man einfach nur ein neues Zuhause für sich und seine Familie bauen will?

Das GEG formuliert die Antwort darauf knapp zusammengefasst gleich in Paragraf 1, in der Fassung vom 1. November 2020. In Paragraf 1, Zweck und Ziel, heißt es:

(1) Zweck dieses Gesetzes ist ein möglichst sparsamer Einsatz von Energie in Gebäuden einschließlich einer zunehmenden Nutzung erneuerbarer Energien zur Erzeugung von Wärme, Kälte und Strom für den Gebäudebetrieb.

(2) Unter Beachtung des Grundsatzes der Wirtschaftlichkeit soll das Gesetz im Interesse des Klimaschutzes, der Schonung fossiler Ressourcen und der Minderung der Abhängigkeit von Energieimporten dazu beitragen, die energie- und klimapolitischen Ziele der Bundesregierung sowie eine weitere Erhöhung des Anteils erneuerbarer Energien am Endenergieverbrauch für Wärme und Kälte zu erreichen und eine nachhaltige Entwicklung der Energieversorgung zu ermöglichen.

In Paragraf 2 wird dann der Anwendungsbereich mit zahlreichen Ausnahmen genannt, wobei man sich im Zusammenhang mit dem Thema dieses Buches merken kann, dass das GEG für dauerhaft oder überwiegend genutzte Wohngebäude Anwendung findet.

Interessant ist außerdem, wer gemäß Paragraf 8 für die Einhaltung des GEG beim Bauen und Sanieren bzw. Modernisieren verantwortlich ist.

Wörtlich heißt es in Paragraf 8, Verantwortliche:

(1) Für die Einhaltung der Vorschriften dieses Gesetzes ist der Bauherr oder Eigentümer verantwortlich, soweit in diesem Gesetz nicht ausdrücklich ein anderer Verantwortlicher bezeichnet ist.

(2) Für die Einhaltung der Vorschriften dieses Gesetzes sind im Rahmen ihres jeweiligen Wirkungskreises auch die Personen verantwortlich, die im Auftrag des Eigentümers oder des Bauherren bei der Errichtung oder Änderung von Gebäuden oder der Anlagentechnik in Gebäuden tätig werden.

Das heißt, dass in erster Linie Sie selbst verpflichtet sind, für die Einhaltung der gesetzlichen Vorschriften bei der energetischen Sanierung beziehungsweise Modernisierung zu sorgen. Es sei denn, Sie beauftragen explizit Fachleute, die für die jeweiligen Umbaumaßnahmen verantwortlich sind.

Erläuterungen und FAQs zum GEG

Was bedeutet das alles für Bauherren oder Familien, die ein in die Jahre gekommenes Wohnhaus energetisch auf einen modernen Stand bringen und möglichst energiebewusst wohnen wollen?

Während ein Großteil der gesetzlichen Anforderungen erst bei baulichen Maßnahmen greift, sind in einigen Fällen auch Besitzer, Käufer oder Erben älterer Häuser zum Sanieren verpflichtet. Ein- und Zweifamilienhäuser sind von diesen Austausch- und Nachrüstverpflichtungen ausgenommen, wenn die Eigentümer selbst seit mindestens Februar 2002 im Eigenheim wohnen.

Die **NACHRÜSTPFLICHTEN** des Gebäudeenergiegesetzes beziehen sich auf die Bauphysik, also den Baukörper und die Gebäudetechnik. Worauf Hausbesitzer dabei achten sollten, zeigt die folgende Übersicht:

Dämmmaßnahmen zum Senken der Wärmeverluste: Eine der Pflichten bei einer Sanierung sieht die Verbesserung des Dämmstandards vor. Genauer gesagt, sind Decken zum unbeheizten Dachgeschoss und Rohrleitungen in unbeheizten Räumen nachträglich zu isolieren.

Eine Befreiung davon ist nur möglich, falls der Dachboden die Anforderungen an den Mindestwärmeschutz nach DIN 4108–2: 2013–02 bereits erfüllt. Ob das bei Ihnen der Fall ist, kann eine Energieberaterin schnell erkennen. Aber auch dann ist eine wirkungsvollere Dämmung zu empfehlen.

Das Dämmen des Dachbodens sorgt dafür, dass die Wärmeverluste nach oben an unbeheizte Dachräume sinken. Das ist vergleichsweise günstig und entlastet neben dem eigenen Portemonnaie auch die Umwelt (siehe „Dämmung", Seite 60). Das kann durch eine wirkungsvolle Dämmung der Decke zwischen Wohngeschoss und Dachboden erfolgen oder durch eine Dämmung in der Dachkonstruktion selbst, beispielsweise zwischen den Dachsparren, was aber die teurere Variante ist.

Zu den verpflichtenden Maßnahmen im GEG gehört außerdem die Isolation von Warmwasser- und Heizungsleitungen in unbeheizten Räumen; in der Regel trifft das auf Kellerräume zu, wo die Rohre sichtbar und frei zugänglich verlegt sind. Die nicht ummantelten Leitungen geben – besonders in kühlen oder kalten Räumen – einen erheblichen Anteil der transportierten Wärme an die Umgebung ab. Eine wirkungsvolle Wärmedämmung führt auch hier mit wenig Aufwand und geringen Kosten zu spürbar geringeren Wärmeverlusten.

Alte Heizkessel entsprechen oft nicht dem Stand der Technik und verbrauchen mehr Energie als nötig. Arbeiten sie mit gasförmigen oder flüssigen Brennstoffen, sind sie von der Sanierungspflicht des GEG betroffen. Dies betrifft Öl- und Gas-Heizkessel, die älter als 30 Jahre sind, eine übliche Größe haben (4 bis 400 kW Heizleistung) und noch nicht auf Niedertemperatur- oder Brennwerttechnik basieren.

Zentrale Heizungsregelung: Bis zum 30. September 2021 mussten bei Zentralheizungen in Bestandsgebäuden Regler für die Steuerung der Wärmezufuhr und der elektrischen Antriebe in Abhängigkeit von Außentemperatur und Zeit nachgerüstet werden.

AUSNAHME NUR FÜR ALTEIGENTÜMER

Eigentümer von Ein- und Zweifamilienhäusern, die seit mindestens Februar 2002 selbst darin wohnen, sind von den hier genannten Sanierungspflichten des GEG bisher ausgenommen. Sie genießen rechtlich Bestandsschutz.

Sobald sich die Eigentumsverhältnisse aber ändern, egal ob durch Kauf, Erbe oder Schenkung, sind die neuen Besitzerinnen zur Nachrüstung verpflichtet. Innerhalb von zwei Jahren müssen sie mindestens frei zugängliche und ungenügend gedämmte oberste Geschossdecken thermisch dämmen (§ 47 GEG), Warmwasser führende Leitungen in unbeheizten Räumlichkeiten isolieren (§ 71 GEG) und 30 oder mehr Jahre alte Standardheizkessel austauschen (§ 70 GEG).

ANFORDERUNGEN BEI EINER FREIWILLIGEN MODERNISIERUNG

Wenn Sie nur ausgewählte Bauteile verändern oder modernisieren möchten, gibt das GEG Mindeststandards vor, die Sie durch die bauliche Veränderung erreichen müssen. Es geht hier aber explizit nur um Maßnahmen, die die energetische Bilanz verbessern. Wollen Sie Ihr Haus lediglich neu streichen lassen, greift das GEG nicht. Sie können trotzdem überlegen, ob Sie das nicht gleich mit einer Dämmung der Fassade verbinden, wenn das Baugerüst ohnehin schon aufgebaut wird.

Bei der Erneuerung von Bestandsbauten gibt es zwei Möglichkeiten, wie Sie die GEG-Anforderungen erfüllen können:

→ Beauftragen Sie nur einzelne Sanierungsmaßnahmen, zum Beispiel die Wärmedämmung der Fassade, oder lassen nur bestimmte Bauteile austauschen, etwa die Fenster, gibt das GEG Anforderungswerte an den Wärmedurchgangskoeffizienten (U-Wert) der Bauteile vor.

→ Planen Sie eine umfassende Modernisierung, wird wie bei einem Neubau eine energetische Gesamtbilanzierung durchgeführt.

Kalkuliert man nach dem gesetzlich vorgegebenen Verfahren, darf der Bedarf des sanierten Hauses an Primärenergie bis zu 85 Prozent höher liegen als bei einem vergleichbaren Neubau.

Rechnet man mit der möglichen Variante des Treibhausgasverfahrens, darf die Freisetzung von Klimagasen höchstens das Ausmaß eines vergleichbaren Neubaus erreichen.

ANFORDERUNGEN DES GEBÄUDEENERGIEGESETZES (GEG)
für die Änderung von Außenbauteilen bei bestehenden Gebäuden sowie Orientierungswerte für deren Umsetzung

Bauteile	Geforderter U-Wert	Orientierungswerte für mögliche Maßnahmen
Außenwand	0,24	Dämmung mit 12 bis 16 cm Stärke
Fenster (Achtung: Maßgeblich ist der U-Wert des gesamten Fensters, der als Uw-Wert bezeichnet wird.)	1,3	Zweischeiben-Wärmeschutz-Verglasung
Dachflächenfenster	1,4	Zweischeiben-Wärmeschutz-Verglasung
Verglasungen (für Sonderverglasungen wie Schallschutzverglasungen gelten andere Werte)	1,1	Zweischeiben-Wärmeschutz-Verglasung
Dachschrägen, Steildächer	0,24	Dämmung mit Stärke von 14 bis 18 cm
Oberste Geschossdecken	0,24	Dämmung mit Stärke von 14 bis 18 cm
Flachdächer	0,2	Dämmung mit Stärke von 16 bis 20 cm
Wände und Decken gegen unbeheizten Keller, Bodenplatte	0,3	Dämmung mit Stärke von 10 bis 14 cm
Decken gegen unbeheizten Keller, Bodenplatte (wenn der Aufbau bzw. die Erneuerung des Fußbodens auf der beheizten Seite erfolgt)	0,5	Dämmung mit Stärke von 4 bis 5 cm
Decken, die nach unten an Außenluft grenzen	0,24	Dämmung mit Stärke von 14 bis 18 cm

Die Tabelle oben (Stand 7.7.2022) zeigt die Anforderungen des GEG für die Änderung von Außenbauteilen bei bestehenden Gebäuden und gibt Orientierungswerte für deren Umsetzung.

ACHTUNG: Bei diesen Angaben handelt es sich wie gesagt nur um die Mindestanforderungen aus den gesetzlichen Vorgaben. Möchten Sie Förderprogramme, etwa der KfW-Bank, in Anspruch nehmen (siehe „Förderungen für Sanierer", Seite 177), gehen deren Anforderungen an geförderte Einzelmaßnahmen deutlich über die in der Tabelle aufgeführten Anforderungen des GEG hinaus.

→ **Energieausweise** Den Energieausweis gibt es schon länger, allerdings wurden die Angaben darin immer wieder aktualisiert und ergänzt. Achten Sie also darauf, auf welchem Stand ein Energieausweis ist.

WAS ERFAHRE ICH?

Seit seiner Einführung dient der Energieausweis dazu, in möglichst übersichtlicher Form Auskunft über die energetischen Eigenschaften eines Gebäudes zu geben. Er enthält allgemeine Angaben zum Gebäude sowie Daten zur Energieeffizienz. Ein Energieausweis ist vorgeschrieben für neu errichtete Wohngebäude und als Beleg nach definierten energetischen Sanierungsmaßnahmen.

Bisher waren die Einzelheiten zum Energieausweis in der Energieeinsparverordnung (EnEV) geregelt. Seit dem Inkrafttreten des Gebäudeenergiegesetzes (GEG) und dem Ende der Energieeinsparverordnung sind die Regelungen zum Energieausweis Gegenstand des Paragrafen 85 im GEG. Neu ist hierbei die zusätzliche, verpflichtende Angabe der Treibhausgasemissionen des Gebäudes, die sich aus dem Primärenergiebedarf oder Primärenergieverbrauch ergeben.

Wer ein Gebäude oder eine Wohnung kaufen oder mieten will, kann anhand der Angaben im Energieausweis und des sogenannten Vergleichswerts einen ungefähren Eindruck von der baulichen und anlagentechnischen Qualität des Gebäudes beim Energieverbrauch bekommen. Zukünftige Mieter oder Käufer werden diese Information in ihre Miet- oder Kaufentscheidung einfließen lassen und sich angesichts der Energiepreise voraussichtlich für eine sparsame Immobilie entscheiden.

Dass die Erfassung der Daten häufig gar nicht so einfach ist, lässt sich an einer Fragestellung aus der Praxis veranschaulichen: Wie wird etwa ein Energieausweis für ein einzelnes Reihenhaus oder eine Doppelhaushälfte erstellt, wenn sich beide Teilhäuser oder die ganze Hausreihe eine Heizungsanlage teilen beziehungsweise teilt? Wenn eine Architektin oder ein Bauplaner aneinandergereihte Gebäude plant, dann ist der EnEV- oder GEG-Nachweis für den gesamten Baukörper zu führen. Ein Energieausweis muss aber für jedes Gebäude einzeln ausgestellt werden. Dazu gibt es spezielle Anweisungen, wie die Aussteller von Energieausweisen dabei vorgehen müssen.

Bei älteren Gebäuden kommt hinzu, dass die Bewohner im Laufe der Jahre unterschiedliche Umbauten und Sanierungen durchgeführt haben, sodass die Vergleichbarkeit der einzelnen Wohneinheiten in der Praxis gar nicht mehr gegeben ist. Das wirkt sich natürlich auch auf die im Energieausweis einzutragenden Vorschläge zur weiteren energetischen Sanierung aus.

Teil des Energieausweises sind in der Regel Modernisierungsempfehlungen des Ausstellers zur kosteneffizienten energetischen Verbesserung des Gebäudes. Die Empfehlungen haben aber – wie der Energieausweis selbst – rein informatorischen Charakter; sie verpflichten den Eigentümer nicht zur Umsetzung der vorgeschlagenen Maßnahmen. Sie sollen nur in konzentrierter Form fachliche Hinweise auf naheliegende energetische Verbesserungsmöglichkeiten geben. Das wiederum kann als Ausgangspunkt für Überlegungen dienen, welche Sanierungsmaßnahmen sinnvoll sind.

Die Qualifikationsanforderungen an die Aussteller von Energieausweisen sowohl für bestehende Gebäude als auch für Neubauten sind im Gebäudeenergiegesetz geregelt. Wer über diese Qualifikation verfügt, darf Energieausweise für Neubauten und bei bestimmten Modernisierungsmaßnahmen sowie für den Zweck des Verkaufs oder der Vermietung ausstellen. Ein Zulassungsverfahren gibt es nicht, um den Verwaltungsaufwand möglichst gering zu halten.

Die Aussteller von Energieausweisen müssen nach dem Gebäudeenergiegesetz eine „baunahe" Ausbildung als Eingangsqualifikation absolviert haben. Berechtigt sind zum Beispiel Architekten, Ingenieure sowie qualifizierte Handwerkerinnen und Technikerinnen. Zu dieser Eingangsqualifikation muss in den meisten Fällen die Erfüllung einer weiteren Voraussetzung hinzukommen, etwa eine erfolgreiche Fortbildung im Bereich des energiesparenden Bauens. Die Einzelheiten sind in Paragraf 88 GEG geregelt.

Die Deutsche Energie-Agentur (dena), deren Mitgesellschafter die Bundesrepublik Deutschland ist, pflegt eine bundesweite Ausstellerdatenbank unter https://effizienzhaus.zukunft-haus.info/aussteller/suche-experten. Dort können interessierte Gebäudeeigentümer oder Vermieter nach Eingabe ihrer Postleitzahl Energieausweisaussteller in ihrer Region finden.

Bedarfs- und Verbrauchsausweis

Es gibt zwei Arten von Energieausweisen: den Bedarfs- und den Verbrauchsausweis. Bei der Entscheidung, welche Variante für Sie infrage kommt, ist bei Wohngebäuden mit vier und weniger Wohneinheiten grundsätzlich zu unterscheiden:

- Wahlfreiheit gilt für diese Wohngebäude, wenn entweder der Bauantrag nach dem 1. November 1977 gestellt wurde (also die Wärmeschutzverordnung von 1977 beachtet werden musste) oder das Wohngebäude trotz älterer Bauantragstellung vor dem 1. November 1977 das Anforderungsniveau der Wärmeschutzverordnung von 1977 erfüllt (zum Beispiel durch spätere Modernisierungsmaßnahmen).
- Sind die Voraussetzungen des Wahlrechts nicht erfüllt, darf der Energieausweisaussteller für ein Wohngebäude mit weniger als fünf Wohneinheiten nur einen Energiebedarfsausweis ausstellen. Hintergrund ist, dass in kleineren, energetisch nicht sanierten alten Wohngebäuden das individuelle Heizverhalten den Gesamtenergieverbrauch deutlich stärker beeinflusst als in Wohnanlagen mit vielen Wohneinheiten.
- Wird ein Energieausweis für einen Neubau oder bei bestimmten Modernisierungsmaßnahmen ausgestellt, ist nur ein Energiebedarfsausweis zulässig.

Beim Energiebedarfsausweis legt der Fachmann die Bausubstanz und die Anlagentechnik des Gebäudes, insbesondere für Heizung und Warmwasser, zugrunde. Aufgrund des energetischen Zustands des Gebäudes berechnet er die Energiemenge, die für Heizung, Lüftung,

ENERGIEAUSWEISE

Die Ausweise sind ab Ausstellung zehn Jahre lang gültig. Eine Verlängerung ist nicht möglich. Sie müssen nur vorgelegt werden, wenn das Gebäude, eine Wohnung oder eine sonstige selbstständige Nutzungseinheit verkauft, neu vermietet, verpachtet oder geleast werden soll. Verkäufern, Immobilienmaklerinnen, Vermieterinnen, Verpächtern oder Leasinggebern, die einen Energieausweis nicht, nicht rechtzeitig oder unvollständig vorlegen, droht ein Bußgeld von bis zu 10 000 Euro.

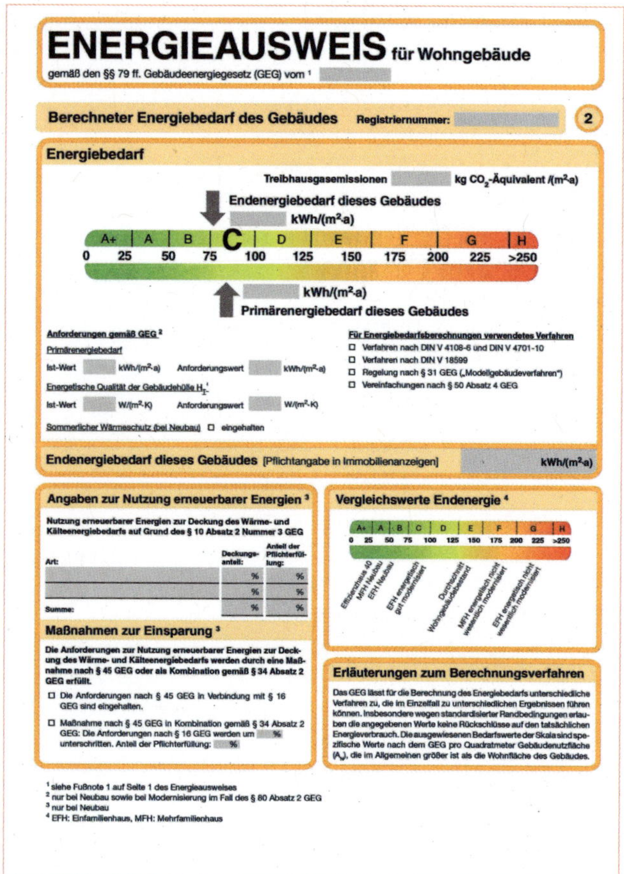

ENERGIEAUSWEIS für Wohngebäude

gemäß den §§ 79 ff. Gebäudeenergiegesetz (GEG) vom [1]

Berechneter Energiebedarf des Gebäudes Registriernummer: **2**

Energiebedarf

Treibhausgasemissionen kg CO_2-Äquivalent /(m²·a)

Endenergiebedarf dieses Gebäudes kWh/(m²·a)

A+ | A | B | C | D | E | F | G | H

0 25 50 75 100 125 150 175 200 225 >250

kWh/(m²·a) Primärenergiebedarf dieses Gebäudes

Anforderungen gemäß GEG [2]

Primärenergiebedarf

Ist-Wert kWh/(m²·a) Anforderungswert kWh/(m²·a)

Energetische Qualität der Gebäudehülle H_T'

Ist-Wert W/(m²·K) Anforderungswert W/(m²·K)

Sommerlicher Wärmeschutz (bei Neubau) ☐ eingehalten

Für Energiebedarfsberechnungen verwendetes Verfahren

- ☐ Verfahren nach DIN V 4108-6 und DIN V 4701-10
- ☐ Verfahren nach DIN V 18599
- ☐ Regelung nach § 31 GEG („Modellgebäudeverfahren")
- ☐ Vereinfachungen nach § 50 Absatz 4 GEG

Endenergiebedarf dieses Gebäudes [Pflichtangabe in Immobilienanzeigen] kWh/(m²·a)

Angaben zur Nutzung erneuerbarer Energien [3]

Nutzung erneuerbarer Energien zur Deckung des Wärme- und Kälteenergiebedarfs auf Grund des § 10 Absatz 2 Nummer 3 GEG

Art:	Deckungs-anteil:	Anteil der Pflichterfüllung:
	%	%
	%	%
Summe:	%	%

Maßnahmen zur Einsparung [3]

Die Anforderungen zur Nutzung erneuerbarer Energien zur Deckung des Wärme- und Kälteenergiebedarfs werden durch eine Maßnahme nach § 45 GEG oder als Kombination gemäß § 34 Absatz 2 GEG erfüllt.

- ☐ Die Anforderungen nach § 45 GEG in Verbindung mit § 16 GEG sind eingehalten.
- ☐ Maßnahme nach § 45 GEG in Kombination gemäß § 34 Absatz 2 GEG: Die Anforderungen nach § 16 GEG werden um % unterschritten. Anteil der Pflichterfüllung: %

Vergleichswerte Endenergie [4]

A+ | A | B | C | D | E | F | G | H

0 25 50 75 100 125 150 175 200 225 >250

Effizienzhaus 40, MFH Neubau, EFH Neubau, EFH energetisch gut modernisiert, Durchschnitt Wohngebäudebestand, MFH energetisch nicht wesentlich modernisiert, EFH energetisch nicht wesentlich modernisiert

Erläuterungen zum Berechnungsverfahren

Das GEG lässt für die Berechnung des Energiebedarfs unterschiedliche Verfahren zu, die im Einzelfall zu unterschiedlichen Ergebnissen führen können. Insbesondere wegen standardisierter Randbedingungen erlauben die angegebenen Werte keine Rückschlüsse auf den tatsächlichen Energieverbrauch. Die ausgewiesenen Bedarfswerte der Skala sind spezifische Werte nach dem GEG pro Quadratmeter Gebäudenutzfläche (A_N), die im Allgemeinen größer ist als die Wohnfläche des Gebäudes.

[1] siehe Fußnote 1 auf Seite 1 des Energieausweises
[2] nur bei Neubau sowie bei Modernisierung im Fall des § 80 Absatz 2 GEG
[3] nur bei Neubau
[4] EFH: Einfamilienhaus, MFH: Mehrfamilienhaus

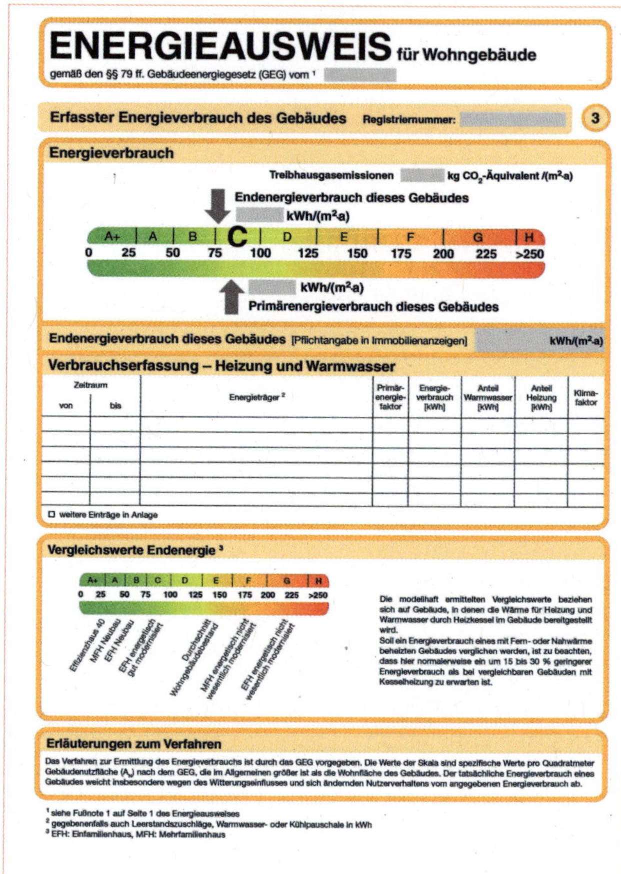

ENERGIEAUSWEIS für Wohngebäude

gemäß den §§ 79 ff. Gebäudeenergiegesetz (GEG) vom [1]

Erfasster Energieverbrauch des Gebäudes Registriernummer: **3**

Energieverbrauch

Treibhausgasemissionen kg CO_2-Äquivalent /(m²·a)

Endenergieverbrauch dieses Gebäudes kWh/(m²·a)

A+ | A | B | C | D | E | F | G | H

0 25 50 75 100 125 150 175 200 225 >250

kWh/(m²·a) Primärenergieverbrauch dieses Gebäudes

Endenergieverbrauch dieses Gebäudes [Pflichtangabe in Immobilienanzeigen] kWh/(m²·a)

Verbrauchserfassung – Heizung und Warmwasser

Zeitraum von	Zeitraum bis	Energieträger [2]	Primärenergiefaktor	Energieverbrauch [kWh]	Anteil Warmwasser [kWh]	Anteil Heizung [kWh]	Klimafaktor

☐ weitere Einträge in Anlage

Vergleichswerte Endenergie [3]

A+ | A | B | C | D | E | F | G | H

0 25 50 75 100 125 150 175 200 225 >250

Effizienzhaus 40, MFH Neubau, EFH Neubau, EFH energetisch gut modernisiert, Durchschnitt Wohngebäudebestand, MFH energetisch nicht wesentlich modernisiert, EFH energetisch nicht wesentlich modernisiert

Die modellhaft ermittelten Vergleichswerte beziehen sich auf Gebäude, in denen die Wärme für Heizung und Warmwasser durch Heizkessel im Gebäude bereitgestellt wird.
Soll ein Energieverbrauch eines mit Fern- oder Nahwärme beheizten Gebäudes verglichen werden, ist zu beachten, dass hier normalerweise ein um 15 bis 30 % geringerer Energieverbrauch als bei vergleichbaren Gebäuden mit Kesselheizung zu erwarten ist.

Erläuterungen zum Verfahren

Das Verfahren zur Ermittlung des Energieverbrauchs ist durch das GEG vorgegeben. Die Werte der Skala sind spezifische Werte pro Quadratmeter Gebäudenutzfläche (A_N) nach dem GEG, die im Allgemeinen größer ist als die Wohnfläche des Gebäudes. Der tatsächliche Energieverbrauch eines Gebäudes weicht insbesondere wegen des Witterungseinflusses und sich ändernden Nutzerverhaltens vom angegebenen Energieverbrauch ab.

[1] siehe Fußnote 1 auf Seite 1 des Energieausweises
[2] gegebenenfalls auch Leerstandszuschläge, Warmwasser- oder Kühlpauschale in kWh
[3] EFH: Einfamilienhaus, MFH: Mehrfamilienhaus

Klimaanlage und Warmwasserbereitung bei durchschnittlicher Nutzung benötigt wird. Diese Angaben finden sich auf Seite 2 des Bedarfsausweises, die dritte Seite bleibt leer.

Der Energieverbrauchsausweis entsteht auf der Grundlage des erfassten Energieverbrauchs, zum Beispiel anhand der Heizkostenabrechnungen, und legt den Energieverbrauch des Gebäudes in den letzten drei Jahren zugrunde. Er kann also nur dann ausgestellt werden, wenn die Heizkosten- und Verbrauchsabrechnungen aus drei aufeinanderfolgenden Jahren vollständig vorliegen. Dabei darf das Ende des dokumentierten Abrechnungszeitraums höchstens 18 Monate zurückliegen. Witterungseinflüsse werden „herausgerechnet". Die Warmwasserbereitung wird beim Energieverbrauchsausweis ebenfalls berücksichtigt.

Die Bewertung eines Gebäudes im Energieverbrauchsausweis kann vom individuellen Heizverhalten der Bewohner beeinflusst werden. Diese Angaben finden sich auf Seite 3 des Bedarfsausweises, die zweite Seite bleibt leer.

Die Energieeffizienzklassen

Bei Wohngebäuden ist seit 1. Mai 2014 (laut früherer Energieeinsparverordnung und nun auch laut Gebäudeenergiegesetz) in neu auszustellenden Energieausweisen die Energieeffizienzklasse anzugeben. Dies schafft zusätzliche Transparenz. Die Abstufung reicht von Energieeffizienzklasse A+ (beste Klasse) bis Klasse H (schlechteste Klasse).

In Immobilienanzeigen müssen bestimmte Angaben aus dem Energieausweis verpflichtend angegeben werden (siehe § 87 GEG). Hierzu gehört bei Energieausweisen für Wohngebäude auch die im Energieausweis genannte Energieeffizienzklasse. Werden Immobilienanzeigen ohne diese Angaben veröffentlicht, kann das mit Bußgeldern geahndet werden.

Modernisierungsempfehlungen

Aussteller von Energieausweisen geben auf Seite 4 der Ausweise Empfehlungen zu kosteneffizienten Maßnahmen für die energetische Modernisierung des Gebäudes, soweit sie solche Verbesserungen für möglich halten. In vielen Fällen, vor allem bei älteren, unsanierten Gebäuden, sind Maßnahmen zur kosteneffizienten, energetischen Verbesserung des Gebäudes angebracht und sinnvoll. Qualifizierte Berater und Ausweisersteller sind in der Lage, bereits im Ausweis Angaben zur Wirtschaftlichkeit der vorgeschlagenen Maßnahmen zu machen. Solche Angaben sind jedoch nicht obligatorisch. Möglich ist die Abschätzung der Amortisationszeit beziehungsweise der Kosten pro eingesparter Kilowattstunde Endenergie (äquivalenter Energiepreis). Damit können sich Bauherrinnen ein erstes Bild darüber verschaffen, ob die vorgeschlagenen Maßnahmen im ökonomischen Sinne vorteilhaft sind.

Im Energieausweis können diese Vorschläge auch von potenziellen Mietern und Käufern eingesehen werden. So können sie sich einen Eindruck davon verschaffen, welche Modernisierungsmaßnahmen aus Sicht der Aussteller den Energiebedarf des Gebäudes deutlich verbessern würden. Da es sich um Empfehlungen handelt, muss die Eigentümerin sie aber nicht umsetzen. Hält der Energieausweisaussteller keinerlei kosteneffiziente Verbesserungen für möglich, hat er das ausdrücklich einzutragen.

VORLAGEN FÜR ENERGIEAUSWEISE

Entsprechend den Vorgaben im Gebäudeenergiegesetz wurden die Muster der Formulare, nach denen Energiebedarfs- und Energieverbrauchsausweise auszustellen sind, vom Bundesministerium für Wirtschaft und Energie gemeinsam mit dem Bundesministerium des Innern, für Bau und Heimat im Bundesanzeiger bekannt gemacht (Bundesanzeiger vom 3. Dezember 2020, siehe bundesanzeiger.de).

Bei der Erarbeitung und Benennung von Modernisierungsempfehlungen sollte sich der Aussteller des Energieausweises über den aktuellen baulichen Zustand des Gebäudes vor Ort kundig gemacht haben. Im Gegensatz zur früheren Vorschrift in der EnEV schreibt deshalb das GEG vor, dass der Aussteller entweder eine Vor-Ort-Begehung vorzunehmen hat oder sich Bildaufnahmen des Gebäudes zur Verfügung stellen lassen muss, die zur Beurteilung geeignet sind.

Für Modernisierungsvorschläge an ausgewählten Bau- oder Anlageteilen gibt der Aussteller an, ob und inwieweit diese als Teil einer größeren Modernisierung oder als Einzelmaßnahme empfohlen werden. In beiden Fällen sollten Sie prüfen, ob die Arbeiten mit ohnehin durchzuführenden Instandsetzungsmaßnahmen gekoppelt werden können, zum Beispiel einer Putzerneuerung, der Neueindeckung des Daches oder einem Kesseltausch.

INTERVIEW MIT JULIA WAGNER

→ „So war es aber vereinbart!" Steigende Baupreise, Lieferprobleme, Handwerkerknappheit, Ausführungsmängel, neue Gesetze: Konflikte beim energetischen Sanieren gibt es immer wieder. Wir wollten wissen, worauf es hier aus rechtlicher Sicht besonders ankommt.

Julia Wagner ist Juristin und Leiterin Zivilrecht bei Haus & Grund Deutschland e. V. Der Verband vertritt die Interessen von privaten Immobilieneigentümern und Vermietern und bietet diesen Unterstützung in allen Vermietungs-, Verkaufs- und Verwaltungsfragen rund um ihre Immobilie an.

Frau Wagner, wie haben sich Anzahl und Art der juristischen Verfahren bei energetischen Sanierungen über die Jahre verändert? Worauf sollte ich als Auftraggeber besonders achten?

Energetische Sanierungen sind nicht streitanfälliger als andere Baumaßnahmen, aber die auszuführenden Arbeiten sind dabei häufig umfangreicher. Und je mehr gearbeitet und gebaut wird, an desto mehr Punkten kann es zu Streit zwischen den Parteien kommen. Bei der Beauftragung von Handwerkern, Ingenieuren und Architektinnen, mit deren Hilfe das Sanierungsvorhaben durchgeführt werden soll, ist darauf zu achten, dass das Vorhaben genau umschrieben wird und die Anforderungen detailliert dargelegt werden. Je genauer die Vertragsgestaltung ist, desto weniger Spielraum für Unstimmigkeiten gibt es. Insbesondere sollte sichergestellt sein, dass die aktuellen Vorgaben für energetische Sanierungen eingehalten werden. Grundsätzlich empfiehlt es sich immer, einen externen Baubegleiter hinzuzuziehen. Dieser kann bereits während der Baumaßnahme einschätzen, ob die Arbeiten korrekt durchgeführt werden.

Welche sind die häufigsten beziehungsweise die typischen rechtlichen Probleme, die beim energetischen Sanieren zu Auseinandersetzungen führen?

Mit energetischen Sanierungen geht häufig eine Verdichtung der Gebäudehülle einher. Dies kann zu Schimmelbildung führen. Hierbei ist es häufig schwer nachzuweisen, ob sich der Schimmel aufgrund einer falschen Bauausführung oder wegen zum Beispiel falschen Lüftungsverhaltens entwickelte. Rechtliche Auseinandersetzungen deswegen sind relativ häufig. Aber auch falsch berechnete Heizungsanlagen oder das Nichterreichen einer versprochenen Energieeinsparung können nachträglich zu Rechtsstreitigkeiten führen.

Ist der sanierende Eigentümer zugleich Vermieter, sind Unstimmigkeiten mit den Mietern ebenfalls nicht ungewöhnlich. Hier kann es etwa zu Problemen bei der Duldung der Maßnahme oder bei der Frage der Höhe der Modernisierungsmieterhöhung kommen.

Als Hauseigentümer muss ich bei der Erstellung eines Energieausweises darauf vertrauen, dass der Aussteller korrekt vorgeht. Was passiert, wenn sich herausstellt, dass die Angaben im Energieausweis keinesfalls stimmen können?

Wenn der Energieausweis falsche Angaben enthält, droht nach Paragraf 108 GEG ein Bußgeld von bis zu 10 000 Euro. Hierbei sieht das GEG ein Bußgeld sowohl für den Eigentümer vor, wenn er den Energieausweis nicht mit den richtigen Angaben übergeben hat, als auch für den Aussteller, wenn dieser die im Energieausweis genannten Daten nicht richtig ermittelt hat. Zwar hat der Eigentümer Sorge zu tragen, dass die Daten, die er zur Verfügung stellt, korrekt sind. Der Aussteller ist seinerseits aber verpflichtet, diese Daten zu überprüfen. Bestehen Zweifel an der Richtigkeit, darf der Aussteller des Ausweises die Daten nicht verwenden.

Die Bauordnungen ermächtigen die Bauaufsichtsbehörden zum Einschreiten gegen Rechtsverstöße. Wie sieht die Kontrolle der Vorschriften in der Praxis aus, und welche Konsequenzen drohen bei Verstößen?

In der Regel erhalten die Bauaufsichtsbehörden Hinweise von Nachbarn oder Passanten, dass ein Verstoß gegen die baurechtlichen Vorschriften vorliegt. Teilweise werden die Behören auch selbst tätig und überprüfen per Sichtkontrolle, ob bestehende Vorgaben eingehalten werden. Liegt ein Verstoß gegen öffentlich-rechtliche Bauvorschriften vor, können die Bauaufsichtsbehörden Verwaltungsakte erlassen, die zum Beispiel die Einstellung oder die Beseitigung des Baus oder eine Nutzungsuntersagung anordnen. Solche Verstöße können außerdem ein Bußgeld nach sich ziehen. Die Höhe der Bußgelder legt die Behörde nach pflichtgemäßem Ermessen fest. Die Musterbauordnung, an der sich die Länder in der Regel orientieren, sieht ein Bußgeld bis zu 500 000 Euro vor.

Spielt es bei energetischen Sanierungen eine Rolle, ob mein Haus in einem Milieuschutzgebiet liegt? An wen muss ich mich in einem solchen Fall wenden?

Paragraf 172 BauGB sieht vor, dass Gemeinden per Bebauungsplan oder Satzung Gebiete bezeichnen können, in denen Rückbau, Änderungen oder Nutzungsänderungen der Genehmigung bedürfen. Genehmigungen sind den Bestimmungen zufolge jedoch immer zu erteilen, wenn energetische Sanierungen der Anpassung an die diesbezüglichen Mindestanforderungen des Gesetzes dienen. Gehen sie darüber hinaus, kann unter Umständen eine Versagung erfolgen. Auskünfte hierzu erteilt die zuständige Behörde der Gemeinde.

Ist aus Ihrer Erfahrung heraus der Abschluss einer Rechtsschutzversicherung sinnvoll, um eventuellen Auseinandersetzungen mit Handwerkern und anderen Vertragspartnern zu begegnen? Bietet Haus & Grund seinen Mitgliedern in solchen Fällen Rechtsschutz an?

Bei Auseinandersetzungen mit Handwerkern können sich Eigentümer an die Haus-&-Grund-Vereine wenden. Diese beraten in der Regel auch zu rechtlichen Problematiken innerhalb von Handwerkerverträgen. Damit es aber gar nicht erst zu Streitigkeiten kommt, bietet Haus & Grund Deutschland eine kostenlose Vorlage für einen Handwerkervertrag an, die gemeinsam mit dem Zentralverband Deutsches Baugewerbe (ZDB) erstellt wurde: www.hausundgrund.de/efh-handwerk.

Rechtsschutzversicherungen können die Kosten von Rechtsstreitigkeiten abdecken. Hier sollten sich Eigentümer aber genau erkundigen, welche Art von Rechtsstreitigkeiten durch die Versicherung übernommen werden und ab wann die Versicherung greift. Häufig kann eine Versicherung nicht rückwirkend in Anspruch genommen werden.

Je genauer die Vertragsgestaltung ist, desto weniger Spielraum für Unstimmigkeiten gibt es.

→ **Baurecht in Deutschland** Bauherrinnen oder Auftraggeber von größeren Sanierungen und Umbauten benötigen ein grundsätzliches Verständnis des deutschen Baurechts: Sie sollten wissen, wie es aufgebaut ist und welche Rechtsbereiche von Bedeutung sind.

WAS ERFAHRE ICH?

Der folgende Überblick soll es Ihnen erleichtern, bei rechtlichen Fragen über die entsprechenden Grundlagen zu verfügen und die zuständigen Behörden beziehungsweise Ansprechpartner zu kennen. Hintergrundwissen zu Gesetzen und Vorschriften kann in der Kommunikation mit Vertragspartnern wie Handwerkern durchaus sehr nützlich sein, gerade wenn es mal knirscht. Übrigens, auch bei Umbauten im Rahmen einer energetischen Gebäudesanierung können Sie mit Vorgaben aus dem Baurecht konfrontiert werden, insbesondere wenn Sie die Gebäudehülle, also das äußere Erscheinungsbild verändern wollen. In Deutschland unterscheidet man zwischen dem öffentlichen und dem privaten Baurecht.

Öffentliches Baurecht

Das öffentliche Baurecht regelt jene Teile des öffentlichen Rechts, die (auch) Bauvorhaben betreffen. Es gehört in Deutschland zum besonderen Verwaltungsrecht und regelt Zulässigkeit, Grenzen, Ordnung und Förderung der baulichen Nutzung des Bodens. Der Begriff Bauherr stammt übrigens aus dem öffentlichen Baurecht. In allen Angelegenheiten des öffentlichen Baurechts sind Ihre Ansprechpartner in der Regel Ämter und Behörden. Das heißt, dass Sie sich zum Beispiel zur Erteilung einer Baugenehmigung mit den erforderlichen Unterlagen an die Bauaufsichtsbehörde wenden müssen. Diese achtet zugleich auf Verstöße gegen die Bauvorschriften und schreitet dagegen ein.

Innerhalb des öffentlichen Baurechts gibt es wiederum zwei große Bereiche:

Das **BAUPLANUNGSRECHT** (auch Städtebaurecht genannt) ist einheitlich durch den Bund geregelt. Es gibt die planerischen Voraussetzungen für die Bebauung einzelner Grundstücke vor. Es bestimmt, ob, was und wie viel gebaut werden darf und welche Nutzungen zulässig sind. Die wesentlichen Rechtsgrundlagen des Bauplanungsrechts finden sich im Baugesetzbuch (BauGB), in der Baunutzungsverordnung (BauNVO), der Immobilienwertermittlungsverordnung und der Planzeichenverordnung.

Das **BAUORDNUNGSRECHT** der Länder gibt in der jeweiligen Landesbauordnung vor, wie im Einzelnen gebaut werden darf. Es enthält Normen, die nähere Vorschriften für einzelne Bauvorhaben regeln, zum Beispiel Sicherheits- und Gestaltungsvorschriften. Daneben bestehen zahlreiche Satzungen und Verordnungen der Gemeinden, die vor allem auf Grundlage des Baugesetzbuchs (BauGB) und der Landesbauordnungen erlassen wurden.

Zum öffentlichen Baurecht gehören des Weiteren die Bestimmungen zum Denkmalschutz, die von den Bundesländern verabschiedet und von den Landesdenkmalämtern verwaltet werden (siehe auch Seite 229).

Beim Sanieren und Renovieren bekommt man es möglicherweise mit dem Bauordnungsrecht zu tun, deshalb gehen wir hier etwas genauer darauf ein: Das Bauordnungsrecht regelt in jedem Bundesland die technischen Anforderungen an bauliche Anlagen sowie die Abwehr von Gefahren, die von diesen ausgehen. Dafür wurden in erster Linie die Landesbauordnungen (LBO) aufgestellt. Sie orientieren sich alle mehr oder weniger eng an einer Musterbauordnung (MBO), die von der Bauministerkonferenz der Länder erstellt wurde und kontinuierlich aktuell gehalten wird. Die Landesbauordnungen sind sich deshalb in ihren systematischen Grundlinien sehr ähnlich.

Der Begriff der **„BAULICHEN ANLAGE“** wird in einigen Landesbauordnungen definiert. Gemäß Art. 2 Absatz 1 Satz 1 der Bayerischen Bauordnung handelt es sich hierbei beispielsweise „um eine mit dem Erdboden verbundene und aus Bauprodukten hergestellte Anlage, die nach ihrem Verwendungszweck dazu bestimmt ist, überwiegend ortsfest benutzt zu werden".

Die Bauordnungen regulieren die Bebaubarkeit von Grundstücken beispielsweise durch die Pflicht, zu Nachbargrundstücken vorgeschriebene Abstandsflächen einzuhalten. Sie machen häufig Vorgaben zur Raumhöhe, zu Aufenthaltsräumen im Keller oder im Dachgeschoss und enthalten Feuerschutzanforderungen. Die meisten Bundesländer machen darüber hinaus konkrete Vorgaben zum Bau von vorgeschriebenen Pkw-Stellplätzen auf den Baugrundstücken.

Auch für die Umsetzung all dieser Vorschriften in der Praxis wurden Vorkehrungen getroffen. Denn die Bauordnungen beinhalten für die Durchsetzung des öffentlichen Baurechts zwei Optionen: Zum einen müssen alle Bauwilligen im Vorfeld die Erteilung einer Baugenehmigung einholen. Das beugt Rechtsverstößen vor. Zum anderen ermächtigen die Bauordnungen die Bauaufsichtsbehörden zum Einschreiten gegen Rechtsverstöße.

Die früher geübte Praxis, dass das Baugeschehen vor Ort durch die Baugenehmigungsbehörde überprüft wird, ist nicht mehr Stand der Dinge. Vielmehr wird die Verantwortung für die Einhaltung des öffentlichen Rechts auf den planenden und bauleitenden Architekten übertragen.

Allerdings werden einige Bereiche, zum Beispiel die Tragwerksplanung und die Ausführung von statisch relevanten Bauteilen, durch einen externen Prüfingenieur überprüft. Gleiches gilt für den Brandschutz.

Bußgelder werden in den Bußgeldkatalogen für die einzelnen Bundesländer festgesetzt. Sie können bei Bauvorhaben ohne Baugenehmigung mit über 100 Kubikmeter umbautem Raum durchaus bis 50 000 Euro betragen.

Privates Baurecht

Das private Baurecht regelt den Interessenausgleich zwischen privaten Grundstückseigentümern und umfasst das Bauvertragsrecht. Dies ist kein einheitliches Werk, in dem man bei allen Fragen schnell nachschlagen kann, sondern es setzt sich aus verschiedenen Bereichen des Zivilrechts zusammen.

Das private Baurecht regelt die rechtlichen Beziehungen zwischen den privaten Baubeteiligten. Der Schwerpunkt liegt bei den Beziehungen zwischen dem Auftraggeber, der ein Bauwerk errichten lässt, und den Beteiligten, die das Bauwerk planen und ausführen, zum Beispiel Architektinnen, Ingenieuren, Bauunternehmen und Handwerkerinnen.

Hier geht es also immer um Personen oder Unternehmen, mit denen Sie zu tun haben. Im Gegensatz zum öffentlichen Baurecht geben die gesetzlichen Regelungen nur den Rahmen vor. Es steht den Beteiligten im Rahmen der Privatautonomie frei, durch vertragliche Einigungen abweichende Vereinbarungen zu treffen.

In Deutschland ist das private Baurecht nicht in einem einzelnen Gesetzestext geregelt, es stellt also mehr einen Sammelbegriff dar. Grundlagen des privaten Baurechts finden sich im Werkvertragsrecht gemäß Bürgerlichem Gesetzbuch (§§ 631 ff. BGB) sowie in den Normen zum Nachbarschaftsschutz des Privatrechts (§§ 903 ff., § 936 und § 1004 BGB) und gegebenenfalls außerdem in den Nachbarrechtsgesetzen der Bundesländer.

Die häufig erwähnte Vergabe- und Vertragsordnung für Bauleistungen (VOB) ist eigentlich für den Bereich des Bauwesens der öffentlichen Hand gedacht, sie wird aber in den Teilen B (VOB/B) und C auch in privatrechtliche Verträge einbezogen. Ihre Regelungen haben dann den Charakter von Allgemeinen Geschäftsbedingungen, wenn beide Vertragspartner dem zustimmen und die gesetzlichen Vorschriften im Paragraf 305 Abs. 1 BGB dazu eingehalten werden.

DURCHSCHNITTLICHE STUNDENSÄTZE FÜR ARCHITEKTEN UND BAUPLANER

	Minimum	Mittelwert	Maximum
Auftragnehmer (Inhaber)	132 Euro	165 Euro	198 Euro
Projektleiter (Architekt / Ingenieur)	100 Euro	125 Euro	150 Euro
Architekt (Ingenieur)	76 Euro	95 Euro	114 Euro
Technischer Mitarbeiter (Ingenieur / Techniker)	60 Euro	75 Euro	90 Euro
Sonstige Mitarbeiter (Bauzeichner)	48 Euro	60 Euro	72 Euro

Die Werte berücksichtigen eine Schwankungsbreite von 20 Prozent.

Der Architektenvertrag ist ebenfalls meist ein Werkvertrag. Die Entgeltordnung der Architekten und Ingenieure ist die HOAI, die allerdings seit einiger Zeit nicht mehr der gesetzliche Rahmen für Architektenhonorare ist, sondern nur als vertraute und bewährte Vorlage weiterverwendet wird.

Der Architektenvertrag bei energetischen Sanierungen

Bei kleineren Sanierungsvorhaben brauchen Sie vielleicht nur die Begleitung einer sachverständigen Bauplanerin oder eines Architekten, der auch während der Durchführung der Arbeiten und bei der Abnahme dabei ist. In solchen Fällen bietet es sich an, sich nicht auf die Leistungsphasen der HOAI (siehe Seite 213) zu beziehen, sondern Verträge auf Basis von Stundenhonoraren zu vereinbaren.

Zur Orientierung kann man sich an typischen Durchschnittswerten orientieren. Nimmt man als Grundlage den mittleren Gemeinkostenfaktor des AHO-Bürokostenvergleichs (Ausschuss der Verbände und Kammern der Ingenieure und Architekten für die Honorarordnung e. V.) und berücksichtigt die Gehälter aus dem Tarifvertrag für das Baugewerbe (2018), ergeben sich die angemessenen Stundensätze (ohne MwSt.) wie in der Tabelle auf dieser Seite.

DIE HOAI

Im Juli 2019 hat der Europäische Gerichtshof entschieden, dass die in der Honorarordnung für Architekten und Ingenieure (HOAI) festgelegten verbindlichen Mindest- und Höchsthonorarsätze nicht vereinbar mit dem EU-Recht sind. Die neue HOAI gilt seit dem 1. Januar 2021 deshalb nicht mehr als verbindliche Vertragsgrundlage, und zwar für keinen Auftragnehmer, der von der HOAI erfasste Leistungen ausführt.

Einer der wichtigsten Punkte der HOAI 2021 ist die Streichung der Mindest- und Höchstsätze für Planungsleistungen. Damit gibt es für Honorare für Planungsleistungen von Architekten und Ingenieuren keine verbindlichen Mindest- oder Höchsthonorarsätze mehr. Honorarvereinbarungen außerhalb des von der HOAI vorgegebenen Preisrahmens sind jetzt möglich, die Honorare für Architekten- und Ingenieursleistungen sind grundsätzlich frei verhandelbar.

Die alten Grundlagen der Planung und Preisermittlung auf Basis der HOAI-Honorartafeln einschließlich der Honorarzonen werden in der Praxis aber weiterhin als Ausgangsbasis für Honorarvereinbarungen verwendet. Die Honorarzonen bewerten die Schwierigkeit einer Baumaßnahme in Stufen von I = einfach bis V = sehr schwierig. Wohnhäuser fallen in der Regel in die Honorarzonen III und IV.

Ansonsten können Sie grundsätzlich davon ausgehen, dass ein Architekt, der sämtliche Aufgaben vom ersten Vorentwurf bis hin zur Bauleitung und -betreuung während der Gewährleistungszeit der Unternehmen übernimmt, üblicherweise 12 bis 15 Prozent der Bausumme als Architektenhonorar in Rechnung stellen wird.

Falls man damit einverstanden ist, muss eine solche Übereinkunft übrigens nicht mehr in Form eines unterschriebenen Vertrags erfolgen. Gemäß Paragraf 7 HOAI richtet sich das Honorar nach der Vereinbarung, die die Vertragsparteien „in Textform" treffen. In der Definition von Paragraf 126b BGB handelt es sich dabei um eine lesbare Erklärung, die „auf einem Datenträger" abgegeben wird. Eine eigenhändige Unterschrift oder elektronische Signatur ist nicht notwendig.

Achtung: Wirksame Honorarvereinbarungen können so beispielsweise durch einen Brief – auch ohne Unterschrift –, durch E-Mails, unter Umständen sogar durch SMS oder WhatsApp-Nachricht abgeschlossen werden! Das alles erfüllt die Bedingungen der Textform, obwohl eine E-Mail oder WhatsApp-Nachricht nicht auf einem festen Datenträger übergeben wird. Sie kann bei Empfang aber abgespeichert und später immer wieder abgerufen werden. Die Rechtsprechung in Streitfällen dazu ist allerdings uneinheitlich. Wir empfehlen in solchen wichtigen Punkten immer eine beiderseitig unterschriebene schriftliche Beauftragung und Vereinbarung.

Die Vertragspartner können das Honorar vor, bei oder erst nach Vertragsschluss vereinbaren und das ausgemachte Honorar während der Ausführung gegebenenfalls anpassen.

Als Verbraucher, also als privater Bauherr und Auftraggeber, genießen Sie dabei einen besonderen Schutz: Der Architekt oder Ingenieur hat Sie ausdrücklich darauf hinzuweisen, dass ein höheres oder niedrigeres als das in den Honorartafeln abgebildete Honorar vereinbart werden kann. Dieser Hinweis ist spätestens mit Abgabe des Angebots des Architekten zu erteilen, und zwar in Textform. Erteilt der Architekt diesen Hinweis nicht, kann er nur ein Honorar in Höhe des Basishonorarsatzes verlangen.

LEISTUNGSPHASEN

In der HOAI wird jede einzelne Leistungsphase (LP) der Bauplanung und -begleitung aufgeschlüsselt. Die konkreten Aufgaben, die ein Architekt oder eine Bauplanerin übernimmt, werden in insgesamt neun Leistungsphasen, sogenannte Arbeitspakete, unterteilt. In Hinblick auf das Honorar werden sie unterschiedlich gewichtet. In den einzelnen Leistungsphasen wird umschrieben, welche Aufgaben der Architekt oder die Bauplanerin jeweils übernimmt, wenn Sie diese mit der Realisierung Ihres Bauvorhabens beauftragen. Es muss nicht immer das „gesamte Paket" vertraglich vereinbart werden. Sie können auch Schritt für Schritt Vereinbarungen über einzelne Leistungsphasen treffen. Auf diese Weise wird es rechtlich einfacher, nach Erbringung einer Leistungsphase „auszusteigen", wenn Sie mit den Leistungen des Vertragspartners nicht zufrieden sind und die Zusammenarbeit nicht fortsetzen möchten.

Für Sie ist es wichtig zu wissen, was in den Leistungsphasen jeweils passiert und was Sie erwarten können beziehungsweise was Sie selbst beitragen müssen, damit der Planer seine Arbeit gut ausführen kann.

Im Hinblick auf die Grundleistungen und besonderen Leistungen in Architektenverträgen nach HOAI hat sich in der letzten Reform von 2021 nicht viel geändert. Nur die in der Anlage 1 enthaltenen Leistungsbilder sind jetzt denjenigen in den Teilen 2 bis 4 der HOAI gleichgestellt und damit aufgewertet. Auch für die weiteren aufgeführten Fachplanungs- und Beratungsleistungen nach Anlage 1, wie die Umweltverträglichkeitsstudie, die Bauphysik, den Wärmeschutz, die Energiebilanzierung, die Raumakustik oder die Geotechnik, können die Honorare frei vereinbart werden.

Die prozentuale Gewichtung der einzelnen Leistungsphasen der Honorarordnung für Architekten haben wir in der Tabelle unten auf dieser Seite zusammengefasst.

Jede Leistungsphase wird in „Grundleistungen" und „besondere Leistungen" unterteilt. Ein Honoraranspruch besteht gegenüber denjenigen Grundleistungen, die im Honorar inkludiert sind. Für besondere Leistungen ist dies nur dann der Fall, wenn es im Voraus schriftlich vereinbart wurde.

Die Honorarberechnungen erfolgen zunächst immer netto. Auf die Rechnung wird dann die jeweils gesetzlich gültige Umsatzsteuer (meist 19 Prozent) aufgeschlagen.

LEISTUNGSPHASEN DER HOAI

Fassung vom 1.1.2021

	Gebäude Anteil in %	Innenräume Anteil in %
1. Grundlagenermittlung	2	2
2. Vorplanung	7	7
3. Entwurfsplanung	15	15
4. Genehmigungsplanung	3	2
5. Ausführungsplanung	25	30
6. Vorbereitung der Vergabe	10	7
7. Mitwirkung bei der Vergabe	4	3
8. Objektüberwachung – Bauüberwachung und Dokumentation	32	32
9. Objektbetreuung (Mängelerhebung und Veranlassen der Beseitigung)	2	2
Summe aller Leistungsphasen	**100**	**100**

BESONDERHEITEN BEI MODERNISIERUNGEN UND UMBAUTEN

Rein juristisch ist definiert, wann man von einer Umbaumaßnahme spricht. Das lässt sich an zwei Bedingungen festmachen: Erstens sind dazu wesentliche Eingriffe in den Bestand oder in die Struktur eines Wohngebäudes nötig. Konkret: Der Wohnungsgrundriss – also die Aufteilung und/oder die Größe der Wohnräume werden abgewandelt, und dazu wird in die Bausubstanz eingegriffen. Mauerwerk, Geschossdecken und Wände werden deutlich verändert.

Zweitens muss durch die Maßnahmen gleichzeitig eine wesentliche Verbesserung des bestehenden Gebäudes erreicht werden. Das heißt, dass dadurch der Gebrauchswert des Gebäudes insgesamt deutlich erhöht wird und für die Zukunft erweiterte Nutzungsmöglichkeiten geschaffen werden.

Trennen muss man das von Arbeiten, die nur der Erhaltung der vorhandenen Substanz dienen. Erhaltungsaufwendungen zu beurteilen kann schwierig werden, wenn diese in ungewöhnlicher Höhe geballt innerhalb eines kurzen Zeitraums durchgeführt werden.

Was heißt das für die Honorarvereinbarung mit Ihrer Architektin oder Ihrem Bauplaner? Umbaumaßnahmen an vorhandenen Gebäuden sind im Vergleich zu Neubauten komplexer und aufwendiger in der Planung. Das mag erst einmal etwas widersinnig klingen, aber hier kann der Planer nicht frei „auf der grünen Wiese" planen, sondern er muss für seine Planung die Eigenschaften und Gegebenheiten des bestehenden Objekts exakt aufnehmen und bei der Planung der Maßnahmen berücksichtigen. Neue Bauteile an die vorhandene Bausubstanz fachgerecht anzubinden, ist meist kompliziert und muss bei der Ausführung sorgfältig überwacht werden. Dies bedeutet zusätzliche Arbeitszeit. Aus diesem Grund sieht Paragraf 36 der HOAI in Verbindung mit Paragraf 6 Absatz 2 vor, diesen Mehraufwand generell mit 20 Prozent zusätzlich zu honorieren.

In Paragraf 36 der HOAI, Umbauten und Modernisierungen von Gebäuden und Innenräumen, heißt es dazu:

→ (1) Für Umbauten und Modernisierungen von Gebäuden kann bei einem durchschnittlichen Schwierigkeitsgrad ein Zuschlag gemäß § 6 Absatz 2 Satz 3 bis 33 Prozent auf das ermittelte Honorar in Textform vereinbart werden.
→ (2) Für Umbauten und Modernisierungen von Innenräumen in Gebäuden kann bei einem durchschnittlichen Schwierigkeitsgrad ein Zuschlag gemäß § 6 Absatz 2 Satz 3 bis 50 Prozent auf das ermittelte Honorar in Textform vereinbart werden.

Zu beachten: Bei der Honorarermittlung muss der Architekt oder die Planerin auch die „mitzuverarbeitende Bausubstanz" gemäß Paragraf 2 Absatz 7 HOAI berücksichtigen. Was heißt das? Im Original liest sich die Antwort darauf so:

„Mitzuverarbeitende Bausubstanz ist der Teil des zu planenden Objekts, der bereits durch Bauleistungen hergestellt ist und durch Planungs- oder Überwachungsleistungen technisch oder gestalterisch mitverarbeitet wird."

Danach ist der Umfang der mitzuverarbeitenden Bausubstanz also bei den anrechenbaren Kosten angemessen zu berücksichtigen. Umfang und Wert der mitzuverarbeitenden Bausubstanz sind zum Zeitpunkt der Kostenberechnung oder, sofern keine Kostenberechnung vorliegt, zum Zeitpunkt der Kostenschätzung objektbezogen zu ermitteln und in Textform zu vereinbaren.

LP 1: DIE GRUNDLAGENERMITTLUNG

Grundleistungen: Der Architekt klärt mit Ihnen auf Grundlage Ihrer Vorgaben und Wünsche oder der Bedarfsplanung (oder vorliegender Planungs- und Genehmigungsunterlagen) seine Aufgabenstellung ab. Dazu gehören eine Ortsbesichtigung und die Beratung zum gesamten Untersuchungs- und Leistungsbedarf.

Der Architekt formuliert Entscheidungshilfen für die Auswahl anderer an der Planung fachlich Beteiligter.

Genauso muss schon daran gedacht werden, welche Fachleute oder Handwerkerinnen für die beteiligten Gewerke notwendig sind. Dann werden die Ergebnisse zusammengefasst, erläutert und dokumentiert.

Hierbei wird der Architekt mit Ihnen auch den finanziellen Rahmen für die anstehende Sanierung abstecken. Dabei sollten erschwerende Rahmenbedingungen für die weitere Planungsarbeit wie zum Beispiel Denkmalschutzauflagen oder fehlende Bebauungspläne geklärt werden.

Die Bauplanerin oder der Architekt erstellt daraufhin eine Zusammenfassung der bis hier erzielten Ergebnisse.

Als Sonderleistungen kommt beispielsweise hinzu: Bei Planungen für Umbauten sind Bestandspläne erforderlich (Grundrisse, Schnitte, Details). Falls diese nicht vorhanden sind, muss ein Bestandsaufmaß erstellt werden, auf dessen Grundlage dann neue Bestandspläne gezeichnet werden.

Ebenso ist meistens die Bestandsstatik erforderlich, also statische Berechnungen mit entsprechenden Plänen. So können Informationen zu unzugänglichen oder schwer zugänglichen Bauteilen (Gründung, Deckenkonstruktionen und -aufbauten) gewonnen werden.

Ein gesondertes Honorar kann überdies für die Aufstellung eines neuen Funktions- oder Raumprogramms fällig werden.

LP 2: DIE VORPLANUNG

Die Vorplanung ist Teil der Vorbereitung einer Entwurfsplanung. Die Grundleistungen umfassen eine Grundlagenanalyse, die Abstimmung der Aufgabenstellung und die Erarbeitung eines Planungskonzepts einer gezeichneten Planvorstufe, die meist grob mithilfe von Strichskizzen und Erläuterungen dargestellt wird. Sie vermittelt die Ideen zur Gestalt des Hauses, zu Raumgrößen, der Anzahl und der gedachten Funktion der Räume. Manchmal erstellen Planerinnen dazu schon Skizzen in maßstabgerechten Proportionen. In der Phase der Vorplanung werden die Behörden erstmals kontaktiert und die Genehmigungsfähigkeit geprüft.

Zur Vorplanung gehört außerdem eine Kostenschätzung, die die zu erwartenden Kosten veranschlagt. Um eine aussagekräftige Kostenschätzung aufstellen zu können, müssen in der Phase der Vorplanung bereits Eigenschaften wie der Ausstattungsstandard und die Brutto-Grundfläche bekannt sein.

Als besondere Leistungen können in dieser Phase das Erstellen eines Finanzierungsplans, eine Bauvoranfrage beim Amt und das Anfertigen eines Raummodells in dreidimensionaler Darstellung hinzukommen.

LP 3: DIE ENTWURFSPLANUNG

Im Bauwesen wird in den Leistungsbildern der Objekt- und Fachplanung der HOAI nach Paragraf 34, 39, 43, 47, 51 und 55 die Entwurfsplanung als dritte Leistungsphase (LP 3) genannt. Die Entwurfsplanung stellt die Grundlage für die Genehmigungsplanung dar.

Grundleistungen: Aufbauend auf der Vorplanung soll jetzt ein stimmiges und realisierbares Planungskonzept entwickelt werden, das alle projektspezifischen Problemstellungen berücksichtigt. Bei Projekten, die eine Baugenehmigung erfordern, ist die Entwurfsplanung die Basis für die folgende Genehmigungsplanung.

Der Begriff „Entwurfsplanung" ist hierbei in der HOAI genau definiert. Nach einem umfangreichen Abstimmungsprozess mit den Anforderungen der Bauherren stellt der Entwurf als Ergebnis der Entwurfsplanung das fertige Planungskonzept mit allen festgelegten Komponenten dar.

Nicht genau festgelegt ist hierbei der Detaillierungsgrad, also die Anforderungen bezüglich Darstellung und Planungstiefe. So heißt es in der HOAI zum Beispiel bei der Beschreibung der Grundleistungen im Leistungsbild Technische Ausrüstung: „[...] Zeichnerische Darstellung des Entwurfs in einem mit dem Objektplaner abgestimmten Ausgabemaßstab mit Angabe maßbestimmender Dimensionen [...]". In der Regel werden beim Entwurf aber Pläne im Maßstab 1 zu 100 angefertigt.

Zu den Grundleistungen gehören deshalb auch die notwendigen Absprachen mit allen fachlich an der Planung Beteiligten und mit den Vertretern der zuständigen Behörden. Die Bauplanerin oder der Architekt muss jetzt zudem eine detaillierte Kostenberechnung der geplanten Maßnahmen vorlegen und prüfen, ob diese im Bereich des genannten Budgets der Auftraggeber liegt.

Als besondere Leistungen können hier die Ausarbeitung zusätzlicher Arbeiten zur Energieeffizienz des Gebäudes und darauf aufbauende Wirtschaftlichkeitsberechnungen erfolgen. Das ist aber nur dann separat anrechenbar, wenn dies deutlich aufwendiger wird als die reine Umsetzung gesetzlich geforderter Energiesparmaßnahmen.

LP 4: DIE GENEHMIGUNGSPLANUNG

Die Genehmigungsplanung entfällt bei genehmigungsfreien Bauvorhaben, also Schönheitsreparaturen, Renovierungsmaßnahmen im Inneren der Wohnung, Eingriffen in nichttragende Strukturen oder etwa kleinen Überdachungen vor der Fassade. Das alles regelt die jeweilige Landesbauordnung. Aber auch wenn eine Baugenehmigung nicht erforderlich ist, müssen alle einschlägigen Vorschriften eingehalten werden, zum Beispiel das GEG, eventuell örtlich geltende Gestaltungsrichtlinien, Regelungen des Brandschutzes, das Nachbarschaftsrecht etc.

Eine Genehmigungsplanung ist für Sanierungen nur nötig, wenn ein größerer Umbau erfolgt.

Gemeint sind alle genehmigungspflichtigen Baumaßnahmen, für die also ein Bauantrag einzureichen ist. Baugenehmigungen sind erforderlich, wenn Eingriffe in die Tragstruktur vorgenommen werden, bei Nutzungsänderungen oder -erweiterungen (Stichwort: Dachgeschossausbau) sowie bei Änderungen der äußeren Erscheinungsform des Hauses (neue Fenster, anderes Dach, neue Balkone, Grundrisserweiterungen durch Anbauten etc.). Bei Denkmalen sind die Denkmalschutzbehörden einzubeziehen.

Zu den Grundleistungen gehört in diesem Zusammenhang, dass vom „bauvorlageberechtigten Entwurfsverfasser" eine qualifizierte Baueingabe- oder eine Genehmigungsplanung vorliegt. Dazu gehören Grundrisse, Schnittzeichnungen und Ansichten des Bauprojekts im Maßstab 1 zu 100.

Zusätzlich ist ein amtlicher Lageplan einzureichen, der aus einer schriftlichen Beschrei-

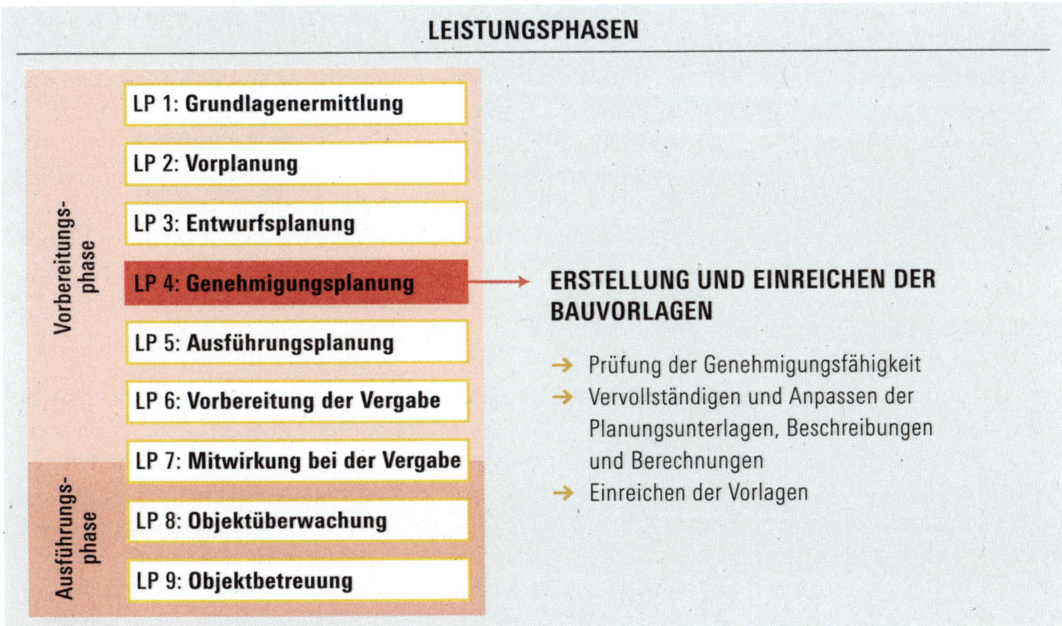

Vorarbeit ist wichtig: Leistungsphase 4.

bung des geplanten Bauprojekts und einer zeichnerischen Darstellung der Draufsicht auf das Grundstück und die benachbarten Flächen (Grundstücke und deren Bebauung) im Maßstab 1 zu 500 besteht.

Die Baubeschreibung enthält Informationen wie die Beschreibung des Gebäudes in Grundzügen, der eingesetzten Baumaterialien sowie der Konstruktionsweise etc.

Der Architekt oder die Bauplanerin weiß, welche Pläne und Dokumentationen im Speziellen einzureichen sind, um die Baugenehmigung zu erhalten. Wichtig ist, dass diese Unterlagen beim ersten Einreichen vollständig sind. Andernfalls beginnt ein zeitraubender und mühsamer Prozess mit Nachträgen, da eine Genehmigung Ihres Bauvorhabens nur auf Basis der vorgelegten Baueingabeplanung erfolgen kann.

Mit Erteilung der Baugenehmigung erklärt die zuständige Bauaufsichtsbehörde, dass dem geplanten Bauvorhaben aus öffentlich-rechtlicher Sicht nichts entgegensteht.

Besondere Leistungen des Architekten können notwendig werden, wenn er bei Problemen mit der Baugenehmigung zusätzlich Unterstützung leistet, also zum Beispiel Bauherren in einem Widerspruchsverfahren berät. Außerdem kann dies der Fall sein, wenn die Genehmigungsunterlagen, ohne Verschulden des Architekten, überarbeitet werden müssen oder wenn es zu einem Klageverfahren kommt.

LP 5: DIE AUSFÜHRUNGSPLANUNG

Das Ziel der Ausführungsplanung ist es, eine komplette Planung zu erstellen, die alle für die Bauausführung notwendigen Informationen enthält. Dazu gehört auch die Koordinierung der Gewerke untereinander, also wer wann welche Arbeiten leisten sollte.

Alle Bauteile und alle anderen Besonderheiten müssen exakt vorgegeben werden. Das heißt, dass alle relevanten Baustoffe, Materialien, Leistungswerte, Kenndaten und gegebenenfalls auch geforderten Hersteller zu benennen sind. Dazu gehören auch alle Details der technischen Gebäudeausrüstung. Die Ausführungsplanung ist somit die Vorgabe für alle später in der Praxis auszuführenden Arbeiten. Alle beteiligten Unternehmen beziehungsweise deren Mitarbeiter müssen daraus entnehmen können, was für sie zu tun ist.

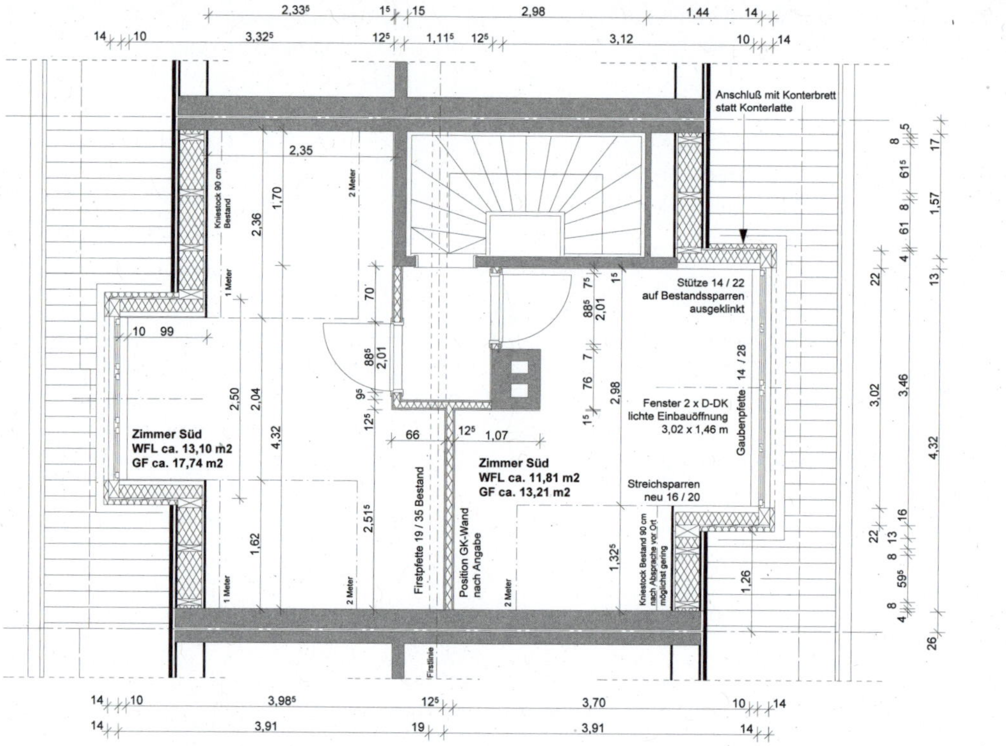

GRUNDRISS DACHGESCHOSS M 1:50

09.05.2022

Alle Maße sind bauseits verantwortlich zu prüfen und ggf. mit der Bauleitung abzustimmen !!!!

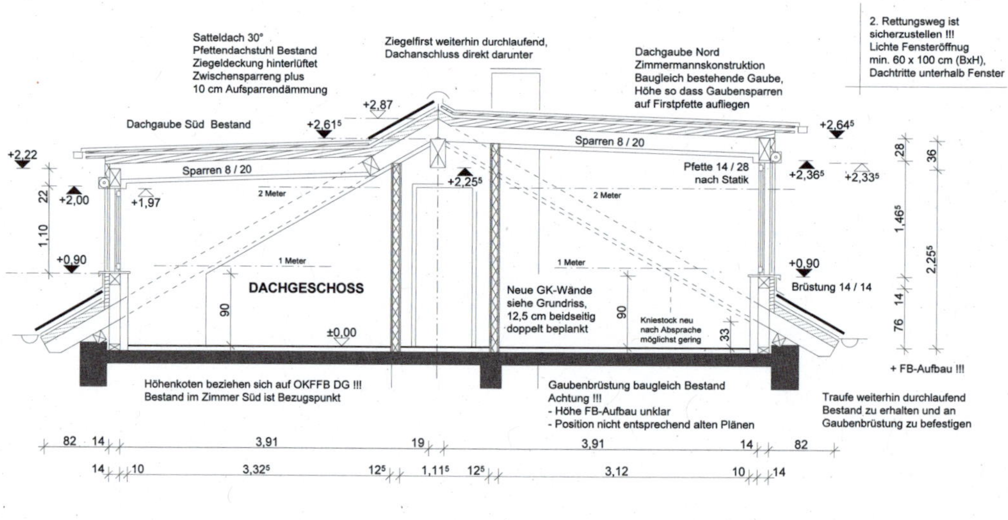

Leistungsphase 5: Umfassende Werkplanung

SCHNITT DACHGESCHOSS M 1:50

09.05.2022

Alle Maße sind bauseits verantwortlich zu prüfen und ggf. mit der Bauleitung abzustimmen !!!!

Die Ausführungsplanung ist ferner die Grundlage für die Massenermittlung, die in der LP 6 stattfindet. Bei der später erfolgenden Abrechnung der Bauleistung können die Ausführungspläne als Abrechnungsgrundlage zur Mengenermittlung verwendet werden.

Grundleistungen: Gezeichnet wird die Ausführungsplanung im Maßstab 1 zu 50, für Details kann der Maßstab von 1 zu 20 oder noch detailgenauer verwendet werden. Nach HOAI muss in dieser Phase zudem eine Fortschreibung beziehungsweise Aktualisierung des Terminplans erfolgen.

Fehler in der Ausführungsplanung können im Bauablauf zu teuren Problemen und Zeitverzögerungen führen. Für nachweisbare Planungsfehler müssen die Planerinnen haften.

Als besondere Leistung kann auf Wunsch der Bauherren zum Beispiel vereinbart werden, dass die Planerin zusätzlich Detailmodelle anfertigt.

LP 6: DIE VORBEREITUNG DER VERGABE

Grundleistungen: Jetzt muss die verantwortliche Planerin einen Terminplan für die Vergabe der Arbeiten erstellen. Auf Basis der Ausführungspläne wird sie die notwendigen Mengen kalkulieren, um für die beteiligten Leistungsbereiche Leistungsbeschreibungen mit Leistungsverzeichnissen zu erstellen, die von der Planerin kalkulierte Kosten enthalten. Die Verzeichnisse dienen dann dazu, von Fachunternehmen Angebote einzuholen und danach die Kosten zu ermitteln. Achtung: Die Leistungsverzeichnisse sind wichtig, da sie später zum Vertragsbestandteil mit den Handwerkerfirmen werden! Der Architekt muss dann durch einen Abgleich mit der Kostenberechnung die Kostenkontrolle durchführen. Er muss also prüfen, ob die jetzt konkretisierten Kosten im Rahmen des mit den Bauherren vereinbarten Budgets liegen.

Die Zusammenstellung der Vergabeunterlagen schließt die Leistungsphase ab.

In Zeiten geringer Handwerkerkapazitäten können in dieser Phase allerdings auch schon einzelne Verträge mit Handwerksunternehmen geschlossen werden, um später nicht in Verzug zu geraten.

Besondere Leistungen können hier entstehen, wenn die Planerin mehrere alternative Leistungsverzeichnisse erstellen soll, um zum Beispiel beurteilen zu können, wie sich Sparmaßnahmen auf die Gesamtkosten auswirken.

LP 7: DIE MITWIRKUNG BEI DER VERGABE

Grundleistungen: Die Leistungsphase 7 beinhaltet zunächst, dass der Architekt oder die Bauingenieurin die zeitlich koordinierte Vergabe (etwa mittels eines Vergabeterminplans) der Fachplanerinnen – zum Beispiel für die Haustechnik – organisiert und Angebote einholt. Bei Bedarf sind zur Klärung von Fragen betreffend die Angebote mit den Bietern Gespräche zu führen. Mit den in Leistungsphase 6 erstellten Leistungsverzeichnissen sind dann Preisspiegel anzulegen, die eine Prüfung und Wertung der vorliegenden Angebote ermöglichen.

Durch einen Vergleich der Angebotspreise der verschiedenen Gewerke (Kostenanschlag) mit der Kostenberechnung wird wieder eine Kostenkontrolle durchgeführt.

Der Architekt erstellt Vorschläge zur Vergabe von Aufträgen und dokumentiert das Vergabeverfahren. Steht die Entscheidung für die jeweils wirtschaftlichsten Angebote, stellt er die notwendigen Vertragsunterlagen zusammen und begleitet den Auftraggeber bei der Auftragserteilung.

Besondere Leistungen können hier entstehen, wenn die Preisspiegel auf Wunsch der Bauherren in besonderer Weise bewertet und danach neu angeordnet werden sollen.

LP 8: DIE OBJEKTÜBERWACHUNG

Grundleistungen: Dem Architekten obliegt die komplette Überwachung beziehungsweise Betreuung des Bauprojekts. Er koordiniert dabei sämtliche am Bau beteiligten Unternehmen. In Anlage 10 zu Paragraf 34 der HOAI ist das Leistungsbild für die Objektüberwachung detailliert aufgelistet.

Man muss hier zwischen den Begriffen „Überwachung" und „Koordinierung" unterscheiden. Der bauleitende Architekt überwacht die am Bau beteiligten Fachfirmen, sofern diese nicht den Haustechnikgewerken zuzuordnen sind. Der Architekt koordiniert die beteiligten Fachplanerinnen. In der HOAI heißt dies: „Koordinieren der an der Objektüberwachung fachlich Beteiligten." Die Fachplanerin ihrerseits überwacht die Haustechnikgewerke.

Der Architekt ist dafür zuständig, die fortschreitenden Arbeiten in Hinblick auf die Kosten, gesetzte Fristen (gemäß Bauzeitenplan) und die Qualität der Ausführung zu kontrollieren und die Ergebnisse zu protokollieren.

Dazu gehören auch Abnahmen einzelner Gewerke während der Bauzeit. Lassen Sie sich zu den Terminen einladen, die Sie gemeinsam mit dem Architekten oder der Bauleiterin vor Ort durchführen.

Hierbei übernimmt der Architekt ebenfalls wieder die laufende Überwachung der Kosten. Er gleicht den Kostenanschlag und die aktuelle Kostenfeststellung, die die tatsächlich angefallenen Kosten der einzelnen Gewerke abbildet, miteinander ab.

Soll der Architekt in dieser Phase für Sie überdies die Zahlungspläne erstellen und/oder fortschreiben, zählt das zu den besonderen Leistungen, die ein Zusatzhonorar auslösen können.

LP 9: DIE OBJEKTBETREUUNG UND DOKUMENTATION

Grundleistungen: In dieser letzten Leistungsphase überprüft die Ingenieurin oder der Architekt nach Abschluss aller Baumaßnahmen bei einer Besichtigung das Gebäude nochmals auf mögliche Mängel, bevor die Gewährleistungsfristen ablaufen. Während der Gewährleistungszeit (maximal fünf Jahre) sind die ausführenden Unternehmen oder Handwerkerinnen dazu verpflichtet, festgestellte Mängel ihrer Arbeit kostenfrei nachzubessern. Wenn Sie dies im Auftrag schriftlich vereinbart haben, wird Sie der Architekt dabei unterstützen, Ihre Ansprüche auf Mängelbeseitigung gegenüber den Unternehmen durchzusetzen.

Zu seinen Aufgaben in dieser Leistungsphase gehört auch die vollständige Dokumentation aller durchgeführten Baumaßnahmen anhand sämtlicher Unterlagen, die er im Verlauf der Leistungsphasen 1 bis 8 erstellt hat.

Besondere Leistungen können hier durch die Beschreibung von zusätzlichen Aufgaben zum laufenden Betrieb des Eigenheims entstehen – wenn es also darum geht, individuelle Anweisungen für Wartung und Pflege zu erstellen und diese gegebenenfalls auch selbst zu überwachen.

VERTRAGSGESTALTUNG, KÜNDIGUNG UND HAFTUNG

Der Architektenvertrag ist juristisch gesehen ein Werkvertrag im Sinne des Bürgerlichen Gesetzbuchs (BGB). Nach der gesetzlichen Regelung der Paragrafen 650 ff. BGB ist die „vertragstypische Pflicht" des Unternehmers – hier des Architekten oder der Bauplanerin, die Architektenleistungen erbringt – die Herstellung des versprochenen Werkes. Aufgaben und Honorarfestlegungen ergeben sich meistens aus den Leistungsbeschreibungen der HOAI und den dort angegebenen Honorartafeln. Der Architekt muss letztlich ein mangelfreies Bauwerk ohne Sach- und Rechtsmängel abliefern. Ist diese Bedingung erfüllt, hat er Anspruch auf Zahlung des vereinbarten Honorars.

Zu Beginn der Kontaktaufnahme und in einem ersten Gespräch über die Wünsche und Erwartungen, die Sie an den Architekten haben, wird oft noch nicht über ein Honorar gesprochen, da ja kein Vertrag besteht. Ein solches Erstgespräch mit Grundüberlegungen zum geplanten Bauvorhaben kann im Sinne einer Kundenakquise unentgeltlich sein.

Fertigt ein Architekt in solchen Gesprächen bereits Entwürfe und Zeichnungen an, ehe Sie überzeugt sind, dass Sie mit ihm einen Vertrag schließen wollen, sind seine Leistungen im Vorfeld häufig zu bezahlen, falls Sie sich dann doch für einen anderen Kollegen entscheiden sollten.

Setzen Sie deshalb gleich zu Anfang eine schriftliche Vereinbarung auf, bis zu welcher Leistung für Sie keine Kosten entstehen. Ansonsten erhalten Sie unter Umständen überraschend eine Rechnung, wenn es dann doch nicht zum Auftrag für diesen Architekten kommt.

Den Vertrag selbst schließen Sie immer schriftlich. Er muss alle Leistungen in der Zusammenarbeit klar und möglichst unmissverständlich beschreiben – sowohl die vertraglichen Pflichten beider Vertragsparteien als auch die Honorarbedingungen für den Architekten (Auftragnehmer) müssen enthalten sein. Kommt es später zu einem Streit oder zur Vertragskündigung von einer Seite, ist der geschlossene Vertrag die Grundlage für alle Honoraransprüche und Haftungsfragen.

Orientieren können Sie sich zum Beispiel am Leitfaden zur Abfassung eines Architektenvertrags, ausgefertigt von der Architektenkammer Niedersachsen. Auch andere Architektenkammern bieten solche Vorgaben oder Vorlagen an ebenso wie einige juristische Plattformen. Es ist für juristische Laien aber nicht immer leicht zu erkennen, ob diese auf dem aktuellen Stand der Gesetzeslage und Rechtsprechung sind. Es macht also insbesondere bei größeren Umbauvorhaben durchaus Sinn, den eigenen individuellen Vertrag vor der Unterschrift durch eine Fachanwältin prüfen zu lassen.

Üblicherweise gestaltet sich die Vorgehenweise beim Abschließen eines Vertrages wie folgt: Sie haben einen Architekten gefunden, mit dem Sie eine umfassende energetische Sanierung und eventuell zusätzlich ein paar weitere Modernisierungsmaßnahmen realisieren wollen.

Bekommen Sie für die Zusammenarbeit einen Vertragsentwurf vorgelegt, nehmen Sie diesen mit nach Hause und lesen Sie die Konditionen in aller Ruhe durch. Notieren Sie sich Fragen, wenn Sie etwas inhaltlich nicht verstehen.

Folgende Punkte und Themen sollten darin zu Ihrer Zufriedenheit beschrieben sein:

→ Wollen Sie sich vor dem Beginn der Zusammenarbeit bereits für die komplette Umsetzung des Bauvorhabens, also alle Leistungsphasen nach HOAI festlegen? Oder gehen Sie schrittweise vor und vereinbaren erst einmal nur die ersten Leistungsphasen, um dann die Zusammenarbeit weiterzuführen oder eben ohne Probleme zu beenden? Letzteres nennt sich dann Stufenvertrag. Bedenken Sie aber: Alle Leistungsstufen bauen aufeinander auf. Ein „Splitting" der Aufgabenbereiche ist sinnvoll zwischen Leistungsphase 4 und 5 oder zwischen Leistungsphase 7 und 8. Diese Trennung wird in der Praxis tatsächlich manchmal vorgenommen. Der Nachteil aus Ihrer Sicht könnte sein, dass dann gegebenenfalls auch der Architekt

VERTRAGSPRÜFUNG DURCH EINEN ANWALT?

Bei größeren energetischen Sanierungen und Umbaumaßnahmen kann es schnell um Investitionen im fünfstelligen oder sogar sechsstelligen Bereich gehen. Oft werden dafür Kredite aufgenommen, die zu spürbaren monatlichen Zahlungsverpflichtungen führen.

Vor größeren Baumaßnahmen oder technischen Installationen können Sie die notwendigen Verträge und Aufträge mit den Planerinnen und ausführenden Handwerksbetrieben durch einen spezialisierten Anwalt prüfen lassen. Es sollte sich um einen ausgewiesenen Fachanwalt für Bau- und Architekturrecht handeln, der sich mit den gesetzlichen Grundlagen und den branchenüblichen Verträgen gut auskennt und der notfalls in einem Streitfall vor Gericht Ihre Interessen gut vertreten kann.

So sind Sie auf spätere Probleme mit den Planerinnen oder ausführenden Handwerksunternehmen vorbereitet, sollte das notwendig werden. Die Investition können Sie als eine Art Versicherung betrachten, die im Streitfall hilft, schlimmere oder teurere Konsequenzen durch Vertragskonditionen zu Ihrem Nachteil abzuwenden.

Einen Fachanwalt für Bau- und Architekturrecht finden Sie unter diesem Suchbegriff über das Internet. Auch die Anwaltskammern können Ihnen geeignete Anwälte beziehungsweise Kanzleien nennen.

Treffen Sie mit Ihrem Anwalt frühzeitig schriftliche Vereinbarungen, welche Honorare für welche Leistungen zu entrichten sind oder mit welchem Stundensatz die Arbeiten vergütet werden.

Der Bauherren-Schutzbund bietet auf bsb-ev.de an, dass Sie einen Bauvertrag zum Festpreis durch einen seiner Vertrauensanwälte und die Bau- und Leistungsbeschreibung durch einen seiner Bauherrenberater prüfen lassen können.

bzw. das Büro die Zusammenarbeit nicht fortsetzen möchte, wenn in der Zwischenzeit vielleicht lukrativere Aufträge für andere Bauprojekte winken.

→ Beauftragen Sie von Anfang an die Komplettbetreuung durch den Architekten, können Sie davon ausgehen, dass der Bauprozess von Planung bis Abnahme in einer Hand liegt. Das sorgt für Kontinuität, es besteht nicht das Risiko von Brüchen in der Bearbeitung durch die Übergabe an andere Architekten. Bei Problemen in der Bauausführung liegt die Verantwortung darüber hinaus unzweifelhaft bei einem Architekten oder einer Planerin. Sie wissen also immer, an wen Sie sich zu wenden haben.

→ Wir empfehlen, den Architekten oder die Planerin grundsätzlich auch mit der Leistungsphase 9, also der Objektbetreuung und Dokumentation zu beauftragen.

→ Achten Sie darauf, dass alle Leistungsphasen, die Sie beauftragen, in einem Bauzeitenplan eingetragen werden, auch schon Vorüberlegungen und Planungen.

→ Und natürlich sollte überdies ein definierter Fertigstellungstermin in den Vertrag aufgenommen werden.

→ Wenn Sie vor Vertragsschluss bereits über wichtige Details der Bauausführung gesprochen haben, zum Beispiel, was eine komplexer und vielfältiger werdende Haustechnik angeht, nehmen Sie diese Informationen als Ergänzung oder Anlagen zum Vertrag mit auf.

→ Selbstverständlich sollte sein, dass Sie im Vertrag eine Kostenobergrenze für die geplanten Baumaßnahmen festlegen, die einzuhalten ist. In den Leistungsphasen sind ohnehin mehrere Kostenkontrollen enthalten. Halten Sie schriftlich fest, zu welchen Zeitpunkten und in welcher Form Sie über eine kritische Kostenentwicklung, also eine absehbare Überschreitung des gesetzten Budgets, zu informieren sind.

→ Wenn Sie den Architekten zu einer kostenbewussten Planung und Ausführung motivieren wollen, können Sie zusätzlich zum Honorar eine bestimmte Erfolgsprämie vereinbaren, falls es gelingt, die realen Baukosten nach Ab-

RECHTSSCHUTZ FÜR BAUHERREN

Sollten Sie mit einem Ihrer Vertragspartner bei den Baumaßnahmen so große Probleme bekommen, dass Sie vor Gericht ziehen wollen, brauchen Sie guten rechtlichen Beistand und müssen sich darauf einrichten, dass Ihnen Verfahrenskosten entstehen.

Eine Standard-Rechtsschutzversicherung können Sie normalerweise nur beanspruchen, solange für den Umbau keine Baugenehmigung nötig war. Haben Sie zum Beispiel Ärger bei der Installation einer Photovoltaikanlage auf dem Dach, greift in der Regel der normale Rechtsschutz.

Eine spezielle Bauherren-Rechtsschutzversicherung für private Bauherren gilt für alle privaten Bau- und Sanierungsvorhaben und muss vor Beginn der Baumaßnahmen abgeschlossen werden. Die Prämie wird in der Regel prozentual zu den Gesamtkosten ermittelt, meist liegt sie im Bereich von einem Promille der Gesamtkosten. Wenn Sie eine energetische Sanierung für 100 000 Euro planen, zahlen Sie demzufolge rund 100 Euro pro Jahr für den Bauherren-Rechtsschutz. Die Versicherung wird häufig für fünf Jahre abgeschlossen. Das ist der übliche Gewährleistungszeitraum in der Baubranche, während dem Mängel vom Eigentümer eingeklagt werden können.

Folgende Leistungen sind üblicherweise in einer Bauherren-Rechtsschutzversicherung enthalten:

Sie bietet eine telefonische Rechtsberatung bei einer Bauherren-Hotline und prüft die Erfolgsaussichten Ihrer Streitigkeit vor Gericht. Möglich ist außerdem eine Mediation, bevor es vor Gericht geht. Die Versicherung übernimmt dann aber die Kosten für den Anwalt (nur in gesetzlicher Höhe), Gerichts- und Prozesskosten sowie Honorare für vom Gericht bestellte Sachverständige und Zeugen, einschließlich deren Reise- und Vollstreckungskosten. Achtung: Es gibt in den Versicherungsbedingungen häufig Ausschlüsse oder Begrenzungen zur Erstattung oder Leistungshöhe. Zum Beispiel ist gedeckelt, wie hoch die Gesamtkosten für den juristischen Streitfall ausfallen dürfen. Häufig existiert eine Begrenzung auf 100 000 Euro. Achten Sie zudem auf die Höhe der Selbstbeteiligungen, die Sie tragen sollen.

schluss des Auftrags im Vergleich zur Kostenkalkulation zu unterschreiten. Es ist allerdings nicht ganz einfach festzulegen, wie hoch die Prämie ausfallen und welche Kostenzahlen genau für den Vergleich herangezogen werden sollen.

→ Die Form der Dokumentation des Bauablaufs ist in der HOAI nicht explizit geregelt. Das kann in Form eines Bautagebuchs erfolgen, muss aber nicht. Die Form der Dokumentation und wie oft Sie diese zu sehen bekommen, ist deshalb individuell vertraglich zu vereinbaren.

→ Wenn Sie bei einer umfangreicheren Sanierung nicht selbst regelmäßig vor Ort sein können, können Sie die Bauplanerin oder den Architekten mit einer Fotodokumentation zum Ablauf wichtiger Arbeitsschritte beauftragen. Die Fotodokumentation ist allerdings nicht in der HOAI geregelt, es handelt sich um eine Sonderleistung und ist extra zu vergüten.

→ Wichtig sind in jedem Fall genaue und zeitlich festgelegte Vereinbarungen zu den Honorarzahlungen. Das Honorar für den Architekten oder die Planerin kann mit der erfolgreichen Schlussabnahme fällig werden. Oder Sie vereinbaren Teil- oder Abschlagszahlungen für alle vertraglich vereinbarten und in sich abgeschlossenen Leistungsphasen. Diese sollten sich nach den prozentualen Anteilen der jeweiligen Leistungsphase gemäß den offiziellen Honorartabellen richten. Vorauszahlungen auf noch zu erbringende Leistungen sollten Sie nicht akzeptieren.

→ Treffen Sie zudem Vereinbarungen zu folgenden Fragen: Welche Nebenkosten dürfen zusätzlich zu den Honoraren in Rechnung gestellt werden? Sind die Nebenkosten zu belegen? Und wann werden diese zur Zahlung fällig? Möglich sind Kosten für Porto, Kopieren und Drucken, Fahrten, Telefon und so weiter.

→ Regeln Sie vertraglich, unter welchen Bedingungen eine einseitige Kündigung des Vertrags erfolgen kann. Reicht dazu bereits ein Verstoß gegen eine einzelne Vertragsbedingung oder das Nichterbringen einer einzigen Leistung im festgelegten Ausmaß und Zeitpunkt aus, damit Sie einseitig kündigen können? Und wie sieht es mit der Bezahlung aus? Sie sollten keine Leistungen bezahlen müssen, die bis zur Kündigung nicht erbracht oder geliefert wurden.

→ Was passiert bei Fehlern, die der Architekt zu verantworten hat, für die er also in Haftung steht? Der Architekt sollte über eine Berufshaftpflichtversicherung verfügen, die im Notfall einspringt. Eine aktuelle Bestätigung des Versicherers über den bestehenden Haftpflichtschutz sollte als Anlage zum Vertrag aufgenommen werden.

→ Rein juristisch macht die sogenannte salvatorische Klausel Sinn: Sie besagt, dass durch die Ungültigkeit einer Formulierung oder eines Paragrafen im Vertrag nicht gleich der ganze Vertrag ungültig wird. Oft heißt es dann, dass die ungültige Klausel durch eine gültige ersetzt werden soll, die der gewünschten Absicht der Vereinbarung möglichst nahekommt.

WOFÜR HAFTET EIN ARCHITEKT?

Nach dem Werkvertragsrecht gemäß Paragraf 638 BGB haftet der Architekt für sein Werk für die übliche Gewährleistungszeit von fünf Jahren. In bestimmten Ausnahmefällen kann er allerdings auch noch bis zu 30 Jahre nach Fertigstellung für seine mangelhafte Organisation und Überwachung von Subunternehmern belangt werden. Wir weisen deshalb noch einmal darauf hin, wie wichtig die Berufs-Haftpflichtversicherung des Architekten (und auch der ausführenden Handwerker beziehungsweise -betriebe) werden kann.

Es gibt zwei große Bereiche, in denen der Architekt Fehler machen kann, die teure Baumängel verursachen können:

Arbeiten die ausführenden Unternehmen nach der Vorgabe einer mangelhaften Planung des Architekten, wird häufig eine arbeitsintensive Korrektur der mangelhaften Bauteile notwendig. Im schlimmsten Fall drohen ein Rückbau der vorhandenen Ausführung und ein Neuaufbau nach einer korrigierten Fassung der Bauplanung. Das verursacht ungeplante Kosten und verzögert häufig die anschließenden Bauabschnitte.

Während der Bauphase ist der Architekt verantwortlich für die korrekte Ausführung aller Bauarbeiten gemäß den Vorgaben seiner Pläne und den anerkannten Regeln der Technik. Er hat die Bauausführung zu kontrollieren und die Arbeit der ausführenden Unternehmen zu überwachen.

Bis zur Endabnahme und dem erfolgreichen Abschluss der Baumaßnahmen trägt der Architekt die Beweislast. Das heißt, dass er bei auftretenden Baumängeln Ihnen gegenüber nachweisen muss, dass er nicht ursächlich verantwortlich für den Fehler war.

Beachten Sie: Durch die erfolgte Abnahme der gesamten beauftragten Architektenleistungen kehrt sich die Beweislast um.

Das Architektenhonorar wird unter definierten Bedingungen fällig. Diese sind für von der HOAI erfasste Leistungen in Paragraf 650g Abs. 4 BGB festgelegt. Dort heißt es:

(4) Die Vergütung ist zu entrichten, wenn
1. der Besteller das Werk abgenommen hat oder die Abnahme nach § 641 Absatz 2 entbehrlich ist und
2. der Unternehmer dem Besteller eine prüffähige Schlussrechnung erteilt hat.

„Prüffähig" heißt in diesem Zusammenhang, dass gemäß Paragraf 650g Abs. 4 BGB die Rechnung des Architekten so gestaltet und erteilt werden muss, dass Sie als Auftraggeber diese auch nachvollziehen und prüfen können. Als Auftraggeber sind Sie Ihrerseits verpflichtet, Einwendungen gegen die Prüfbarkeit innerhalb von 30 Tagen nach Zugang der Schlussrechnung zu erheben und zu begründen.

Ist dann die Endabnahme ohne Beanstandungen erfolgt und ist das Architektenhonorar bezahlt, geht die Beweislast in der anschließenden Gewährleistungszeit auf Sie über. Das heißt, dass Sie dann im Zweifelsfall nachweisen müssen, dass der Baumangel durch einen Fehler des Architekten erfolgt ist.

VORZEITIGE KÜNDIGUNG DES ARCHITEKTENVERTRAGS

Wir haben bereits empfohlen, dass Sie die Bedingungen für eine vorzeitige Kündigung des Vertrags und die finanziellen Konsequenzen möglichst eindeutig klären und festschreiben sollen. In der Regel müssen die Fehlleistungen des Architekten schon gravierend sein, bevor die Bauherrin einseitig vom Vertrag zurücktreten, diesen also kündigen kann. Sie haben in einem solchen Fall den Architekten also schon mehrfach wegen Vertragsverletzungen gemahnt und ihn zur Nachbesserung aufgefordert, am besten jeweils mit einer definierten Fristsetzung. Ist eine Nacherfüllung bereits fehlgeschlagen, unzumutbar oder unbrauchbar, können Sie dem Architekten ohne Weiteres kündigen.

Kündigen Sie den Vertrag des Architekten aber ohne ausreichende Begründung vorzeitig, steht ihm sein Honorar grundsätzlich weiterhin zu. Nur die bis zur Kündigung noch nicht erbrachten Leistungen können Sie von seinem Anspruch auf das gesamte vereinbarte Honorar abziehen. Da es bei diesem Punkt häufig zu unterschiedlichen Ansichten und Meinungsverschiedenheiten kommt, ist das der Zeitpunkt, wo Sie sich eine anwaltliche Unterstützung holen sollten.

Die Beauftragung von Handwerkern

Wenn Sie Aufträge an Handwerker erteilen oder Verträge mit Fachingenieurinnen schließen, gelten im Grund die gleichen Bedingungen für Werkverträge, die auch bei den Verträgen mit Architekten und Planerinnen zur Anwendung kommen.

Bei umfangreichen Umbaumaßnahmen, bei denen Sie mit einem Architekten arbeiten, werden viele der hier folgenden Aufgaben von diesem im Zuge der Leistungsphasen 6, 7 und 8 (siehe Seite 214) erbracht.

Dann kann es vorkommen, dass die Verträge der Fachplanerin aus Gewohnheit Regelungen aus der VOB/B (Teil B der Vergabe- und Vertragsordnung für Bauleistungen) enthalten, die für Verträge mit privaten Verbrauchern nicht zulässig sind. Es kann auch sein, dass Formulierungen verwendet werden, die nicht mehr aktuell sind. Manche Verträge sind zudem unvollständig und lückenhaft. Verwenden Handwerksbetriebe in ihren Allgemeinen Geschäftsbedingungen etwa Sätze wie „Gewährleistung nach VOB/B" oder „Es gilt die VOB/B", ist das in Bauverträgen mit Verbrauchern unzulässig und damit nicht wirksam.

Wenn Sie erhebliche Umbaumaßnahmen direkt selbst beauftragen, werden Sie mit dem Handwerker(-betrieb) einen Verbraucherbauvertrag nach Paragraf 650i BGB schließen, der den Bestimmungen zufolge in jedem Fall schriftlich festzulegen ist: „Verbraucherbauverträge sind Verträge, durch die der Unternehmer von einem Verbraucher zum Bau eines neuen Gebäudes oder zu erheblichen Umbaumaßnahmen an einem bestehenden Gebäude verpflichtet wird."

Die inhaltlichen Bestimmungen berücksichtigen die Tatsache, dass hier ein baulich nicht versierter Laie als Auftraggeber eine Vereinbarung mit einem professionellen Unternehmer schließt. Gibt es inhaltlich Unklarheiten oder Lücken zu einzelnen Bestimmungen, geht dies primär zu Lasten des Unternehmers. Über die Inhalte des Vertrags heißt es in Paragraf 650k BGB:

→ (1) Die Angaben der vorvertraglich zur Verfügung gestellten Baubeschreibung in Bezug auf die Bauausführung werden Inhalt des Vertrags, es sei denn, die Vertragsparteien haben ausdrücklich etwas anderes vereinbart.

→ (2) Soweit die Baubeschreibung unvollständig oder unklar ist, ist der Vertrag unter Berücksichtigung sämtlicher vertragsbegleitender Umstände, insbesondere des Komfort- und Qualitätsstandards nach der übrigen Leistungsbeschreibung, auszulegen. Zweifel bei der Auslegung des Vertrags bezüglich der vom Unternehmer geschuldeten Leistung gehen zu dessen Lasten.

→ (3) Der Bauvertrag muss verbindliche Angaben zum Zeitpunkt der Fertigstellung des Werks oder, wenn dieser Zeitpunkt zum Zeitpunkt des Abschlusses des Bauvertrags nicht angegeben werden kann, zur Dauer der Bauausführung enthalten. Enthält der Vertrag diese Angaben nicht, werden die vorvertraglich in der Baubeschreibung übermittelten Angaben zum Zeitpunkt der Fertigstellung des Werks oder zur Dauer der Bauausführung Inhalt des Vertrags.

Die gesetzliche Gewährleistung gilt bei Arbeiten an einem Bauwerk nach BGB in der Regel fünf Jahre. Für manche technischen Anlagen kann die Gewährleistung auch eher auslaufen.

MUSTER FÜR EINEN HANDWERKERVERTRAG

Ein Muster als Vorlage für den Handwerkervertrag bietet der Verein Haus & Grund auf seiner Homepage gratis zum Download an: hausundgrund.de/efh-handwerk.

Im Folgenden gehen wir näher darauf ein, wie die Beauftragung einer Handwerkerin oder einer Handwerkerfirma nach rechtlichen Kriterien am besten ablaufen sollte:

Vor dem Auftrag oder Vertrag holen Sie je nach Umfang der Arbeiten bei den Firmen mehrere Angebote ein. Auch wenn Sie zunächst vielleicht telefonisch Kontakt aufnehmen und eine Handwerkerin die geplanten Arbeiten mit Ihnen vor Ort bespricht, sollte das Angebot schriftlich erstellt werden. Ein Angebot muss eine detaillierte Aufstellung aller benötigten Materialien und den kalkulierten Aufwand für die verschiedenen Arbeitsgänge inklusive der dafür angesetzten Stundenlöhne enthalten. Genauso wichtig sind vorab vereinbarte Termine für den geplanten Beginn und die Fertigstellung der Arbeiten. Gibt es für den kompletten Sanierungsprozess einen Bauzeitenplan, kann man sich an ihm orientieren, um aus ihm den Zeitraum der jeweiligen Maßnahmen zu entnehmen.

Im Angebot sollte die Handwerkerin bestätigen, dass alle für die ordnungsgemäße Bearbeitung des Auftrags erforderlichen Leistungen und Materialien vollständig aufgelistet sind. Sollte sich im Laufe der Arbeiten herausstellen, dass es unvorhersehbare Komplikationen gibt, sind Sie unverzüglich über dadurch verursachte Mehrkosten zu informieren. Das Gleiche gilt, wenn Sie den Auftrag während der Bearbeitung abändern.

Beachten Sie: Der Kostenvoranschlag einer Handwerkerin ist zunächst eine unverbindliche Aufstellung der zu erwartenden Kosten, der Ihrer Information dient. Erteilen Sie auf dieser

Grundlage bereits den Auftrag, kann die Handwerkerin mit einer plausiblen Begründung für den zusätzlichen Aufwand im Nachhinein bis zu 25 Prozent höhere Kosten abrechnen, als im Kostenvoranschlag aufgeführt waren.

Erst das verbindliche Angebot – in der Regel mit einem Datum versehen, bis zu dem es verbindlich besteht – ist die Grundlage für den Auftrag beziehungsweise Vertrag mit dem Unternehmen. Jetzt muss die Handwerkerin die Arbeiten pünktlich in der geforderten Qualität, vollständig und zum vereinbarten Preis abliefern. Achten Sie ebenfalls darauf, dass die Angebote verschiedener Handwerker in Bezug auf Leistungen, Materialien und mögliche Nebenkosten vollständig und vergleichbar sind. Nicht immer ist das augenscheinlich billigste Angebot auch das beste. Wenn Ihnen Formulierungen im Handwerkerangebot unklar sind, sollten Sie das auf kurzem Wege im Gespräch mit der Handwerkerin klären. So lässt sich nachträglicher Ärger durch Missverständnisse am besten vermeiden.

Erteilen Sie dann schriftlich den Auftrag, beziehen Sie sich auf das verbindliche Angebot des Unternehmens – mit Namen von Auftraggeber und Auftragnehmer, Beschreibung, Datum sowie gegebenenfalls Angebotsnummer – und nehmen dieses als Vertragsbestandteil mit auf.

Achten Sie darauf, dass die vereinbarten Zeiträume oder Abgabetermine aktuell und korrekt sind. Bei größeren Aufträgen ist es durchaus üblich, dass man im Falle einer schuldhaften Überschreitung der gesetzten Termine Vertragsstrafen (in Prozent der Auftragssumme, gestaffelt nach der Zeit der Verzögerung) vereinbart.

Gehen Sie mit Zahlungen nicht in Vorleistung! Zahlungen sollten erst erfolgen, wenn die Arbeiten erledigt und abgenommen sind und wenn die Schlussrechnung geprüft und bestätigt ist.

Es ist nach BGB allerdings zulässig, dass mit der Handwerkerin Abschlagszahlungen vereinbart werden, die nach Erledigung von definierten Teilleistungen zu zahlen sind. Das Recht, Abschlagszahlungen zu verlangen, definiert Paragraf 632a BGB. Voraussetzung ist, dass durch die bereits erfolgten Teilleistungen ein Wertzuwachs – hier des Hauses – erzielt worden ist. Die Höhe der vereinbarten Teilzahlungen sollte deshalb dem erreichten Wertzuwachs entsprechen. Sie können in Absprache auch schon bei Auftragserteilung einen Zahlungsplan aufnehmen, der definiert, wann nach Abschluss und erfolgter Teilabnahme bestimmter Arbeiten Abschlagszahlungen in welcher Höhe vereinbart sind.

Bei den Verbraucherbauverträgen für erhebliche Umbaumaßnahmen ist verpflichtend vorgeschrieben, dass der Auftraggeber einen Sicherheitseinbehalt von fünf Prozent der Gesamtsumme zurückhält, um später bei Reklamationen von Mängeln in der Gewährleistungszeit noch über eine finanzielle Reserve zur Mängelbeseitigung zu verfügen.

MÄNGEL RÜGEN UND VERTRAG KÜNDIGEN

Wenn Sie während der Umbaumaßnahmen vor Ort sind, kann es sein, dass Ihnen bereits Mängel auffallen, die vom vereinbarten Auftrag abweichen. In der Regel werden Sie das gleich vor Ort reklamieren und den Handwerker zur Korrektur auffordern. Aus Gründen einer späteren Beweisbarkeit sollten Sie aber zugleich schon diese Mängel dokumentieren, also zum Beispiel fotografieren, und dem Handwerker einen schriftlichen Vermerk zukommen lassen, wie Sie sich bezüglich des beanstandeten Mangels geeinigt haben. Setzen Sie schriftlich einen Termin zu einem genauen Kalendertag für die Beseitigung des Mangels fest. Nur mit diesem Nachweis können Sie den Handwerker notfalls in Verzug setzen, wenn er nicht wie besprochen nachbessert.

Erklärt der Handwerker, dass die Arbeiten termingerecht erledigt sind, müssen Sie prüfen, ob das Werk dem entspricht, was per Auftrag vereinbart war. Es ist nun Zeit für eine Abnahme.

Wenn alles zur Zufriedenheit und mangelfrei erbracht ist, erklären Sie schriftlich die erfolgte Abnahme. Falls noch Kleinigkeiten nachzubessern sind, können Sie die Abnahme trotzdem erklären, schreiben aber ins Protokoll, welche Mängel bis wann nachgebessert werden und dass „die Geltendmachung von Gewährleistungsansprüchen vorbehalten bleibt". Gegebenenfalls können Sie hierfür einen Teil des gesamten Rechnungsbetrags zurückbehalten, bis der Mangel beseitigt ist. Üblich ist in einem solchen Fall das Doppelte dessen, was die Nachbesserung voraussichtlich kosten wird.

Ist die Anzahl der Mängel erheblich oder sind sie so schwerwiegend, dass Folgearbeiten dadurch behindert werden, erklären Sie keine Abnahme. Stattdessen fordern Sie den Handwerker zur kostenlosen Beseitigung aller protokollierten Mängel, also zur Nachbesserung, mit einer angemessenen Frist auf.

Erfolgt die Nachbesserung nicht oder nicht innerhalb der gesetzten Frist, haben Sie das Recht, eine andere Firma mit der Beseitigung der dokumentierten Mängel zu beauftragen. Die Kosten dafür stellen Sie dann dem ursprünglichen Unternehmen in Rechnung. Hatten Sie mit diesem einen Sicherheitseinbehalt vereinbart, können Sie das auch von diesem Betrag abziehen.

Seien Sie sich bewusst, dass sich nach der erfolgten Abnahme die Beweislast für den Nachweis von Mängeln umkehrt. Bis zur Abnahme muss der Handwerker beweisen, dass seine Arbeit auftragsgemäß und mangelfrei erfolgt ist. Haben Sie seine Arbeit abgenommen, müssen Sie beweisen, dass ein Mangel auf seine ungenügende Arbeitsleistung zurückzuführen ist.

Nach der erfolgreichen Abnahme aller beauftragten Arbeiten wird die Handwerkerfirma die Schlussrechnung stellen. Diese muss prüffähig sein – das heißt, dass Sie prüfen können, ob alle Leistungen so erbracht worden sind, wie sie im ursprünglichen Angebot veranschlagt waren. Falls Sie bereits Abschlagszahlungen geleistet haben, müssen die bereits erfolgten Überweisungen in der Schlussrechnung aufgeführt und entsprechend abgezogen werden. Außerdem müssen Sie prüfen, ob ein vereinbarter Sicherheitseinbehalt für die Zeit der Gewährleistungspflicht berücksichtigt und abgezogen worden ist.

Mit dem Tag der Abnahme beginnt die Verjährungsfrist. Je nach Art der Arbeiten gelten unterschiedliche Gewährleistungszeiten. Die Vereinbarung dazu haben Sie im Auftrag für den Handwerksbetrieb schriftlich festgehalten.

EINEN HANDWERKERVERTRAG KÜNDIGEN

Sie brauchen nach BGB nicht unbedingt einen sachlichen Grund, um einen Handwerkervertrag zu kündigen, selbst wenn die Arbeiten bereits begonnen haben. Diese Möglichkeit wird als **„freie Kündigung"** bezeichnet. In diesem Fall steht dem Handwerker aber eine Vergütung seiner bereits erbrachten Leistungen zu. Grundlage für die Berechnung sind die Angaben im verbindlichen Angebot des Handwerkers bei Auftragserteilung.

Zusätzlich steht dem Handwerker eine anteilige Vergütung auch für die noch offenen Teilleistungen zu. Das Gesetz sieht vor, dass dies fünf Prozent der Kosten für alle noch nicht erbrachten Leistungen laut Kostenvoranschlag sind. Darüber, wie hoch diese Kosten sind, kommt es oftmals zu Rechtsstreitigkeiten.

Häufiger als die freie Kündigung ist die außerordentliche **Kündigung aus wichtigem Grund** nach Paragraf 648 BGB. Diese kann in einer schwerwiegenden Vertragsverletzung begründet sein, zum Beispiel einer erheblichen Überschreitung des Kostenvoranschlags oder permanenten Verzögerungen bei Ausführung der Arbeiten. Man spricht dann von einer schwerwiegenden Störung des Vertrauensverhältnisses, die eine weitere Zusammenarbeit unmöglich macht.

Können Sie als Auftraggeberin das stichhaltig belegen, greift die Kündigung aus wichtigem Grund. Sie müssen dann höchstens die bereits erbrachten und abgenommenen Teilleistungen bezahlen. Sind alle bisherigen Leistungen unbrauchbar, entfällt die Verpflichtung zur Bezahlung ganz. Klar ist in diesem Fall, dass noch nicht erbrachte Leistungen nicht zu bezahlen sind.

→ **Die Denkmalimmobilie** Baudenkmäler gelten als erhaltenswertes Kulturgut. Neben dem Alter können bei ihrer Festlegung die besondere Architektur oder historische Bedeutung eine Rolle spielen.

WAS ERFAHRE ICH?

Was schützenswert ist und damit den Status Baudenkmal erhält, regeln die Bundesländer ganz unterschiedlich in den Landesdenkmalschutzgesetzen. Unter Denkmalschutz stehen nicht nur historisch alte Gebäude, an die man wohl als Erstes denkt. Es können darüber hinaus auch Gebäude zum **EINZELDENKMAL** ernannt werden, weil sie von besonderer geschichtlicher, städtebaulicher, künstlerischer oder wissenschaftlicher Bedeutung sind.

Viele der älteren Gebäude unter Denkmalschutz haben aber wechselvolle Geschichten hinter sich. Sie wurden im Laufe der Zeit zum Teil für unterschiedliche Zwecke genutzt, entsprechend umgebaut, die Raumaufteilung wurde geändert, Türen und Fenster wurden versetzt oder zugemauert und die Haustechnik jeweils angepasst.

Das ist ein Grund dafür, dass es unterschiedliche Abstufungen beim Denkmalschutz gibt. So kann es durchaus sein, dass nur bestimmte Gebäudeteile oder Ausstattungen denkmalgeschützt sind. Dabei handelt es sich oftmals um erhaltenswerte Fassaden, aber auch ein Treppenhaus kann zum Beispiel diesen Status erhalten.

Am umfassendsten ist der sogenannte **ENSEMBLESCHUTZ**, der für einen ganzen Straßenzug, einen alten Platz oder ein ganzes Viertel gelten kann. Dann sind alle sichtbaren Veränderungen am äußeren Erscheinungsbild nur möglich, wenn die Denkmalbehörde dem vorher zustimmt.

Wer heute in einem denkmalgeschützten Gebäude eine energetische Sanierung planen und durchführen möchte, muss zunächst einmal eine sehr individuelle Bestandsaufnahme und Analyse des Zustands des Gebäudes durchführen. Denn oft gibt es keine verlässlichen Baupläne mehr, in denen alle Veränderungen seit der Erbauung nachgetragen wurden.

Vor einer Sanierung der wasserführenden Leitungen stellt sich zum Beispiel die Frage, ob im Haus noch alte Bleirohre verlegt sind, die aus gesundheitlichen Gründen heute nicht mehr verwendet werden. Erst seit 1973 ist in Deutschland der Einbau von Bleileitungen in Wohnhäusern verboten. Seit Dezember 2013 gilt in Deutschland für Blei im Trinkwasser ein Grenzwert von maximal 0,010 mg/l. Dieser Wert kann von Trinkwasser, das durch Bleirohre gelaufen ist, in der Regel nicht eingehalten werden.

Gewünschte Maßnahmen, um das Haus an moderne Standards bei Wohnkomfort und Energiebilanz anzupassen, sind grundsätzlich mit der Denkmalschutzbehörde abzustimmen.

Was bedeutet das für Sie? Wenn Sie in einem Denkmal wohnen, dürfen Sie nur mit Genehmigung der zuständigen Unteren Denkmalschutzbehörde und gegebenenfalls der Bauaufsichtsbehörde sein Erscheinungsbild verändern, es ganz oder teilweise beseitigen, instand setzen, wiederherstellen oder in seiner Nutzung verändern. Das heißt: Alle Veränderungen an einem Baudenkmal sind genehmigungspflichtig!

Interessant in diesem Zusammenhang ist folgende Ausnahmeregelung in Paragraf 105, Baudenkmäler und sonstige besonders erhaltenswerte Bausubstanz, des GEG (siehe Seite 194):

„Soweit bei einem Baudenkmal, bei aufgrund von Vorschriften des Bundes- oder Landesrechts besonders geschützter Bausubstanz oder bei sonstiger besonders erhaltenswerter Bausubstanz die Erfüllung der Anforderungen dieses Gesetzes die Substanz oder das Erscheinungsbild beeinträchtigt oder andere Maßnahmen zu einem unverhältnismäßig hohen Aufwand führen, kann von den Anforderungen dieses Gesetzes abgewichen werden."

Das heißt also, dass bei energetischen Sanierungen von Denkmalimmobilien die Anforderungen des GEG nicht zwingend in ihrer Gesamtheit und nicht immer zu erfüllen sind. Unter Umständen können Sie also von der Pflicht, einen **ENERGIEAUSWEIS** erstellen zu lassen, befreit werden.

Die Denkmalschutzgesetze

Der Schutz und die Verwaltung von Baudenkmälern liegen nicht einheitlich bei der Bundesregierung, sondern in der Hoheit der Bundesländer, die dafür jeweils eigene Gesetze für Baudenkmäler geschaffen haben. Die Gesetze dienen dazu, den geschützten Bestand zu bewahren. Welche Gebäude im Einzelnen die Bewertung als Baudenkmal erhalten, entscheiden die Denkmalschutzbehörden der Länder anhand vorgegebener Kriterienkataloge. Es sind nicht zwangsläufig historische Gebäude, bei denen man das baukulturelle Erbe am ehesten nachvollziehen kann. Es gibt auch Gebäude aus den 1950er- und 1960er-Jahren, die in ihrer Bauweise einen bestimmten Baustil repräsentieren und deshalb als Denkmal geschützt werden.

Das heißt, dass Sie als Eigentümer vor geplanten Umbaumaßnahmen Auflagen zu erfüllen haben, die dazu dienen, den schützenswerten Status des Gebäudes zu bewahren. Was in Ihrem Fall bei einer geplanten energetischen Sanierung zu beachten ist, erfahren Sie von der zuständigen Unteren Denkmalschutzbehörde.

Die stärksten Einschränkungen gibt es in der Regel beim äußeren Erscheinungsbild, wenn also das Dach, die Fassade, die Fenster und etwaige Anbauten verändert werden sollen. Details wie die Außenbeleuchtung, ein Zaun ums Grundstück oder sichtbar platzierte Bewegungsmelder können ebenfalls für Diskussionen

EXPERTENWISSEN EINHOLEN

Bei der energetischen Sanierung eines denkmalgeschützten Wohnhauses geht es nicht so sehr um die maximale Energieeffizienz, sondern vielmehr um das machbare Optimum in Hinblick auf die vorhandene Bausubstanz unter Beachtung der **denkmalpflegerischen Rahmenbedingungen**.

Suchen Sie sich dafür kompetente Hilfe durch Planer und Architektinnen, die sich auf die Sanierung von Häusern unter Denkmalbedingungen spezialisiert haben und möglichst erfolgreich abgeschlossene Projekte in dem Bereich nachweisen können. Sie können diese Voraussetzungen im Internet für Planungsbüros in Ihrer Nähe recherchieren. Anlaufstellen sind außerdem die regionalen Industrie- und Handelskammern und die Denkmalbehörden selbst. Auch in der Kommunikation mit den Denkmalbehörden kann es sehr hilfreich sein, wenn Sie Planer und Handwerker an der Seite haben, die Sie mit fachlicher Erfahrung und Expertise unterstützen.

Handwerkerbetriebe mit ausgewiesener Erfahrung in der Denkmalpflege finden Sie zum Beispiel in der Online-Datenbank des Zentralverbands des Deutschen Handwerks (ZDH) unter: restaurierung-handwerk.de.

Bei der Sanierung von Baudenkmälern sind besondere Vorschriften zu beachten.

sorgen. Das kann bis zur Vorgabe gehen, in welcher Farbe bestimmte Bauteile zu streichen sind. Zudem können bestimmte traditionelle Materialien für die Bauausführung vorgeschrieben oder moderne Materialien wie Kunststoffe für Fensterrahmen ausgeschlossen werden.

Schwierig wird es oft bei der Frage der Wärmedämmung von Fassaden, weil die das äußere Erscheinungsbild erheblich verändern oder beeinträchtigen kann. Bekannt ist dieses Problem insbesondere bei Fachwerkbauten, wenn sichtbares Fachwerk auf keinen Fall „zugedeckt" werden darf.

Nicht selbstverständlich sind überdies geplante **UMNUTZUNGEN**, wenn zum Beispiel eine alte Scheune oder andere Gewerberäume zu einem Wohnhaus aufgewertet werden sollen.

Nehmen Sie die Vorgaben der Denkmalschutzbehörde nicht auf die leichte Schulter. Ein **VERSTOSS** gegen die Auflagen kann Sie beträchtliche Bußgelder kosten. Sie können sogar gezwungen werden, bereits durchgeführte bauliche Veränderungen zurückzuführen und den ursprünglichen Zustand wiederherzustellen. Das sorgt für ärgerliche Diskussionen, ungeplanten Zusatzaufwand und dadurch vermutlich für zeitliche Verzögerungen.

Abstimmung mit dem Denkmalamt

Über die Abstimmung mit den und Auflagen durch die Baubehörden beim Denkmalschutz gibt es online in diversen Bauherren-Foren lange Diskussionen, oft mit nicht sehr schmeichelhaften Erlebnisberichten zur persönlich erlebten Zusammenarbeit.

Als **TIPP** können wir hier nur empfehlen: Nehmen Sie so frühzeitig wie möglich Kontakt zu den Verantwortlichen in Ihrer Gemeinde auf und bemühen Sie sich durch intensive Kommunikation um einen umfassenden Austausch von Information – einerseits, was den Erhaltungsaufwand betrifft, und andererseits, was da an Kosten auf Sie zukommen kann. Zum Teil sind Materialien und Bauteile wiederherzustellen oder nachzubauen, die es heute nicht „von der Stange" oder im Baumarkt gibt.

Machen Sie und Ihr Planer am besten einen **BEGEHUNGSTERMIN** vor Ort in Ihrer Immobilie mit den Zuständigen aus, um die zu beachtenden Auflagen der Behörde für das Gebäude kennenzulernen und Vorschläge zu diskutieren, wie sich diese möglichst wirtschaftlich umsetzen lassen.

Auf jeden Fall muss daraufhin bei der Stadtverwaltung oder beim Landratsamt ein **ANTRAG** auf denkmal(schutz)rechtliche **GENEHMIGUNG** eingereicht werden – die Einzelheiten sind in den Denkmalschutzgesetzen der Bundesländer geregelt. Neben dem Antrag selbst können weitere Unterlagen erforderlich werden, zum Beispiel Fotos des aktuellen Bestands, ein Lageplan für das Grundstück und Gebäudepläne wie Grundrisse, Schnitte und Ansichten nach den Vorgaben der Landesbauverordnungen.

Die Erteilung einer denkmalrechtlichen Genehmigung kann je nach Bundesland mit **GEBÜHREN** verbunden sein, kann aber auch kostenlos erfolgen. Beachten Sie, dass die denkmalrechtliche Genehmigung zeitlich begrenzt sein kann. Sie müssen dann die beantragten Umbaumaßnahmen in der vorgegebenen Zeit zumindest beginnen oder auch durchführen.

Stellen Sie sich darauf ein, dass die Denkmalschutzbehörde während der gesamten Bauphase überprüft, ob die amtlichen Vorgaben eingehalten werden. Erst nach erfolgtem Abschluss, also nach Ihrer Abnahme aller Bauarbeiten, erteilt die Denkmalschutzbehörde für jedes einzelne Gewerk ihrerseits eine Freigabe. Das ist notwendig, damit Sie von den speziellen Steuervorteilen profitieren können, die in diesen Fällen gewährt werden, zum Beispiel die „Erhöhte Absetzung bei Baudenkmalen" für Abnutzung, kurz AfA über zwölf Jahre nach Paragraf 7i EStG. Im Folgenden kommen wir damit zu den steuerlichen und finanziellen Vorteilen bei der Sanierung von Denkmalimmobilien.

Förderungen und Steuervorteile

Denkmalschutz und -sanierung gehen in vielen Bereichen über eine normale Altbausanierung hinaus, werden dadurch aufwendiger und teurer. Besprechen Sie mögliche Förderungen für Ihr Sanierungsprojekt in der Denkmalimmobilie mit einem spezialisierten Bauplaner oder einer spezialisierten Architektin. Die Experten kennen sich in der Regel im Dschungel der Förderprogramme der verschiedenen Institutionen gut aus.

Hintergrund ist dabei, dass die Erhaltung von Baudenkmälern nicht nur im privaten Interesse der Eigentümer liegt, sondern auch der Erhaltung von Bauten mit besonderer Bedeutung für die Allgemeinheit dient. In manchen Bundesländern gibt es deshalb Programme mit **FÖRDERUNGEN**, die explizit für den Mehraufwand bei denkmalgeschützten Häusern bestimmt sind. In Berlin heißt eine solche Förderung zum Beispiel „Denkmal – Zuwendung für denkmalpflegerische Mehraufwendungen" (https://service.berlin.de/dienstleistung/330268).

Die Empfehlung der Berliner Behörden ist, dass Sie sich frühzeitig beim Landesdenkmalamt nach einer Förderung erkundigen sollten, wenn sich bei Ihrem Projekt ein hoher denkmalbedingter Mehraufwand bei der Sanierung abzeichnet. Das muss noch vor der Antragstellung und Bescheiderteilung erfolgen. Fragen Sie auch nach, welche Belege und Unterlagen für die Förderung einzureichen sind. Wichtig zu wissen: Es gibt keinen verbindlichen Rechtsanspruch auf diese Förderungen. Es ist also in Ihrem Interesse, die Bedingungen und möglichen Förderbeträge frühzeitig zu erfahren.

Sanierungskosten können bei Denkmalimmobilien steuerlich angerechnet werden. Es gibt unterschiedliche Regelungen für Vermieter und für Selbstnutzer. Wir gehen an dieser Stelle davon aus, dass Sie zu den Selbstnutzern gehören, für die Paragraf 10f im Einkommensteuergesetz (EstG) zutrifft. Dann können Sie die Sanierungs- und Instandhaltungskosten ab Fertigstellung über einen Zeitraum von zehn Jahren zu jeweils neun Prozent steuerlich geltend machen.

Eine weitere Option, über die Sie sich erkundigen sollten: Die **KFW-FÖRDERBANK** gewährt Ihnen bei einer energetischen Sanierung in einer denkmalgeschützten Immobilie besondere Bedingungen. So gibt es in diesem Fall keine der sonst üblichen Mindestanforderungen an den zu erreichenden energetischen Baustandard. Die angesetzten Zielwerte für den Primärenergiebedarf des Hauses und für maximale Wärmeverluste durch die Gebäudehülle stellen gleichfalls keine zwingenden Vorgaben dar.

Wenn Sie eine Förderung durch die KfW für Ihr denkmalgeschütztes Haus in Anspruch nehmen wollen, muss ein qualifizierter Bausachverständiger bestätigen und nachweisen, dass Sie bei Ihrer energetischen Sanierung alle technisch möglichen Maßnahmen umsetzen werden, die unter Berücksichtigung der Auflagen der Denkmalbehörden realistisch machbar sind. Beantragen müssen Sie die KfW-Förderungen über Ihre kreditgebende Bank.

In der Bundesförderung für effiziente Gebäude gibt es den **WOHNGEBÄUDE-KREDIT 261** für alle, die Haus und Wohnung energieeffizient bauen und sanieren wollen. Auch hier gibt es allerdings den Vorbehalt, dass es für die Förderung keinen verbindlichen Rechtsanspruch gibt. Der Kredit ist nur verfügbar, solange der Fördertopf bei der KfW dafür noch ausreichend Mittel enthält.

Eher unbekannt bei privaten Baudenkmalbesitzern: Es gibt neben öffentlichen Förderungen auch private Institutionen in Deutschland, die sich dem Erhalt von Baudenkmälern widmen. Eine der größten ist die **DEUTSCHE STIFTUNG DENKMALSCHUTZ** (denkmalschutz.de), die es seit 1985 gibt. Die Stiftung fördert den Kauf und die Sanierung von denkmalgeschützten Immobilien bei mehreren Hundert Projekten jedes Jahr in Form von finanziellen Zuschüssen. Wichtig zu wissen: Die Antragsfrist für das Folgejahr endet jeweils am 31. August des laufenden Jahres. Die Entscheidung über die Anträge erfolgt im ersten Jahresquartal.

Die Deutsche Stiftung Denkmalschutz bittet vor Antragstellung um eine Kontaktaufnahme per Telefon mit der Abteilung Denkmalförderung. Ihren Ansprechpartner finden Sie unter der Internetadresse denkmalschutz.de/ansprechpartner. Dort können Sie auch das Antragsformular herunterladen und erfahren, welche Unterlagen zusätzlich zum Antrag notwendig sind. Unter anderem ist das eine Stellungnahme des jeweiligen Landesamts für Denkmalpflege zum Denkmalwert.

Schützenswerte Gebäude müssen eindeutig gekennzeichnet sein.

Sanierung im Milieuschutzgebiet

Was ist, wenn mein Haus – Einfamilienhaus, Doppelhaushälfte oder Reihenhaus etc. – in einem Milieuschutzgebiet liegt? Dazu ist zunächst zu klären, was genau das eigentlich ist.

MILIEUSCHUTZGEBIETE werden auch als „Soziale Erhaltungsgebiete" bezeichnet und von der Verwaltung, in Berlin zum Beispiel von den Bezirksämtern, als städtebauliches Instrument festgesetzt. Ziel ist es, die Zusammensetzung der Wohnbevölkerung zu schützen. Milieuschutzgebiete bestehen deshalb derzeit in den Großstädten Hamburg, Berlin, München, Frankfurt am Main und Stuttgart.

Soziale **ERHALTUNGSVERORDNUNGEN** sollen verhindern, dass sich die Zusammensetzung der Wohnbevölkerung aufgrund von Verdrängung durch teure Modernisierungsmaßnahmen, Veränderungen der Struktur einer Wohnung, der Umnutzung von Wohnungen in Gewerbe oder der Umwandlung von Miet- in Eigentumswohnungen verändert.

Es kommt sicher recht selten vor, dass Ihr Eigenheim, Ihre Doppelhaushälfte oder Ihr Reihenhaus in einem Milieuschutzgebiet liegt. Falls dies dennoch zutrifft, steht in erster Linie der Mieterschutz im Fokus. Trotzdem müssen Sie als Selbstnutzer bei baulichen Veränderungen am Gebäude – seien es beabsichtigte Modernisierungen, Umbauten oder Nutzungsänderungen – dann einen Antrag auf Genehmigung stellen. Schließlich könnten Sie Ihr Haus in Zukunft vermieten und sollen dann kein „Luxusheim" mit entsprechend hohen Monatsmieten auf den Markt bringen. Denn dies könnte auf eine befürchtete Gentrifizierung hinauslaufen.

Zuständig für diese Anträge ist die Gemeindeverwaltung oder das Bezirksamt. Die Behörden genehmigen in der Regel ohne Auflagen solche Baumaßnahmen, die nur einen durchschnittlichen zeitgemäßen Wohnstandard herstellen sollen. Anders sieht es bei Luxussanierungen aus. Was genau darunter zu verstehen ist und was in Ihrem individuellen Fall als Luxus bezeichnet wird, ist in der Erhaltungsverordnung für Ihr spezielles Milieuschutzgebiet festgelegt.

Bei der Sanierung in Milieuschutzgebieten ist auch deren soziale Funktion zu berücksichtigen.

Zu den Maßnahmen, die die Energiebilanz verbessern und ohne Weiteres genehmigt werden, gehören zum Beispiel die Erneuerung einfacher Fenster, die Erneuerung von alten, vor 1985 installierten Heizungsanlagen und die Dämmung der Warmwasser- und Heizungsverteilleitungen.

NICHT GENEHMIGUNGSFÄHIG sind in Milieuschutzgebieten einige oder alle der folgenden Maßnahmen:

Nutzungsänderungen von Räumen, das heißt Eingriffe in die Zimmeranzahl oder Wohnfläche durch Zusammenlegung oder Teilung von Wohnungen oder die Zusammenlegung von bestehendem mit neuem Wohnraum.

Der erstmalige Anbau von Balkonen, Terrassen, Loggien und Wintergärten, die größer als vier Quadratmeter sind – denn das erfolgt in der Regel auch nicht bei einer energetischen Sanierung zur Reduzierung des Energiebedarfs.

Zu den nicht genehmigungsfähigen Baumaßnahmen der Kategorie „Luxus" können außerdem der Anbau von Zweitbalkonen gehören sowie der Einbau von neuen Einbauküchen, wenn diese vorher nicht vorhanden waren. Auch eine Videogegensprechanlage, eine umfangreichere Ausstattung von Badezimmern, eine Fußbodenheizung und erst recht ein offener Kamin gelten manchen Behörden als Luxus.

7

Das Stichwortverzeichnis auf den folgenden Seiten bietet eine schnelle Orientierung im vorliegenden Handbuch und weist Ihnen den direkten Weg zu Kernthemen sowie zu vertiefenden Details der energetischen Sanierung.

236 → Stichwortverzeichnis

Stichwortverzeichnis

L

M

N

O

P

Q

R

S

Die Stiftung Warentest wurde 1964 auf Beschluss des Deutschen Bundestages gegründet, um dem Verbraucher durch vergleichende Tests von Waren und Dienstleistungen eine unabhängige und objektive Unterstützung zu bieten.

Stiftung Warentest
Lützowplatz 11–13
10785 Berlin
Telefon 0 30/26 31–0
Fax 0 30/26 31–25 25
www.test.de
email@stiftung-warentest.de

USt-IdNr.: DE136725570

Vorstand: Hubertus Primus
Weitere Mitglieder der Geschäftsleitung:
Dr. Holger Brackemann, Julia Bönisch, Daniel Gläser

Programmleitung: Niclas Dewitz

Redaktion: Uwe Meilahn
Projektleitung: Alexandra Germann
Lektorat: Claudia Weingartner
Mitarbeit: Lucia Ellmaier
Korrektorat: Christoph Nettersheim
Fachliche Unterstützung: Bernd Drewes (Architekt), Ulrike Körber (Energieberaterin)
Titelentwurf: Anne-Katrin Körbi
Layout: Christian Königsmann
Grafik, Satz: Phillip Hailperin, Berlin
Bildredaktion: Magnus Enxing
Infografiken/Diagramme: Phillip Hailperin (S. 45, 66, 108, 195, nach Vorlagen von Arnold Drewer: 104, 110, 112), Michael Römer (S. 68, 78, 107, 128)

Bildnachweis: Adobe Stock/KB3 (Titel); Adobe Stock: 7 Grzegorz Polak, 12 kolotype, 18 Fotolyse, 19 gehapromo, 20 und 21 hydebrink, 22 Jürgen Fälchle, 23 globetrotter1, 25 js-photo, 32 New Africa, 35 Dolores Harvey, 41 Gina Sanders, 46 rades, 61 LianeM, 67 rh2010, 70 Christian Delbert, 74 caifas, 76 brizmaker, 80 Robert Poorten, 81 manfredxy, 85 NOWRA photography, 97 Tom Bayer, 98 Cornelia Pithart, 99 und 101 Ingo Bartussek, 105 (oben) Larisa, 106 RRF, 114 Hoda Bogdan, 115 schulzfoto, 117 (oben) Angelov, 118 Ingo Bartussek, 123 (oben) reimax16, (unten) Comofoto, 127 Robert Poorten, 131 Charise, 133 AlexGo, 135 Ольга Симонова, 140 Fokke Baarssen, 146 Gorodenkoff, 151 festfotodesign, 158 only_kim, 187 fefufoto; 230 anzemulec; Aereco GmbH: 121; Bauer Media: 10; Bierther GmbH: 137; BMWK: 59; Bosch Thermotechnik GmbH: 130; Bundesverband Wärmepumpe e. V.: 125; Peter Cook: 24; Ecofibre Dämmstoffe GmbH: 105 (unten); Getty Images: 31 (oben) Ekspansio, 34 Kypros, MartinPrescott 100, 232 imageBROKER/Gabriele Hanke; Mennekes: 87; Glas Langewehr GmbH: 117 (unten); Nelskamp GmbH: 141; Jens Oellermann: 208; Ingo Renner: 217, 218; Stiftung Warentest/René Reichelt: 142; Viessmann: 75, 144; von privat: 49, 55; WikiCommons: Rainer Knäpper: 17; A. Savin: 233

Produktion: Christian Königsmann
Verlagsherstellung: Rita Brosius (Ltg.), Romy Alig, Susanne Beeh
Litho: tiff.any, Berlin
Druck: Firmengruppe APPL, aprinta druck, Wemding

ISBN: 978-3-7471-0193-3

Wir haben für dieses Buch 100 % Recyclingpapier und mineralölfreie Druckfarben verwendet. Stiftung Warentest druckt ausschließlich in Deutschland, weil hier hohe Umweltstandards gelten und kurze Transportwege für geringe CO_2-Emissionen sorgen. Auch die Weiterverarbeitung erfolgt ausschließlich in Deutschland.